U0211981

人工智能出版工程
国家出版基金项目

人工智能

机器学习理论与方法

李　侃　编著

電子工業出版社
Publishing House of Electronics Industry
北京·BEIJING

内 容 简 介

本书全面系统地讲解了机器学习的理论与方法，内容主要包括高斯混合模型和 EM 算法、主题模型、非参数贝叶斯模型、聚类分析、图模型、支持向量机、矩阵分解、深度学习及强化学习。本书旨在使读者了解机器学习的发展，理解和掌握机器学习的基本原理、方法与主要应用。本书内容丰富，着重机器学习理论的推导与证明，并通过实例对机器学习的方法进行分析与比较。同时，本书强调机器学习的系统性、完整性和时效性，内容深入浅出，可读性强。

本书既可以作为机器学习领域研究人员的技术参考书，也可作为高等院校相关专业师生的教学参考书。

图书在版编目（CIP）数据

人工智能：机器学习理论与方法/李侃编著 .—北京：电子工业出版社，2020. 8
人工智能出版工程
ISBN 978-7-121-39140-8

Ⅰ. ①人…　Ⅱ. ①李…　Ⅲ. ①人工智能　②机器学习　Ⅳ. ①TP18

中国版本图书馆 CIP 数据核字（2020）第 103138 号

责任编辑：张　迪（zhangdi@ phei. com. cn）
印　　刷：北京盛通数码印刷有限公司
装　　订：北京盛通数码印刷有限公司
出版发行：电子工业出版社
　　　　　北京市海淀区万寿路 173 信箱　邮编：100036
开　　本：720×1000　1/16　　印张：20. 5　　字数：360 千字
版　　次：2020 年 8 月第 1 版
印　　次：2024 年 1 月第 2 次印刷
定　　价：89. 00 元

凡所购买电子工业出版社图书有缺损问题，请向购买书店调换。若书店售缺，请与本社发行部联系，联系及邮购电话：（010）88254888，88258888。

质量投诉请发邮件至 zlts@ phei. com. cn，盗版侵权举报请发邮件至 dbqq@ phei. com. cn。

本书咨询和投稿联系方式：（010）88254469，zhangdi@ phei. com. cn。

人工智能出版工程

丛书编委会

前　言

机器学习是人工智能领域的重要分支，机器学习理论与方法对人工智能系统的技术实现起着重要的支撑作用。机器学习主要研究计算机怎样模拟或实现人类的学习行为，使计算机能够获取新的知识或技能，并不断改善自身的性能。人工智能已经上升为国家战略，机器学习相关产业发展迅猛，相关的人才需求量显著增长，培养人才需要大量的专业技术图书。因此，撰写一本全面介绍机器学习理论与方法的图书具有重要意义。

本书由 13 章组成，系统地讲解机器学习的理论与方法。第 1 章概述机器学习的定义、发展历史、分类以及性能度量；第 2 章介绍 EM 算法和高斯模型，讨论极大似然估计，推导 EM 算法，分析高斯混合模型，并采用 EM 算法估计高斯混合模型参数；第 3 章介绍主题模型，先简要介绍传统的主题模型，然后重点介绍概率主题模型，讨论 PY 过程的理论基础及其性质，给出具有 zipf 定律性质的主题模型，讲解 PHTM 推理算法；第 4 章重点讨论单个随机变量抽样、序列随机变量抽样、非参数贝叶斯模型和狄利克雷过程以及狄利克雷过程的构造方式；第 5 章介绍聚类分析，主要包括经典聚类算法和谱聚类等内容；第 6 章介绍支持向量机，分析统计学习理论，重点讨论支持向量机的基本原理、支持向量机分类器、核函数以及支持向量回归机等，并给出支持向量机的应用实例；第 7 章讨论概率无向图模型，主要包括逻辑斯谛回归模型、最大熵模型和条件随机场等典型的概率无向图模型；第 8 章介绍概率有向图模型，先重点从完整数据结构学习和缺失数据结构学习两方面介绍贝叶斯网络，然后讨论隐马尔可夫模型及其三个基本问题，并给出隐马尔可夫模型的算法；第 9 章介绍矩阵张量分解，主要包括等值与低秩矩阵分解、非负矩阵分解、非负张量分解等，并给出相关的应用实例；第 10 章分析多层感知机，重点介绍误差反传算法、BP 算法的改进等；第 11 章讨论卷积神经网络，重点包括卷积神经网络的生物学基础和结构元件、典型的卷积神经网络、卷积神经网络的训练技巧等；第12章介绍循环神经网络，主要包括循环神经网络结构、循环神经网络的训练、长短期记忆网络和门控循环单元等；第13章讲解强化学习，先简要介绍强化学习模型及基本要素，然后重点讲解各种强化学习（TD学习、MC学习、Q学习、双Q学习、SARSA学习和Actor-Critic等）及深度强化学习。

本书内容丰富，着重讲解机器学习原理与方法，使读者不仅知其然还知其所以然。另外，本书还通过实例使读者对机器学习方法有更深入的理解。本书注重系统性、完整性和时效性，既包含基础理论、应用技术，还包含工程实践等内容。本书既适合相关领域的研究人员阅读，也适合高等院校相关专业学生阅读。希望读者通过阅读本书，学会各种机器学习方法，体验相关知识的乐趣。

感谢徐亚苗、龚一鸣、黄云飞为本书的审查和校对所付出的辛勤工作，感谢对本书投入过心血的所有人！另外，在本书写作和出版的过程中，电子工业出版社的副总编赵丽松和责任编辑张迪给予了很多帮助，在此特向她们致谢。

由于笔者水平有限，书中难免有不足之处，敬请广大读者批评指正。

李　侃

2020年6月

目　录

第1章

绪论

机器学习是人工智能领域的重要分支，其最初的研究动机是让计算机系统具有人的学习能力，以便实现人工智能。机器学习主要研究计算机怎样模拟或实现人类的学习行为，使计算机能够获取新的知识或技能、重新组织已有的知识结构使之不断改善自身的性能。事实上，由于“经验”在计算机系统中主要是以数据的形式存在的，因此机器学习需要设法对数据进行分析，这就使得机器学习逐渐成为智能数据分析技术的创新源之一，并且为此受到越来越多的关注。

1.1 机器学习的定义

机器学习目前还没有统一的定义，下面是一些经典的定义。

（1）Wikipedia（维基百科）给出的定义：机器学习是一门系统的学科，它关注设计和开发算法，使得机器的行为随着经验数据的累积而进化，经验数据通常是传感器数据或数据库记录。

（2）Dictionary. com（大型免费在线英语词典）给出的定义：机器学习是人工智能的一个分支，即机器基于输入的原始数据生成规则。

（3）汤姆·M. 米切尔（Tom M. Mitchell）给出的定义[1]：一个计算机程序能够从经验 E 中学习（学习任务是 T，学习的表现用 P 衡量），这个程序在任务 T 与表现衡量 P 下，可以通过经验 E 得到改进。

（4）杰森·布朗利（Jason Brownlee）给出的定义：机器学习就是从数据中训练出一个模型，且该模型有不低于某种评估指标的泛化能力。

（5）王珏、石纯一给出的定义[2]：令 W 是一个问题空间，$(\boldsymbol{x},y)\in W$，称为样本或对象，其中 $\boldsymbol{x}$ 是一个 n 维矢量，y 是一个类别域中的一个值。由于我们观察能力的限制，我们只能获得 W 的一个真子集，记为 $Q\subset W$，称为样本集合（对象集合）。由此，根据 Q 建立一个模型 M，并期望这个模型对 W

中的所有样本预测的正确率大于一个给定的常数 θ。常数 θ 越小，对模型 M 的要求越高。一个模型对 W 预测的正确率，也称为模型对 W 的泛化能力。另外，如果样本含有测量（观察）噪声，且获得的模型的目标函数具有统计性质，则该模型可以理解为对问题空间 W 的一种统计描述。

① 一致性假设。假设样本集合 Q 与问题空间 W 之间存在某种一致性，如果使用统计模型，则一般假设 Q 与 W 满足同分布。这是机器学习的本质。

② 划分。根据实际问题，将样本集合划分为不相交的区域（等价类）。这是模型对样本集合适用能力的描述，是机器学习必须（力求）满足的必要条件。

③ 泛化能力。从样本集合建立的模型必须是对问题空间的描述，这样，依据样本集合获得对问题空间具有最大泛化能力的模型成为机器学习的主要任务。

1.2 机器学习的发展历史

机器学习是人工智能研究发展到一定阶段的产物。从 1956 年人工智能的诞生到 20 世纪 70 年代初，人工智能研究处于“推理期”，这一阶段人们认为只要给机器赋予逻辑推理能力，机器就能够具有智能，该阶段的代表性工作主要有艾伦·纽厄尔（Allen Newell）和赫伯特·A. 西蒙（Herbert A. Simon）的“逻辑理论家”程序，以及“通用问题求解”程序等。“逻辑理论家”程序在 1952 年证明了著名数学家罗素和怀特海的名著《数学原理》中的 38 条定理。1963 年，纽厄尔和西蒙证明了该书中的全部（52 条）定理，而且定理 2.85 甚至比罗素和怀特海证明得更巧妙。纽厄尔和西蒙因此在 1975 年获得了图灵奖。

20 世纪 50 年代开始有机器学习的相关研究工作出现，主要集中在基于神经网络的连接主义学习方面，代表性工作主要有弗兰克·罗森布拉特（Frank Rosenblatt）的感知机[3]、伯纳德·威德罗（Bernard Widrow）的自适应线性神经元（Adaptive Linear Neuron，ADALINE）网络[4]等。1952 年，亚瑟·塞缪尔（Arthur Samuel）在 IBM 公司研制出了西洋跳棋程序，这是人工智能下棋问题的由来。20 世纪六七十年代，多种学习技术得到了初步发展，如以决策理论为基础的统计学习技术和强化学习技术等，该阶段的代表性工作主要有“学习机器”[5]等。这一时期出现了统计学习理论的一些重要结果，基于逻辑或图结构表示的符号学习技术也开始出现，代表性工作有帕特里克·H. 温斯顿（Patrick H. Winston）的“结构学习系统”[6]、理夏德·R. 米哈尔斯基（Ryszard R. Michalski）等人的“基于逻辑的归纳学习系统”[7]、厄尔·B. 亨特（Earl B. Hunt）等人的“概念学习系统”[8]等。从20世纪70年代中期开始，人工智能进入了“知识期”。机器仅具有逻辑推理能力远实现不了人工智能，“知识工程”之父费根鲍姆（Edward A. Feigenbaum）等人认为，要使机器具有智能，就必须设法使机器拥有知识。大量专家系统在该阶段问世，费根鲍姆在1994年获得了图灵奖。但是，专家系统面临“知识工程瓶颈”，简单地说，就是由人将知识总结出来再教给计算机是相当困难的。

1980年夏天，在美国卡耐基梅隆大学举行了第一届机器学习研讨会；同年，《策略分析与信息系统》期刊连出3期机器学习专辑；1983年，摩根考夫曼（Morgan Kaufmann）出版社出版了米哈尔斯基（Ryszard S. Michalski）、卡鲍尼尔（Jaime G. Carbonell）和米切尔（Tom M. Mitchell）主编的*Machine Learning: An Artificial Intelligence Approach*（《机器学习：一种人工智能途径》），书中汇集了20位学者撰写的16篇文章，总结了当时的机器学习研究工作；1986年，*Machine Learning*（《机器学习》）期刊创刊；1989年，*Artificial Intelligence*（《人工智能》）期刊出版了机器学习专辑，刊发了一些当时比较活跃的研究工作，其内容后来出现在卡鲍尼尔主编、麻省理工学院出版社在1990年出版的*Machine Learning: Paradigms and Methods*（《机器学习：范式与方法》）一书中。总体上，20世纪80年代是机器学习成为一个独立的学科并开始快速发展的时期。20世纪80年代以来，被研究最多、应用最广的是“从例子中学习”（也就是广义的归纳学习），它涵盖了监督学习（如分类和回归）和非监督学习（如聚类）等内容。

在20世纪90年代中期之前，“从例子中学习”的一大主流技术是归纳逻辑程序设计（Inductive Logic Programming）技术，这实际上是机器学习和逻辑程序设计的交叉。它使用一阶逻辑来对知识进行表示，通过修改和扩充逻辑表达式（如Prolog表达式）来完成对数据的归纳。这一技术占据主流地位与整个人工智能领域的发展历程是分不开的。归纳逻辑程序设计技术的一大优点是它具有很强的知识表示能力，可以较容易地表示出复杂数据和复杂的数据关系。尤为重要的是，领域知识通常可以方便地写成逻辑表达式。因此，归纳逻辑程序设计技术不仅可以方便地利用领域知识指导学习，还可以通过学习对领域知识进行精化和增强，甚至可以从数据中学习出领域知识。归纳逻辑程序设计技术也有其局限性，最严重的问题是由于其表示能力很强，学习过程所面临的假设空间太大，对规模稍大的问题就很难进行有效的学习，只能解决一些“玩具问题”。因此，在20世纪90年代中期后，归纳逻辑程序设计技术方面的研究相对陷入了低谷。这一时期，“从例子中学习”的另一大主流技术是基于神经网络的连接主义学习技术。连接主义学习技术在20世纪50年代曾经历了一个大的发展时期，但因为早期的很多人工智能研究者对符号表示有特别的偏爱，如西蒙曾说人工智能就是研究“对智能行为的符号化建模”，因此当时连接主义的研究并没有被纳入主流人工智能的范畴。同时，连接主义学习技术自身也遇到了极大的问题，明斯基（Marvin Minsky）和派珀特（Seymour A. Papert）在1969年指出，神经网络（当时的）只能用于线性分类，对“异或”这样简单的问题都无法完成。于是，连接主义学习技术在此后近15年的时间内陷入了停滞期。直到1983年霍普菲尔德（John J. Hopfield）利用神经网络求解旅行商问题（Travelling Salesman Problem，TSP）[9]获得了成功，才使得连接主义重新受到人们的关注。1986年，鲁梅尔哈特（David E. Rumelhart）、辛顿（Geoffrey E. Hinton）和威廉姆斯（Ronald J. Williams）重新发明了著名的反向传播（BP）算法[10]。同一年，鲁梅尔哈特和麦克兰德（James L. McClelland）主编了著名的 *Parall Distributed Processing：Explorations in the Microstructure of Cognition*（《并行分布式处理：认知微结构的探索》）一书，这本书对反向传播算法的使用产生了非常大的影响。该算法已成为最通用的多层感知器的训练算法，并在很多应用中都取得了极大的成功。与归纳逻辑程序设计技术相比，连接主义学习技术基于“属性-值”的表示形式（也就是用一个特征向量来表示一个事物，这实际上是命题逻辑表示形式），学习过程所面临的假设空间远小于归纳逻辑程序设计所面临的空间，而且由于有BP这样有效的学习算法，使得它可以解决很多实际问题。事实上，即使在今天，BP算法仍然是在实际工程应用中被用得最多、最成功的算法之一。然而，连接主义学习技术也有其局限性，一个常被人诟病的问题是其“试错性”。简单地说，在此类技术中有大量的经验参数需要设置，如神经网络的隐含层结点数和学习率等。在实际的工程应用中，人们可以通过调试来确定较好的参数设置，但对机器学习研究者来说，对此是难以满意的。

20世纪90年代中期，统计学习取得了突出的成绩。其实早在20世纪六七十年代就已经有统计学习方面的研究工作了，统计学习理论在那个时期也已经打下了基础，如万普尼克（Vladimir N. Vapnik）提出了“支持向量”的概念，他和切尔沃宁基斯（Alexey Y. Chervonenkis）提出了VC维（Vapnik-Chervonenkis Dimension）[11]，在1974年提出了结构风险最小化原则[12]等，但直到20世纪90年代中期，统计学习才开始成为机器学习的主流技术。一方面，由于有效的支持向量机算法在20世纪90年代由博泽（Bernhard Boser）、盖恩（Isabelle Guyon）和万普尼克[13]提出，而其优越的性能到20世纪90年代中期才在约阿希姆斯（Thorsten Joachims）等人对文本分类的研究中显现出来；另一方面，正是在连接主义学习技术的局限性凸显出来之后，人们才把目光转向了统计学习。随着支持向量机的广泛使用，“核方法”也成为机器学习常用的技术。核函数满足的Mercer定理是1909年发表的。在机器学习领域，波吉奥（Tomaso Poggio）在1975年就使用过多项式核函数。事实上，统计学习与连接主义学习有着密切的联系。例如，RBF神经网络其实就是一种常用的支持向量机。

2006年被称为深度学习元年，深度学习方法是目前最为流行的机器学习技术。2018年，加拿大蒙特利尔大学教授本吉奥（Yoshua Bengio）、谷歌副总裁兼多伦多大学名誉教授辛顿和纽约大学教授兼Facebook首席人工智能科学家杨乐昆（Yann LeCun）三人因在深度学习上的贡献共同获得了图灵奖。2006年，辛顿[14]提出了深层网络训练中梯度消失问题的解决方案：无监督预训练对权值进行“初始化+有监督训练”微调。其主要思想是先通过自学习的方法学习到训练数据的结构（自动编码器），然后在该结构上进行有监督训练微调。2010年，美国国防部高级研究计划局（Defense Advanced Research Projects Agency，DARPA）计划首次资助深度学习项目。2011年，微软研究院和谷歌的语音识别研究人员先后采用深度神经网络（Deep Neural Network，DNN）技术降低语音识别错误率20%~30%，是该领域10年来最大的突破。2012年，深度学习进入爆发期。辛顿的课题组为了证明深度学习的潜力，首次参加ImageNet图像识别比赛，通过构建的卷积神经网络（Convolutional Neural Networks，CNN）AlexNet夺得冠军[15]，分类性能比第二名的SVM方法高10%以上。正是由于该比赛，CNN吸引到了众多研究者的注意。2013年，辛顿创立的DNN Research公司被谷歌收购，杨乐昆加盟Facebook的人工智能实验室。2014年，谷歌将语音识别的精准度从2012年的84%提升到如今的

98%，移动端Android系统的语音识别正确率提高了25%。在人脸识别方面，谷歌的人脸识别系统FaceNet在数据集LFW上达到99.63%的准确率。随后，微软公司采用深度神经网络的残差学习方法[16]将数据集Imagenet的分类错误率降低至3.57%，已低于同类试验中人眼识别的错误率（5.1%），其采用的神经网络已达到152层。2016年，DeepMind公司使用1920个CPU集群和280个GPU的深度学习围棋软件AlphaGo战胜人类围棋世界冠军李世石。2017年，谷歌团队提出了自然语言处理（Natural Language Processing，NLP）经典之作Transformer[17]。Transformer在机器翻译任务上的表现超过了循环神经网络（Recurrent Neural Network，RNN）和CNN，它只用encoder-decoder和attention机制就能达到很好的效果，最大的优点是可以高效地并行化。

国内对深度学习的研究也在不断加速：华为在香港成立“诺亚方舟实验室”从事自然语言处理、数据挖掘与机器学习、媒体社交、人际交互等方面的研究；百度成立“深度学习研究院”（Institute of Deep Learning，IDL），将深度学习应用于语音识别、图像识别和检索等；腾讯建立深度学习平台Mariana，Mariana面向识别、广告推荐等众多应用领域，提供默认算法的并行实现；阿里巴巴发布包含深度学习开放模块的DTPAI人工智能平台等。

此外，在国际顶级人工智能及相关学术会议上，每年都有大量的深度学习论文发表，在深度学习架构、深度学习方法、深度学习网络、训练与优化技术、深度学习应用等方面有大量的研究成果发表。

1.3 机器学习的分类

1.3.1 基于学习系统的反馈分类

依据从系统中获得的反馈，机器学习分为监督学习、无监督学习和强化学习。

（1）监督学习（Supervised Learning），也称为有导师学习。从给定的训练数据集中学习出一个函数（模型参数），当新的数据到来时，可以根据这个函数预测结果。监督学习的训练集要求包括输入-输出（输入-标签，也可以说是特征和目标）。训练集中的数据输出是事先标注好的。监督学习最常见的问题是分类问题，通过训练已有的训练样本（已知数据及其对应的输出），得到一个最优模型（这个模型属于某个函数的集合，最优表示在某个评价准则下是最佳的），再利用这个模型将所有的输入映射为相应的输出，对输出进行简单的判断，从而实现分类的目的。这样，模型也就具有了对未知数据分类的能力。监督学习的目标往往是让计算机去学习已经创建好的分类系统（模型）。监督学习最为常见的是分类和回归。

（2）无监督学习（Unsupervised Learning），也称为无导师学习。输入数据没有标签，样本数据类别未知，需要根据样本间的相似性对样本集进行划分（聚类），试图使类别内的差距最小化和使类别间的差距最大化。实际应用中，在不少情况下无法预先知道样本的标签，也就是说没有训练样本对应的类别，因而只能从原先没有样本标签的样本集中开始学习划分。无监督学习的方法，一类是基于概率密度函数估计的直接方法：指设法找到各类别在特征空间的分布参数，然后进行划分；另一类是基于样本间相似性度量的聚类方法：原理是设法定出不同类别的核心或初始内核，然后依据样本与核心之间的相似性度量将样本聚成不同的类别。

监督学习和无监督学习的不同表现在如下方面。

① 有标签与无标签：监督学习是有导师学习，所谓的导师就是训练数据具有标签。监督学习的过程为先通过已知的训练样本（如已知输入和对应的标签）来训练，从而得到一个最优模型，然后将这个模型应用在新的数据上，映射出输出结果。经过这样的过程后，模型就有了预知能力。无监督学习相比于监督学习，没有训练的过程，直接使用数据进行建模分析，意味着通过机器学习自行学习的。

② 分类与聚类：监督学习的核心是分类，无监督学习的核心是聚类（将数据集合分成由类似的对象组成的多个类别）。监督学习的工作是训练分类器和确定权值，无监督学习的工作是计算数据间的相似度从而划分数据的类别。

③ 同维与降维：监督学习的输入如果是 n 维的，其特征即被认定为 n 维，即 $y=f(\boldsymbol{x}_i)$ 或 $p(y\mid\boldsymbol{x}_i)$，$i=1,\cdots,n$，通常不具有降维的能力。而无监督学习经常要做特征提取或采用层聚类等，以减少数据特征的维度，从而使 $i<n$。

④ 独立与非独立：对于不同的场景，正负样本的分布可能会存在偏移。不管是训练样本（监督），还是待分类的数据（无监督），并不能保证所有数据都相互独立分布。作为训练样本，大的偏移很可能会给分类器带来很大的

噪声，而对于无监督学习，情况就会好很多。可见，独立分布数据更适合监督学习，而非独立数据更适合无监督学习。

⑤ 不透明与可解释性：监督学习的分类原因通常是不具有可解释性的，或者说是不透明的。因为规则都是通过人为建模得出的，并不能自行产生规则。无监督学习的聚类方式是寻找数据集的规律性，通常具有良好的解释性。

此外，半监督学习是监督学习与无监督学习相结合的一种学习方法。半监督学习使用大量的未标记数据，并同时使用标记数据来进行工作。

（3）强化学习（Reinforcement Learning），是一种与监督学习、无监督学习对等的学习模式，而不是一种具体的计算方法。它的本质是解决决策问题，即自动进行决策，并且可以做连续决策。强化学习理论受到行为主义心理学启发，侧重在线学习并试图在探索-利用（Exploration-Exploitation）间保持平衡。不同于监督学习和无监督学习，强化学习不要求预先给定任何数据，而是通过接收环境对动作的奖励（反馈）获得学习信息并更新模型参数。

1.3.2 基于所获取知识的表示形式分类

学习系统获取的知识可能有：行为规则、物理对象的描述、问题求解策略、各种分类及其他用于任务实现的知识类型。

对于学习中获取的知识，主要有如下表示形式：代数表达式参数、形式文法、产生式规则、形式逻辑表达式、决策树、图和网络、框架和模式（Schema）、计算机程序和其他过程编码、神经网络，以及多种表示形式的组合。

根据知识表示的精细程度和知识的表示形式，机器学习分为两大类：泛化程度高的粗粒度的符号表示类和泛化程度低的精粒度的亚符号（Sub-Symbolic）表示类。决策树、形式文法、产生式规则、形式逻辑表达式、框架和模式等属于符号表示类；而代数表达式参数、图和网络、神经网络等则属于亚符号表示类。

1.3.3 按应用领域分类

目前，机器学习最主要的应用领域有：认知模拟、规划和问题求解、数据挖掘、网络信息服务、专家系统、图像识别、故障诊断、自然语言理解、机器人和博弈等领域。

从机器学习的执行部分所反映的任务类型上看，目前大部分的应用研究领域基本上集中于以下 3 个范畴：分类、聚类和问题求解。

（1）分类要求系统依据已知的分类知识对输入的未知模式（该模式的描述）做分析，以确定输入模式的类属。相应的学习目标就是学习用于分类的准则（如分类规则）。

（2）聚类是直接利用数据，寻找数据间的特征，将其划分到不同的类别中。

（3）问题求解要求对于给定的目标状态，寻找一个将当前状态转换为目标状态的动作序列。机器学习在这一领域的研究工作大部分集中于通过学习来获取能够提高问题求解效率的知识（如搜索控制知识和启发式知识等）。

1.3.4 综合分类

综合考虑各种学习方法出现的历史渊源、知识表示、推理策略、结果评估的相似性、研究人员交流的相对集中性和应用领域等诸因素，将机器学习方法分为以下 6 类。

1. 经验性归纳学习（Empirical Inductive Learning）

经验性归纳学习采用一些数据密集的经验方法对例子进行归纳学习。其例子和学习结果一般都采用属性、谓词和关系等符号表示。它相当于基于学习策略分类中的归纳学习，但扣除联接学习、遗传算法和强化学习的部分。

2. 分析学习（Analytic Learning）

分析学习是从一个或少数几个实例出发，运用领域知识进行分析。分析学习的主要特征：

① 推理策略主要是演绎，而非归纳。

② 使用过去的问题求解经验（实例）指导新的问题求解，或产生能够更有效运用领域知识的搜索控制规则。

③ 分析学习的目标是改善系统的性能，而不是产生新的概念描述。分析学习包括应用解释学习、演绎学习、多级结构组块以及宏操作学习等。

3. 类比学习

目前，在类比学习这一类型的学习中，比较典型的研究是通过与过去经历的具体事例做类比来学习，是一种基于范例的学习（Case-Based Learning，简称为范例学习）。

4. 进化算法（Evolutionary Algorithm）

进化算法，或称“演化算法”，是一个“算法簇”。尽管它有很多的变化，有不同的遗传基因表达方式，不同的交叉和变异算子，特殊算子的引用，以及不同的再生和选择方法，但都借鉴于大自然的生物进化。进化算法是一种具有较高鲁棒性和广泛适用性的全局优化方法，具有自组织、自适应和自学习的特性，能够不受问题性质的限制，有效地处理传统优化算法难以解决的复杂问题。

进化算法包括遗传算法（Genetic Algorithm）、遗传规划（Genetic Programming）、进化策略（Evolution Strategy）和进化规划（Evolution Programming）四种典型方法。遗传算法的主要基因操作是选种、交叉和突变，而在进化规划和进化策略中，进化机制源于选种和突变。从适应度的角度来说，遗传算法用于选择优秀的父代，而进化规划和进化策略则用于选择子代。遗传算法与遗传规划强调的是父代对子代的遗传链，而进化规划和进化策略则着重于子代本身的行为特性，即行为链。进化规划和进化策略一般都不采用编码，省去了运作过程中的编码-解码手续，更适用于连续优化问题，但因此也不能进行非数值优化。进化策略可以确定机制产生出用于繁殖的父代，而遗传算法和进化规划强调对个体适应度和概率的依赖。

此外，进化规划把编码结构抽象为种群之间的相似，而进化策略抽象为个体之间的相似。进化策略和进化规划已应用于连续函数优化、模式识别、机器学习、神经网络训练、系统辨识和智能控制等众多领域。

5. 联接学习

典型的联接学习模型是人工神经网络，主要包括浅层神经网络和深度神经网络。

6. 强化学习（Reinforcement Learning）

强化学习的特点是通过与环境的试探性（Trial and Error）交互来确定和优化动作的选择，以实现所谓的序列决策任务。在这种任务中，学习机制通过选择并执行动作，导致系统状态的变化，并有可能得到某种强化信号（立即回报），从而实现与环境的交互。强化信号就是对系统行为的一种标量化的奖惩。系统学习的目标是寻找一个合适的动作选择策略，即在任一给定的状态下选择哪种动作的方法，使产生的动作序列可获得某种最优的结果（如累计立即回报最大）。

在综合分类中，经验性归纳学习、进化算法、联接学习和强化学习均属于归纳学习，其中经验归纳学习采用符号表示方式，而进化算法、联接学习和强化学习则采用亚符号表示方式；分析学习属于演绎学习。实际上，类比策略可看作归纳和演绎策略的综合。因而，最基本的学习策略只有归纳和演绎。

从学习内容的角度看，采用归纳策略的学习由于是对输入进行归纳的，所学习的知识超过原有系统知识库所能蕴含的范围，所学结果改变了系统的演绎闭包，因而这种类型的学习又可称为知识级学习；而采用演绎策略的学习尽管所学的知识能够提高系统的效率，但仍能被原有系统的知识库所蕴含，即所学的知识未能改变系统的演绎闭包，因而这种类型的学习又被称为符号级学习。

1.4 性能度量

1.4.1 数据集

在机器学习中，经常会涉及3个数据集：训练集（Training Set）、验证集（Validation Set）和测试集（Test Set）。

（1）训练集：用来训练算法模型。通过设置分类器的参数，训练分类模型。

（2）验证集：其作用是当通过训练集训练出多个模型后，为了能找出效果最佳的模型，使用各个模型对验证集数据进行预测，并记录模型的准确率。选出效果最佳的模型所对应的参数，即用来调整模型参数。在训练集上训练好系统后，有些参数是不可学习的，需要人为设定，这就需要验证集。在验证集上不断调试人为设定的超参数，直到在验证集上得到的结果满意为止，这一步通常采用验证集上的交叉验证来确定最优超参数。因此验证集适用多个不同的超参数训练多个模型，然后通过验证集，选择最好的模型及其相应的超参数。最后使用测试集进行一遍测试，并得到泛化误差的估值。

(3) 测试集：用来最终测试模型的性能和分类能力，即当已经确定模型的参数后，可以使用测试集进行模型预测并评估模型的性能。

需要注意的是，当模型中没有需要人为设定的超参数时，所有参数都是通过学习得到的，则不需要验证集，有训练集和测试集就够了。

为了避免验证集浪费太多的训练数据，常用的技术是交叉验证，即将训练集分成若干个互补的子集，然后每个模型都通过这些子集的不同组合来训练，之后用剩余的子集进行验证。当选择了一个模型和超参数之后，再对整个训练集训练一次，最后再用测试集测量泛化误差。

对原始数据进行 3 个数据集的划分，也是为了防止模型过拟合。当使用了所有的原始数据去训练模型时，得到的结果很可能是该模型最大限度地拟合了原始数据，即该模型是为了拟合所有原始数据而存在的。当新的样本出现时，再使用该模型进行预测，效果可能还不如只使用一部分数据训练的模型好。

1.4.2 误差

在机器学习中，误差（Error）指的是模型输出与真值（Labels）的偏离程度，通常定义一个损失函数（Loss Function）来衡量误差的大小。常用的损失函数有均方误差（Mean Square Error，MSE）、交叉熵损失（Cross Entropy Loss）等。给定损失函数后，基于损失函数的训练误差（Training Error）和测试误差（Testing Error）是评估模型的重要标准。

学习模型在训练集上产生的误差称为训练误差或者经验误差（Empirical Error），经验误差的大小反映了模型在训练数据上拟合效果的好坏。学习模型在测试集上产生的误差称为测试误差。模型在未知样本上的误差称为泛化误差（Generalization Error）。一般情况下，未知样本不可得到，因此通常将测试误差作为泛化误差的近似值，用于衡量训练好的模型对未知数据的预测能力。

1.4.3 过拟合与欠拟合

训练机器学习模型的目标是训练误差和测试误差都尽可能小，这样训练得到的模型是我们期望的结果。但实际的结果会发生与之不一致的情况，这就涉及过拟合和欠拟合的问题。

过拟合（Over-Fitting）指所建的机器学习模型在训练样本中表现得过于优越，导致在验证数据集和测试数据集中表现不佳。在训练集上表现得很好，但是在测试集中表现得恰好相反，从性能的角度上讲就是协方差过大。同样，在测试集上的损失函数会表现得很大。

欠拟合（Under-Fitting）指模型在训练和预测时表现得都不好。

1.4.4 评估方法

泛化误差可以用来评估模型对未知数据的预测能力，但是一般情况下未知样本是不可得到的，需要一个测试集，以测试集上的测试误差来近似泛化误差。因此，需要利用已有的数据样本来构造测试集。常用的评估方法有：留出法（Hold-Out）、交叉验证法（Cross Validation）和自助法（Bootstrapping）。

1. 留出法

留出法是在保证数据分布一致的前提下，将已有的数据集分为两个互斥的部分，即一部分作为训练集，另一部分作为测试集。利用训练集训练出模型以后，用测试集来计算其测试误差，将其作为泛化误差的估计。

2. 交叉验证法

交叉验证法[18]是将已有数据集分为 k 等份的互斥子集，并尽可能保持每个子集的数据分布一致。然后每次将 $k-1$ 个子集作为训练集，剩下的一个进行测试，这样操作以后可以进行 k 次训练和测试，最终返回 k 次结果的均值。当已有数据集的样本数为 m 且 $k=m$ 时，称为留一法。交叉验证可以提高准确度，但对于大规模数据集，其资源消耗较大。

3. 自助法[19]

假设已有数据集 D 中有 m 个样本，每次随机从中抽取一个样本放入 D'，然后再将该样本放回 D 中，执行 m 次放回抽样后，就能得到包含 m 个样本的数据集 D'。样本在 m 次抽样中都没有被抽取到的概率为

$$p=\left(1-\frac{1}{m}\right)^m$$

对 m 取极限可得：

$$\lim_{m\to\infty}\left(1-\frac{1}{m}\right)^m\to\frac{1}{e}\approx 0.368$$

通过自助抽样，数据集 D 中约 36.8%的样本不会出现在 D' 中。因此，可以将 D' 作为训练集，将没有出现在 D' 中的样本作为测试集。自助法在小数据集难以划分训练集和测试集时很有效，但是自助法改变原始数据分布，会引入估计偏差，因此在数据量充足时，常用方法是留出法和交叉验证法。

1.4.5 性能度量指标

性能度量用来评估机器学习算法的效果，主要以分类问题、回归问题和聚类问题来分析性能度量。这些性能度量指标的应用并不仅限于这些问题。

1. 分类问题

1）混淆矩阵

混淆矩阵（Confusion Matrix），也称为误差矩阵，特别用于监督学习中的一种可视化工具，主要用于比较分类结果和实例的真实信息。混淆矩阵的每一列代表了预测类别，每一列的总数表示预测为该类别的数据的数目；每一行代表了数据的真实归属类别，每一行的数据总数表示该类别的数据实例的数目。以分类模型中的二分类为例，模型最终需要判断样本的结果是正还是负。

（1）真正（True Positive，TP）：模型预测为正的正样本。

（2）假正（False Positive，FP）：模型预测为正的负样本。

（3）假负（False Negative，FN）：模型预测为负的正样本。

（4）真负（True Negative，TN）：模型预测为负的负样本。

这 4 个指标呈现在如表 1.1 所示的混淆矩阵中。

（1）真正率（True Positive Rate，TPR）：TPR=TP/(TP+FN)，即被预测为正的正样本数/正样本实际数。

（2）假正率（False Positive Rate，FPR）：FPR=FP/(FP+TN)，即被预测为正的负样本数/负样本实际数。

（3）假负率（False Negative Rate，FNR）：FNR=FN/(TP+FN)，即被预测为负的正样本数/正样本实际数。

（4）真负率（True Negative Rate，TNR）：TNR=TN/(TN+FP)，即被预测为负的负样本数/负样本实际数。

表1.1 混淆矩阵

混淆矩阵		预测值	
		正	负
真实值	正	TP	FN
	负	FP	TN

2）准确率（Accuracy）

准确率是最常用的分类性能指标：

$$\text{Accuracy}=\frac{\text{TP}+\text{TN}}{\text{TP}+\text{FN}+\text{FP}+\text{TN}}$$

即正确预测的正反样本数/总数。

3）精确率（Precision）

精确率不同于准确率，精确率只是针对预测正确的正样本而不是所有预测正确的样本，它可理解为查准率：

$$\text{Precision}=\frac{\text{TP}}{\text{TP}+\text{FP}}$$

即正确预测的正样本数/预测正样本总数。

4）召回率（Recall）

召回率表现出在实际正样本中，分类器正确预测出多少。可理解为查全率：

$$\text{Recall}=\frac{\text{TP}}{\text{TP}+\text{FN}}$$

即正确预测的正样本数/实际的正样本总数。

5）F-score

对于精确率（Precision）和召回率（Recall）评估指标，理想情况下做到两个指标都高最好，但一般很难做到两者兼顾。精确率高，召回率就低；召回率高，精确率就低。在实际中常常需要根据具体情况做出取舍。例如，对于一般的搜索，在保证召回率的条件下，应尽量提升精确率；而像癌症检测、地震检测和金融欺诈等，则应在保证精确率的条件下，尽量提升召回率。

F-score是精确率和召回率的调和值：

$$\text{F-score}=(1+\beta^2)\frac{\text{Precision}\times\text{Recall}}{\beta^2\times\text{Precision}+\text{Recall}}$$

当$\beta=1$时，称为 F1-score 或者 F1-Measure，这时，精确率和召回率都很重要，权重相同。

有些情况下，如果精确率更重要些，那么将β的值调整为小于 1 的值。

有些情况下，如果召回率更重要些，那么将β的值调整为大于 1 的值。

F1 指标（F1-score）是精确率和召回率的调和平均评估指标。

$$\mathrm{F1}=2\times\frac{\mathrm{Precision}\times\mathrm{Recall}}{\mathrm{Precision}+\mathrm{Recall}}$$

6）ROC 曲线

根据分类结果计算得到接收者操作特性曲线（Receiver Operating Characteristic Curve，ROC）[20]空间中相应的点，连接这些点就形成 ROC，横坐标为假正率（False Positive Rate，FPR），纵坐标为真正率（True Positive Rate，TPR）。一般情况下，这个曲线都应该处于点(0,0)和点(1,1)连线的上方，ROC 示例如图 1.1 所示。

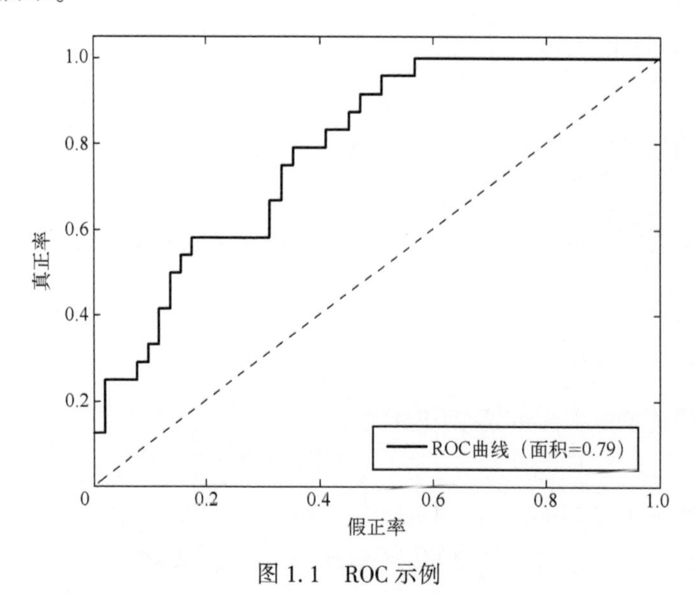

图 1.1　ROC 示例

（1）点(0,1)：即 FPR=0，TPR=1，意味着 FN=0 且 FP=0，将所有的样本都正确分类。

（2）点(1,0)：即 FPR=1，TPR=0，最差分类器，避开了所有正确答案。

（3）点(0,0)：即 FPR=TPR=0，FP=TP=0，分类器把每个样本都预测

为负类。

（4）点(1,1)：分类器把每个样本都预测为正类。

利用 ROC 能够很容易地查出任意阈值对分类器泛化性能的影响。ROC 有助于选择最佳的阈值。ROC 越靠近左上角，模型的准确性就越高，而且一般来说，如果 ROC 是光滑的，那么基本可以判断没有太大的过拟合。最靠近左上角的 ROC 上的点是分类错误最少的最好阈值，其假正样本和假反样本总数最少。ROC 可以对不同的分类器比较性能，将各个分类器的 ROC 绘制到同一坐标中，直观地鉴别优劣，靠近左上角的 ROC 所代表的分类器的准确性最高。

7）AUC

ROC 下方的面积（Area Under Curve，AUC）[20]即 ROC 的积分，通常大于 0.5 且小于 1。随机挑选一个正样本和一个负样本，分类器判定正样本的值高于负样本的概率就是 AUC。AUC（面积）越大的分类器，性能越好。

（1）AUC=1：绝对完美的分类器，理想状态下，100%完美识别正类和负类。不管阈值怎么设定，都能得出完美预测。绝大多数预测不存在完美分类器。

（2）0.5<AUC<1：优于随机猜测。如果这个分类器（模型）妥善设定阈值，则可能有预测价值。

（3）AUC=0.5：跟随机猜测一样（如随机丢 N 次硬币，正、反面出现的概率为 50%），模型没有预测价值。

（4）AUC<0.5：比随机猜测还差，不存在 AUC<0.5 的情况。

AUC 示例如图 1.2 所示。

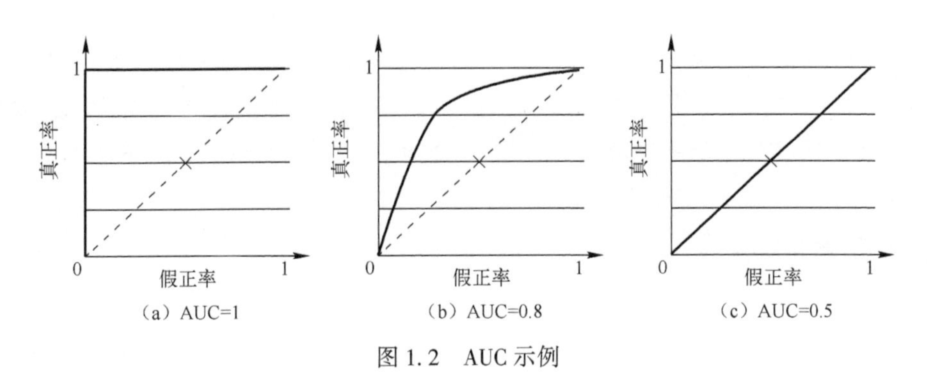

图 1.2　AUC 示例

8）PR 曲线

PR 曲线（Precision Recall Curve）展示的是精确率对召回率的曲线[20]，PR 曲线的纵坐标是精确率，横坐标是召回率，如图 1.3 所示。PR 曲线的评价标准和 ROC 的一样，先看是否平滑（图 1.3 中标记为“1”的曲线明显好些）。一般来说，在同一测试集中，上面的曲线比下面的曲线好（图 1.3 中标记为“2”的曲线比标记为“3”的曲线好）。当精确率和召回率接近时，F1 最大，此时连接点(0,0)和点(1,1)的线与 PR 曲线交叉的地方的 F1 是这条线最大的 F1（光滑的情况下）。

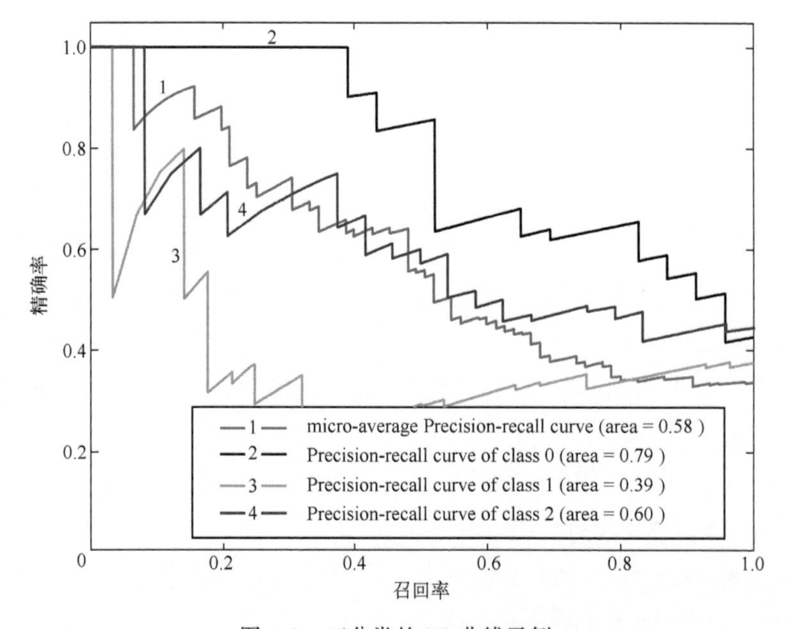

图 1.3　三分类的 PR 曲线示例

PR 曲线与 ROC 的相同点是都采用了 TPR（Recall），都可以用 AUC 来衡量分类器的效果。不同点是 ROC 使用了 FPR，而 PR 曲线使用了精确率，因此 PR 曲线的两个指标都聚焦于正样本。在类别不平衡问题中，由于主要关心正样本，所以在此情况下 PR 曲线被广泛认为优于 ROC。

2. 回归问题

1）平均绝对误差（MAE）

平均绝对误差（Mean Absolute Error，MAE），又称为 L1 范数损失（L1-norm loss）：

$$\mathrm{MAE}(y,\hat{y}) = \frac{1}{n_{\mathrm{samples}}}\sum_{i=1}^{n_{\mathrm{samples}}} |y_i - \hat{y}_i|$$

其中，y_i 是真实值，$\hat{y}_i$是预测值，n_{samples}是样本数。

2）平均平方误差（MSE）

平均平方误差（Mean Squared Error，MSE），又称为 L2 范数损失（L2-norm loss）：

$$\mathrm{MSE}(y,\hat{y}) = \frac{1}{n_{\mathrm{samples}}}\sum_{i=1}^{n_{\mathrm{samples}}} (y_i - \hat{y}_i)^2$$

其中，y_i 是真实值，$\hat{y}_i$是预测值。

3）均方根误差（RMSE）

均方根误差（Root-Mean-Square Error，RMSE）虽然广为使用，但是其存在一些缺点。因为它是使用平均误差的，而平均值对异常点（Outliers）较敏感，如果回归器对某个点的回归值很不理性，那么它的误差则较大，从而会对 RMSE 的值有较大影响，即平均值是非鲁棒的。

$$\mathrm{RMSE} = \sqrt{\frac{1}{n_{\mathrm{samples}}}\sum_{i=1}^{n_{\mathrm{samples}}} (y_i - \hat{y}_i)^2}$$

4）解释变异

解释变异（Explained Variation）根据误差的方差计算：

$$\mathrm{explainedvariance}(y,\hat{y}) = 1 - \frac{\mathrm{Var}(y-\hat{y})}{\mathrm{Var}\ y}$$

5）决定系数

决定系数（Coefficient of Determination），又称为可决系数、测定系数或 R^2 分数：

$$R^2(y,\hat{y}) = 1 - \frac{\sum_{i=1}^{n_{\mathrm{samples}}} (y_i - \hat{y}_i)^2}{\sum_{i=1}^{n_{\mathrm{samples}}} (y_i - \bar{y}_i)^2}$$

其中，$\bar{y} = \frac{1}{n_{\mathrm{samples}}}\sum_{n=1}^{n_{\mathrm{samples}}} y_i$。

3. 聚类问题

1）兰德指数

给定实际类别信息 C，假设 K 是聚类结果，a 表示在 C 与 K 中都是同类

别的元素对数，b 表示在 C 与 K 中都是不同类别的元素对数，则兰德指数（Rand Index，RI）为

$$\mathrm{RI}=\frac{a+b}{C_2^{n_{\text{samples}}}}$$

其中，$C_2^{n_{\text{samples}}}$ 表示数据集中可以组成的总元素对数；RI 的取值范围为[0,1]，其值越大，意味着聚类结果与真实情况越吻合。

对于随机结果，RI 并不能够保证分数接近零。为了实现“在聚类结果随机产生的情况下，指标应该接近零”，提出了调整兰德系数（Adjusted Rand Index，ARI）：

$$\mathrm{ARI}=\frac{\mathrm{RI}-E(\mathrm{RI})}{\max(\mathrm{RI})-E(\mathrm{RI})}$$

它具有更高的区分度。ARI 的取值范围为[-1,1]，其值越大，意味着聚类结果与真实情况越吻合。从广义的角度来讲，ARI 衡量的是两个数据分布的吻合程度。

2）互信息

互信息（Mutual Information，MI）也是用来衡量两个数据分布的吻合程度的。假设 U 与 V 是对 N 个样本标签的分布情况，则这两种分布的熵（熵表示的是不确定程度）分别为

$$H(U)=\sum_{i=1}^{|U|}P(i)\log(P(i)),\quad H(V)=\sum_{i=1}^{|V|}P'(j)\log(P'(j))$$

其中，$P(i)=|U_i|/N,P'(j)=|V_j|/N$。

U 与 V 之间的互信息（MI）定义为

$$\mathrm{MI}(U,V)=\sum_{i=1}^{|U|}\sum_{j=1}^{|V|}P(i,j)\log\left(\frac{P(i,j)}{P(i)P'(j)}\right)$$

其中，$P(i,j)=|U_i\cap V_j|/N$。

标准化后的互信息（Normalized Mutual Information，NMI）为

$$\mathrm{NMI}(U,V)=\frac{\mathrm{MI}(U,V)}{\sqrt{H(U)H(V)}}$$

与 ARI 类似，调整互信息（Adjusted Mutual Information，AMI）定义为

$$\mathrm{AMI}=\frac{\mathrm{MI}-E(\mathrm{MI})}{\max(H(U),H(V))-E(\mathrm{MI})}$$

利用基于互信息的方法来衡量聚类效果需要实际类别信息，MI 与 NMI 的

取值范围为[0,1]，AMI 的取值范围为[-1,1]，它们都是值越大，意味着聚类结果与真实情况越吻合。

3）轮廓系数

轮廓系数（Silhouette Coefficient）适用于实际类别信息未知的情况。对于单个样本，设 a 是与它同类别中其他样本的平均距离，b 是与它距离最近不同类别中样本的平均距离，轮廓系数为

$$S=\frac{b-a}{\max(a,b)}$$

对于一个样本集合，它的轮廓系数是所有样本轮廓系数的平均值。轮廓系数的取值范围为[-1,1]。

1.5 本章小结

机器学习主要研究建立能够根据经验自我提高处理性能的计算机程序。本章主要讨论了机器学习的定义、机器学习的发展历史和机器学习的分类，以及机器学习的性能度量方法与指标。

（1）机器学习的诸多概念来源于人工智能、概率和统计、计算复杂性、信息论、心理学和神经生物学、控制论，以及哲学等不同的学科。

（2）一个完整定义的学习问题需要一个明确界定的任务和性能度量标准，以及训练经验的数据源。

（3）机器学习算法的设计包括许多选择，具体涉及选择训练经验的类型、学习的目标函数、目标函数的表示形式，以及从训练样例中学习目标函数的算法。

（4）机器学习算法在很多应用领域已被证明具有实用价值。

第2章 EM算法和高斯模型

2.1 EM算法

期望最大化（Expectation-Maximum，EM）算法[21]是一类通过迭代进行极大似然估计（Maximum Likelihood Estimation，MLE）的优化算法，通常用于对包含隐变量（Latent Variable）或缺失数据（Incomplete-data）的概率模型进行参数估计。EM算法被广泛应用于处理数据缺失值，以及高斯混合模型[22]（Gaussian Mixture Model，GMM）、隐马尔可夫模型[23]（Hidden Markov Model，HMM）、隐狄利克雷分布[24]（Latent Dirichlet Allocation，LDA）主题模型的变分推断等机器学习算法的参数估计。K均值（K-means）算法和Baum-Welch算法都是EM算法的特例。

EM算法的正式提出源于美国数学家阿瑟·登普斯特（Arthur Dempster）、纳恩·莱尔德（Nan Laird）和唐纳德·鲁宾（Donald Rubin）在1977年发表的研究成果，他们对先前出现的作为特例的EM算法进行总结并给出了标准算法的计算步骤，EM算法因此也被称为Dempster-Laird-Rubin算法。1983年，美国数学家吴建福（Chien-Fu Jeff Wu）证明了EM算法在指数族分布以外的收敛性。

2.1.1 极大似然估计

EM算法是基于极大似然估计理论的优化算法。为了更好地理解EM算法，先介绍极大似然估计。极大似然估计利用已知的样本结果去反推最有可能（最大概率）导致这种结果的参数值，即在给定的观测变量下估计参数值。

极大似然估计[25]是概率论在统计学中的一种应用，也是参数估计的方法之一。已知某个随机样本满足某种概率分布，但是其中具体的参数并不清楚。参数估计就是通过若干次试验，观察其结果，利用结果推算出参数的估计值。

极大似然估计是建立在这样的思想上的：已知某个参数能使这个样本出现的概率最大，从而不会再去选择其他小概率的样本，所以就把这个参数作为估计的真实值。

举例：采用抽样方法调查学校男生的身高分布。抽样数为 100 个男生，假设他们的身高服从高斯分布（又称正态分布），需要估计这个高斯分布的均值 u 和方差 δ^2，即 $\boldsymbol{\theta}=[u,\delta^2]^{\mathrm{T}}$。

按照概率密度 $p(\boldsymbol{x}\mid\boldsymbol{\theta})$ 抽取 100 个男生的身高数据，组成样本集 $X=\{x_1, x_2,\cdots,x_n\}$，其中 x_i 表示抽样的第 i 个男生的身高，$n=100$ 表示抽样的样本个数，通过样本集 X 来估计出未知参数 $\boldsymbol{\theta}$。由于每个样本都独立地从 $p(\boldsymbol{x}\mid\boldsymbol{\theta})$ 中抽取，那么抽取到男生 A 的身高的概率是 $p(\boldsymbol{x}_A\mid\boldsymbol{\theta})$，抽取到男生 B 的概率是 $p(\boldsymbol{x}_B\mid\boldsymbol{\theta})$，由于他们彼此独立，所以同时抽到男生 A 和男生 B 的概率是 $p(\boldsymbol{x}_A\mid\boldsymbol{\theta})p(\boldsymbol{x}_B\mid\boldsymbol{\theta})$。同理，抽样这 100 个男生的概率就是他们各自概率的乘积，即从分布是 $p(\boldsymbol{x}\mid\boldsymbol{\theta})$ 的总体样本中抽取到这 100 个样本的概率，也就是样本集 X 中各个样本的联合概率，用公式表示：

$$L(\boldsymbol{\theta})=L(x_1,x_2,\cdots,x_n;\boldsymbol{\theta})=\prod_{i=1}^{n}p(x_i;\boldsymbol{\theta}),\quad \boldsymbol{\theta}\in\Theta \tag{2.1}$$

这个概率反映了在概率密度函数的参数是 $\boldsymbol{\theta}$ 时，得到 X 这组样本的概率。这个函数反映在不同参数 $\boldsymbol{\theta}$ 的取值下，取得当前这个样本集的可能性，因此称为参数 $\boldsymbol{\theta}$ 相对于样本集 X 的似然函数（Likelihood Function），记为 $L(\boldsymbol{\theta})$。

在估计男生身高的事例中，只需要找到参数 $\boldsymbol{\theta}$，使其对应的似然函数 $L(\boldsymbol{\theta})$ 最大，也就是抽到这 100 个男生（的身高）概率最大，这个称为 $\boldsymbol{\theta}$ 的极大似然估计，记为

$$\hat{\boldsymbol{\theta}}=\arg\max L(\boldsymbol{\theta}) \tag{2.2}$$

为了便于分析，定义对数似然函数：

$$H(\boldsymbol{\theta})=\log L(\boldsymbol{\theta})=\log\prod_{i=1}^{n}p(\boldsymbol{x}_i;\boldsymbol{\theta})=\sum_{i=1}^{n}\log p(\boldsymbol{x}_i;\boldsymbol{\theta}) \tag{2.3}$$

求 $\boldsymbol{\theta}$，只需要使 $\boldsymbol{\theta}$ 的似然函数 $L(\boldsymbol{\theta})$ 极大化，此时极大值对应的 $\boldsymbol{\theta}$ 就是得到的估计。

求解极大似然函数估计值的一般步骤：

（1）写出似然函数；

（2）对似然函数取对数；

(3) 求导数，令导数为 0，得到似然方程；

(4) 解似然方程，得到所求参数。

2.1.2　EM 算法的引入

在估计男生身高的事例中，通过抽样 100 个男生的身高和其身高服从高斯分布，最大化其似然函数，即可得到对应高斯分布的参数 $\boldsymbol{\theta}=[u,\delta^2]^{\mathrm{T}}$。利用同样的方法可以得到抽样的 100 个女生对应高斯分布的参数。现在，这 100 个女生与 100 个男生混到一起，此时，从这 200 个人的身高里面随机选一个人的身高，无法确定这个身高值是男生的身高还是女生的身高，也无法知道它来自哪个分布及其高斯分布参数。

EM 算法就是为了解决不知道抽取的样本来自哪个分布而出现的。EM 算法可以理解为多了一个隐含变量（抽取得到的每个样本都不知道是从哪个分布抽取的）。其求解思路：先初始化隐含变量，估计出每个类别对应的分布参数，然后再根据这个分布参数去调整每个样本的隐含参数，依次迭代，直到算法收敛。EM 算法能够迭代成功是因为似然函数最终是一个单调函数。

2.1.3　EM 算法的推导

在介绍 EM 算法的具体推导之前，先介绍推导中使用的 Jensen（延森）不等式。

1. Jensen 不等式

定义 2.1：凸函数。对于定义在凸集 $\Omega\subset\mathbb{R}^n$ 上的函数 $f:\Omega\to\mathbb{R}$，f 是凸函数，当且仅当对于任意 $x,y\in\Omega$ 和任意 $a\in(0,1)$，都有

$$f[ax+(1-a)y]\leqslant af(x)+(1-a)f(y)$$

定义 2.2：严格凸函数。对于定义在凸集 $\Omega\subset\mathbb{R}^n$ 上的函数 $f:\Omega\to\mathbb{R}$，如果对于任意 $x,y\in\Omega$，$x\neq y$ 和 $a\in(0,1)$，都有

$$f[ax+(1-a)y]<af(x)+(1-a)f(y)$$

则函数 f 是 Ω 上的严格凸函数。

由该定义可知，对于严格凸函数，连接点 $[x,f(x)]$ 和点 $[y,f(y)]$ 的线段上的所有点（不包括两个端点），都严格位于函数 f 的图像上方。凸函数的几何解释如图 2.1 所示。

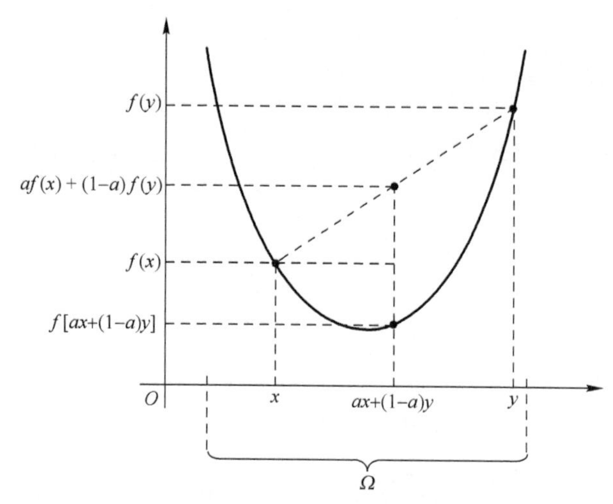

图 2.1　凸函数的几何解释

性质：假设函数 f、f_1 和 f_2 都是凸函数，那么，对于 $\forall a \geqslant 0$，函数 af 也是凸函数；f_1+f_2 也是凸函数。

设 f 是定义域为实数的函数，如果对于所有的实数 x，$f(x)$ 的二次导数大于或等于 0，那么 f 是凸函数。当 x 是向量时，如果其 Hessian 矩阵 $\boldsymbol{H}$ 是半正定的，那么 f 是凸函数。

定义 2.3：Jensen 不等式[26]。如果 f 是凸函数，X 是随机变量，那么

$$E[f(X)] \geqslant f[E(X)]$$

特别地，如果 f 是严格凸函数，当且仅当 X 是常量时，上式取等号。

Jensen 不等式的几何解释如图 2.2 所示。

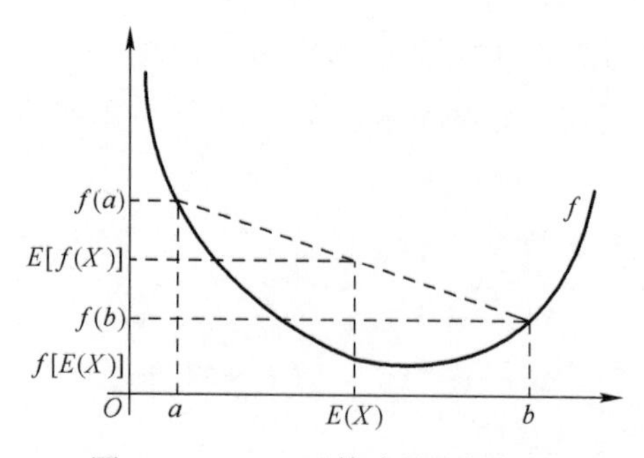

图 2.2　Jensen 不等式的几何解释

图 2.2 中，实线 f 是凸函数，X 是随机变量，有 0.5 的概率是 a，有 0.5 的概率是 b（就像掷硬币一样），那么 X 的期望值就是 a 和 b 的中值了，图中

可以看到$E[f(X)] \geqslant f[E(X)]$成立。当 Jensen 不等式应用于凹函数时，则$E[f(X)] \leqslant f[E(X)]$成立。

2. EM 算法的推导

对于 m 个样本观察数据 $\boldsymbol{x}=(\boldsymbol{x}^{(1)},\boldsymbol{x}^{(2)},\cdots,\boldsymbol{x}^{(m)})$，找出样本的模型参数 $\boldsymbol{\theta}$，极大化模型分布的对数似然函数如下：

$$\boldsymbol{\theta} = \arg\max_{\boldsymbol{\theta}} \sum_{i=1}^{m} \log P(\boldsymbol{x}^{(i)};\boldsymbol{\theta}) \tag{2.4}$$

如果观察数据有未观察到的隐变量 $z=(z^{(1)},z^{(2)},\cdots,z^{(m)})$，此时，极大化模型分布的对数似然函数如下：

$$\boldsymbol{\theta} = \arg\max_{\boldsymbol{\theta}} \sum_{i=1}^{m} \log P(\boldsymbol{x}^{(i)};\boldsymbol{\theta}) = \arg\max_{\boldsymbol{\theta}} \sum_{i=1}^{m} \log \sum_{z^{(i)}} P(\boldsymbol{x}^{(i)},z^{(i)};\boldsymbol{\theta}) \tag{2.5}$$

式(2.5)无法直接求出 $\boldsymbol{\theta}$。首先对这个公式引入一个未知的新的分布$Q_i(z^{(i)})$进行缩放：

$$\begin{aligned}\sum_{i=1}^{m} \log \sum_{z^{(i)}} P(\boldsymbol{x}^{(i)},z^{(i)};\boldsymbol{\theta}) &= \sum_{i=1}^{m} \log \sum_{z^{(i)}} Q_i(z^{(i)}) \frac{P(\boldsymbol{x}^{(i)},z^{(i)};\boldsymbol{\theta})}{Q_i(z^{(i)})} \\ &\geqslant \sum_{i=1}^{m} \sum_{z^{(i)}} Q_i(z^{(i)}) \log \frac{P(\boldsymbol{x}^{(i)},z^{(i)};\boldsymbol{\theta})}{Q_i(z^{(i)})}\end{aligned}$$

采用 Jensen 不等式：

$$\log \sum_j \lambda_j y_j \geqslant \sum_j \lambda_j \log y_j,\quad \lambda_j \geqslant 0,\quad \sum_j \lambda_j = 1$$

由于对数函数是凹函数，则有：

$$f[E(x)] \geqslant E[f(x)],\ f(x)\text{是凹函数}$$

此时如果要满足 Jensen 不等式中的等式成立，则有：

$$\frac{P(\boldsymbol{x}^{(i)},z^{(i)};\boldsymbol{\theta})}{Q_i(z^{(i)})} = c,\quad c\text{为常数}$$

由于 $Q_i(z^{(i)})$是一个分布，满足：

$$\sum_z Q_i(z^{(i)}) = 1$$

则有：

$$Q_i(z^{(i)}) = \frac{P(\boldsymbol{x}^{(i)},z^{(i)};\boldsymbol{\theta})}{\sum_z P(\boldsymbol{x}^{(i)},z^{(i)};\boldsymbol{\theta})} = \frac{P(\boldsymbol{x}^{(i)},z^{(i)};\boldsymbol{\theta})}{P(\boldsymbol{x}^{(i)};\boldsymbol{\theta})} = P(z^{(i)} \mid \boldsymbol{x}^{(i)};\boldsymbol{\theta})$$

如果 $Q_i(z^{(i)})=P(z^{(i)} \mid \boldsymbol{x}^{(i)};\boldsymbol{\theta})$，则上式是包含隐变量对数似然的一个下

界。如果能极大化这个下界，则尝试极大化对数似然：

$$\arg\max_{\boldsymbol{\theta}} \sum_{i=1}^{m} \sum_{z^{(i)}} Q_i(z^{(i)}) \log \frac{P(\boldsymbol{x}^{(i)}, z^{(i)}; \boldsymbol{\theta})}{Q_i(z^{(i)})} \tag{2.6}$$

去掉式(2.6)中的常数部分,则极大化的对数似然下界为

$$\arg\max_{\boldsymbol{\theta}} \sum_{i=1}^{m} \sum_{z^{(i)}} Q_i(z^{(i)}) \log P(\boldsymbol{x}^{(i)}, z^{(i)}; \boldsymbol{\theta}) \tag{2.7}$$

式(2.7)就是 EM 算法的 M 步(Maximization step，M-step)。

那 E 步(Expectation-step，E-step)呢？注意到式(2.7)中的 $Q_i(z^{(i)})$ 是一个分布，因此 $\sum_{z^{(i)}} Q_i(z^{(i)}) \log P(\boldsymbol{x}^{(i)}, z^{(i)}; \boldsymbol{\theta})$ 可以理解为是 $\log P(\boldsymbol{x}^{(i)}, z^{(i)}; \boldsymbol{\theta})$ 基于条件概率分布 $Q_i(z^{(i)})$ 的期望。

2.1.4 EM 算法的步骤

EM 算法采用迭代计算的思想，迭代分为两部分，即 E 步和 M 步。EM 算法在初始化模型参数后开始迭代，在迭代中交替进行 E 步和 M 步。由于 EM 算法的收敛性仅能确保局部最优，而不是全局最优，因此通常对 EM 算法进行随机初始化并多次运行，选择对数似然最大的迭代输出结果。EM 算法如算法 2.1 所示。

算法 2.1：EM 算法

输入：观察数据 $\boldsymbol{x} = (\boldsymbol{x}^{(1)}, \boldsymbol{x}^{(2)}, \cdots, \boldsymbol{x}^{(m)})$，联合分布 $p(\boldsymbol{x}, z; \boldsymbol{\theta})$，条件分布 $p(z \mid \boldsymbol{x}; \boldsymbol{\theta})$，最大迭代次数 J。

输出：模型参数 $\boldsymbol{\theta}$。

(1) 随机初始化模型参数 $\boldsymbol{\theta}$ 的初值 θ^0。

(2) 迭代次数从 1 到 J 进行算法。

① E 步：计算联合分布的条件概率期望。

$$Q_i(z^{(i)}) = P(z^{(i)} \mid \boldsymbol{x}^{(i)}; \theta^j)$$

$$L(\boldsymbol{\theta}, \theta^j) = \sum_{i=1}^{m} \sum_{z^{(i)}} Q_i(z^{(i)}) \log P(\boldsymbol{x}^{(i)}, z^{(i)}; \boldsymbol{\theta})$$

② M 步：极大化 $L(\boldsymbol{\theta}, \theta^j)$，得到 θ^{j+1}：

$$\theta^{j+1} = \arg\max_{\boldsymbol{\theta}} L(\boldsymbol{\theta}, \theta^j)$$

③ 如果 θ^{j+1} 已收敛，则算法结束。否则继续回到步骤①进行 E 步迭代。

2.1.5 EM算法的收敛性

EM算法还有两个问题需要思考：

(1) EM算法能够保证收敛吗？

(2) EM算法如果收敛，那么能够保证收敛到全局最优吗？

首先讨论EM算法的收敛性。要证明EM算法收敛，则需要证明对数似然函数的值在迭代的过程中一直在增大，即

$$\sum_{i=1}^{m}\log P(\boldsymbol{x}^{(i)},\theta^{j+1}) \geqslant \sum_{i=1}^{m}\log P(x^{(i)},\theta^{j})$$

由于：

$$L(\boldsymbol{\theta},\theta^{j})=\sum_{i=1}^{m}\sum_{z^{(i)}}P(z^{(i)}\mid\boldsymbol{x}^{(i)};\theta^{j})\log P(\boldsymbol{x}^{(i)},z^{(i)};\boldsymbol{\theta}) \tag{2.8}$$

令：

$$H(\boldsymbol{\theta},\theta^{j})=\sum_{i=1}^{m}\sum_{z^{(i)}}P(z^{(i)}\mid\boldsymbol{x}^{(i)};\theta^{j})\log P(z^{(i)}\mid\boldsymbol{x}^{(i)};\boldsymbol{\theta}) \tag{2.9}$$

式(2.8)与式(2.9)相减得到：

$$\sum_{i=1}^{m}\log P(\boldsymbol{x}^{(i)};\boldsymbol{\theta})=L(\boldsymbol{\theta},\theta^{j})-H(\boldsymbol{\theta},\theta^{j}) \tag{2.10}$$

式(2.10)中分别取$\boldsymbol{\theta}$为θ^{j}和θ^{j+1}，并相减得到：

$$\begin{aligned}&\sum_{i=1}^{m}\log P(\boldsymbol{x}^{(i)};\theta^{j+1})-\sum_{i=1}^{m}\log P(\boldsymbol{x}^{(i)};\theta^{j})\\&\quad=[L(\theta^{j+1},\theta^{j})-L(\theta^{j},\theta^{j})]-[H(\theta^{j+1},\theta^{j})-H(\theta^{j},\theta^{j})]\end{aligned} \tag{2.11}$$

要证明EM算法的收敛性，只需要证明式（2.11）的右边非负即可。

由于θ^{j+1}使得$L(\boldsymbol{\theta},\theta^{j})$极大，因此有：

$$L(\theta^{j+1},\theta^{j})-L(\theta^{j},\theta^{j})\geqslant 0$$

而对于第二部分，有：

$$\begin{aligned}H(\theta^{j+1},\theta^{j})-H(\theta^{j},\theta^{j})&=\sum_{i=1}^{m}\sum_{z^{(i)}}P(z^{(i)}\mid\boldsymbol{x}^{(i)};\theta^{j})\log\frac{P(z^{(i)}\mid\boldsymbol{x}^{(i)};\theta^{j+1})}{P(z^{(i)}\mid\boldsymbol{x}^{(i)};\theta^{j})}\\&\leqslant\sum_{i=1}^{m}\log\left(\sum_{z^{(i)}}P(z^{(i)}\mid\boldsymbol{x}^{(i)};\theta^{j}\right)\log\frac{P(z^{(i)}\mid\boldsymbol{x}^{(i)};\theta^{j+1})}{P(z^{(i)}\mid\boldsymbol{x}^{(i)};\theta^{j})}\\&=\sum_{i=1}^{m}\log\left(\sum_{z^{(i)}}P(z^{(i)}\mid\boldsymbol{x}^{(i)};\theta^{j+1})\right)=0\end{aligned} \tag{2.12}$$

式（2.12）使用了 Jensen 不等式，以及用到了概率分布累积为 1 的性质。

至此，得到 $\sum_{i=1}^{m}\log P(\boldsymbol{x}^{(i)};\theta^{j+1})-\sum_{i=1}^{m}\log P(\boldsymbol{x}^{(i)};\theta^{j})\geqslant 0$，证明了 EM 算法的收敛性。

从上面的推导可以看出，EM 算法可以保证收敛到一个稳定点，但是却不能保证收敛到全局的最大值点，因此它是局部最优的算法。当然，如果我们的优化目标 $L(\boldsymbol{\theta},\theta^{j})$ 是凸的，则 EM 算法可以保证收敛到全局最大值，这一点和梯度下降法这样的迭代算法相同。至此也回答了上面提到的第二个问题。

2.2 高斯模型

高斯混合模型（Gaussian Mixed Model，GMM）采用高斯概率密度函数（高斯分布函数）精确地量化事物，它是一个将事物分解为若干基于高斯概率密度函数的模型。GMM 实际上是多个高斯分布函数的线性组合，理论上 GMM 可以拟合出任意类型的分布，通常用于解决同一集合下的数据包含多个不同分布的情况，或者是同一类分布但参数不一样，或者是不同类型的分布，如高斯分布和伯努利分布。GMM 使用高斯分布作为参数模型，并用 EM 算法进行训练。

2.2.1 单高斯模型

高斯模型分为单高斯模型[27]（Single Gaussian Model，SGM）和高斯混合模型两种。

定义 2.4： 多维高斯（正态）分布概率密度函数（Probability Density Function，PDF）

$$N(\boldsymbol{x};\boldsymbol{u},\boldsymbol{\Sigma})=\frac{1}{\sqrt{2\pi|\boldsymbol{\Sigma}|}}\exp\left[-\frac{1}{2}(\boldsymbol{x}-\boldsymbol{u})^{\mathrm{T}}\boldsymbol{\Sigma}^{-1}(\boldsymbol{x}-\boldsymbol{u})\right] \tag{2.13}$$

其中，$\boldsymbol{x}$ 是维数为 d 的样本向量（列向量），$\boldsymbol{u}$ 是模型期望，$\boldsymbol{\Sigma}$ 是模型方差。

对于单高斯模型，由于可以明确训练样本是否属于该高斯模型，故 $\boldsymbol{u}$ 通常由训练样本的均值代替，$\boldsymbol{\Sigma}$ 由样本的方差代替。为了将高斯分布用于模式分类，假设训练样本属于类别 C，那么式（2.13）可以改为如下形式：

$$N(\boldsymbol{x} \mid C)=\frac{1}{\sqrt{2\pi|\boldsymbol{\Sigma}|}}\exp\left[-\frac{1}{2}(\boldsymbol{x}-\boldsymbol{u})^{\mathrm{T}}\boldsymbol{\Sigma}^{-1}(\boldsymbol{x}-\boldsymbol{u})\right]$$

它表明样本属于类别 C 的概率大小。从而将任意测试样本输入上式，均可以得到一个标量 $N(\boldsymbol{x};\boldsymbol{u},\boldsymbol{\Sigma})$，然后根据阈值 t 来确定该样本是否属于该类别。

阈值 t 的选取一般靠经验值来设定。通常意义下，t 的范围一般为 0.7~0.75。

单高斯模型的几何意义：符合 SGM 分布的三维点在平面上近似椭圆形；三维点在空间中近似椭球形。

2.2.2　高斯混合模型

首先采用一个示例来描述高斯混合模型。使用两个二维高斯分布来描述图 2.3 中的数据，分别记为 $N(\boldsymbol{u}_1,\boldsymbol{\Sigma}_1)$ 和 $N(\boldsymbol{u}_2,\boldsymbol{\Sigma}_2)$。图中的两个椭圆分别是这两个高斯分布的二倍标准差椭圆。如果将两个二维高斯分布 $N(\boldsymbol{u}_1,\boldsymbol{\Sigma}_1)$ 和 $N(\boldsymbol{u}_2,\boldsymbol{\Sigma}_2)$ 合成一个二维的分布，那么就可以用合成后的分布来描述图中的所有数据点。最直观的方法就是对这两个二维高斯分布做线性组合，用线性组合后的分布来描述整个集合中的数据，这就是高斯混合模型（GMM）。

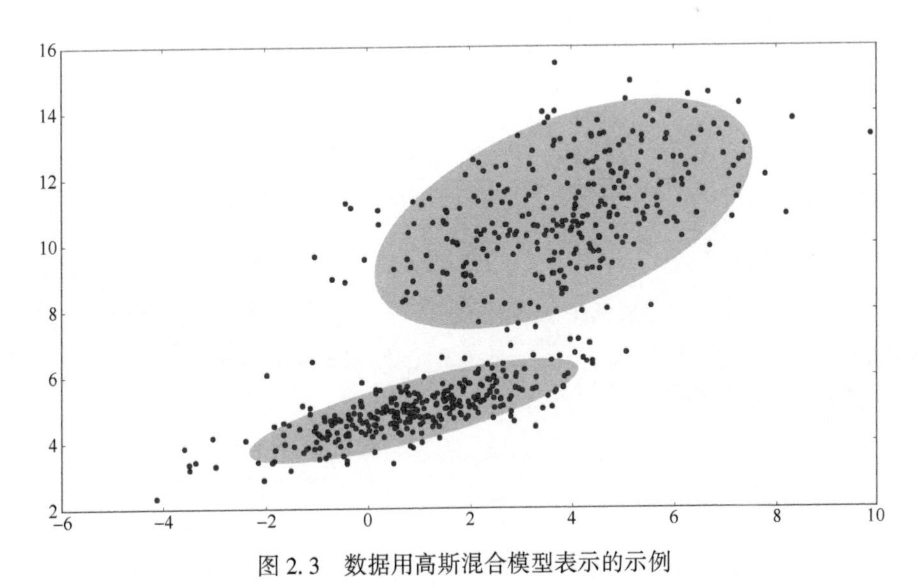

图 2.3　数据用高斯混合模型表示的示例

定义 2.5：高斯混合模型。设有随机变量 x，则高斯混合模型可以表示为

$$p(x)=\sum_{k=1}^{K}\pi_k N(x\mid u_k,\Sigma_k)$$

其中，$N(x\mid u_k,\Sigma_k)$是高斯分布概率密度函数，称为高斯混合模型中的第 k 个分量（Component）。如图 2.3 所示，示例中有两个聚类，可以用两个二维高斯分布来表示，那么分量数 $K=2$。π_k是混合系数（Mixture Coefficient），且满足：

$$\sum_{k=1}^{K}\pi_k=1$$

$$0\leqslant\pi_k\leqslant 1$$

实际上，π_k可以视为每个分量 $N(x\mid u_k,\Sigma_k)$的权重。

2.2.3 GMM 参数估计

采用 EM 算法估计 GMM 参数。给定一些观察数据 $X=\{\boldsymbol{x}\}$，假设$\{\boldsymbol{x}\}$符合如下的混合高斯分布：

$$p(\boldsymbol{x};\boldsymbol{\theta})=\sum_{i=1}^{K}\pi_i N(\boldsymbol{x};\boldsymbol{u}_i;\boldsymbol{\Sigma}_i)$$

求解一组混合高斯模型的参数 $\boldsymbol{\theta}$，使得：

$$\arg\max_{\boldsymbol{\theta}} P(X;\boldsymbol{\theta})=\arg\max_{\boldsymbol{\theta}}\prod_{i}^{N}p(\boldsymbol{x}_i;\boldsymbol{\theta}),$$

$$\text{s. t.}\ \sum_{k=1}^{K}\pi_k=1,\quad 0\leqslant\pi_k\leqslant 1$$

取对数有：

$$\log\left(p(X;\boldsymbol{\theta})\right)=\sum_{i=1}^{N}\log p(\boldsymbol{x}_i;\boldsymbol{\theta})=\sum_{i=1}^{N}\log\left(\sum_{k=1}^{K}\pi_k N(\boldsymbol{x}_i;\boldsymbol{u}_k,\boldsymbol{\Sigma}_k)\right)$$

π_k 可以看作第 k 类被选中的概率。引入一个新的 K 维随机变量 $\boldsymbol{z}$，$z_k(1\leqslant k\leqslant K)$只能取 0 或 1 两个值；$p(z_k=1)=\pi_k$；如果 $z_k=0$，则表示第 k 类没有被选中的概率。z_k 要满足以下两个条件：

$$z_k\in\{0,1\}$$

$$\sum_{k=1}^{K}z_k=1$$

$z_k=1$ 的概率就是 π_k，假设 z_k 之间是独立同分布的，则 $\boldsymbol{z}$ 的联合概率分布形式为

$$p(z)=p(z_1)p(z_2)\cdots p(z_K)=\prod_{k=1}^{K}\pi_k^{z_k}$$

第 k 类中的数据服从高斯分布：

$$p(\boldsymbol{x}\mid z_k=1)=N(\boldsymbol{x}\mid \boldsymbol{u}_k,\boldsymbol{\Sigma}_k)^{z_k}$$

又可以写成如下形式：

$$p(\boldsymbol{x}\mid z)=\prod_{k=1}^{K}N(\boldsymbol{x}\mid \boldsymbol{u}_k,\boldsymbol{\Sigma}_k)^{z_k}$$

$p(\boldsymbol{x})$的形式：

$$\begin{aligned}p(\boldsymbol{x})&=\sum_{z}p(z)p(\boldsymbol{x}\mid z)\\&=\sum_{z}\Big(\prod_{k=1}^{K}\pi_k^{z_k}N(\boldsymbol{x}\mid \boldsymbol{u}_k,\boldsymbol{\Sigma}_k)^{z_k}\Big)\\&=\sum_{k=1}^{K}\pi_kN(\boldsymbol{x}\mid \boldsymbol{u}_k,\boldsymbol{\Sigma}_k)\end{aligned}$$

在贝叶斯的思想下，$p(z)$是先验分布，$p(\boldsymbol{x}\mid z)$是似然估计，求出后验概率 $p(z\mid \boldsymbol{x})$：

$$\begin{aligned}\gamma(z_{ik})&=p(z_{ik}=1\mid \boldsymbol{x})\\&=\frac{p(z_{ik}=1)p(\boldsymbol{x}\mid z_{ik}=1)}{p(\boldsymbol{x},z_{ik}=1)}\\&=\frac{p(z_{ik}=1)p(\boldsymbol{x}\mid z_{ik}=1)}{\sum_{j=1}^{K}p(z_j=1)p(\boldsymbol{x}\mid z_j=1)}\\&=\frac{\pi_kN(\boldsymbol{x}\mid \boldsymbol{u}_k,\boldsymbol{\Sigma}_k)}{\sum_{j=1}^{K}\pi_jN(\boldsymbol{x}\mid \boldsymbol{u}_j,\boldsymbol{\Sigma}_j)}\end{aligned}$$

$\gamma(z_{ik})$表示第 k 个分量的后验概率。在贝叶斯的观点下，π_k 可视为 $z_{ik}=1$ 的先验概率。引入了隐含变量 z 和已知 x 后的后验概率 $\gamma(z_{ik})$，这样做是为了方便使用 EM 算法来估计 GMM 的参数。采用 EM 算法估计 GMM 的参数如算法 2.2 所示。

算法 2.2：采用 EM 算法估计 GMM 的参数

(1) 定义分量数目 K，对每个分量设置 π_k、$\boldsymbol{u}_k$、$\boldsymbol{\Sigma}_k$的初始值，然后计算对数似然函数。

$$\sum_{i=1}^{N}\log\Big\{\sum_{k=1}^{K}\pi_kN(\boldsymbol{x}_i\mid \boldsymbol{u}_k,\boldsymbol{\Sigma}_k)\Big\}$$

（2）E 步。

估计数据每个分量生成的概率，即根据当前的 $\boldsymbol{\pi}_k$、$\boldsymbol{u}_k$、$\boldsymbol{\Sigma}_k$ 计算后验概率 $\gamma(z_{ik})$。

$$\gamma(z_{ik}) = \frac{\pi_k N(\boldsymbol{x}_i \mid \boldsymbol{u}_k, \boldsymbol{\Sigma}_k)}{\sum_{j=1}^{K} \pi_j N(\boldsymbol{x}_i \mid \boldsymbol{u}_j, \boldsymbol{\Sigma}_j)}$$

（3）M 步。

估计每个分量的参数，即根据 E 步计算的 $\gamma(z_{ik})$ 再计算新的 $\boldsymbol{\pi}_k^{\mathrm{new}}$、$\boldsymbol{u}_k^{\mathrm{new}}$、$\boldsymbol{\Sigma}_k^{\mathrm{new}}$。

$$\boldsymbol{u}_k^{\mathrm{new}} = \frac{1}{N_k} \sum_{i=1}^{N} \gamma(z_{ik}) \boldsymbol{x}_i$$

$$\boldsymbol{\Sigma}_k^{\mathrm{new}} = \frac{1}{N_k} \sum_{i=1}^{N} \gamma(z_{ik}) (\boldsymbol{x}_i - \boldsymbol{u}_k^{\mathrm{new}}) (\boldsymbol{x}_i - \boldsymbol{u}_k^{\mathrm{new}})^{\mathrm{T}}$$

$$\boldsymbol{\pi}_k^{\mathrm{new}} = \frac{N_k}{N}$$

其中：

$$N_k = \sum_{n=1}^{N} \gamma(z_{ik})$$

（4）计算对数似然函数。

$$\log p(\boldsymbol{x} \mid \boldsymbol{\pi}, \boldsymbol{u}, \boldsymbol{\Sigma}) = \sum_{i=1}^{N} \log \left\{ \sum_{k=1}^{K} \pi_k N(\boldsymbol{x}_k \mid \boldsymbol{u}_k, \boldsymbol{\Sigma}_k) \right\}$$

（5）检查参数是否收敛或对数似然函数是否收敛。若不收敛，则返回第（2）步。

2.3 本章小结

本章分别介绍了 EM 算法与高斯混合模型。EM 算法是基于极大似然估计理论的优化算法，本章介绍了极大似然估计算法，在此基础上推导了 EM 算法。高斯模型分为单高斯模型和高斯混合模型，本章采用 EM 算法估计了高斯混合模型的参数。

第3章 主题模型

主题模型经过几十年的发展，已经从传统代数模型发展到了如今的概率模型。主题模型通常将每篇文档看作不同主题按照一定的权重的混合，文档中的短语都是由其对应的主题按照一定的概率生成的。主题模型的目标是寻找简单有效的方法描述数据集，并且能够描述数据集当中的一些基础模式。主题模型不关心文档中短语的顺序，所以主题模型也是一种典型的词袋模型。主题模型不仅可以应用在文本语料库中，而且可以应用在其他的离散化的数据集当中。主题模型具有重要的应用价值，广泛用于聚类分类、相似性判定和新模式检测等任务中。

3.1 传统的主题模型

3.1.1 VSM模型

向量空间模型（Vector Space Model，VSM）是一个把文本文档表示为一个向量的代数模型，它经常应用于信息过滤、信息检索和相关排序中。VSM模型将每一篇文档看作一个向量，向量的每一维都对应于一个特别的短语。如果某个短语出现在文档中，那么对应的维度在向量中就是非零值。根据文档相似度理论的假设，比较两个文档之间的相似度，只需要比较两个文档向量之间的角度偏差，即计算向量之间夹角的余弦值。VSM 模型对文档语料 $\boldsymbol{D}$ 的描述如下：

$$\boldsymbol{D}=\begin{pmatrix}\boldsymbol{d}_1\\ \vdots\\ \boldsymbol{d}_j\end{pmatrix}=(\boldsymbol{t}_1\cdots\boldsymbol{t}_i)=\begin{pmatrix}w_{11} & \cdots & w_{1i}\\ \vdots & \ddots & \vdots\\ w_{j1} & \cdots & w_{ji}\end{pmatrix} \tag{3.1}$$

其中，$\boldsymbol{D}$ 表示语料库的语义空间，是 j 个文本文档的集合；$\boldsymbol{d}_j$表示第 j 个文本文档；$\boldsymbol{t}_i$表示语义空间中第 i 个特征维度的列向量；w_{ji}表示第 i 个特征维度在

第j个文本文档中的权重。词频-倒排文档频率[28]（Term Frequence-Inverse Document Frequency，TF-IDF）方法是一种使用局部参数和全局参数乘积表示权重w_{ji}的方法，即$w_{ij}=\mathrm{tf}_{j,i}\log\frac{M}{|\{j\in\boldsymbol{D}\mid i\in d'\}|}$，其中$\mathrm{tf}_{j,i}$表示短语$i$在第$j$个文本中出现的频率（一个局部参数）；$\log\frac{M}{|\{j\in\boldsymbol{D}\mid i\in j\}|}$表示逆向文档频率（一个全局参数）；$M$表示语料库中文档的总数；$|\{j\in\boldsymbol{D}\mid i\in j\}|$表示语料库中含有短语$i$的文档总数。经过这样的映射后，长度不固定的文本转变为长度固定的向量。

虽然VSM简洁实用，但也存在缺陷：①权重是直观上获得的，不够正式；②VSM假设短语之间的关系是相互独立的，因此很难发现文档中存在的多义词和同义词；③VSM不能表示出文档之间存在的潜在关系，如文档间包含的相同主题。

3.1.2 LSI模型

为了解决上面的问题，研究者提出了潜在语义索引（Latent Semantic Indexing，LSI）[29]模型。一般认为，在同样的语境中使用的短语一般具有相似的含义，LSI模型就是基于这一规则通过奇异值分解来识别非结构化的语料库文本集合中具有联系关系的模式的。LSI模型在VSM构建的语义空间矩阵$\boldsymbol{D}$的基础上进行奇异值分解，然后选择其中最大的前k个奇异值，即LSI模型通过这种方法将文档和词映射到潜在语义空间（Latent Semantic Space），这个空间也被称为主题或语义维度：

$$\boldsymbol{D}\approx\boldsymbol{X}=\boldsymbol{U}_{n\times k}\boldsymbol{\Sigma}_{k\times k}\boldsymbol{V}_{k\times m}=[\boldsymbol{u}_1\quad\cdots\quad\boldsymbol{u}_k]\begin{bmatrix}\sigma_1 & & \\ & \ddots & \\ & & \sigma_k\end{bmatrix}\begin{bmatrix}\boldsymbol{v}_1^{\mathrm{T}}\\ \vdots\\ \boldsymbol{v}_k^{\mathrm{T}}\end{bmatrix}\tag{3.2}$$

式（3.2）表示VSM的语义空间$\boldsymbol{D}$到潜在语义空间$\boldsymbol{X}$的映射。其中左奇异向量表示词的一些特性，右奇异向量表示文档的一些特性，中间的奇异值矩阵表示左奇异向量的一行与右奇异向量的一列的重要程度，数字越大越重要。LSI模型通过这样的奇异值分解捕获了特征间隐含的语义关系。Scott Deerwester等认为LSI模型导出的特征其实是VSM中原始特征的线性组合。与VSM相比，LSI模型具有以下特点。

（1）LSI 模型将原来的语义空间映射到 k 维的子空间中，解决了一部分的稀疏问题，并且增加了语义分析的灵活性。但是，如何确定 k 值是 LSI 模型的一个难题。在通常情况下，如果确定的 k 值比较小，那么从文本集中得到的信息就比较宽泛；如果确定的 k 值比较大，那么从文本集中得到的信息就更加具体。

（2）LSI 模型是全自动无须人工干预的无监督方法。虽然保留了大部分的文档信息，但是在降维时毕竟丢失了一部分信息，这可能会导致精确度不高。

（3）LSI 模型通过奇异值分解不仅挖掘了文本集中存在的隐含含义，而且达到了降维的目的，对处理大规模的文本集而言效率更高。

虽然 LSI 模型解决了 VSM 中的一些不足和缺陷，如矩阵稀疏和高维的问题，但是 LSI 模型的缺陷也很明显：①LSI 模型的扩展难。如果测试集中出现新的词，则需要重新训练模型，不便于扩展。②LSI 模型仍然是代数模型，缺乏严谨的数理统计基础，而且奇异值分解非常消耗计算资源。

3.2 概率主题模型

概率主题模型是以 LSI 模型的思想为基础发展起来的生成式模型，它解释了每一篇文档是如何生成的。其基本思想是：一个文档是不同主题按照一定概率分布 $\boldsymbol{\theta}$ 混合而成的，而一个主题是一组短语按照一定的概率分布 $\boldsymbol{\phi}$ 混合而成的。在生成一个短语的时候，首先从 $\boldsymbol{\theta}$ 中抽取一个主题 z，然后再从主题 z 中抽取一个短语。

PLSI[30]（Probabilistic Latent Semantic Indexing）模型是托马斯·霍夫曼（Thomas Hoffman）等人于 1999 年提出的概率主题模型。PLSI 模型是在 LSI 模型的基础上进行扩展的，引入了概率统计。虽然如此，但两者都是利用主题对语义空间进行降维的。

PLSI 模型是将“主题”概念作为隐变量加入文档建模中的。主题是为了更好地描述文本的信息而引入的，在真实的语料中是不可见的，属于隐含的变量。通过添加主题这个隐变量，可以解决 VSM 中的数据冗余问题。PLSI 模型假设一篇文档由某几个主题按照某个概率混合而成，每个主题又是由一些词按照一定的概率混合组成。在 PLSI 模型中，多义词在不同的主题下的概率值不相同，这样能够更准确地捕获到短语在不同主题下的不同语义。所以，

PLSI 模型也是一种混合模型。

PLSI 模型假设：①语料库由相互独立的主题组成；②每个主题由多个相互独立的短语按照一定的概率组成；③每篇文档都包含一个或者多个主题。PLSI 模型如图 3.1 所示。

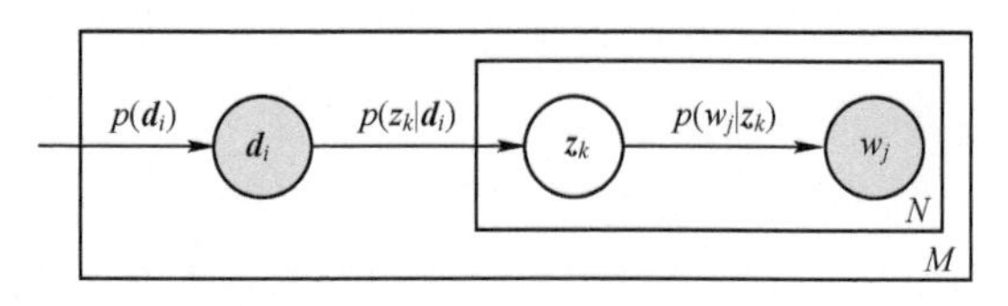

图 3.1 PLSI 模型

在图 3.1 中，M 和 N 代表内容重复的次数，其中 M 是文档数目，N 是文档长度；阴影的结点表示观测值，可定的变量；空心的结点表示隐含变量；箭头表示依赖关系；$\boldsymbol{d}_i$表示第 i 个文档；$\boldsymbol{z}_k$表示文档 $\boldsymbol{d}_i$的第 k 个主题；w_j表示在给定主题 z_k下第 j 个单词；$p(\boldsymbol{d}_i)$表示文档 $\boldsymbol{d}_i$出现的概率；$p(\boldsymbol{z}_k \mid \boldsymbol{d}_i)$ 表示文档 $\boldsymbol{d}_i$中主题 $\boldsymbol{z}_k$出现的概率；$p(w_j \mid \boldsymbol{z}_k)$表示在给定主题 $\boldsymbol{z}_k$下出现单词 w_j的概率。

虽然 PLSI 模型解决了一些 LSI 模型的缺陷，并且继承了 LSI 模型的一些优点，但仍然有几点不足：①模型的大小随着语料库的大小线性增长，容易导致过拟合的问题；②PLSI 模型只能生成其所在语料库的文档的模型，对语料库之外的文档无能为力。

3.2.1 LDA 主题模型

LDA（Latent Dirichlet Allocation）主题模型[24]是由大卫·M. 布莱（David M. Blei）等学者提出来的一种非监督的生成式主题模型。LDA 模型在文档层面上引入了狄利克雷（Dirichlet）先验，每篇文档的主题分布由狄利克雷先验给出，与 PLSI 模型通过拟合语料库不同。这样，LDA 模型不再依赖语料库中的文档规模，可以从大规模的数据集中捕获到潜在的主题信息，弥补了 PLSI 模型过度拟合和难以扩展的问题。托马斯·格里菲斯（Thomas Griffiths）[31]等人在主题-短语分布上增加了狄利克雷先验，这样 LDA 模型才变得足够完善，使得 LDA 在文本分类、信息检索和图像分割等领域获得了广泛的应用。

1. 狄利克雷-多项（Dirichlet-Multinomial）共轭

共轭技巧的应用使得参数的后验概率分布有一个明确的函数表达式，

方便求解推理工作。LDA 模型中引入了狄利克雷-多项共轭，为 LDA 在模型推理和参数估计方面提供了巨大的便利。

通常来说，对于某个概率分布 $p_1(\boldsymbol{D} \mid \boldsymbol{\mu})$，可以寻找一个参数 $\boldsymbol{\mu}$ 的先验 $p_2(\boldsymbol{\mu} \mid \boldsymbol{\alpha})$，使得 $\boldsymbol{\mu}$ 的后验分布与先验有相同的函数形式，即

$$p(\boldsymbol{\mu} \mid \boldsymbol{D},\boldsymbol{\alpha}) = \frac{p_1(\boldsymbol{D} \mid \boldsymbol{\mu})p_2(\boldsymbol{\mu} \mid \boldsymbol{\alpha})}{\int p_1(\boldsymbol{D} \mid \boldsymbol{\mu})p_2(\boldsymbol{\mu} \mid \boldsymbol{\alpha})\mathrm{d}\boldsymbol{\mu}} \propto p_1(\boldsymbol{D} \mid \boldsymbol{\mu})p_2(\boldsymbol{\mu} \mid \boldsymbol{\alpha}) = p_2(\boldsymbol{\mu} \mid \boldsymbol{\alpha}')$$

K 维的狄利克雷分布的定义：

$$\mathrm{Dir}(\boldsymbol{\mu} \mid \boldsymbol{\alpha}) = \frac{\Gamma\left(\sum_{k=1}^{K} \alpha_k\right)}{\prod_{k=1}^{K} \Gamma(\alpha_k)} \prod_{k=1}^{K} \mu_k^{\alpha_k - 1}$$

其中，$\Gamma(\boldsymbol{\alpha})$ 是 Γ 函数，$\sum_{k=1}^{K} \mu_k = 1$。多项分布的似然函数为

$$\mathrm{Mult}(m_1,\cdots,m_k \mid \boldsymbol{\mu},\boldsymbol{N}) = \begin{pmatrix} & \boldsymbol{N} & \\ m_1 & \cdots & m_k \end{pmatrix} \prod_{k=1}^{K} \mu_k^{m_k}$$

其中，m_k 代表观测到的状态 k 发生的次数。如果多项分布的参数 $\boldsymbol{\mu}$ 是服从狄利克雷分布的先验，那么可以得到参数 $\boldsymbol{\mu}$ 的后验仍然是狄利克雷分布，只不过是狄利克雷分布的参数发生了变化。

$$p(\boldsymbol{\mu} \mid \boldsymbol{D},\boldsymbol{\alpha}) \propto p(\boldsymbol{D} \mid \boldsymbol{\mu})p(\boldsymbol{\mu} \mid \boldsymbol{\alpha}) \propto \frac{1}{\Delta(\boldsymbol{\alpha} + \boldsymbol{m})} \prod_{k=1}^{K} \mu_k^{\alpha_k + m_k - 1} = \mathrm{Dir}(\boldsymbol{\mu} \mid \boldsymbol{\alpha} + \boldsymbol{m})$$

其中，$\Delta(\boldsymbol{\alpha}+\boldsymbol{m})$ 是 $\mathrm{Dir}(\boldsymbol{\mu} \mid \boldsymbol{\alpha}+\boldsymbol{m})$ 的归一化因子。

$$\Delta(\boldsymbol{\alpha} + \boldsymbol{m}) = \int \prod_{k=1} \mu_k^{\alpha_k + m_k - 1} \mathrm{d}\boldsymbol{\mu}$$

2. LDA 生成模型

在 PLSI 模型中，假设语料库中的每篇文档都是由 k 个相互独立的主题构成的，同时文档-主题和主题-短语都是多项分布。在生成第 j 篇文档的第 i 个短语的时候，首先从参数为 $\boldsymbol{\theta}_j$ 的分布中随机抽取一个主题 z_{ji}，然后再从相应的主题 $\boldsymbol{\phi}_{z_{ji}}$ 中随机抽取一个短语 w_{ji}。但是，贝叶斯学派认为 $\boldsymbol{\theta}$ 和 $\boldsymbol{\phi}$ 都是模型中的参数，参数都是变量，所以应该对参数加上先验。由于 $\boldsymbol{\theta}$ 和 $\boldsymbol{\phi}$ 都是多项分布的参数，所以先验分布最好选择与多项分布共轭的狄利克雷分布。通过这样的假设，使得模型更加完备，克服了 PLSI 模型的不足，而且在 LDA 模型的

基础上，当引入新文档时，模型更容易扩展。LDA模型如图 3.2 所示。

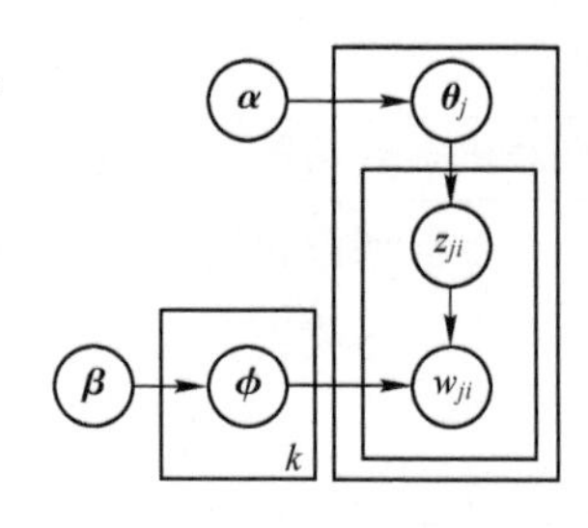

图 3.2　LDA 模型

LDA 模型的定义如下：

$$\boldsymbol{\theta}_j \sim \mathrm{Dir}(\alpha_1,\cdots,\alpha_k)$$

$$\boldsymbol{\phi}_k \sim \mathrm{Dir}(\beta_1,\cdots,\beta_v)$$

$$z_{ji} \sim \mathrm{Mult}(\boldsymbol{\theta}_j)$$

$$w_{ji} \sim \mathrm{Mult}(\boldsymbol{\phi}_{z_{ji}})$$

具体的 LDA 模型的生成过程见算法 3.1。

算法 3.1：LDA 模型的生成过程

输入：$k,\boldsymbol{\alpha},\boldsymbol{\beta},\boldsymbol{\xi},\boldsymbol{N}$。 输出：LDA 模型生成的语料库。
根据以下步骤生成语料库中的 k 个主题–短语的多项分布参数： $\boldsymbol{\phi}_i \sim \mathrm{Dir}(\boldsymbol{\beta})\quad (i\in\{1,\cdots,k\})$ 对于语料库中的每篇文档 $\boldsymbol{d}_j$，重复以下步骤。 （1）根据 $N_j \sim \mathrm{Poission}(\boldsymbol{\xi})$，生成文档 $\boldsymbol{d}_j$ 的长度。 （2）生成文档 $\boldsymbol{d}_j$ 的主题分布参数：$\boldsymbol{\theta}_j \sim \mathrm{Dir}(\boldsymbol{\alpha})$。 （3）对于文档 $\boldsymbol{d}_j$ 中的每一个词 w_{ji}。 ① 生成 w_{ji} 对应的主题 z_{ji}，其中 $z_{ji} \sim \mathrm{Mult}(\boldsymbol{\theta}_j)$。 ② 生成第 j 篇文档中的第 i 个词，$w_{ji} \sim \boldsymbol{\phi}_{z_{ji}}$。

LDA 模型中使用的符号及其含义如表 3.1 所示。

表 3.1　LDA 模型中使用的符号表

符　号	含　义
k	语料库中主题的个数
$\boldsymbol{\alpha}$	文档–主题分布的超参
$\boldsymbol{\beta}$	主题–短语分布的超参
$\boldsymbol{\theta}_j$	第 j 篇文档的主题概率分布参数
$\boldsymbol{\phi}_k$	第 k 个主题的短语概率分布参数
w_{ji}	第 j 篇文档中的第 i 个词
$\boldsymbol{\xi}$	生成文档 $\boldsymbol{d}_j$ 的泊松分布参数
Dir	狄利克雷分布

续表

符　号	含　义
Mult	多项分布
N_j	第 j 篇文档的长度
z_{ji}	第 j 篇文档中的第 i 个词对应的主题

LDA 模型将狄利克雷先验引入了 PLSI 模型当中，能够更好地提取文本集中包含的潜在的语义信息。LDA 模型具有如下特点。

（1）模型假设语料库中的主题独立，文档中的短语在给定主题的情况下条件独立，从而降低了复杂度。

（2）LDA 模型是生成式的模型，与判别式的模型不同，不需要进行数据标记，从而可以减轻工作量。

（3）模型引入了狄利克雷先验，模型更简洁，更容易扩展。

因其具有高效、简洁、实用的特点，LDA 模型得到了广泛的关注。为了应对不同的情况，研究人员针对相关的问题进行了改进，提出了很多针对性很强的主题模型。从 LDA 模型可知，在 LDA 模型的参数推理过程中，需要通过已知的语料库推导，即箭头的相反方向。虽然我们已经使用共轭的技巧方便了模型的推理，但是 LDA 模型的参数中存在多个隐参数，并且这些参数之间相互耦合，仍然难以得到解析解。目前解决模型推理的方法主要有求得近似解的变分法和随机抽样法这两种，这两种方法使用的参数估计方式不同，其中变分法使用的是最大化后验估计 MAP，而抽样法使用的是均值估计。

3. 变分法求解 LDA 模型

变分 EM 方法，简单来说就是通过一系列简化后的可解析的函数去近似目标函数。当表现在图模型中的时候，是通过消除图中的某些边或者点而得到简化的图模型的。在 LDA 模型的图模型中，$\boldsymbol{\theta}$ 和 $\boldsymbol{\phi}$ 共同决定了观测值 $\boldsymbol{w}$，导致 $\boldsymbol{\theta}$ 和 $\boldsymbol{\phi}$ 耦合在一起致使 LDA 模型的似然函数不能得到解析解。通过去掉一些连接的边和添加一些先验参数，得到简化的 LDA 变分推断图模型，进而得到近似值。

根据 LDA 模型的图模型，我们很容易地得到模型的联合概率公式：

$$p(\boldsymbol{\theta},\boldsymbol{\phi},z_{\mathrm{em}},\boldsymbol{W}_{\mathrm{em}} \mid \boldsymbol{\alpha},\boldsymbol{\beta}) = \prod_{k=1}^{K} p(\boldsymbol{\phi}_k \mid \boldsymbol{\beta}) \prod_{j=1}^{M} p(\boldsymbol{\theta}_j \mid \boldsymbol{\alpha}) \prod_{i=1}^{N_j} p(z_{ji} \mid \boldsymbol{\theta}_j) p(w_{ji} \mid \boldsymbol{z}_{ji},\boldsymbol{\phi}) \tag{3.3}$$

从式（3.3）中可以看到，右边的连乘依赖中间的连乘，使得$\boldsymbol{\theta}$和$\boldsymbol{\phi}$耦合在一起。根据变分推断的思想，可以得到 LDA 变分推断的图模型（见图 3.3），其中引入了先验参数$\boldsymbol{\gamma}$，可以得到如式（3.4）形式的近似函数。可以看到式（3.4）中右边的连乘不再依赖于中间的连乘，从而变得相互独立，方便计算，表现在图 3.3 中即$\boldsymbol{\theta}$和$\boldsymbol{\phi}$不再同时指向同一个变量。

$$q(\boldsymbol{\theta},\boldsymbol{\phi},z_{\mathrm{em}} \mid \boldsymbol{\gamma},\boldsymbol{\lambda},\boldsymbol{\eta}) = \prod_{k=1}^{K} p(\boldsymbol{\phi}_k \mid \lambda_k) \prod_{j=1}^{M} q(\boldsymbol{\theta}_j \mid \gamma_j) \prod_{i=1}^{N_j} q(z_{ji} \mid \boldsymbol{\eta}_{ji}) \quad (3.4)$$

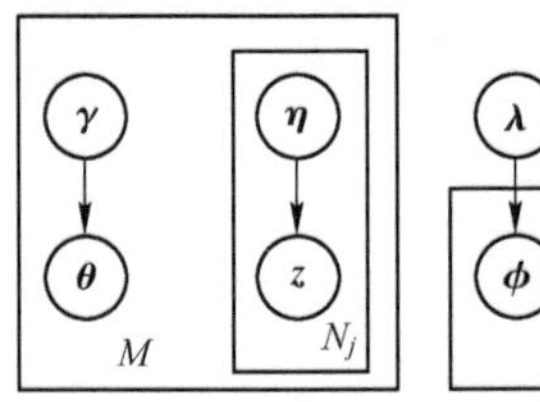

图 3.3　LDA 变分推断的图模型

虽然在式（3.4）近似求解的过程中引入了 3 个新的参数$(\boldsymbol{\gamma},\boldsymbol{\lambda},\boldsymbol{\eta})$，但是通过此方法可以简化推理算法的求解过程，同时也简化了 LDA 模型的生成过程。EM 算法是一种迭代算法，用于含有隐变量的概率参数模型的极大后验概率估计。EM 算法在推理模型参数时主要通过以下两个步骤：

（1）计算期望（E-Step）：利用隐变量的现有估计值计算其最大似然估计值；

（2）最大化（M-step）：最大化在 E-step 上求得的最大似然值来计算参数的值。

EM 算法主要就是通过上述两步交替迭代，从而使得模型参数的最大后验概率最后收敛于极大值点的。这样，模型参数的估计值便可使用所得到的极大值点处的参数值。变分 EM 方法的最大优点是简单且稳定，但容易陷入局部最优。

4. 抽样方法求解 LDA 模型

大多数具有现实意义的概率模型很难得到解析解，所以一些近似的手段被使用以得到可接受的估计值。在估计未观测值的后验分布的时候，虽然有些时候我们需要确定性地得到后验分布的表现形式，但是在大多数情况下，我们只需要得到后验分布的一些特征指标，如期望或者方差。在实际中，只需要几十个相互独立的样本就可以在满足精度的情况下估计期望。

根据 LDA 模型的假设，我们要根据训练集推理参数 $\{\boldsymbol{\theta}_1,\cdots,\boldsymbol{\theta}_j;\boldsymbol{\phi}_1,\cdots,\boldsymbol{\phi}_k\}$，同时这些参数的先验分布为 $\mathrm{Dir}(\boldsymbol{\theta}\mid\boldsymbol{\alpha})$ 和 $\mathrm{Dir}(\boldsymbol{\phi}\mid\boldsymbol{\beta})$。

根据 LDA 模型的生成过程，可将其划分为如下两个独立的过程。

（1）为语料库中每篇文档中的短语生成对应的主题。

① 对于语料库中的每篇文档 $\boldsymbol{d}_j$，$j\in\{1,\cdots,M\}$。

② 为文档 $\boldsymbol{d}_j$ 中的每一个短语 w_{ji}，$i\in\{1,\cdots,N_j\}$，生成对应的主题 z_{ji}：

$$z_{ji}\sim\mathrm{Mult}(\boldsymbol{\theta}_j)$$

（2）为语料库中的每篇文档生成对应的短语。

① 对于语料库中的每篇文档 $\boldsymbol{d}_j$，$j\in\{1,\cdots,M\}$。

② 生成文档 $\boldsymbol{d}_j$ 中的每一个短语 w_{ji}，$i\in\{1,\cdots,N_j\}$：

$$w_{ji}\sim\mathrm{Mult}(\boldsymbol{\phi}_{z_{ji}})$$

第一个过程对应的是 $\boldsymbol{\alpha}\rightarrow\boldsymbol{\theta}_j\rightarrow\boldsymbol{z}_j$，表示生成第 j 篇文档中所有短语对应的主题，根据假设 $\boldsymbol{\alpha}\rightarrow\boldsymbol{\theta}_j$，对应于狄利克雷分布，$\boldsymbol{\theta}_j\rightarrow\boldsymbol{z}_j$ 对应于多项分布，所以整体是一个狄利克雷-多项共轭结构。因此，我们可以很方便地得到生成第 j 篇文档中所有短语对应的主题的概率：

$$p(\boldsymbol{z}_j\mid\boldsymbol{\alpha})=\frac{\Delta(m_{jk}+\alpha_k)}{\Delta(\boldsymbol{\alpha})}$$

其中，$\boldsymbol{m}_j=(m_{j1},\cdots,m_{jk})$，$m_{jk}$ 表示第 j 篇文档中由第 k 个主题产生的短语的个数。进一步利用狄利克雷-多项共轭结构，得到参数 $\boldsymbol{\theta}_j$ 的后验分布恰好是 $\mathrm{Dir}(\boldsymbol{\theta}_j\mid m_{jk}+\alpha_k)$。

由于语料库中 M 篇文档的主题生成过程在给定 $\boldsymbol{\alpha}$ 的条件下相互独立，所以共有 M 个相互独立的狄利克雷-多项共轭结构，从而可以得到整个语料库中主题的生成概率：

$$p(\boldsymbol{z}\mid\boldsymbol{\alpha})=\prod_{j=1}^{M}p(\boldsymbol{z}_j\mid\boldsymbol{\alpha})=\prod_{j=1}^{M}\frac{\Delta(m_{jk}+\alpha_k)}{\Delta(\boldsymbol{\alpha})}$$

第二个过程对应的是在短语对应的主题生成之后生成相关短语的过程。由于在给定短语对应的主题后，短语生成的过程变成相互独立的过程。我们首先考虑对应主题 $\boldsymbol{\phi}_k$ 的短语生成过程，即 $\boldsymbol{\beta}\rightarrow\boldsymbol{\phi}_k\rightarrow\boldsymbol{w}_k$。此时，$\boldsymbol{\beta}\rightarrow\boldsymbol{\phi}_k$ 对应的是狄利克雷分布，$\boldsymbol{\phi}_k\rightarrow\boldsymbol{w}_k$ 对应的是多项分布，所以这也是一个狄利克雷-多项共轭结构。根据共轭关系，我们可以很方便地得到语料库中第 k 个主题生成的短语的概率：

$$p(\boldsymbol{w}_k \mid \boldsymbol{\beta}) = \frac{\Delta(n_{kw} + \boldsymbol{\beta})}{\Delta(\boldsymbol{\beta})}$$

其中，$\boldsymbol{w}_k = \{w_{k1}, \cdots, w_{kw}\}$，$n_{kw}$ 表示语料库中主题 k 生成短语 $\boldsymbol{w}$ 的个数。进一步利用狄利克雷-多项共轭结构，得到参数 $\boldsymbol{\phi}_k$ 的后验概率分布是 $\mathrm{Dir}(\boldsymbol{\phi}_k \mid n_{kw} + \boldsymbol{\beta})$。

由于语料库中 K 个主题生成短语的时候是相互独立的，所以在生成语料库中的短语时，共有 K 个相互独立的狄利克雷-多项共轭结构，从而可以得到整个语料库中短语的生成概率为

$$p(\boldsymbol{W} \mid \boldsymbol{Z}, \boldsymbol{\beta}) = \prod_{k=1}^{K} p(\boldsymbol{w}_k \mid \boldsymbol{\beta}, z_k) = \prod_{k=1}^{K} \frac{\Delta(n_{kw} + \boldsymbol{\beta})}{\Delta(\boldsymbol{\beta})}$$

结合上述公式，可以得到 $(\boldsymbol{W}, \boldsymbol{Z})$ 的联合概率分布 $p(\boldsymbol{W}, \boldsymbol{Z})$：

$$\begin{aligned} p(\boldsymbol{W}, \boldsymbol{Z} \mid \boldsymbol{\alpha}, \boldsymbol{\beta}) &= p(\boldsymbol{W} \mid \boldsymbol{\beta}, \boldsymbol{Z}) p(\boldsymbol{Z} \mid \boldsymbol{\alpha}) \\ &= \prod_{k=1}^{K} p(\boldsymbol{w}_k \mid \boldsymbol{\beta}, z_k) \prod_{j=1}^{M} p(\boldsymbol{z}_j \mid \boldsymbol{\alpha}) \\ &= \prod_{k=1}^{K} \frac{\Delta(n_{kw} + \boldsymbol{\beta})}{\Delta(\boldsymbol{\beta})} \prod_{j=1}^{M} \frac{\Delta(m_{jk} + \boldsymbol{\alpha})}{\Delta(\boldsymbol{\alpha})} \end{aligned}$$

得到了联合分布，就可以推导出抽样公式。因为 $\boldsymbol{Z}$ 是隐变量，$\boldsymbol{W}$ 是观测值，所以实际要抽样的只有 $\boldsymbol{Z}$。假设已经观测到的词 $w_{ji} = t$，w_{ji} 表示语料库中第 j 篇文档中的第 i 个词，容易得到：

$$p(z_{ji} = k \mid \boldsymbol{Z}_{\neg_{ji}}, \boldsymbol{W}_{\neg_{ji}}, w_{ji} = t) \propto p(z_{ji} = k, w_{ji} = t \mid \boldsymbol{Z}_{\neg_{ji}}, \boldsymbol{W}_{\neg_{ji}})$$

其中，$\boldsymbol{Z}_{\neg_{ji}}$ 表示在 $\boldsymbol{Z}$ 隐变量中除去 z_{ji} 的隐变量；$\boldsymbol{W}_{\neg_{ji}}$ 表示在 $\boldsymbol{W}$ 观测值中除去 w_{ji} 的观测值。

可以推导出：

$$p(z_{ji} = k \mid \boldsymbol{Z}_{\neg_{ji}}, \boldsymbol{W}_{\neg_{ji}}, w_{ji} = t) \propto p(z_{ji} = k, w_{ji} = t \mid \boldsymbol{Z}_{\neg_{ji}}, \boldsymbol{W}_{\neg_{ji}}) = \hat{\theta}_{jk} \cdot \hat{\phi}_{kt}$$

根据狄利克雷分布的参数估计公式，有：

$$\hat{\theta}_{jk} = \frac{m_{jk}^{\neg ji} + \alpha_k}{\sum_{k=1}^{K} (m_{jk}^{\neg t} + \alpha_k)} \tag{3.5}$$

$$\hat{\phi}_{kt} = \frac{n_{kt}^{\neg ji} + \beta_t}{\sum_{j=1}^{V} (n_{kj}^{\neg t} + \beta_j)} \tag{3.6}$$

这样，LDA 模型的吉布斯（Gibbs）抽样公式为

$$p(z_{ji}=k \mid \boldsymbol{Z}_{\neg_{ji}},\boldsymbol{W}_{\neg_{ji}},w_{ji}=t) \propto \frac{m_{jk}^{\neg ji}+\alpha_k}{\sum_{k=1}^{K}(m_{jk}^{\neg t}+\alpha_k)} \cdot \frac{n_{kt}^{\neg ji}+\beta_t}{\sum_{j=1}^{V} n_{kj}^{\neg t}+\beta_j)} \tag{3.7}$$

这个抽样公式的右边是文档中主题 k 的概率与短语 t 在主题 k 中的概率的乘积，其实是文档-主题-短语的路径概率，因为主题有 K 个，所以 Gibbs 抽样公式的物理意义为在这 K 条路径中进行抽样。

LDA 抽样算法的描述见算法 3.2。

算法 3.2：LDA 抽样算法

输入：语料库，主题数 K。
输出：$\boldsymbol{\theta}$ 和 $\boldsymbol{\phi}$。

（1）为语料库中每篇文档中的每个词随机指定主题 $z_{ji}=k,k\in[1,K]$。
（2）循环执行，直到抽样结果收敛。
（3）for $j=1,\cdots,M$：
　　for $i=1,\cdots,N_j$：
　　　根据式（3.7）为 z_{ji} 抽样。
（4）根据式（3.5）和式（3.6）估算参数 $\boldsymbol{\theta}$ 和 $\boldsymbol{\phi}$。

3.2.2　HDP-LDA 主题模型

虽然 LDA 模型在众多领域中都取得了非常大的成功，但是在模型中，非常核心的问题是主题的个数需要事先指定。但是在大多数的情况下，我们并不能非常准确地为主题的个数指定一个合理的值。通常，主题的个数总是随着语料库中文档的个数和语料库的大小变化的。于是，就需要一个灵活模型能够通过语料库自行确定主题的个数。HDP（Hierarchical Dirichlet Process）-LDA 模型通过引入狄利克雷过程（Dirichlet Process，DP）提供了这种灵活性。

1. DP 混合模型

DP 混合模型解决了如何在一个数据集中确定类别数的难题，同时也可以作为非参的方法解决类别数随着数据集的大小而变化的问题。DP 混合模型作为一个经典的无限混合模型，提供了强大的灵活性。DP 混合模型如下：

$$G \sim \mathrm{DP}(H,\alpha),$$

$$z_i \sim \mathrm{Mult}(G),$$
$$\theta_k^* \sim p,$$
$$x_i \mid z_i, \{\theta_k^*\} \sim F(\theta_{z_i}^*)$$

其中，DP 是一个随机过程。假设 H 是在样本空间 Θ 上的随机分布，α 是一个随机的正实数，对于样本空间 Θ 上的有限可测划分 $(A_1,\cdots,A_r)$，如果分布 G 满足以下条件：

$$(G(A_1),\cdots,G(A_r)) \sim \mathrm{Dir}(\alpha H(A_1),\cdots,\alpha H(A_r))$$

则 G 是满足 DP 的，即 $G \sim \mathrm{DP}(H,\alpha)$。对于 Θ 上的任意可测子集 A，有以下关系成立：

$$E[G(A)] = H(A)$$
$$V[G(A)] = \frac{H(A)\cdot(1-H(A))}{1+\alpha}$$

上述关系表明，DP 产生的分布 G 的期望是 H。很明显，G 是离散化分布的，即使 H 是连续分布的。而 α 则描述了这种离散化的强度，当 $\alpha \to 0$ 时，G 几乎聚集于一个值；当 $\alpha \to \infty$ 时，G 几乎变成连续的。除这两种极端的情况外，G 的离散化程度随着 α 的增加而递减。

依据狄利克雷（Dirichlet）与多项（Multinomial）之间的共轭关系，可以很方便地得到分布 G 的后验分布：

$$(G(A_1),\cdots,G(A_r) \mid \theta_1,\cdots,\theta_n) \sim \mathrm{Dir}(\alpha H(A_1)+n_1,\cdots,\alpha H(A_r)+n_r)$$

其中，n_i 表示样本属于子集 A_i 的个数，$n=\sum_{i=1}^{r} n_i$。分布 G 的后验仍然是一个 DP，同时聚集参数由 α 变为了 $\alpha+n$，基本分布由 H 变为了 $(\alpha H+n_i)/(\alpha+n)$。

$$(G \mid \theta_1,\cdots,\theta_n) \sim \mathrm{DP}\left(\frac{\alpha H+n_i}{\alpha+n}, \alpha+n\right)$$

有了 G 的后验分布，可以很方便地使用期望预测新的样本：

$$\begin{aligned} p(\theta_{n+1} \in A \mid \theta_1,\cdots,\theta_n) &= E[G(A) \mid \theta_1,\cdots,\theta_n] \\ &= \frac{1}{\alpha+n}(\alpha H(A)+n_i) \end{aligned}$$

根据上式和贝叶斯定理，可以很方便地获取序列 $\theta_1,\theta_2,\cdots,\theta_n$ 的联合概率分布：

$$p(\theta_1,\cdots,\theta_n) = \prod_{i=1}^{n} p(\theta_i \mid \theta_1,\cdots,\theta_n) \tag{3.8}$$

可以很直观地证明联合概率和样本产生的顺序无关，这个样本序列是无限可交换的。

式（3.8）表明：从DP中产生的样本具有离散化的性质，无须关注基本分布H是连续的还是离散的。同时，也表明样本具有聚集性质，因此会导致样本序列$\theta_1,\cdots,\theta_n$划分成几个类别，在同一类别K中，有$\theta_i=\theta_k^*,i\in K$，其中$\theta_k^*\sim H$，这个随机划分包含了DP的所有性质。为了产生这样的划分，可以使用中餐馆过程（Chinese Restaurant Process，CRP）。首先假设有一家餐馆，餐馆里有无限多张桌子。第一个进入餐馆的顾客坐在第一张桌子上，随后顺序到来的顾客可以依据正比于n_k的概率坐在已有顾客的桌子上，其中n_k表示已经有n_k个顾客坐在了k桌；或者依据正比于α的概率选择一张没有人的桌子，其中α代表DP中的聚集参数。根据CRP，类别数K的期望是$E[K|n]\cong\alpha\log(1+n/\alpha)$，方差是$V[K|n]\cong\alpha\log(1+n/\alpha)$。根据DP中产生的类别数和样本数呈对数关系，同时也表明α影响着划分的类别数，α越大，划分的类别数就越大。

2. HDP-LDA生成模型

DP混合模型提供了强大的灵活性，但是DP混合模型只能处理一组数据。通常我们的样本中总是包含着多组数据，同时这多组数据间又存在着某种关系，如语料库中，总是包含着多篇文档，同时某个主题又被多篇文档所提及，所以DP混合模型并不适用。因此，郑宇怀（Yee Whye Teh）等学者提出了HDP（Hierarchical Dirichlet Process）-LDA[32]模型。

HDP-LDA模型是定义在一个空间Θ上的分布。HDP-LDA模型为每一组数据样本定义了一个概率分布G_j，同时定义了一个全局的概率分布G_0，其中G_0由基本分布为H和聚集参数为α的DP产生，即$G_0\sim\mathrm{DP}(\alpha,H)$。而每组样本的概率分布$G_j$是由基本分布为$G_0$和聚集参数为$\beta$的DP产生的，即$G_j\sim\mathrm{DP}(\beta,G_0)$，该式表明每组数据的概率分布$G_j$是条件独立于$G_0$的。依据DP的性质，有$G_0=\sum\pi_i\delta_{\theta_{0i}}$，其中$\boldsymbol{\Theta}_0=\{\theta_{01},\cdots,\theta_{0i},\cdots\}\in\Theta$，对于每组样本上的概率分布$G_j=\sum\pi_{ji}\delta_{\theta_{ji}}$，其中$\boldsymbol{\Theta}_j=\{\theta_{j1},\cdots,\theta_{ji},\cdots\}\in\Theta_0$。因此，HDP可以作为分组数据的先验。在HDP-LDA模型中，θ_{ji}代表着文档j中第i个短语对应的主题，w_{ji}则代表着文档j中第i个短语：

$$\theta_{ji}\mid G_j\sim\mathrm{Mult}(G_j)$$

$$w_{ji} \mid \theta_{ji} \sim \text{Mult}(\theta_{ji})$$

HDP-LDA 模型很容易扩展到多层结构，经过 HDP-LDA 之后会得到一棵 DP 树。DP 树的每个结点都是一个 DP，子结点条件独立于父结点，同时每个子结点的样本空间都是父结点的子集。这样就保证了各组数据之间的独立性，又确保了各组数据之间潜在的联系。

我们可以使用中餐馆过程描述 HDP 的生成过程。假设有一家餐馆连锁店，所有的门店共享一份菜单，坐在同一张桌子上的顾客共享同一盘菜。在这种设定中，每家门店对应于一组数据，每位顾客对应于一个数据样本。当门店 j 中的第 i 个顾客 θ_{ji} 到来时，他会以正比于 n_{jt} 的概率选择一张已经有人的桌子，n_{jt} 表示门店 j 中的第 t 张桌子上的人数；或者以正比于 β 的概率选择一张空的桌子，同时从所有门店共享的菜单中选择一盘菜。当顾客 θ_{ji} 选择在空的桌子上时，他以正比于 $m_{\cdot k}$ 的概率选择第 k 盘菜，或者以正比于 α 的概率选择一盘新菜。其中，m_{jk} 表示在第 j 家门店中有 m_{jk} 张桌子上是第 k 盘菜，$m_{\cdot k}$ 表示在整个门店内总共有 $m_{\cdot k}$ 张桌子上是第 k 盘菜，$m_{j\cdot}$ 表示在门店 j 中共有 $m_{j\cdot}$ 张桌子，$m_{\cdot\cdot}$ 表示整个门店内共有 $m_{\cdot\cdot}$ 张桌子。

$$(\theta_{ji} \mid \theta_{j1}, \cdots, \theta_{j(i-1)}) \sim \sum_{t=1}^{m_{j\cdot}} \frac{n_{jt}}{i-1+\beta} \delta_{\psi_{jt}} + \frac{\beta}{i-1+\beta} G_0 \tag{3.9}$$

$$(\psi_{jt} \mid \psi_{11}, \psi_{12}, \cdots, \psi_{21}, \cdots, \psi_{j(t-1)}, \alpha, H) \sim \sum_{k=1}^{K} \frac{m_{\cdot k}}{m_{\cdot\cdot} + \alpha} \delta_{\phi_k} + \frac{\alpha}{m_{\cdot\cdot} + \alpha} H \tag{3.10}$$

其中，ψ_{jt} 表示在门店 j 的第 t 张桌子上是第 ψ_{jt} 盘菜，ϕ_k 意味着连锁店全局菜单上的第 k 盘菜。所以，如果 θ_{ji} 坐在第 t 张桌子上且菜单上的第 k 盘菜 ϕ_k 被上在桌子 t 上，则有 $\theta_{ji} = \psi_{jt} = \phi_k$。

HDP-LDA 模型中使用的符号及其含义见表 3.2。

表 3.2　HDP-LDA 符号表

符　号	含　义
n_{jt}	门店 j 中第 t 张桌子上的人数
m_{jk}	门店 j 中总共有 m_{jk} 张桌子上是第 k 盘菜
$m_{\cdot k}$	所有门店中共有 $m_{\cdot k}$ 张桌子上是第 k 盘菜
$m_{j\cdot}$	门店 j 中共有 $m_{j\cdot}$ 张桌子
$m_{\cdot\cdot}$	所有门店中共有 $m_{\cdot\cdot}$ 张桌子

续表

符　号	含　义
ϕ_k	第 k 盘菜的内容
ψ_{jt}	门店 j 中的第 t 张桌子上的菜
θ_{ji}	门店 j 中的第 i 个顾客吃到的菜
t_{ji}	门店 j 中的第 i 个顾客坐在第 t_{ji} 张桌子上
k_{jt}	门店 j 中的第 t 张桌子上是第 k_{jt} 盘菜
t^{new}	新产生的桌子索引
k^{new}	新产生的菜索引

3. HDP-LDA 推理

式（3.8）已经表明了 DP 产生的数据具有无限可交换性，因此 HDP 产生的数据仍然具有无限可交换性。所以，当给定观测的数据样本 $\boldsymbol{X}$ 时，式（3.9）修改后可以作为 $\boldsymbol{\theta}$ 后验分布的吉布斯抽样公式，对变量 t_{ji} 和变量 k_{jt} 进行抽样[33]可以提升抽样的效率。同时注意到 t_{ji} 和 k_{jt} 继承了 θ_{ji} 的无限可交换性，式（3.9）修改后也可以作为 t_{ji} 和 k_{jt} 的抽样公式。

为了计算 t_{ji} 在条件 $t^{\neg ji}$ 下的分布，即 $p(t_{ji} \mid t^{\neg ji})$，我们利用 DP 的无限可交换性，将 t_{ji} 作为式（3.9）的最后一个抽样变量。为了得到 t_{ji} 的后验概率分布，可以通过 t_{ji} 的先验与 x_{ji} 的似然函数的乘积得到。如果 x_{ji} 来到了空的桌子上，那么 x_{ji} 的似然函数如式（3.11）所示；如果 x_{ji} 坐到了已经有人的桌子上并且 $\psi_{jt}=k$，那么在 HDP-LDA 下的 x_{ji} 的似然函数如式（3.12）所示。

$$p(x_{ji} \mid t^{\neg ji}, t_{ji} = t^{\text{new}}, k) = \sum_{k=1}^{K} \frac{m_{\cdot k}}{m_{\cdot\cdot} + \alpha} \phi_k^{\neg x_{ji}}(x_{ji}) + \frac{\alpha}{m_{\cdot\cdot} + \alpha} \phi_{k^{\text{new}}}^{\neg x_{ji}}(x_{ji}) \tag{3.11}$$

$$\phi_k^{\neg x_{ji} = t} = \frac{n_{kt} + \beta_t}{\sum_{t=1}^{V} n_{kt} + \beta} \tag{3.12}$$

在 HDP-LDA 模型中，我们通常认为基本分布 H 是一个均匀分布，那么关于 t_{ji} 的抽样公式为

$$p(t_{ji}=t \mid t^{\neg ji}, k) \propto \begin{cases} n_{jt}\phi_{k_{jt}}^{\neg x_{ji}}(x_{ji}), \text{如果 } t \text{ 已存在} \\ \beta \cdot p(x_{ji} \mid t^{\neg ji}, t_{ji}=t^{\text{new}}, k), \text{如果 } t=t^{\text{new}} \end{cases} \tag{3.13}$$

如果 $t=t^{\text{new}}$，说明顾客坐在了空的桌子上，那么就需要为空的桌子上一盘菜，关于 $k_{jt^{\text{new}}}$ 的抽样公式为

$$p(k_{jt^{\text{new}}}=k \mid t,k^{\neg jt^{\text{new}}}) \propto \begin{cases} m_{\cdot k}^{\neg jt} \cdot \phi_k^{\neg x_{ji}}(x_{ji}), \text{如果 } k \text{ 已存在} \\ \gamma \phi_{k^{\text{new}}}^{\neg x_{ji}}(x_{ji}), \text{如果 } k=k^{\text{new}} \end{cases} \tag{3.14}$$

HDP-LDA Gibbs 抽样算法见算法 3.3。

算法 3.3：HDP-LDA Gibbs 抽样算法

输入：文本集 Ψ。
输出：$\boldsymbol{\theta}$ 和 $\boldsymbol{\phi}$。

(1) 为语料库中每篇文档中的每个词随机指定，$t_{ji}=t,k_{jt}=k$。
(2) 循环执行，直到抽样结果收敛。
(3) for $j=1,\cdots,M$：
  for $i=1,\cdots,N_j$：
   根据式（3.13）为 t_{ji} 抽样新值；
   如果 $t_{ji}=t^{\text{new}}$，则根据式（3.14）为 $k_{jt^{\text{new}}}$ 抽样。
(4) 根据算法 3.4 估算参数 $\boldsymbol{\theta}$ 和 $\boldsymbol{\phi}$。
(5) 估计 $\boldsymbol{\theta}$ 和 $\boldsymbol{\phi}$，并返回 $\boldsymbol{\theta}$ 和 $\boldsymbol{\phi}$。

算法 3.4：估计参数 $\boldsymbol{\theta}$ 和 $\boldsymbol{\phi}$

输入：T 和 K。
输出：$\boldsymbol{\theta}$ 和 $\boldsymbol{\phi}$。

根据式（3.5）和式（3.6）估算参数 $\boldsymbol{\theta}$ 和 $\boldsymbol{\phi}$。

3.3 具有 Zipf 定律性质的主题模型

不管是 LDA 模型还是 HDP-LDA 模型，都假设文档中的词组是根据多项分布得到的，而多项分布的参数服从狄利克雷先验。但是这种狄利克雷-多项分布的假设并不能很好地表示语料库中的幂律分布，这种符合幂律分布的性质在语言学中称为 Zipf 定律（齐普夫定律）[34]。幂律分布的性质不仅在语言学中被发现，而且在物理、生物和社会科学（如城市大小和居民收入）等方面均被发现。幂律分布描述了一个马太效应，即富者越富。因此，在主题模型的主题抽取过程中，很多出现次数较少但具有明显主题意义的词组会被忽略。虽然在HDP-LDA的DP中也存在着一个马太效应，但是DP中类别大小的增长率固定，近似于$\log(n)$，描述能力有限。因此，本节使用表达能力更强的PY过程去描述Zipf定律中的长尾现象。实验结果表明，取得了较好的效果。

3.3.1 PY过程

PY过程（Pitman-Yor Process）和DP一样也可以作为分布的分布。PY过程有3个参数，即聚集参数（Concentration Parameter）α、折扣参数（Discount Parameter）$d(0\leqslant d<1)$和一个基本分布H。其中，折扣参数d控制着图像的形状；H为抽样分布的期望。PY过程$\mathrm{PY}(\alpha,d,H)$是DP的泛化，当折扣参数$d=0$时，PY过程退化为聚集参数为α、基本分布为H的DP，即$\mathrm{DP}(\alpha,H)$。PY过程产生的样本同样具有无限交换的性质。PY过程可以通过以下两个构造过程生成：CRP过程，方便构建抽样公式，从而进行算法推理；GEM过程，方便用来证明PY过程的幂律性质。PY过程的简要定义如下。

假设$0\leqslant d\leqslant 1$，并且$\alpha>-d$，$V_j(j\geqslant 1)$是一系列相互独立的随机变量，对于任意V_j，有$V_j \sim \mathrm{Beta}(1-d,\alpha+jd)$。定义一系列的权重$\pi_j$，其中$\pi_1=V_1,\pi_2=V_2(1-V_1),\cdots,\pi_j=V_j\prod_{i=1}^{j-1}(1-V_i)$。那么$\pi$是服从以$d$和$\alpha$为参数的GEM分布，即$\pi\sim\mathrm{GEM}(d,\alpha)$。假设$\pi\sim\mathrm{GEM}(d,\alpha)$，$H$是样本空间$\Theta$上的分布。$\theta_j^*$ i. i. d $H,j\geqslant 1$。那么$Y=\Sigma\pi_j\delta_{\theta_j^*}$是服从在样本空间$\Theta$上的泊松-狄利克雷分布，即$Y\sim\mathrm{PY}(d,\alpha,H)$[35]。

1. CRP过程

PY过程的CRP构造过程与DP的CRP构造过程相似。当一个新的顾客来到餐馆时，首先以$(n_t-d)/(n+\alpha)$的概率坐在已经有人的桌子上，或者以$(\alpha+dT)/(n+\alpha)$的概率坐在空的桌子上。其中n表示当前餐馆中的人数，n_t表示第t张桌子上的人数，T表示餐馆中的桌子数。可以证明通过CRP构造的数据序列是无限可交换的。

2. GEM过程

GEM构造过程通常也称为折棍子构造过程（Stick-Breaking Construction）。PY过程的GEM构造过程与DP的GEM构造过程相似。当产生第k个类别的权重π_k时，令$\pi_k=V_k\prod_{i=1}^{k-1}(1-V_i)$，其中$V_k\sim\mathrm{Beta}(1-d,\alpha+kd)$，即$\pi\sim\mathrm{GEM}(\alpha,d)$，

那么有下式成立：

$$E[\pi_k]=\begin{cases}O(k^{-\frac{1}{d}}), & d>0\\ O\left(\left(\dfrac{\alpha}{\alpha+1}\right)^k\right), & d=0\end{cases}$$

证明：

考虑到 $\pi_k=V_k\prod_{j=1}^{k-1}(1-V_j)$，其中 $V_k\sim\text{Beta}(1-d,\alpha+kd)$，$V_k$是相互独立的。利用 V_k的相互独立，可以求得 π_k的期望如下。

$$E[\pi_k]=\frac{1-d}{1+\alpha+(k-1)d}\prod\frac{\alpha+kd}{1+\alpha+(k-1)d}$$

当 $d=0$ 时，

$$E[\pi_k]=\frac{1}{1+\alpha}\left(\frac{\alpha}{1+\alpha}\right)^{k-1}\rightarrow O\left(\left(\frac{\alpha}{\alpha+1}\right)^k\right)$$

当 $d>0$ 时，

$$E[\pi_k]=C\frac{\Gamma\left(\dfrac{\alpha}{d}+k-1\right)}{\Gamma\left(\dfrac{1+\alpha}{d}+k-1\right)}=C\frac{\Gamma\left(\dfrac{\alpha}{d}+k-1\right)}{\Gamma\left(\dfrac{1}{d}+\dfrac{\alpha}{d}+k-1\right)}\rightarrow O(k^{-\frac{1}{d}})$$

其中，应用到了技巧$\dfrac{\Gamma(x+\epsilon)}{\Gamma(x)}\rightarrow x^{-\epsilon}$，其中$\epsilon=\dfrac{1}{d}$。从而证明了当 $d>0$ 时，PY 过程可以刻画幂律分布的性质，同时可以从图 3.4 所示的实验结果中看到。图 3.4 中的左右两图在条件 $\alpha=0.5, d=0.1$ 下产生了 10000 个样本点，其中图 3.4（a）是 DP，图 3.4（b）是 PY 过程。PY 过程产生的样本具有更好的幂律分布性质，同时会包含很多出现次数非常少的数据。

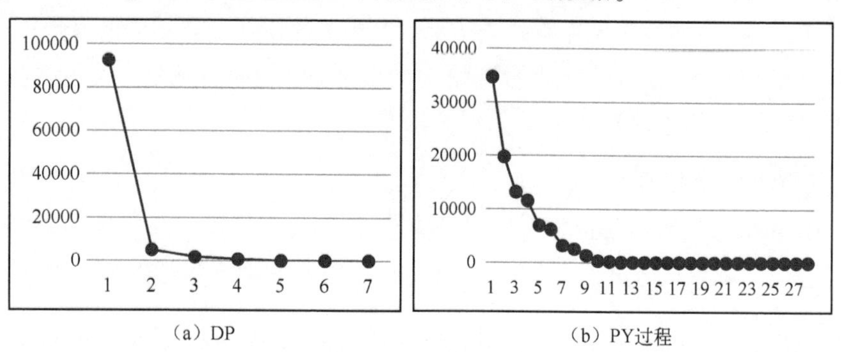

（a）DP　　（b）PY过程

图 3.4　实验结果

3.3.2 PHTM主题模型

PHTM（PY&HDP）主题模型结合了HDP-LDA模型提供的非参贝叶斯模型[36,37]，不用事先决定模型大小的灵活性（不用事先指定语料库的主题数）和PY过程对词频图像形状拟合的灵活性。

不管是LDA主题模型还是HDP-LDA主题模型，都是在模拟人脑生成一篇文档。假设在生成一篇文档时，我们首先确定了文档中主题的概率分布，然后为每个词组根据主题的概率指定一个主题，最终由指定的主题去生成对应的词组。但是，在实际的生活中，对于一篇文档，我们首先做的是给定文档的框架，然后在给定的框架上进行填词和润色。而填词和润色相当于在给定的词组集合范围内选择合适的词组加入文档而最终影响词组的分布。

使用$\psi_{jt}=(c_{jt},z_{jt})$表示文档框架中的一个词组与其对应的主题对，并且认为ψ是文档框架的基本组成部分。ψ_j表示文档j的框架。那么不同的文档框架ψ_j拥有不同的主题数，同时某一个主题也会被多个文档框架涉及。所以，为了构建模型的灵活性，可以认为$\psi_j\sim\mathrm{HDP}(\alpha,\beta,H)$，$\alpha$和$\beta$表示HDP-LDA中的聚集参数，$H$表示基本分布。然后使用$Y_j\sim\mathrm{PY}(\gamma,d,H_j),w_{ji}\sim Y_j$完成填词和润色修改的工作，其中$\gamma$表示PY过程的聚集参数，$d$表示折扣参数，$H_j$表示定义在文档框架$\psi_j$词组空间上的基本分布。$w_{ji}$表示完整文档$j$中的第$i$个词组。

接下来详细描述PHTM的CRP生成过程。使用$\psi_{jt}=(c_{jt},z_{jt})$表示文档框架中的一个词组与其对应的主题对，并且认为ψ是文档框架的基本组成部分。w_{ji}表示文档j中的第i个词组。当文档j需要产生一个词组w时，首先选择一个桌子坐下。如果桌子是已经使用过的，那么选择的概率是$(N_{jt}-d)/(N_j+\gamma)$；如果桌子是空的，那么选择的概率是$(\gamma+dK_j)/(N_j+\gamma)$。如果选择的桌子是没有使用过的，则需要为空的桌子产生新的菜肴，即ψ_{jt}，$\psi_{jt}=(w,z)$说明了在桌子t_{new}上对应主题为z的词组w。其中在产生新的ψ_{jt}时，首先根据CRF产生桌子t_{new}上的主题z，然后再从相应的主题中产生词组w。最终在同一张桌子上的顾客分享同一道菜肴，即$w_{ji}=\psi_{jt}^{w}$。

因此，整个PHTM模型可以看作物理上分离的两个部分。首先是针对一篇文档根据HDP-LDA生成了文档的框架，即$\{\psi_{jt}\}_{t=1}$。文档中最终的词组为$w_{ji}\sim Y_j$，其中Y_j是定义在样本空间$\{\psi_{jt}\}_{t=1}$上的概率分布，即接下来的PY过程。PHTM模型的生成过程见算法3.5。

算法 3.5：PHTM 模型的生成过程

(1) $G_0 \sim \mathrm{DP}(\alpha, H)$。

(2) 对于所有的文档 $j(j=1,\cdots,M)$：

① $G_j \sim \mathrm{DP}(\eta, G_0)$ //产生文档框架的主题分布混合比例

② 对于文档中的所有 $w_{ji}(i=1,\cdots,N_j)$

(a) 以正比于 $N_{jt}-d$ 的概率指定 w_{ji} 的桌子为 t，$w_{ji}=\psi_{jt}^{w}$。

(b) 或者以正比于$(\gamma+dK_j)$的概率指定 w_{ji} 坐在新的桌子上，并且为空的桌子产生 $\psi_{jt}=(w,z)$，其中 $w \sim \phi(z), z \sim G_j, w_{ji}=\psi_{jt}^{w}$。

3.4 PHTM 推理算法

3.4.1 算法描述

根据上文的描述，可以很方便地得到 Gibbs 抽样公式。令 $t_{ji}=t$ 表示 w_{ji} 坐在桌子 t 上，$t_{ji}=t_{\mathrm{new}}$ 表示 w_{ji} 坐在空的桌子上。对于 t_{ji} 的抽样公式：

$$p(t_{ji}=t \mid T^{\neg ji}, W^{\neg ji}, \Psi^{\neg ji}, w_{ji}=w, \psi_{jt}=k) \propto N_{jt}^{w}-d$$

$$p(t_{ji}=t_{\mathrm{new}} \mid T^{\neg ji}, W^{\neg ji}, w_{ji}=w, \psi_{jt_{\mathrm{new}}}^{z}=k) \propto (\gamma+dK_{jw})\phi_k(w)$$

当 $t_{ji}=t_{\mathrm{new}}$ 时，我们需要对桌子的主题抽样，即 $\psi_{jt_{\mathrm{new}}}^{z}$：

$$p(\psi_{jt_{\mathrm{new}}}^{z}=k \mid \psi_{jt_{\mathrm{new}}}^{w}=w, W, Z) \propto G_j(k)\phi_k(w)$$

PHTM 推理算法见算法 3.6。

算法 3.6：PHTM 推理算法

输入：文本集 D。
输出：$\boldsymbol{\theta}$ 和 $\boldsymbol{\phi}$。

(1) 按照算法 3.7，进行算法的初始化，求得 Ψ 和 T。

(2) 循环执行算法 3.8，直到算法收敛，得到 T^{erf} 和 K。

(3) 按照算法 3.4 传入参数 T^{erf} 和 K，得到并返回 $\boldsymbol{\theta}$ 和 $\boldsymbol{\phi}$。

算法 3.7：算法初始化

输入：文本集 D。
输出：Ψ 和 T。

(1) 对于文档集中的每篇文档 j, $j \in (1, \cdots, M)$; ① 随机生成 Ψ_j, 确保 $\#\{\Psi_j\} \leqslant N_j$ 及文档 j 中的每个词 $w_{ji} \in \Psi_j^w$; ② 对文档中每个词 w_{ji}, 随机指定 $t_{ji}=t$, 其中 $t \in \{\psi_{ji}\}$, 并且 $\psi_{jt}^w = w_{ji}$。 (2) 返回 T 和 Ψ。

推理算法核心见算法 3.8。

算法 3.8：推理算法核心

输入：Ψ 和 T。 输出：T^{crf} 和 K。
(1) for $j=1, \cdots, M$ ① for $i=1, \cdots, N_j$; ② $w=\psi_{j,t_{ji}}^w$; ③ 以概率$(N_{jt}^w - d)$指定 $t_{ji}=t$, 其中 t 是原先使用过的桌子; ④ 对于空桌子, 根据算法 3.9 产生新的主题 z, 即概率 p。以概率 $(\gamma + K_{jw})p$ 指定 $t_{ji}=t_{\mathrm{new}}$, 即 $\psi_{jt_{\mathrm{new}}}=(w, z)$。 (2) 获取并返回 Ψ 在 CRF 下的 T^{crf} 和 K。

在 CRF 下对 ψ_{jt}^z 抽样同时计算主题下的概率见算法 3.9。

算法 3.9：在 CRF 下对 ψ_{jt}^z 抽样同时计算主题下的概率

输入：ψ_{jt}^w。 输出：ψ_{jt}^z 和 p。
(1) 根据式 (3.12), 为 CRF 中的桌子 t 抽样, 其中令式 (2.12) 中的 $x_{ji}=\psi_{jt}^w$。如果 t 已经存在, 则 $\psi_{jt}^z=k_{jt}$。 (2) 根据式 (3.11), 计算并返回 ψ_{jt}^w 在 ψ_{jt}^z 下的概率 p, 其中表达式中 $k=\psi_{jt}^z, x_{ji}=\psi_{jt}^w$。 (3) 返回 ψ_{jt}^z 和 p。

3.4.2 实验

实验结果及分析如下。

（1）实验设置。

本实验使用了两个语料库，分别是 Reuters 和 NIPS① 语料库的一部分。Reuters 语料库总共包含 395 篇文档，词典中包含 4257 个词，共计 84010 个词。NIPS 语料库包含 1500 篇文档，词典中包含 12419 个词，共计 746316 个词。在每个语料库中，我们随机抽取了 90%的数据作为训练集，余下 10%的数据作为测试集，使用困惑度作为衡量模型优良的指标。困惑度是衡量一个推理算法好坏的重要指标，因为它可以衡量通过主题模型挖掘出的主题与实际文本内容的贴合程度。困惑度的定义如下：

$$\text{perplexity} = \exp\left(\log\left(-\frac{1}{M}\sum p(\boldsymbol{W}^{\text{pred}} \mid \boldsymbol{W}^{\text{train}})\right)\right)$$

其中，M 是测试集的大小，$\boldsymbol{W}^{\text{pred}}$ 代表测试集，$\boldsymbol{W}^{\text{train}}$ 代表训练集。困惑度越小，说明模型越好。我们使用 10 次运行结果的均值作为最终结果。当抽样算法执行超过 10000 次的时候，认为算法达到收敛。为了估计模型在不同参数情况下的困惑度，设置超参 $\gamma \in [10,500)$，$d \in [0,1)$，其中 γ 的步长为 10，d 的步长为 0.1。

（2）结果分析。

根据模型的暗示，在超参 $\gamma \to 0$ 和 $d \to 0$ 的条件下，模型倾向于将同一词组划分到同一种主题，而忽略了词组的多义性。这样会造成测试集的困惑度提升，同时语料库中的主题数减少。同时，在另一个极端情况下，即 $\gamma \to \infty$ 和 $d \to 1$ 的情况下，模型倾向于将同一种词组划分到不同的主题，这样过分关注了词组的多义性，可能给词组强加不属于词组的含义。这样会造成整个语料库中的主题数相比于实际来说偏多，从而造成测试集的困惑度提升。所以，只有在参数 γ 和 d 取合适值的情况下，测试集才能在取得一个最低的困惑度的同时获得一个较为合理的主题数。

实验结果也证明了上述判断。下面着重分析 Reuters 语料库的实验结果，从而证明上述的判断。

① 主题数。

在图 3.5 中，展示了在不同参数条件下所抽取到的主题数。通过 HDP -

① 参见 http://archive.ics.uci.edu/ml/datasets/Bag+of+Words。

LDA 模型得到的主题数是 21 个，是 10 次实验的均值。在 $\gamma \to 0, d \to 0$ 的情况下，抽取到的主题数最小，大约是 5 个。而在另一个极端情况下，$\gamma \to 500$，$d \to 0$，主题数接近甚至大于 21。其中一些红点，是在条件 $d=1$ 的情况下的特殊值，根据 PY 过程的定义，$d \in [0,1)$。

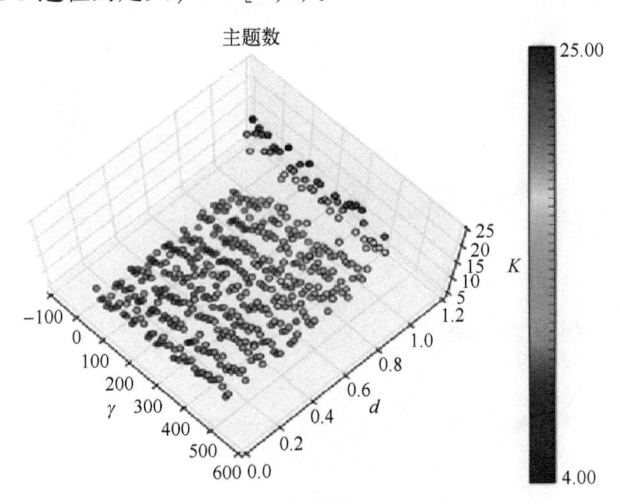

图 3.5　不同参数下的主题数

② 困惑度。

图 3.6 和图 3.7 分别对应同一组数据的侧视图和俯视图。彩色的火焰图

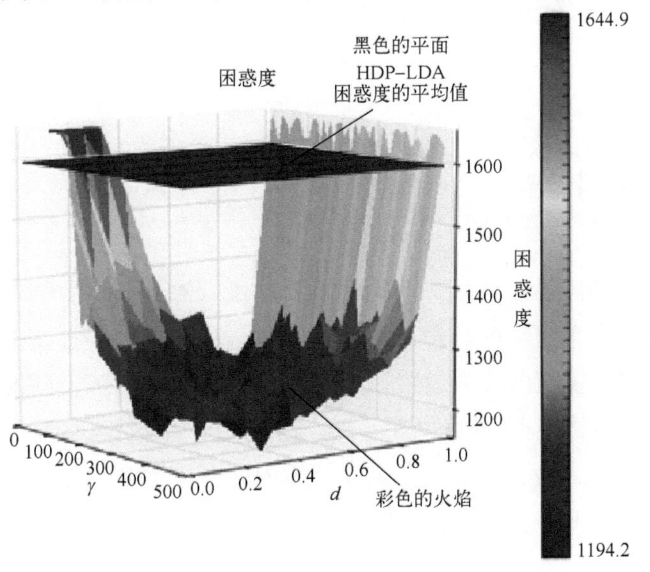

图 3.6　困惑度侧视图

代表 PHTM 模型在不同 γ, d 的条件下的困惑度。黑色的平面代表 HDP-LDA 模型困惑度的平均值。从两张图中可以明显地看到，在 $\gamma\to0, d\to0$ 和 $\gamma\to\infty$，$d\to1$ 两个极端情况下，困惑度都比较高，尤其是在 $\gamma\to0, d\to0$ 的条件下。可以看到大约在 $100<\gamma<200, 0.6<d<0.8$ 的条件下，PHTM 模型的困惑度达到最低。

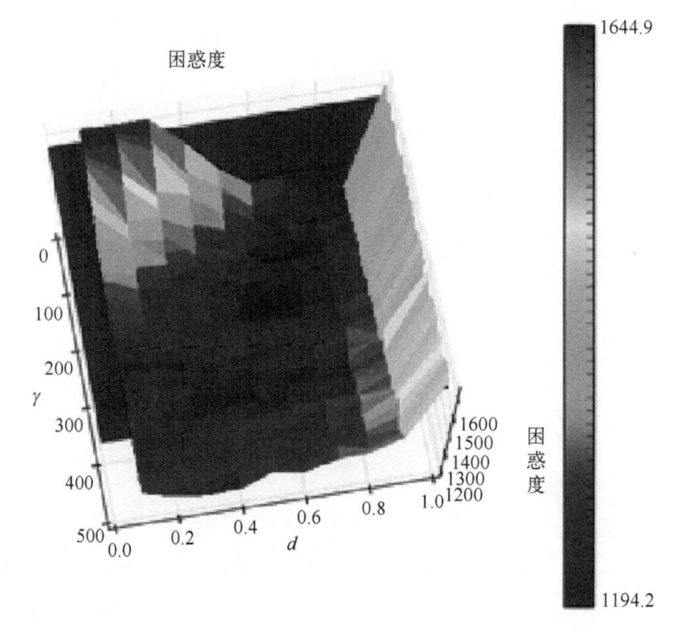

图 3.7　困惑度俯视图

3.5　本章小结

主题模型是描述语料库文档集的重要手段。深入研究主题模型，可以更好地描述语料库文档集的结构，进而更好地分析和理解各种文本资源。本章首先介绍了主题模型的代数模型，然后主要讨论和分析了主题模型的概率模型的理论基础和概率模型推理的变分法与抽样法。本章介绍了 PY 过程的理论基础及其性质，给出了具有 Zipf 定律性质的主题模型和模型的推理算法，最终通过实验表明 PHTM 模型在主题抽取方面具有更好的困惑度。

第 4 章

抽样与非参数贝叶斯方法

4.1 单个随机变量抽样

假设已知数据符合高斯分布，我们要求出这个高斯分布模型的参数。由于已知模型的概率密度表达式，所以可以用最大化似然函数的方法求出一组最优的参数，这样的过程称为点估计（Point Estimation）。例如，像 EM 算法，虽然用的是迭代的方法，但也属于点估计。

在很多机器学习的问题中，特别是在贝叶斯方法[38]中，可能会遇到以下几种情况。

① 实际感兴趣的是后验分布，$p(\theta \mid \text{Data}) \propto p(\text{Data} \mid \theta)p(\theta)$，并非参数的具体值。

② 虽然已知似然函数和先验分布，但有的时候后验概率与先验概率不共轭，其表达式会非常复杂（如若干个分布相加或者相乘），它的特性（如均值和最大值）很难求解。

这时可以采用近似推断的方法把想知道的统计量估计出来，抽样方法就是其中之一。例如，要求解参数 θ 的期望，$E_{p(\theta|X)}(\theta) = \int_{\theta} \theta \cdot p(\theta \mid X)\mathrm{d}\theta$，如果 $\theta^{(i)} \overset{\text{iid}}{\sim} p(\theta \mid X)$，则通过抽样 θ 的期望可以近似为 $\hat{E}(\theta) = \frac{1}{N}\sum_{i=1}^{N}\theta^{(i)}$，这就是大数定律所描述的。

除此之外，抽样还有许多其他用途。对于某个连续函数 $g(X)$，若要求其定积分 $\int_a^b g(x)\mathrm{d}x = I$，但这个积分非常复杂或者维度很大，通过代数方法求解非常困难，此时可以把这个式子转化为求某个连续随机变量函数的积分，如 $\int_a^b G(x)p(x)\mathrm{d}x$，其中 $G(x) = g(x)/p(x)$，$p(x)$ 假设为定义在 X 上的分布。这样就可以通过抽样的方法来估算 $G(x)$ 的均值，等价于计算积分 $\int_a^b g(x)\,\mathrm{d}x$。即抽样 $x_i \overset{\text{iid}}{\sim} p(x)$，然后令 I 近似等于样本均值，即 $I \approx \sum_{i\in N} G(x_i)/N$。这种方法就叫作蒙特卡洛积分（Monte Carlo Integration）[39]。例如，假设 X 和 Y 服从(0,1)区间上的均匀分布，生成样本(x,y)，如果 $x^2+y^2\leqslant 1$，则样本值为 1，否则样本值为 0，通过计算样本均值就可以近似地计算出单位圆域的面积，如图 4.1 所示。

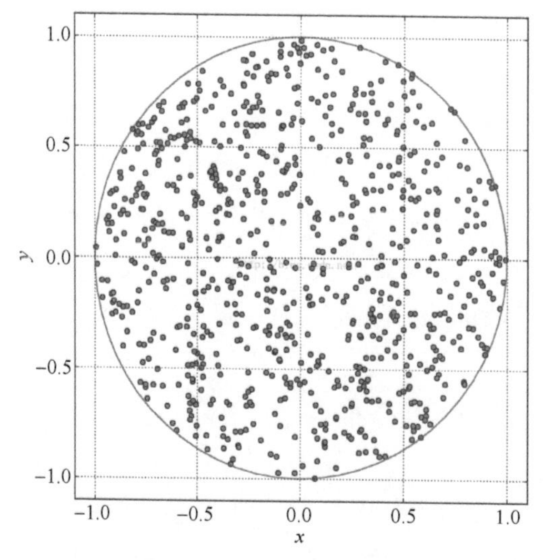

图 4.1　通过圆域均匀分布抽样计算单位圆域的面积

4.1.1　通过逆累积分布函数抽样

抽样有诸多的用处，如何生成这些样本就成为学者们讨论的话题。随着计算机技术的发展，以及随机数生成算法的不断改进，目前利用计算机模拟抽样成了实现抽样必不可少的一步。下面将会介绍几种抽样方法。

抽样之前需要知道概率密度函数（Probability Density Function，PDF）或者概率质量函数（Probability Mass Function，PMF）。抽样的过程容易和概率密度函数的映射搞混，抽样的起点是生成一些随机数，然后将这些随机数依概率映射到样本的域；而概率密度的函数映射只是表示一个随机变量 X 出现在 x_i 的极小邻域的可能性为 $p(x_i)$。抽样就是模拟真实样本的生成，如果这些抽样的样本足够真实，那么就可以采用统计学的方法处理这些样本。

如果想得到一些样本，并让这些样本符合某个概率密度函数，理论上可以通过如下方法获得：先生成 $u \sim U(0,1)$，再获取样本 $x = \mathrm{CDF}^{-1}(u)$，其中 CDF^{-1}为这个概率密度函数的累积分布函数（Cumulative Distribution Function，CDF）的逆函数，称为逆累积分布函数，又称为分位数函数（Quantile Function），这样得到的 x 就近似服从该 PDF。如图 4.2 所示，我们抽样 $u \sim U(0,1)$ 之后，通过 $\mathrm{CDF}^{-1}(u)$映射到 x，由于 CDF 在 $x=0$ 处增长较快，可以看出映射在 $x=0$ 处的概率较大。

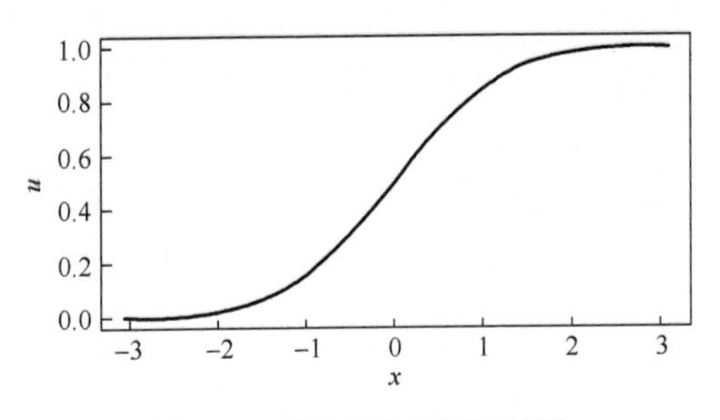

图 4.2　逆累积分布函数抽样

CDF^{-1}并不总是可以求解的，但可以通过数学上的方法，如可通过计算可抽样分布的边缘分布来抽样目标分布，或者构造可以抽样的辅助随机变量，再通过这些辅助随机变量抽样目标分布。例如，一维的高斯分布无法通过求 CDF^{-1}进行抽样，但可以通过二维高斯分布，将 X-Y 坐标变换为极坐标，然后对 r 进行积分，对 θ 用均匀分布抽样，对 r 则用求出其边缘 CDF^{-1}的方法抽样。再如均匀圆域抽样也可以先用极坐标表示，极坐标的 r 方向上的微分是 $r\mathrm{d}r \sim \mathrm{d}r^2$，也就是离半径越远的地方微元面积越大，面积越大对均匀分布意味着 CDF 的值越高，此时该均匀圆域分布的 CDF 可写成 $z = kr^2$，k 为归一化系数，则 CDF^{-1}可写成 $r = \sqrt{z/k}$。

4.1.2　拒绝抽样（Rejection Sampling）

通过逆累积分布函数抽样的方式，理论上是可行的，但实际上遇到的概率密度函数可能非常复杂，有时候连求出归一化系数都很困难，更不用说通过概率密度函数求出累积分布函数，所以该方法的实用性有很大的局限性。但是我们从一个已知的可以抽样的概率密度函数 $q(x)$ 出发，去解决另一个困难的概率密度函数 $p(x)$ 的抽样，拒绝抽样[40]就是以此为出发点构造出的一种抽样方法。如果要对一个难以求出 CDF 或者 CDF^{-1}的分布 $p(x)$ 抽样，已知一个容易抽样的分布 $q(x)$，就可以使用拒绝抽样的方法，具体算法如算法 4.1 所示。可以看出，要实现拒绝抽样，首先要保证 $Mq(x)$ “盖住” $p(x)$，这样才能保证接收率 $p(x)/[Mq(x)]\leqslant 1$ 是个有意义的概率；其次要保证 $Mq(x)$ 不能高于 $p(x)$ 太多，否则接收率 $p(x)/[Mq(x)]$ 会非常小，生成样本的效率会很低。图 4.3 显示了拒绝抽样的原理。

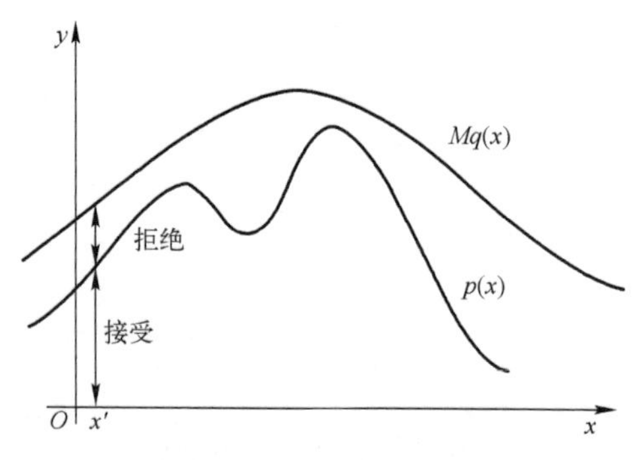

图 4.3　拒绝抽样的原理

算法 4.1：拒绝抽样

```
procedure 从分布 p(x) 中抽样
    i=0
    while i<N do
        x^(i) ~ q(x) and u ~ U(0,1)
        if u < p(x^(i)) / Mq(x^(i)) then
            accept x^(i)
            i=i+1
        else
            reject x^(i);
        end if
    end while
end procedure
```

为了克服拒绝抽样的缺点，进一步构造 $q(x)$ 使其紧贴 $p(x)$ 之上，这个方法对于凹函数（Concave）十分有效。因为我们可以构造出凹函数不同值域的切线，然后让切线构成的分段函数成为 $q(x)$，这样就可以克服拒绝抽样的缺点。但是很多概率密度函数并非凹函数，如高斯分布，其 PDF $p(x)$是非凹函数，如果设 $q(x)=\log p(x)$，则会变成凹函数，这类函数叫作对数凹函数（Log-Concave）也可以用构造切线产生 $q(x)$的方法。这样，对于某些分布 $p(x)$，先通过选取样本 $x^{(i)}$求出 $p(x)$的包络线，然后再进行拒绝抽样，这就叫作可适应的拒绝抽样（Adaptive Rejection Sampling）。这种方法在 $\log p(x)$是凹函数的时候才适用。其构造方法如图 4.4 所示。

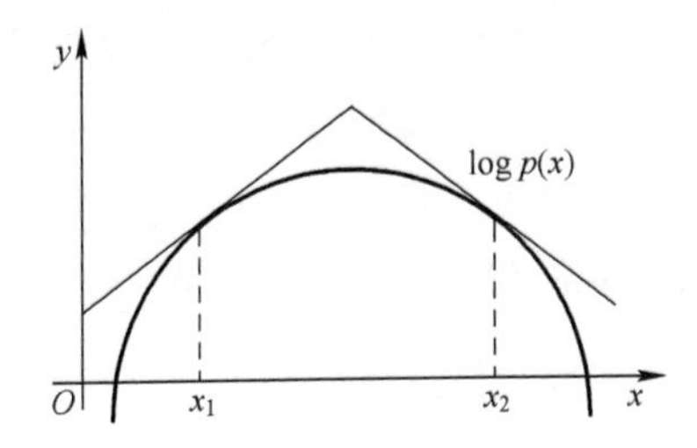

图 4.4　可适应的拒绝抽样构造方法

4.1.3　重要性抽样（Importance Sampling）

通过抽样可以近似计算积分。例如，$f(X)$是某一随机变量的函数，其本质也是一个随机变量，如果我们对 $E_{p(x)}[f(x)]$感兴趣，但是这个积分难以用解析法求出，那么就可以用抽样的方法来近似求解。这时需要对 $p(x)$进行抽样，如果对 $p(x)$抽样也存在困难，如难以求出 CDF^{-1}，则可以采用蒙特卡洛积分，只不过这时积分中的 $g(x)=f(x)p(x)$。为了能用蒙特卡洛积分求解，需要另一个可以抽样的概率密度函数 $q(x)$。因此可以做以下变换：

$$E_{p(x)}[f(x)]=\int_x \underbrace{f(x)\frac{p(x)}{q(x)}}_{g(x)}q(x)\,\mathrm{d}x \tag{4.1}$$

如果可以从 $q(x)$抽样，便可以先对 $q(x)$进行抽样得到 $x^{(i)}\overset{\text{iid}}{\sim}q(x)$，然后近似计算目标期望：

$$\hat{E}[f(x)]=\frac{1}{N}\sum_{i=1}^{N}f(x^{(i)})\underbrace{\frac{p(x^{(i)})}{q(x^{(i)})}}_{w(x^{(i)})} \tag{4.2}$$

其中，$w(x^{(i)})$叫作重要性权重[41]。

直观地理解，本来应该抽样 $p(x)$来获得样本 $f(x^{(i)})$，但是由于从 $p(x)$抽样难度很大，如果想通过可抽样分布 $q(x)$ 抽样得到依然是符合分布函数 $p(x)$ 的 $f(X)$ 的样本，可以通过乘以权值 $w(x^{(j)})$ 来改变样本 $f(x^{(j)})$ 的权重，所得的样本依然是符合 $p(x)$ 的 $f(X)$ 的样本。拒绝抽样是通过拒绝样本的方法来达到修改样本的分布方式，而重要性抽样不会拒绝样本，只是改变样本权值。

4.2 序列随机变量抽样与马尔可夫链蒙特卡洛

单个随机变量抽样所生成的样本相互独立，生成某一个样本之后，它并不会影响其后的样本生成。有没有可能通过和上一个样本相关的方法产生新的样本呢？通过学者们的研究发现是有的，这就是著名的马尔可夫链蒙特卡洛（Markov Chain Monte Carlo，MCMC）。其中的马尔可夫链是由马尔科夫过程产生的一个序列的随机变量，它符合以下规则：

$$p(X_{n+1} \mid X_1, \cdots, X_n) = p(X_{n+1} \mid X_n)$$

如果样本的分布为 $\pi(\boldsymbol{x})$，可以先假设通过一个马尔科夫过程产生该分布的样本序列，该过程的大概流程应该符合如下描述。

假设已经得到了某个样本 $\boldsymbol{x}$：

- 存在一个转移函数 $\forall \boldsymbol{x}, k(\boldsymbol{x}^* \mid \boldsymbol{x}), \boldsymbol{x} \rightarrow \boldsymbol{x}^*$ 只需要一步。最后产生的样本序列服从于分布 $\pi(\boldsymbol{x})$。
- 转移函数 $k(\boldsymbol{x}^* \mid \boldsymbol{x})$ 在形成序列的过程中不会改变样本的分布 $\pi(\boldsymbol{x})$，此时 $k(\boldsymbol{x}^* \mid \boldsymbol{x})$ 必定和 $\pi(\boldsymbol{x})$ 有某种联系。

查普曼-科尔莫戈罗夫方程（Chapman-Kolmogorov Equation，C-K 方程）是随机过程中的一个结论，如果随机过程为马尔可夫链，则该等式就是转移概率的公式：

$$\pi_t(\boldsymbol{x}^*) = \int_{\boldsymbol{x}} \pi_{t-1}(\boldsymbol{x}) k(\boldsymbol{x}^* \mid \boldsymbol{x}) \mathrm{d}\boldsymbol{x}$$

由于我们关心的是同一种分布下的抽样，即 $\pi_t(\cdot) = \pi_{t-1}(\cdot)$ 它们至少是同一种分布，所以上式可以写成

$$\pi(\boldsymbol{x}^*) = \int_{\boldsymbol{x}} \pi(\boldsymbol{x}) k(\boldsymbol{x}^* \mid \boldsymbol{x}) \mathrm{d}\boldsymbol{x}$$

寻找使上式成立的充分条件，叫作细致平衡条件（Detailed Balance Condition）：

$$\pi(\boldsymbol{x}) k(\boldsymbol{x}^* \mid \boldsymbol{x}) = \pi(\boldsymbol{x}^*) k(\boldsymbol{x} \mid \boldsymbol{x}^*) \tag{4.3}$$

当细致平衡条件满足时，得到：

$$\int_x \pi(\boldsymbol{x})k(\boldsymbol{x}^* \mid \boldsymbol{x})\mathrm{d}\boldsymbol{x} = \int_x \pi(\boldsymbol{x}^*)k(\boldsymbol{x} \mid \boldsymbol{x}^*)\mathrm{d}\boldsymbol{x} = \pi(\boldsymbol{x}^*)\int_x k(\boldsymbol{x} \mid \boldsymbol{x}^*)\mathrm{d}\boldsymbol{x} = \pi(\boldsymbol{x}^*) \tag{4.4}$$

但反之不成立。

4.2.1　MH 算法

MH 算法（Metropolis Hasting Algorithm）[42]是 MCMC 中最流行的算法。已有样本 $\boldsymbol{x}^{(i)}$，要获取下一个样本 $\boldsymbol{x}^{(i+1)}$，具体算法如下：

① 从均匀分布中生成样本 $u \sim U(0,1)$；

② 从转移概率中抽样 $\boldsymbol{x}^* \sim q(\boldsymbol{x}^* \mid \boldsymbol{x}^{(i)})$，$q(\boldsymbol{x}^* \mid \boldsymbol{x}^{(i)})$ 一般是近似的由数据驱动的分布，称为提议分布（Proposal Distribution）；

③ if $u < a(\boldsymbol{x}^{(i)}, \boldsymbol{x}^*) = \min\left(1, \dfrac{p(\boldsymbol{x}^*)q(\boldsymbol{x}^{(i)} \mid \boldsymbol{x}^*)}{p(\boldsymbol{x}^{(i)})q(\boldsymbol{x}^* \mid \boldsymbol{x}^{(i)})}\right)$，then $\boldsymbol{x}^{(i+1)} = \boldsymbol{x}^*$；

else $\boldsymbol{x}^{(i+1)} = \boldsymbol{x}^{(i)}$。

其中，$q(\boldsymbol{x}^* \mid \boldsymbol{x})$ 与 $k(\boldsymbol{x}^* \mid \boldsymbol{x})$ 不同，并不是真实的转移函数，它只是为了抽样而人为制造的函数，这个算法和模拟退火算法[43]类似，以某个概率接受新的样本。但如果新的样本没有被接受，那么就用旧的样本代替，并不会造成一次抽样的失败。

使用 MH 算法可以抽样出样本服从 $p(\boldsymbol{x})$ 分布的样本，原因在于抽样的过程符合细致平衡条件。推导的关键在于抽样的过程分为两个步骤：一个是样本的生成，用概率表示为 $q(\boldsymbol{x}^* \mid \boldsymbol{x})$；另一个是样本的接受，用概率表示为 $\min\left(1, \dfrac{p(\boldsymbol{x}^*)q(\boldsymbol{x} \mid \boldsymbol{x}^*)}{p(\boldsymbol{x})q(\boldsymbol{x}^* \mid \boldsymbol{x})}\right)$。证明如下：

$$\begin{aligned}
p(\boldsymbol{x})k(\boldsymbol{x}^* \mid \boldsymbol{x}) &= p(\boldsymbol{x})q(\boldsymbol{x}^* \mid \boldsymbol{x})\min\left(1, \frac{p(\boldsymbol{x}^*)q(\boldsymbol{x} \mid \boldsymbol{x}^*)}{p(\boldsymbol{x})q(\boldsymbol{x}^* \mid \boldsymbol{x})}\right) \\
&= \min(p(\boldsymbol{x})q(\boldsymbol{x}^* \mid \boldsymbol{x}), p(\boldsymbol{x}^*)q(x \mid x^*)) \\
&= p(\boldsymbol{x}^*)q(\boldsymbol{x} \mid \boldsymbol{x}^*)\min\left(\frac{p(\boldsymbol{x})q(\boldsymbol{x}^* \mid \boldsymbol{x})}{p(\boldsymbol{x}^*) \mid q(\boldsymbol{x} \mid \boldsymbol{x}^*)}, 1\right) \\
&= p(\boldsymbol{x}^*)k(\boldsymbol{x} \mid \boldsymbol{x}^*)
\end{aligned} \tag{4.5}$$

其中，$q(\boldsymbol{x}^* \mid \boldsymbol{x})$ 的选取比较重要，需要和 $p(\boldsymbol{x})$ 有一定的关系。

混合 MH 算法是对 MH 的改进，样本变化的步长由 $\dfrac{\partial \log(p(\boldsymbol{x}))}{\partial \boldsymbol{x}}$ 决定，因

为$\frac{\partial \log(p(\boldsymbol{x}))}{\partial \boldsymbol{x}}=\frac{p'(\boldsymbol{x})}{p(\boldsymbol{x})}$，其中导数$p'(\boldsymbol{x})$指向函数值增加的方向。当函数值$p(\boldsymbol{x})$向峰值靠近时，步长会减小，从而导致在峰值处的样本增多。

4.2.2　吉布斯抽样

吉布斯抽样（Gibbs Sampling）[44]是一种简单并且广泛使用的 MCMC 算法，它是 MH 算法的一种特殊情况。假设我们需要抽样的是一个随机向量分布$p(z)=p(z_1,\cdots,z_D)$，定义$z_{-i}\triangleq z_1,\cdots,z_{i-1},z_{i+1},\cdots,z_D$，吉布斯抽样的步骤如下：

① 初始化$z=z_1^{(0)},\cdots,z_D^{(0)}$；

② 抽样第$\tau+1$个样本时，$z_1^{(\tau+1)}\sim p(z_1\mid z_2^{(\tau)},\cdots,z_D^{(\tau)})$；

③ $z_2^{(\tau+1)}\sim p(z_2\mid z_1^{(\tau+1)},z_3^{(\tau)},\cdots,z_D^{(\tau)})$；

④ ……

⑤ $z_j^{(\tau+1)}\sim p(z_2\mid z_1^{(\tau+1)},\cdots,z_{j-1}^{(\tau+1)},z_{j+1}^{(\tau)},\cdots,z_D^{(\tau)})$；

⑥ ……

⑦ $z_D^{(\tau+1)}\sim p(z_D\mid z_1^{(\tau+1)},z_2^{(\tau+1)},\cdots,z_{D-1}^{(\tau+1)})$。

要证明吉布斯抽样可以工作，需要证明它是一种 MH 的方法。在吉布斯抽样中，转移概率$q_k(z^*\mid z)=p(z_k^*\mid z_{-k})$，也就是说在一次转移过程中$z^*$和$z$相比，只有第$k$个元素发生变化，因此$z_{-k}^*=z_{-k}$。同时联合概率$p(z)$利用乘法原理可以写成$p(z)=p(z_k\mid z_{-k})p(z_{-k})$，将上面的推导代入，可得吉布斯抽样的接收率：

$$\frac{p(z^*)q(z\mid z^*)}{p(z)q(z^*\mid z)}=\frac{p(z_k^*\mid z_{-k}^*)p(z_{-k}^*)p(z_k\mid z_{-k}^*)}{p(z_k\mid z_{-k})p(z_{-k})p(z_k^*\mid z_{-k})}=1 \tag{4.6}$$

即如果把吉布斯抽样看作一种特殊的 MH 算法，则吉布斯抽样的接收率为 1。

如果要让吉布斯抽样工作，则吉布斯抽样需要有一个随机变量符合完全条件分布，即除该随机变量外，其他所有随机变量都作为条件分布。除此之外，吉布斯抽样还有老化（Burn-In）的样本，这些样本位于抽样的初始阶段，它们相当于对算法的初始化，在最后统计的时候，这部分样本将被舍弃。

4.2.3　切片抽样（Slice Sampling）

切片抽样（Slice Sampling）[45]通过自动调节步长来匹配分布特征。与 MH 算法和吉布斯抽样相比，切片抽样不需要任何辅助函数，不需要 MH 算法的提议分布，也不需要吉布斯抽样的完全条件分布族。以一维随机变量 x 为例，假设它的分布函数为 $p(x)$，是一个单峰值的函数，如果 $p(x)=Mf(x)$，$f(x)$ 值已知，M 值未知，用 $f(x)$ 来代替 $p(x)$，切片抽样同样可以工作，具体工作方式如下：

① 从样本空间任意选取一个样本 x；

② 可以得到一个值 $p(x)$，均匀分布抽样 $u \sim U(0,p(x))$；

③ 给定 u 可以得到一个区域 $A=\{a:f(a)>u\}$，均匀分布抽样 $x^* \sim U(A)$；

④ 将 x^* 作为一个新的 x，重复第①步。

切片抽样的工作过程如图 4.5 所示，对于多峰值的函数，在第②步可能得到若干个区域 $A_1,\cdots,A_n$，这时一般有两种处理方式：

① 可以将 n 个区域组合成一个区域 $A=\{A_1,\cdots,A_n\}$，然后再在 A 上进行均匀分布抽样。

② 如果获得 $A_1,\cdots,A_n$ 比较困难，可以通过扩充或者缩减区域找到合适的区域，再进行抽样。先设置宽度参数 w，以 x 为中心向两边扩展，直到两个端点 $x_{\min}$ 和 $x_{\max}$ 使得 $f(x)<u$，然后在区域 $A=(x_{\min},x_{\max})$ 进行均匀抽样，如果抽样得到的 x_1 使得 $f(x_1)>u$，则接纳 x_1 作为样本，否则 x_1 作为新的端点获得区域 A'，接着在区域 A' 进行均匀抽样，重复上述步骤直到接纳 x_1。

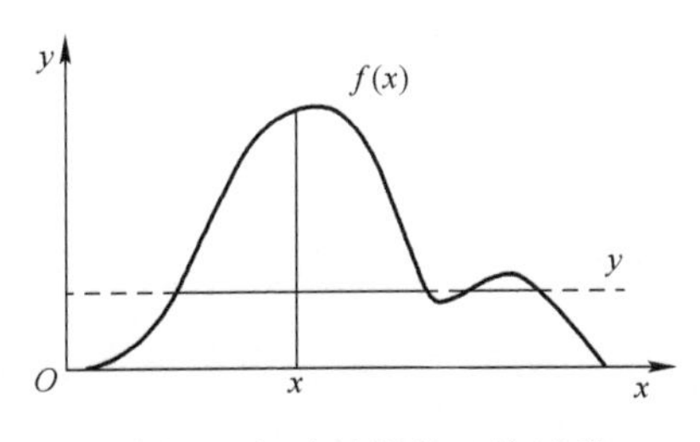

图 4.5　切片抽样的工作过程

4.3　非参数贝叶斯模型与狄利克雷过程

4.3.1　非参数贝叶斯模型

在统计学中，参数模型是可以用有限参数描述的一族分布，而非参数模型的不同之处是这些模型并不基于参数化的概率分布族。非参数模型有两点不同：

① 不假设样本总体的分布，可以用描述统计和推断统计的方法，此时只考虑数据的统计量，不考虑总体。

② 模型并不固定，随着样本的变化而进化，在这种情况下个体变量有自己的参数分布，它们之间的联系也存在参数或者非参数的假设。狄利克雷过程[46]随着数据变化的是隐变量，其个体变量依然服从参数分布。

非参数的贝叶斯（Bayesian Non-Parametric）方法并不完全是非参数统计，它在贝叶斯方法上增加了非参数的先验，这里的“非参数”是指先验的参数空间为无限维。参数化的贝叶斯方法：$P(\theta \mid D)=\dfrac{P(D \mid \theta)P(\theta)}{P(D)}$，其中 θ 是待求分布的参数，θ 的先验为某个分布。非参数的贝叶斯方法：$P(G \mid D)=\dfrac{P(D \mid G)P(G)}{P(D)}$，其中 G 为某个函数，可以看作无限维的向量，G 的先验分布为某个随机过程，即参数空间是无限维的。非参数贝叶斯模型依然含有参数，只是它们有无穷个。即使是非参数贝叶斯模型，也需要一些模型的假设（也就是设置一些参数），否则无法从数据学习。之后我们记模型的参数空间为 $\boldsymbol{\Theta}$。

4.3.2 狄利克雷过程

在统计学中，一个过程（Process）是一个样本空间为概率分布的分布。狄利克雷过程（DP）的样本空间就是无限维非参数分布的集合。这些非参数分布是多项分布的泛化，也就是参数是无限可数个的多项分布。这就如同狄利克雷分布的样本$(\boldsymbol{p}_1,\cdots,\boldsymbol{p}_n)$可以看作一个 n 维多项分布的参数，这 n 个参数完整描述了一个多项分布，也就可以理解为一个狄利克雷分布的样本就是一个多项分布。同理，DP 的样本也可以看作一个参数为无限可数个的多项分布。因此 DP 经常作为非参数贝叶斯模型中无限可数维参数$(\theta_i)_{i\in N}$的先验。DP 一般被其均值分布 G_0和集中参数 α 所定性。均值分布，即样本空间中所有分布的均值；集中参数则是一个实数，表示 DP 产生的分布是否靠近其均值分布。DP 和非参数分布是共轭的，正如狄利克雷分布和多项分布共轭类似。

假设一个混合模型类别的数量 K 大于数据的个数 N，如果对已知数据进行了分类，知道了数据属于哪个类别，即 z_{iN} 已知，则模型中每个类别的权重 π 的后验可以写成：

$$\pi \sim \mathrm{Dir}\left(\frac{\alpha}{K}+n_1,\cdots,\frac{\alpha}{K}+0,\cdots,\frac{\alpha}{K}+0,\cdots,\frac{\alpha}{K}+n_K\right)$$

其中，n_i 表示第 i 个类别含有多少个已知数据，由于 $N<K$，所以有的类别 $n_i=0$。

某些高维数据是由混合模型（可能是高斯）产生的，但是有几个高斯分布很难确定。假设 n 个数据 $x_1,\cdots,x_n$ 是由 k 个分布产生的，每个分布的参数为 $\theta_1,\cdots,\theta_k$，如果我们把 k 也作为参数进行最大似然估计，那么很显然当 $k=n$ 时，以 k 为变量的似然函数值最大（此时的概率是最大的），通常情况这是与事实不符合的。因此 $k\leqslant n$ 且每个 $x_i\leftarrow\theta_j$，所以在 (x_i,θ_j) 组成的对中，θ_j 会有重复。既然 θ 也是随机变量，那么假设 θ_j 是由某个分布产生的（这是非参数方法中一个重要的步骤，假设模型的参数也是由某个分布产生的），$\theta_j\sim G_0(\theta)$，若 $G_0(\theta)$ 是连续分布的，则产生的任意两个 θ_j 是不会相等的，此时 $k=n$ 又变成了和求把 k 作为参数的最大似然估计一样的结果。因此我们可以近似认为 θ_j 是以连续分布 $G_0(\theta)$ 的形状产生的，但是由于 $k\leqslant n$，θ_j 并不是连续的随机向量。

因此构造一个离散的分布使得 $\theta_j\sim G(\theta)$，为了让 $G(\theta)$ 和 $G_0(\theta)$ 有相同的形状，可以让 G 和 G_0 具有某种关系，即是 $G\sim \mathrm{DP}(\alpha,G_0)$，其中 G_0 是一个连续分布（也可以是离散分布），一个基测度（Base Measure）；α 是一个标量（Scaler），叫作聚集系数（Concentration）或者总权重（Total Mass），作用是指示 G 的离散程度，α 大，则 G 的离散程度小，直观的意思就是用 G 来表示 G_0。如果对 $G\sim \mathrm{DP}(\alpha,G_0)$ 进行抽样，一次抽样的样本 $G^{(i)}$ 是一个随机离散分布（Random Discrete Distribution），而不仅是一个样本点。

DP 的性质，即 G 在 $(a_1,\cdots,a_k)$ 划分上的测度满足以下性质：

$G\sim \mathrm{DP}(\alpha,G_0)\Leftrightarrow \forall a_1,\cdots,a_k$；

$$(G(a_1),\cdots,G(a_k))\sim \mathrm{Dir}(\alpha G_0(a_1),\cdots,\alpha G_0(a_k)) \tag{4.7}$$

其中，$G(a_k)$ 表示在 a_k 中权重（测度）的总和；$G_0(a_k)$ 表示在 a_k 测度的总和，这个性质可以类比狄利克雷分布中性质的聚合分布。狄利克雷分布所产生的样本是一个多项分布的参数，也可以理解为狄利克雷分布产生了一个多项分布，一个多项分布是其样本空间 Ω 上的概率测度。狄利克雷分布可以随机地产生 Ω 上的概率测度，那么一个随机向量 $\boldsymbol{P}$ 如果服从于狄利克雷分布，那么它实际上就是一个随机测度（Random Measure），这个测度是离散的有限个原子（Atom）。推广到 DP，其产生的测度是具有无限个原子的随机测度，如果 $G \sim \mathrm{DP}(\alpha, G_0)$，参数 α 可以类比于狄利克雷分布的参数，如在狄利克雷分布中，$(\alpha_1=2, \alpha_2=3, \alpha_3=5)$ 可以写成 $10\times(0.2, 0.3, 0.5)$。α 越大，其产生的测度越聚集在均值测度（Mean Measure）附近，而均值测度就是基测度(G_0)。

根据狄利克雷分布的期望和方差，G 的性质如下：

$$E[G(a_i)] = \frac{\alpha G_0(a_i)}{\alpha \sum_{i=1}^{k} G_0(a_i)} = G_0(a_i)$$
$$\mathrm{Var}[G(a_i)] = \frac{\alpha G_0(a_i)(\alpha - \alpha G_0(a_i))}{\alpha^2(\alpha + 1)} = \frac{G_0(a_i)(1 - G_0(a_i))}{\alpha + 1} \tag{4.8}$$

可以看出，当 $\alpha\to\infty \Rightarrow \mathrm{Var}[G(a_i)]\to 0 \Rightarrow G\approx G_0$。当 $\alpha\to 0\Rightarrow \mathrm{Var}[G(a_i)]\to G_0(a_i)(1-H(a_i))\Rightarrow G$ 的方差形式类似于伯努利（Bernoulli）分布，$G[(a_i)]$ 在 a_i 这个区域上服从伯努利分布。

虽然可以从理论上定义 DP，但是 DP 性质的对象是否存在，以及如何构造出符合 DP 性质的对象呢？前人的研究给出了 3 种随机过程构造出 DP，分别是波利亚坛子过程、折棍子过程和中餐馆过程，这 3 种随机过程看似简单，但作用强大且灵活。它们都符合 DP 的性质，但在构造过程上是不同的，可以适用于不同的模型和参数推断。

4.4 狄利克雷过程的构造方式

4.4.1 波利亚坛子过程

波利亚坛子过程（Polya Urn Scheme）根据坛子内球的颜色的不同假设有多种定义，大卫 · 布莱克韦尔（David Blackwell）和詹姆斯 · B. 麦奎因（James B. MacQueen）两人扩展波利亚坛子过程，将球的颜色分布假设为连续分布，扩展后叫作 Blackwell-MacQueen Urn Scheme[47]，这个过程是满足 DP 的。在基本的波利亚坛子模型中，坛子里有 x 个白球和 y 个黑球，此时因为只有两种颜色，可以认为黑球与白球的分布是 Bernoulli 分布。每次从坛子中随机地取出一个球，并且观察球的颜色，放回被取出的球，并且放入一个和取出球颜色一样的球，然后重复这个过程。我们感兴趣的是坛子中球的分布的变化，以及取出球的颜色的序列。

设随机变量 $X_i=1$，表示第 i 次取出的球是黑球，否则 $X_i=0$。得到序列 $X_1,\cdots,X_n,\cdots$ 是可交换（Exchangeable）的：

$$p(1,1,0,1)=\frac{y}{x+y}\frac{y+1}{x+y+1}\frac{x}{x+y+2}\frac{y+2}{x+y+3}$$

$$=\frac{x}{x+y}\frac{y}{x+y+1}\frac{y+1}{x+y+2}\frac{y+2}{x+y+3}=p(0,1,1,1)$$

$X_1,\cdots,X_n,\cdots$ 不独立，也不是马尔科夫过程（Markov Process）。在这个过程中，我们想知道取得球的颜色序列，如(w,w,b,w,b,w,…)的概率，或者说是颜色序列的分布。由于可交换性，颜色序列的分布只和黑球与白球的数量有关，而和抽取黑球与白球的顺序无关。

与波利亚坛子模型有关的分布：

① 当坛子里有 α 个黑球时，从坛子里取一个球，如果是黑球，我们把黑球放回，并找一个新的球，它的颜色是非黑色，从在无限多个可选的颜色上的均匀分布中产生这个非黑的颜色，这个颜色变成一个新的可选的颜色；如果不是黑球，则放回该球并再放入一个相同颜色的球。产生的颜色序列就服从中餐馆过程（Chinese Restaurant Process，CRP）。

② 如果不是从均匀分布中产生新的颜色，而是从某一个基本分布中产生一个随机的值来代替产生新的颜色，并用这个值来标记这个球，抽取球标记的无限序列就服从狄利克雷过程。

③ 坛子模型也可以用于建模基因漂移（Genetic Drift）过程，和波利亚坛子模型不同的是，除了再加入一个和抽取球颜色一样的球，同时还要从坛子中随机去掉一个球，这样可以使总体数量保持不变。

4.4.2　折棍子过程

折棍子过程（Stick-Breaking Process）[48] 是一种常见的 DP 构造过程，可以借助 DP 混合模型来理解它，因为在 DP 混合模型中，每个成分的权值就是用折棍子模型产生的。

对于一个由 DP 产生的有限混合模型（Finite Mixture Model），假设其由 k 个分布组合而成，每个分布有自己的参数 $\theta_c,c=1,\cdots,k$，这些参数也有自己的分布，即 $\theta_c \sim G_0$。每个分布还有自己的权重 $\pi=\{\pi_c,c=1,\cdots,k\}$，这些权重相加得1，即 $\sum_{c=1}^{k}\pi_c=1,\pi\in\Delta_k$，其中 Δ_k 指 k 单纯形（k-simplex）。但当 $k\to\infty$ 时，用 $G=\sum_{c=1}^{\infty}\pi_c\delta_{\theta_c}$ 来表示未知的分布 G_0。

想要构造符合DP性质的随机测度 G，由于 G 中有无穷多个原子，无法根据DP的性质用抽样来取得 G，但可以通过折棍子模型构造 G。首先从基测度 G_0 中抽样 $\theta_1\sim G_0$，然后需要找到 θ_1 的权重 π_1，θ_i 和其对应的 π_i 就是随机测度中的一个原子（Atom）。首先产生（抽样）一个 $\beta_1\sim \text{Beta}(1,\alpha)$，令 $\pi_1=\beta_1$，再产生 $\theta_2\sim G_0$。为了找到 θ_2 的权重，仍然先产生（抽样）$\beta_2\sim\text{Beta}(1,\alpha)$，然后令 $\pi_2=(1-\pi_1)\beta_2$，即把第一次折掉棍子剩下的部分仍然以服从 $\text{Beta}(1,\alpha)$ 分布产生 β_2。产生 β_3 时再次折掉 π_2 这个部分，以此类推，不断获得 G 分布中的 (θ_i,π_i)，就可以得到第1个 G 的实现 G_1。这个过程可以形象地比喻成折棍子的过程。总结 $\pi=\{\pi_1,\pi_2,\cdots\}$ 的产生过程如下：

$$\begin{gathered}\psi=\text{Beta}(1,\alpha)\\ U_j\overset{\text{iid}}{\sim}\psi\\ \pi_j=U_j\sum_{i=1}^{j-1}(1-U_i)\end{gathered}\tag{4.9}$$

DP中的参数 G_0 决定了 θ_i 的具体的值是多少，而 α 决定了有几个 θ_i 是一样的。由于 $E(\beta_i)=\frac{1}{1+\alpha}$，当 $\alpha=0\Rightarrow E(\beta_i)=1$，即第一次抽样就赋予全部的权重，当 $\alpha\to\infty\Rightarrow E(\beta_i)\to0\Rightarrow\pi_i\to0$，即每次抽样的权重都趋于0，此时 $G\approx G_0$。

总结DP混合模型样本的生成过程如下：

① $G\sim\text{DP}(\alpha,G_0)$；

② $\theta_1,\cdots,\theta_n\overset{\text{iid}}{\sim}G$；

③ $x_i\sim F(\theta_i)$。

现在考虑前两部分，不考虑 x_i 的生成，假设已知一些 $\theta_1,\cdots,\theta_n$，我们想知道 G 的后验，即 $P(G\mid\theta_1,\cdots,\theta_n)\propto P(\theta_1,\cdots,\theta_n\mid G)\cdot P(G)$，其中 $P(\theta_1,\cdots,\theta_n\mid G)$ 就是分布 G 本身。直接用DP来求解，有难度。因此先观察狄利克雷分布和多项分布的共轭关系：

$$(P_1,\cdots,P_k)\sim\text{Dir}(\alpha_1,\cdots,\alpha_k);(n_1,\cdots,n_k)\sim\text{Mult}(P_1,\cdots,P_k)$$

在观测到 $(n_1,\cdots,n_k)$ 的情况下，求 $(P_1,\cdots,P_k)$ 的后验概率为

$$P(P_1,\cdots,P_k \mid n_1,\cdots,n_k) \propto \left(\frac{\left(\sum_{i=1}^{n} n_i\right)!}{n_1!\cdots n_k!}\prod_{i=1}^{k} P_i^{n_i}\right)\left(\frac{\Gamma\left(\sum_{i=1}^{k}\alpha_i\right)}{\prod_{i=1}^{k}\Gamma(\alpha_i)}\prod_{i=1}^{k} P_i^{\alpha_i-1}\right)$$

$$\propto \prod_{i=1}^{k} P_i^{\alpha_i+n_i-1}$$

$$= \mathrm{Dir}(\alpha_1 + n_1,\cdots,\alpha_k + n_k)$$

根据以上的观测，以及 DP 的性质，如何求 $P(G \mid \theta_1,\cdots,\theta_n)$？由于直接求 G 的后验分布不容易，因此转求 G 在$(a_1,\cdots,a_k)$划分上的测度的后验分布，看它们满足什么性质，则：

$$P(G(a_1),\cdots,G(a_k) \mid n_1,\cdots,n_k) \triangleq P(G')$$

$$\propto \mathrm{Mult}(n_1,\cdots,n_k \mid G(a_1),\cdots,G(a_k)) \cdot \mathrm{Dir}(\alpha G_0(a_1),\cdots,\alpha G_0(a_k))$$

$$= \mathrm{Dir}(\alpha G_0(a_1)+n_1,\cdots,\alpha G_0(a_k)+n_k)$$

其中，$n_1,\cdots,n_k$是指在对应划分 $a_1,\cdots,a_k$ 中参数 θ_i 的个数；由以上的等式和 DP 的性质，可以推出 G 的后验分布。既然 $P(G')$是一个狄利克雷分布，那么 $P(G')$可以表示出一个新的 DP，即

$$P(G') \sim \mathrm{DP}\left(\alpha + n,\frac{\alpha G_0 + \sum_{i=1}^{n}\delta\theta_i}{\alpha + n}\right) \tag{4.10}$$

其中，DP 中的基测度由原来的基测度（连续的测度）和一个离散的测度组成，这种组合在统计中叫作 Stick and Slab。

4.4.3 中餐馆过程

中餐馆过程（Chinese Restaurant Process，CRP）[49]是一种对构造 DP 的比喻，是一种容易理解且常用的构造方法。和折棍子过程不同的是，在中餐馆过程中，权值的产生并不是一步到位的，而是随着构造过程的进行而不断变化的。

由于狄利克雷过程所产生的一个样本有无穷个原子，实际上无法一次产生或者存储无穷个原子，可以通过生成的方式构造狄利克雷过程。中餐馆过程是另一种狄利克雷过程的构造方式，它属于狄利克雷过程。假设第 $n+1$ 个顾客到来时，在 k 张桌子上已经分别有 $n_1,\cdots,n_k$个顾客，那么第 $n+1$ 个顾客

可以以$\frac{n_i}{\alpha+n}$的概率坐在第 i 张桌子上（$i \leqslant k$），还可以以$\frac{\alpha}{\alpha+n}$的概率坐在一张空的桌子上。所以一个 CRP 把 n 个顾客分为 k 个簇。其最终的结果和 Polya Urn 一样，揭示了富者越富的原理。

预测分布：已知训练数据$\overline{\boldsymbol{X}}_{-i}$，求出测试数据的概率 $P(\boldsymbol{x}_i \mid \overline{\boldsymbol{X}}_{-i})$；$\overline{\boldsymbol{X}}_{-i} \triangleq \{\boldsymbol{x}_1,\cdots,\boldsymbol{x}_{i-1},\boldsymbol{x}_{i+1},\cdots,\boldsymbol{x}_n\}$，假设 $\boldsymbol{x}_i$产生自参数为 w 的模型，则预测分布可以写成：

$$\begin{aligned}P(\boldsymbol{x}_i \mid \overline{\boldsymbol{X}}_{-i}) &= \int_w P(\boldsymbol{x}_i,w \mid \overline{\boldsymbol{X}}_{-i})\mathrm{d}w \\ &= \int_w P(\boldsymbol{x}_i \mid w,\overline{\boldsymbol{X}}_{-i})P(w \mid \overline{\boldsymbol{X}}_{-i})\mathrm{d}w \\ &= \int_w P(\boldsymbol{x}_i \mid w)P(w \mid \overline{\boldsymbol{X}}_{-i})\mathrm{d}w \end{aligned} \tag{4.11}$$

根据式（4.11），将其运用于 DP。$\bar{\theta}_{-i}$已经被观测到，求解 θ_i的概率，即 $P(\theta_i \mid \bar{\theta}_{-i})$。与其求出具体 θ_i的值是多少，不如求出 θ_i所属的是哪个已知的类别 z_i，也就是求出 $P(z_i=m \mid \bar{z}_{-i})$，其中$\bar{z}_{-i} \triangleq \{z_1,\cdots,z_{i-1},z_{i+1},\cdots,z_n\}$。根据折棍子模型，$z_i$是和 G_0无关的，它只和 α 有关，因为它指示出的是 θ_i数量方面的关系，则：

$$P(\theta_i \mid \bar{\theta}_{-i}) = \int_G P(\theta_i \mid G)P(G \mid \bar{\theta}_{-i})$$

同理，求关于 z_i的概率：

$$\begin{aligned}P(z_i = m \mid \bar{z}_{-i}) &= \frac{P(z_i = m,\bar{z}_{-i})}{P(\bar{z}_{-i})} \\ &= \frac{\int_{P_1,\cdots,P_k} P(z_i = m,\bar{z}_{-i} \mid P_1,\cdots,P_k)P(P_1,\cdots,P_k)}{\int_{P_1,\cdots,P_k} P(\bar{z}_{-i} \mid P_1,\cdots,P_k)P(P_1,\cdots,P_k)}\end{aligned} \tag{4.12}$$

把 $P(P_1,\cdots,P_k)$ 用狄利克雷分布 $\mathrm{Dir}\left(\frac{\alpha}{k},\cdots,\frac{\alpha}{k}\right)$表示，$P(z_i=m,\bar{z}_{-i} \mid P_1,\cdots,P_k)$用多项分布表示，则先观察以下等式：

$$\begin{aligned}&\int_{P_1,\cdots,P_k} P(n_1,\cdots,n_k \mid P_1,\cdots,P_k)P(P_1,\cdots,P_k \mid \alpha_1,\cdots,\alpha_k) \\ &= \int_{P_1,\cdots,P_k} \mathrm{Mult}(n_1,\cdots,n_k)\mathrm{Dir}(P_1,\cdots,P_k \mid \alpha_1,\cdots,\alpha_k)\end{aligned}$$

$$=\int_{P_1,\cdots,P_k}\left(\frac{n!}{n_1!\cdots n_k!}\prod_{i=1}^{k}P_i^{n_i-1}\right)\left(\frac{\Gamma\left(\sum_{i=1}^{k}\alpha_i\right)}{\prod_{i=1}^{k}\Gamma(\alpha_i)}\prod_{i=1}^{k}P_i^{\alpha_i-1}\right)$$

$$=\frac{n!}{n_1!\cdots n_k!}\cdot\frac{\Gamma\left(\sum_{i=1}^{k}\alpha_i\right)}{\prod_{i=1}^{k}\Gamma(\alpha_i)}\cdot\int_{P_1,\cdots,P_k}\prod_{i=1}^{k}P_i^{n_i+\alpha_i-1}\text{(利用狄利克雷分布积分为 1)}$$

$$=\frac{n!}{n_1!\cdots n_k!}\cdot\frac{\Gamma\left(\sum_{i=1}^{k}\alpha_i\right)}{\prod_{i=1}^{k}\Gamma(\alpha_i)}\cdot\frac{\prod_{i=1}^{k}\Gamma(\alpha_i+n_i)}{\Gamma\left(\sum_{i=1}^{k}(\alpha_i+n_i)\right)}$$

关于系数$\frac{n!}{n_1!\cdots n_k!}$，由于多项分布关心的是组合问题，并不考虑组合中每一项出现的先后次序，因此不同的划分方式仍然可能是相同的组合，但是对于$\{z_i\}$则不同，相同的组合方式如果每一项出现的次序略有不同，就是不同的划分方式，所以在求 $P(z_i=m\mid\bar{z}_{-i})$时不考虑该系数。要利用以上等式去求 $P(z_i=m\mid\bar{z}_{-i})$，首先定义 $n_{l,-i}\triangleq\#(\bar{z}_{-i}=l)$，$n_1=n_{1,-i},\cdots,n_m=n_{m,-i}+1,\cdots,n_j=n_{j,-i}$，这里$j=\{1,\cdots,k\}$且$j\neq m$,可以推出：

$$\frac{\int_{P_1,\cdots,P_k}P(z_i=m,\bar{z}_{-i}\mid P_1,\cdots,P_k)P(P_1,\cdots,P_k)}{\int_{P_1,\cdots,P_k}P(\bar{z}_{-i}\mid P_1,\cdots,P_k)P(P_1,\cdots,P_k)}$$

$$=\frac{\Gamma\left(\frac{\alpha}{k}+n_{m,-i}+1\right)\prod_{l=1,l\neq m}^{k}\Gamma\left(\frac{\alpha}{k}+n_{l,-i}\right)}{\Gamma(\alpha+n)}\cdot\frac{\Gamma(\alpha+n-1)}{\prod_{l=1}^{k}\Gamma\left(\frac{\alpha}{k}+n_{l,-i}\right)}$$

（根据伽马函数的性质：$\Gamma(x)=(x-1)\Gamma(x-1)$）

$$=\frac{\frac{\alpha}{k}+n_{m,-i}}{n+\alpha-1}$$

(when $k\to\infty$)

$$\approx\frac{n_{m,-i}}{n+\alpha-1}=P(z_i=m\mid\bar{z}_{-i})$$

从 DP 混合模型的 Predictive Distribution 可以看出，Predictive Distribution 和中餐馆过程的构造是一致的，这就说明通过中餐馆过程构造出的随机变量序列符合 DP 的性质和要求。

4.5 本章小结

本章主要介绍了抽样和非参数贝叶斯的相关方法。首先介绍了单个随机变量抽样的相关方法，如 EM 算法、拒绝抽样和重要性抽样等；然后阐述了序列随机变量抽样与马尔可夫链蒙特卡洛的相关理论，并介绍了其相关方法，如 MH 算法、吉布斯抽样和切片抽样等；最后介绍了非参数的贝叶斯模型、狄利克雷过程及狄利克雷过程的 3 种常见构造方式。

第 5 章

聚类分析

聚类分析是一种无监督学习方法。监督学习利用训练数据学习从输入到输出的映射，即建立模型，继而用学到的模型预测新的数据；但无监督学习没有训练数据，而是直接发现输入数据蕴含的内部关系。例如，在分类问题中，训练数据包含样本和样本对应的正确类别，由训练数据训练的分类器用于检验未知数据的类别；而在聚类问题中，待分析的数据类别是未知的，聚类分析通过发现数据之间的相似关系，从而将数据分成类或簇，使得一个簇中的数据之间具有高相似性，而不同簇数据之间具有高差异性。

对聚类分析，已经有学者进行了总结和分析[50]。在面对未知数据时，聚类分析已经广泛用于包括模式识别、数据分析和视觉处理等诸多应用领域。首先，标记大量样本集非常费时与费力。例如，记录语音信息很容易，但是要准确地标记出每个发音所对应的单词或者音素的代价却是巨大的，而聚类分析则不需要有标记的样本。其次，在很多应用中，待划分类别模式的性质会随着时间发生缓慢变化。如果无监督学习方法捕捉到这种性质的变化，类别划分的性能就可以得到大幅提升。再次，无监督学习方法可以用于提取一些基本特征，这些特征对进一步的分类很有价值。事实上，很多无监督学习方法都可以以独立于数据的方式工作，为后续步骤提供“启发式的预处理”和“启发式的特征提取”等有效的前期处理。最后，在所有的探索性工作中，无监督学习方法可以解释所观察数据的一些内部结构和规律。如果能够通过这些方法得到一些有价值的信息，那么就能够有效地设计出具有针对性的类别划分方法。

5.1 数据相似性度量

聚类分析的目标是使簇内的数据之间具有很高的相似性，而不同簇的数据之间具有很高的差异性。聚类方法首先面临的问题是如何度量数据间的相似性。数据相似性的一种最直观的理解就是数据之间的“距离”。如果两个数据之间的距离越小，则说明它们越相似；反之，如果两个数据之间的距离越大，则说明它们的差异性越大。差异性的度量和相似性的度量在聚类问题中是等价的，即两个数据间的差异性越大，则相似性越小。

下面介绍几种常用的距离和相似性的度量方法。

1. 欧氏距离

两个 n 维向量 $\boldsymbol{\alpha}=(x_{11},x_{12},\cdots,x_{1n})$ 和 $\boldsymbol{\beta}=(x_{21},x_{22},\cdots,x_{2n})$ 之间的欧氏距离（Euclidean Distance）为

$$d=\sqrt{\sum_{k=1}^{n}(x_{1k}-x_{2k})^2}$$

或向量运算：

$$d=\sqrt{(\boldsymbol{\alpha}-\boldsymbol{\beta})(\boldsymbol{\alpha}-\boldsymbol{\beta})^{\mathrm{T}}}$$

2. 标准化欧氏距离

标准化欧氏距离根据数据各维分量分布的不同，将各个分量都“标准化”到均值和方差相等。

设样本集 X 的均值为 u，标准差为 s，则标准化过程为

$$X^*=\frac{X-u}{s}$$

两个 n 维向量 $\boldsymbol{\alpha}=(x_{11},x_{12},\cdots,x_{1n})$ 和 $\boldsymbol{\beta}=(x_{21},x_{22},\cdots,x_{2n})$ 之间的标准化欧氏距离为

$$d=\sqrt{\sum_{k=1}^{n}\left(\frac{x_{1k}-x_{2k}}{s_k}\right)^2}$$

在这个公式中，方差的倒数可以看作一种权重，所以标准化欧氏距离本质上是一种加权欧氏距离。

3. 曼哈顿距离

曼哈顿距离（Manhattan Distance），也称街区距离，可以理解为在城市街道中从一个十字路口行走到另一个十字路口要行进的距离，它为一阶范数距离（L1-距离）或城市区块距离（City Block Distance），也就是在欧氏空间的固定直角坐标系上两点所形成的线段对轴产生的投影的距离总和。两个 n 维向量 $\boldsymbol{\alpha}=(x_{11},x_{12},\cdots,x_{1n})$ 和 $\boldsymbol{\beta}=(x_{21},x_{22},\cdots,x_{2n})$ 之间的曼哈顿距离为

$$d=\sum_{k=1}^{n}|x_{1k}-x_{2k}|$$

4. 切比雪夫距离

切比雪夫距离（Chebyshev Distance）源自国际象棋中国王的移动方式，国王每次可以向它周围的格子移动，国王从一个点走到另一个点的步数就是切比雪夫距离。它是向量空间中的一种度量，两个点之间的切比雪夫距离定义为其各坐标数值差的绝对值的最大值。从数学的观点来看，切比雪夫距离是由一致范数（Uniform Norm）（或称为上确界范数）所衍生的度量，也是超凸度量（Injective Metric Space）的一种。两个 n 维向量 $\boldsymbol{\alpha}=(x_{11},x_{12},\cdots,x_{1n})$ 和 $\boldsymbol{\beta}=(x_{21},x_{22},\cdots,x_{2n})$ 之间的切比雪夫距离为

$$d=\max_{i}(|x_{1i}-x_{2i}|)$$

该公式等价为

$$d=\lim_{k\to\infty}\left(\sum_{i=1}^{n}|x_{1i}-x_{2i}|^{k}\right)^{1/k}$$

该等价性可以由放缩法和夹逼定理证得。

5. 闵可夫斯基距离

闵可夫斯基距离（Minkowski Distance）指的不是一种距离，而是一组距离的定义。两个 n 维向量 $\boldsymbol{\alpha}=(x_{11},x_{12},\cdots,x_{1n})$ 和 $\boldsymbol{\beta}=(x_{21},x_{22},\cdots,x_{2n})$ 之间的闵可夫斯基距离定义为

$$d=\sqrt[p]{\sum_{k=1}^{n}(x_{1k}-x_{2k})^{p}}$$

其中，p 为参数，可见：

① 当 $p=1$ 时，它是曼哈顿距离。

② 当 $p=2$ 时，它是欧氏距离。

③ 当 $p\to\infty$ 时，它是切比雪夫距离。

闵可夫斯基距离存在包括曼哈顿距离、欧氏距离和切比雪夫距离都存在的缺点。举个例子，二维样本空间（身高，体重）中的三个样本：$\boldsymbol{a}=(180,50)$，$\boldsymbol{b}=(190,50)$，$\boldsymbol{c}=(180,60)$，其中 $\boldsymbol{a}$ 与 $\boldsymbol{b}$ 之间的闵可夫斯基距离（无论是曼哈顿距离、欧氏距离或切比雪夫距离）等于 $\boldsymbol{a}$ 与 $\boldsymbol{c}$ 之间的闵可夫斯基距离，这就意味着身高的 10cm 等价于体重的 10kg，这显然是不合理的。简单来说，闵可夫斯基距离的缺点主要有两个：①将各个分量的量纲（也就是“单位”）当作相同的看待了；②没有考虑各个分量的分布（如期望、方差等）可能是不同的。

6. 余弦距离

向量的几何意义不仅包含长度，也包含方向。余弦距离（Cosine Distance）是度量两个向量方向差异的一种方法。两个 n 维向量 $\boldsymbol{\alpha}=(x_{11},x_{12},\cdots,x_{1n})$ 和 $\boldsymbol{\beta}=(x_{21},x_{22},\cdots,x_{2n})$ 之间的夹角余弦度量为

$$\cos(\theta)=\frac{\boldsymbol{\alpha}\cdot\boldsymbol{\beta}}{\|\boldsymbol{\alpha}\|\|\boldsymbol{\beta}\|}$$

即

$$\cos(\theta)=\frac{\sum_{k=1}^{n}x_{1k}x_{2k}}{\sqrt{\sum_{k=1}^{n}x_{1k}^2}\sqrt{\sum_{k=1}^{n}x_{2k}^2}}$$

7. 马氏距离

马氏距离（Mahalanobis Distance）是基于样本分布的一种距离，它是在规范化的主成分空间中的欧氏距离。所谓规范化的主成分空间，就是利用主成分分析对一些数据进行主成分分解，再对所有主成分分解轴做归一化，形成新的坐标轴，由这些坐标轴组成的空间就是规范化的主成分空间。

设有 M 个向量 $\boldsymbol{X}_1,\boldsymbol{X}_2,\cdots,\boldsymbol{X}_M$，协方差矩阵记为 $\boldsymbol{S}$，均值记为向量 $\boldsymbol{u}$，则其中样本向量 $\boldsymbol{X}$ 到 $\boldsymbol{u}$ 的马氏距离表示为

$$D(\boldsymbol{X})=\sqrt{(\boldsymbol{X}-\boldsymbol{u})^{\mathrm{T}}\boldsymbol{S}^{-1}(\boldsymbol{X}-\boldsymbol{u})}$$

向量 $\boldsymbol{X}_i$ 与 $\boldsymbol{X}_j$ 之间的马氏距离定义为

$$D(\boldsymbol{X}_i,\boldsymbol{X}_j)=\sqrt{(\boldsymbol{X}_i-\boldsymbol{X}_j)^{\mathrm{T}}\boldsymbol{S}^{-1}(\boldsymbol{X}_i-\boldsymbol{X}_j)}$$

若协方差矩阵是单位矩阵（各个样本向量之间独立同分布），则 $\boldsymbol{X}_i$ 与 $\boldsymbol{X}_j$ 之间马氏距离等于它们的欧氏距离：

$$D(\boldsymbol{X}_i,\boldsymbol{X}_j)=\sqrt{(\boldsymbol{X}_i-\boldsymbol{X}_j)^{\mathrm{T}}(\boldsymbol{X}_i-\boldsymbol{X}_j)}$$

若协方差矩阵是对角矩阵，则马氏距离就是标准化欧氏距离。

马氏距离的特点如下：

（1）与量纲无关，排除了变量之间相关性的干扰。

（2）马氏距离的计算是建立在总体样本的基础上的。如果同样的两个样本，放入两个不同的总体中，最后计算得出的两个样本间的马氏距离通常是

不相同的，除非这两个总体的协方差矩阵碰巧相同。

（3）计算马氏距离的过程中，要求总体样本数大于样本的维数，否则得到的总体样本协方差矩阵的逆矩阵不存在，在这种情况下，用欧式距离计算即可。

8. 海明距离

海明距离的定义为，对于两个等长二进制串 s_1 和 s_2，将其中一个变换为另一个所需要的最小的变换次数，如字符串“1111”与“1001”之间的海明距离为 2。

海明距离在包括信息论、编码理论和密码学等领域中都有应用。例如，在信息编码过程中，为了增强容错性，应使得编码间的最小海明距离尽可能大。但是，如果要比较两个不同长度的字符串，不仅要进行替换，而且要进行插入与删除的运算，在这种场合下，通常使用更加复杂的编辑距离等算法。

9. 杰卡德距离

杰卡德相似系数（Jaccard Similarity Coefficient）：两个集合 A 和 B 的交集元素在 A、B 的并集中所占的比例，称为两个集合的杰卡德相似系数，用符号 $J(A,B)$ 表示，即

$$J(A,B)=\frac{|A\cap B|}{|A\cup B|}$$

杰卡德距离（Jaccard Distance）：用两个集合中不同元素占所有元素的比例来衡量两个集合的区分度，即

$$J_\delta(A,B)=1-J(A,B)=\frac{|A\cup B|-|A\cap B|}{|A\cup B|}$$

10. 相关距离

相关系数：衡量随机变量 X 与 Y 相关程度的一种方法，相关系数的取值范围是 $[-1,1]$。相关系数的绝对值越大，则表明 X 与 Y 的相关度越高。当 X 与 Y 线性相关时，相关系数的取值为 1（正线性相关）或 −1（负线性相关），即

$$\rho_{XY}=\frac{\mathrm{Cov}(X,Y)}{\sqrt{D(X)}\sqrt{D(Y)}}=\frac{E\{[X-E(X)][Y-E(Y)]\}}{\sqrt{D(X)}\sqrt{D(Y)}}$$

相关距离（Correlation Distance）：

$$D_{XY}=1-\rho_{XY}$$

11. 信息熵

以上的距离度量方法度量的皆为两个样本（向量）之间的距离，而信息

熵（Information Entropy）描述的是整个系统内部样本之间的一个距离，或者称为系统内样本分布的集中程度（一致程度）、分散程度、混乱程度（不一致程度）。系统内样本的分布越分散（或者说分布越平均），信息熵就越大。分布越有序（或者说分布越集中），信息熵就越小。

计算给定的样本集的信息熵：

$$\text{Entropy}(X)=\sum_{i=1}^{n}-p_i\,\mathrm{lb}p_i$$

其中，n 为样本集 X 的分类数；p_i为 X 中第 i 类元素出现的概率。

信息熵越大，表明样本集 X 的分布越分散（分布均衡）；信息熵越小，则表明样本集 X 的分布越集中（分布不均衡）。当 X 中 n 个分类出现的概率一样大时（都是 $1/n$），信息熵取最大值 $\mathrm{lb}(n)$。当 X 只有一个分类时，信息熵取最小值 0。

12. 基于核函数的度量

基于核函数的度量是把原始样本空间中线性不可分的数据点采用核函数映射到高维空间中使其线性可分的一种度量方法。

事实上，满足一定条件的函数都可以作为度量距离的函数，根据应用数据设计更适合的度量方法，只需要保证距离函数满足：

① $d(\boldsymbol{x},\boldsymbol{y})\geqslant 0$，即距离要非负；$d(\boldsymbol{x},\boldsymbol{x})=0$，即自身的距离为 0。

② 对称性，即 $d(\boldsymbol{x},\boldsymbol{y})=d(\boldsymbol{y},\boldsymbol{x})$。

③ 三角形法则（两边之和大于第三边），即 $d(\boldsymbol{x},\boldsymbol{k})+d(\boldsymbol{k},\boldsymbol{y})\geqslant d(\boldsymbol{x},\boldsymbol{y})$。

理论上，满足以上性质的函数都可以作为度量距离的函数，在实际应用中选择或设计合适的度量方式会对结果或者后续聚类运算产生非常大的影响。

在聚类算法中，通常将相似度的度量结果排列成相应的矩阵，称作相异度或者相似度矩阵，聚类算法对这个矩阵进行某种最优化的求解，从而得到最终的聚类结果。

5.2 经典聚类算法

目前学术界对聚类算法并没有一个公认的分类方法，而且某种聚类算法往往具有几种类别的特征。根据学者韩家炜的观点[51]，聚类算法可以分为如下几类：划分算法、层次聚类算法、基于密度的聚类算法、基于网格的聚类算法、基于模型的聚类算法等。

5.2.1　划分算法

对于给定 n 个对象的数据集 D，以及簇的数目 k，划分算法将对象组织为 k 个划分（$k \leqslant n$），每个划分代表一个簇，使得“簇内相似度最高，簇间相似度最低”的划分作为最后的聚类结果，以某种评判准则来衡量划分结果。

划分算法是一个优化问题，显然可以通过穷举得到最优解，但穷举的高昂代价会降低这种算法的价值。一般来说，划分算法首先创建一个初始划分，然后采用一种迭代思想来改进划分，最终收敛到最优解上。划分算法中典型的方法有 K 均值[52]及其变种、K 中心点[53]、CLARA[54]和 CLARANS[54]等。本书重点讲解基于划分方法的聚类。

5.2.2　层次聚类算法

在划分算法中，簇和簇之间没有联系。而在实际问题中，需要处理的簇之间很可能有包含关系，如一个大类包含若干子簇，这些子簇又包含若干更小的子簇，因此可采用层次聚类应对这种情况。层次聚类算法将数据对象建立为一棵聚类树。树的建立有两种策略：自底向上的策略，把小的类别逐渐合并为大的类别，这种方法称为凝聚；自顶向下的策略，把大的类别逐渐分裂为小的类别，这种方法称为分裂。

凝聚层次聚类算法采用自底向上的策略，首先将每个对象作为簇，然后合并这些原子簇为越来越大的簇，直到所有的对象都在一个簇中，或者满足某个终止条件。绝大多数的层次聚类算法属于这一类，其主要区别是簇间的相似度不同。

分裂层次聚类算法采用自顶向下的策略，首先将所有对象置于一个簇中，然后将它逐步细分为越来越小的簇，直到每个对象自成一簇，或者满足某个终止条件。

在层次聚类算法的实际应用中，聚类通常终止于某个预先设定的条件，如簇的数目达到某个预定的值，或者每个簇的直径都在某个阈值之内。终止条件的选择与簇间距离度量方法的选择也有关系，被广泛采用的簇间距离的度量方法主要有以下 4 种。

（1）最小距离：$d_{\min}(C_i,C_j)=\min_{p\in C_i,p'\in C_j}|\boldsymbol{p}-\boldsymbol{p}'|$

（2）最大距离：$d_{\max}(C_i,C_j)=\max_{p\in C_i,p'\in C_j}|\boldsymbol{p}-\boldsymbol{p}'|$

（3）均值距离：$d_{\text{mean}}(C_i,C_j)=|\boldsymbol{m}_i-\boldsymbol{m}_j|$

（4）平均距离：$d_{\text{avg}}(C_i,C_j)=\dfrac{1}{n_in_j}\sum_{p\in C_i}\sum_{p'\in C_j}|\boldsymbol{p}-\boldsymbol{p}'|$

其中，$|\boldsymbol{p}-\boldsymbol{p}'|$表示对象$\boldsymbol{p}$和$\boldsymbol{p}'$之间的距离；$\boldsymbol{m}_i$和$\boldsymbol{m}_j$是簇$C_i$和簇$C_j$的均值；$n_i$和$n_j$是簇$C_i$和簇$C_j$中对象的个数。

使用最小距离$d_{\min}(C_i,C_j)$的算法称为最近邻聚类算法，其通常使用的终止条件为当最近的簇之间的距离超过预先设定的阈值时终止聚类过程，这种算法也称单连接算法。使用最小距离度量的凝聚层次聚类算法也称最小生成树算法。

使用最大距离$d_{\max}(C_i,C_j)$的算法称为最远邻聚类算法，其通常使用的终止条件为当最近的簇之间的最大距离超过预先设定的阈值时终止聚类过程，这种算法也称全连接算法。

采用均值距离和平均距离的算法较最小距离和最大距离算法具有更好的鲁棒性，它们对噪声和离群点的敏感程度较最大距离和最小距离算法更弱。其中，均值距离的特点是计算简单，而平均距离的特点是它可以更好地处理分类数据，因为分类数据的均值有可能是很难定义的。

虽然层次聚类算法的思想简单，但存在选择合并或者分裂点难的问题。层次聚类算法中，经典的算法有BRICH[55]、ROCK[56]和Chameleon[57]。

5.2.3 基于密度的聚类算法

基于密度的聚类算法产生和发展的直接原因是为了发现任意形状的簇。基于密度的聚类算法将簇看作数据空间中被低密度区域分割开的稠密的对象区域，有时也将这种低密度区域看作噪声。典型的基于密度的聚类算法有DBSCAN[58]、OPTICS[59]和DENCLUE[60]。

DBSCAN（Density-Based Spatial Clustering of Application with Noise），即具有噪声的基于密度的聚类应用算法。首先给出相关定义。

（1）ε邻域：给定对象半径ε内的邻域称为该对象的ε邻域。

（2）核心对象：如果对象的ε邻域至少包含最小数目（MinPts）的对象，则称该对象为核心对象。

(3) 直接密度可达：给定一个对象集合 D，如果 $\boldsymbol{p}$ 在 $\boldsymbol{q}$ 的 ε 邻域内，而 $\boldsymbol{q}$ 是一个核心对象，则称对象 $\boldsymbol{p}$ 从对象 $\boldsymbol{q}$ 出发是直接密度可达的。

(4) 密度可达：如果存在一个对象链 $\boldsymbol{p}_1,\boldsymbol{p}_2,\cdots,\boldsymbol{p}_n$，$\boldsymbol{p}_1=\boldsymbol{q}$，$\boldsymbol{p}_n=\boldsymbol{p}$，对于 $\boldsymbol{p}_i \in D(1\leqslant i\leqslant n)$，$\boldsymbol{p}_{i+1}$ 是从 $\boldsymbol{p}_i$ 关于 ε 和 MinPts 直接密度可达的，则对象 $\boldsymbol{p}$ 是从对象 $\boldsymbol{q}$ 关于 ε 和 MinPts 密度可达的。

(5) 密度相连：如果存在对象 $\boldsymbol{o}\in D$，使对象 $\boldsymbol{p}$ 和 $\boldsymbol{q}$ 都是从 $\boldsymbol{o}$ 关于 ε 和 MinPts 密度可达的，则称对象 $\boldsymbol{p}$ 到对象 $\boldsymbol{q}$ 是关于 ε 和 MinPts 密度相连的。

由离散数学的知识可知，密度可达是直接密度可达的传递闭包，它是非对称的，只有核心对象之间互相密度可达。密度相连则是一种对称的关系，这是基于密度聚类算法运算的数学基础。该算法求解的簇，即基于密度的簇，是基于密度可达性最大的密度相连对象的集合，不包含在任何簇中的对象被认为是噪声。

DBSCAN 算法通过检查数据集中每个点的 ε 邻域来搜索簇。如果点的 ε 邻域包含的点多于 MinPts 个，则创建一个以这个点为核心对象的新簇。然后迭代聚集从这些核心对象直接密度可达的对象，这个过程可能涉及一些密度可达簇的合并。当没有新的点可以添加到任何簇时，聚类过程结束。

该算法的计算复杂度为 $O(n^2)$，在使用空间索引的数据库中计算复杂度可降为 $O(n\log n)$。在参数 ε 和 MinPts 设置恰当的情况下，DBSCAN 算法可以有效地找到任意形状的簇。

DBSCAN 算法和很多其他聚类算法一样，对参数非常敏感，用户设置参数的细微不同可能导致聚类结果的巨大差别。此外，真实的高维数据常具有非常倾斜的分布，全局密度参数不能刻划其内在的聚类结构。

OPTICS（Ordering Points to Identify Clustering Structure）算法扩展了 DBSCAN 算法，克服了参数敏感的问题。OPTICS 算法，即通过点排序识别聚类结构的算法。该算法不显示地产生数据集聚类，而是为聚类计算一个增广的簇排序，这个排序代表数据基于密度的聚类结构。簇排序可以用来提取基本的聚类信息，如簇中心，也可以提供内在的聚类结构。

OPTICS 算法创建了数据集中对象的排序，存储每个对象的核心距离和相应的可达距离，对于小于生成该排序距离 ε 的距离 ε'，提取所有基于密度的聚类，该过程和 DBSCAN 算法相同。可见 OPTICS 算法和 DBSCAN 算法在结构上是等价的，所以 OPTICS 算法的计算复杂度和 DBSCAN 算法的相同。

DENCLUE（DENsity-based CLUstEring）算法，即基于密度的聚类算法，是一种基于密度分布函数的聚类算法。该算法的核心思想是：每个数据点的影响可以用一个数学函数形式化建模，该函数称为影响函数，描述数据点在其邻域内的影响；数据空间的整体密度可以用所有数据点的影响函数的和建模；簇可以通过识别密度吸引点来确定，其中密度吸引点是全局密度函数的局部极大值。DENCLUE 算法是聚类算法发展的一个里程碑，主要优点有：它有坚实的数学基础，概括了各种聚类算法，包括划分、层次和基于密度的算法；对于有大量噪声的数据集合，它有良好的聚类性能；对于高维数据集合任意形状的簇，它给出简洁的数学描述；它使用网格单元，只保存关于实际包含数据点的网格单元信息；它用一种基于树的存取结构来管理信息单元，显著快于 DBSCAN 等典型算法。DENCLUE 算法的局限性主要在于对参数的选择敏感，不同参数值对聚类结果的质量影响较大。

5.2.4 基于网格的聚类算法

基于网格的聚类算法，其最大的特点是它直接聚类的对象是空间，而不是数据对象，数据对象作为空间中的信息或者“属性”存在。它采用一个多分辨率的网格数据结构，将空间量化为有限数目的单元，这些单元形成了网格结构，所有的聚类操作都在网格上进行。这种算法的主要优点是处理速度快，且处理时间独立于数据对象的数目，仅依赖量化空间中每一维上的单元数目。基于网格的聚类算法有 STING[61] 和 WaveCluster[62] 等。

STING（Statistical Information Grid），即统计信息网格，是一种基于网格的多分辨率聚类技术，它将空间区域划分为矩形单元。针对不同级别的分辨率，存在多个级别的矩形单元，这些单元形成了一个层次结构：高层的每个单元被划分为多个低一层的单元。关于每个网格单元属性的统计信息（如平均值、最大值和最小值）被预先计算和存储。STING 的聚类方式有别于其他算法，它的主要优点有：由于存储在每个单元中的统计信息描述了单元中的数据查询无关的概要信息，所以基于网格的计算是独立于查询的；网格结构有利于并行处理和增量更新；该算法的效率很高。STING 通过扫描数据库一次来计算单元的统计信息，因此产生聚类的时间复杂度是 $O(n)$，n 是对象的数目。在层次结构建立后，查询处理时间是 $O(g)$，这里 g 是最底层网格单元的数目，通常远远小于 n。

WaveCluster 和 STING 一样，也是一种多分辨率的聚类算法，区别在于它首先在数据空间上通过强加一个多维网格结构来汇总数据，然后采用一种小波变换来变换原始的特征空间，在变换后的空间中找到密集区域。在该算法中，每个网格单元汇总了一组映射到该单元中的点的信息。这种汇总信息适合在内存中进行多分辨率的小波变换使用，以及随后的聚类分析。WaveCluster 是一个基于网格和密度的算法，它符合一个好的聚类算法的许多要求：它能有效地处理大数据集合，发现任意形状的簇，成功地处理孤立点，对于输入的顺序不敏感，不要求诸如结果簇的数目、邻域的半径等输入参数的定义。实验证实 WaveCluster 在效率和聚类质量上优于 BIRCH、CLARANS 和 DBSCAN。实验也发现 WaveCluster 能够处理最多 20 维的数据。

5.2.5　基于模型的聚类算法

基于模型的聚类算法试图优化给定的数据和某些数学模型之间的拟合，即假设数据是根据潜在的概率分布生成的，基于模型的聚类算法试图找到其背后的模型，并使用其概率分布特性进行聚类，如采用期望最大化方法、概念聚类和基于神经网络的方法等。

期望最大化方法用参数概率分布对每个簇进行数学描述，整个数据集就是这些分布的混合，其中每个单独的分布通常称作成员分布，然后使用 k 个概率分布的有限混合密度模型对数据进行聚类，其中每个分布代表一簇。这种方法的实质是估计概率分布的参数。

与传统聚类不同，概念聚类除确定相似的对象分组外，还需要更进一步地找出每组对象的特征描述，其中每组对象代表一个概念或者类。概念聚类有两个步骤：首先进行聚类，然后给出特征描述。这里，聚类质量不再只是个体对象的函数，而且加入了如何总结出概念描述的一般性和简单性等因素。实际上，概念聚类的绝大多数实现都采用统计学的方法，由概率质量决定概念或簇。通常，概率描述用于描述每个导出的概念。

COBWEB[63]是一种简单的、流行的增量概念聚类算法，它的输入对象用分类属性-值对描述，它以一个分类树的形式创建层次聚类。分类树与决策树不同，分类树中的每个结点对应一个概念，包含该概念的一个概率描述，概述了被分在该结点下的对象。概率描述包括概念的概率和形如

$P(A_i=V_{ij}|C_k)$ 的条件概率，其中 $A_i=V_{ij}$ 是一对属性和值，C_k 是概念类，其计数被累计和存储在每个结点中，用于概率的计算。与决策树的不同就在于此，决策树标记分支，而非结点，而且采用逻辑描述符，而不是概率描述符。在分类树某个层次上的兄弟结点形成了一个划分。为了用分类树对一个对象进行分类，采用了一个部分匹配函数来沿着最佳匹配结点的路径在树中向下移动。

神经网络方法将每个簇描述为一个模型。模型作为聚类的“原型”，不一定对应一个特定的数据例子或对象。根据某些距离函数，新的对象可以被分配给模型与其最相似的簇。被分配给一个簇的对象的属性可以根据该簇的模型属性来预测。

5.3 K 均值算法、K 中心点算法及其改进算法

最著名的划分算法有 K 均值（K-means）算法、K 中心点算法及其改进算法。

5.3.1 K 均值算法

K 均值算法以簇数目 k 为输入参数，把 n 个对象划分为 k 个簇，使得簇内的相似度高，而簇间的相似度低。当簇作为运算对象参与度量时，使用簇中对象的均值代表簇。

K 均值算法的处理流程：首先，随机地选择 k 个对象，每个对象代表一个簇的初始均值。对于剩余的每个对象，根据其与每个簇均值的距离，将它分配到最相似的簇。然后，计算每个簇的新均值。不断重复这个过程，直到簇稳定不再变化。这里的不再变化，实质上是准则函数下的收敛。K 均值算法所选择的准则函数是平方误差函数，其定义为

$$E=\sum_{i=1}^{k}\sum_{p\in C_i}|\boldsymbol{p}-\boldsymbol{m}_i|^2$$

其中，E 是数据集中所有对象的平方误差和，$\boldsymbol{p}$ 是空间中的点，表示给定的对象；$\boldsymbol{m}_i$ 是簇 C_i 的均值。从最小化 E 的意义可以看出，K 均值算法迭代的过程试图使生成的 k 个结果簇尽可能地紧凑和独立。K 均值算法如算法 5.1 所示。

算法 5.1：K 均值算法

输入：n 个对象的数据集 D，簇数目 k。
输出：k 个簇。

(1) 从 D 中随机选择 k 个对象作为初始簇中心；
(2) 将每个对象分配到中心与其最近的簇；
(3) 重新计算簇的均值，使用新的均值作为每个簇的中心；
(4) 重复步骤 (2) 和步骤 (3)，直到所有簇中的对象不再变化。

K 均值算法其实是一种 EM 算法：

(1) E 步，将每个对象分配到一个簇中；

(2) M 步，重新计算簇中心参数。

K 均值算法试图确定最小化平方误差函数的 k 个划分。K 均值算法的计算复杂度是 $O(nkt)$，其中 n 是数据对象的总数，k 是簇的个数，t 是迭代的次数。通常，$k<<n$，$t<<n$。

K 均值算法虽简单且高效，但也有其局限性：

① 算法可能终止于局部最优解；

② 算法只有当簇均值可求或者定义可求时才能使用，如对象的某些属性是类别或者字符串时求其均值没有意义；

③ 簇的数目 k 必须事先给定，而在一些实际应用中 k 是很难事先知道的；

④ 算法不适合发现非凸形状的簇，或者大小差别很大的簇；

⑤ 算法对噪声和离群点数据敏感，如一个距离簇内其他数据对象较远的对象会对该簇的均值产生很大的影响。

针对 K 均值算法的局限性，学者们提出了一些变种算法，这些算法在初始簇中心的选择方法、相似度计算和簇均值计算上有所不同。例如，首先采用层次聚类算法确定簇的数目并找到一个初始聚类，然后再进行迭代精确这个结果；在另一种改进中，采用簇中对象的众数代替均值作为簇中心，从而在一定程度上改善对噪声敏感的问题，这种改进算法同时采用新的相似度度量方法和基于频率的方法更新簇数。

K 均值算法使用的平方误差准则使得它对离群点过于敏感，为了降低这种敏感性，K 中心点算法从簇中选出一个数据对象来代表该簇，而不再采用均值代表簇；然后，类似地将每个对象分配到与其最近的簇中。实质上，这是评判准则的改变。

5.3.2 K中心点算法

K中心点算法采用的评判准则是绝对误差标准，其定义如下：

$$E = \sum_{j=1}^{k} \sum_{p \in C_j} |\boldsymbol{p} - \boldsymbol{o}_j|$$

其中，E 是数据集中所有对象的绝对误差之和；$\boldsymbol{p}$ 是空间中的点，代表簇 C_j 中的一个给定对象；$\boldsymbol{o}_j$ 是代表簇 C_j 的中心点。该算法也依靠重复迭代，最终使得所有点或者为簇中心，或者属于离它最近的簇。

K中心点算法的过程：首先，随机选择初始中心点；然后，在迭代过程中，只要能够提高聚类结果的质量，就用非中心点替换中心点。其中，聚类结果的质量由代价函数评估，该函数度量对象与其簇的中心点之间的平均相异度。用 $\boldsymbol{o}_{\text{random}}$ 表示正在被考察的非中心点，$\boldsymbol{o}_j$ 表示中心点，$\boldsymbol{p}$ 表示每一个非中心点对象，替换规则如下：

（1）$\boldsymbol{p}$ 当前隶属于中心点 $\boldsymbol{o}_j$。如果 $\boldsymbol{o}_j$ 被 $\boldsymbol{o}_{\text{random}}$ 代替作为中心点，且 $\boldsymbol{p}$ 离 $\boldsymbol{o}_i$（簇 C_i 的中心点）最近，$i \neq j$，那么 $\boldsymbol{p}$ 被重新分配给 $\boldsymbol{o}_i$。

（2）$\boldsymbol{p}$ 当前隶属于中心点 $\boldsymbol{o}_j$。如果 $\boldsymbol{o}_j$ 被 $\boldsymbol{o}_{\text{random}}$ 代替作为中心点，且 $\boldsymbol{p}$ 离 $\boldsymbol{o}_{\text{random}}$ 最近，那么 $\boldsymbol{p}$ 被重新分配给 $\boldsymbol{o}_{\text{random}}$。

（3）$\boldsymbol{p}$ 当前隶属于中心点 $\boldsymbol{o}_i$，$i \neq j$。如果 $\boldsymbol{o}_j$ 被 $\boldsymbol{o}_{\text{random}}$ 代替作为一个中心点，而 $\boldsymbol{p}$ 依然离 $\boldsymbol{o}_i$ 最近，那么对象的隶属不发生变化。

（4）$\boldsymbol{p}$ 当前隶属于中心点 $\boldsymbol{o}_i$，$i \neq j$。如果 $\boldsymbol{o}_j$ 被 $\boldsymbol{o}_{\text{random}}$ 代替作为一个中心点，且 $\boldsymbol{p}$ 离 $\boldsymbol{o}_{\text{random}}$ 最近，那么 $\boldsymbol{p}$ 被重新分配给 $\boldsymbol{o}_{\text{random}}$。

每当重新分配发生时，绝对误差 E 所产生的差别对代价函数有影响。因此，当一个当前的中心点对象被非中心点所代替时，代价函数计算绝对误差值所产生的差别。替代的总代价是所有非中心点对象所产生的代价之和。如果总代价为负，那么实际的绝对误差将会减小，$\boldsymbol{o}_j$ 可以被 $\boldsymbol{o}_{\text{random}}$ 代替；如果总代价为正，则当前中心点 $\boldsymbol{o}_j$ 被认为是可以接受的，在本次迭代中没有变化发生。

K中心点算法也有许多变种，其中最早提出的算法称为围绕中心点的划分（Partition Around Medoids，PAM）算法[53]，它试图确定 n 个对象的 k 个划分。在随机选择 k 个初始对象作为初始簇中心点后，该算法反复地尝试选择更好的对象来代表簇。分析所有可能的对象对，每对中的一个对象作为簇的中心点，计算所有这样的对对聚类质量的影响。对象 $\boldsymbol{o}_j$ 被那个可以使误差值减小最多的对象所取代，每次迭代中产生的每个簇中最好的对象集合作为下次迭代的簇的中心点。迭代稳定后得到的中心点集就是簇的中心点。可见，每次迭代的计算复杂度都是 $O(k(n-k)^2)$，当 n 和 k 较大时，这个计算代价是非常高的。

PAM 算法见算法 5.2。

算法 5.2：PAM 算法

输入：n 个对象的数据集 D，簇数目 k。 输出：k 个簇。
(1) 从 D 中随机选择 k 个对象作为初始的簇的中心点； (2) 将每个剩余对象分配到最近的中心点所对应的簇中； (3) 随机选择一个非中心点对象 $\boldsymbol{o}_{\text{random}}$； (4) 计算用 $\boldsymbol{o}_{\text{random}}$ 交换中心点 $\boldsymbol{o}_j$ 的总代价 S； (5) 如果 S 小于 0，则用 $\boldsymbol{o}_{\text{random}}$ 替换 $\boldsymbol{o}_j$，形成新的 k 个中心点集； (6) 重复步骤（2）到步骤（5），直到聚类稳定。

因为 K 中心点算法使用位于簇“中心”的实际点代表簇，所以它不易受到离群点之类的极端值的影响，这使得当数据对象中存在噪声和离群点时，K 中心点较于 K 均值算法具有更高的鲁棒性。K 中心点算法同 K 均值算法一样，也需要事先由用户给出簇的数目 k。

5.3.3 核 K 均值算法

K 均值算法中簇之间的分割边界是线性的，但它不适用非凸簇的数据，因此将核（Kernel）方法应用于 K 均值算法中，即核 K 均值（Kernel K-means）算法，通过核方法来提取簇之间的非线性边界。

核 K 均值算法的主要思想是：将输入空间中的数据点 $\boldsymbol{x}_i$ 映射到某个高维特征空间中的点 $\boldsymbol{\phi}(\boldsymbol{x}_i)$，其中 $\boldsymbol{\phi}$ 是非线性映射。基于核方法（具体参见支持向量机）可以在特征空间使用核函数 $K(\boldsymbol{x}_i,\boldsymbol{x}_j)$ 进行聚类，该函数的计算可以在输入空间完成，对应于特征空间中的一个内积 $\boldsymbol{\phi}(\boldsymbol{x}_i)^{\mathrm{T}}\boldsymbol{\phi}(\boldsymbol{x}_j)$。

假设所有的点 $\boldsymbol{x}_i \in D$ 已经映射到特征空间中的 $\boldsymbol{\phi}(\boldsymbol{x}_i)$。令 $\boldsymbol{K}=\{\boldsymbol{K}(\boldsymbol{x}_i,\boldsymbol{x}_j)\}_{i,j=1,\cdots,n}$代表 $n\times n$ 的对称核矩阵，其中 $\boldsymbol{K}(\boldsymbol{x}_i,\boldsymbol{x}_j)=\boldsymbol{\phi}(\boldsymbol{x}_i)^{\mathrm{T}}\boldsymbol{\phi}(\boldsymbol{x}_j)$。令 $C_1,\cdots,C_k$定义将 n 个点聚类为 k 个簇的划分，并令对应的簇均值在特征空间中对应$\{\boldsymbol{\mu}_1^{\phi},\cdots,\boldsymbol{\mu}_k^{\phi}\}$，其中$\boldsymbol{\mu}_i^{\phi}=\dfrac{1}{n_i}\sum\limits_{\boldsymbol{x}_j\in C_i}\phi(\boldsymbol{x}_j)$ 代表 C_i在特征空间中的均值，其中 $n_i=|C_i|$。

在特征空间中，核 K 均值算法的平方误差的目标函数为

$$\min E=\sum_{i=1}^{k}\sum_{\boldsymbol{x}_j\in C_i}\|\boldsymbol{\phi}(\boldsymbol{x}_j)-\boldsymbol{\mu}_i^{\phi}\|^2$$

将 E 展开，用核函数表示，可得：

$$\begin{aligned}
E&=\sum_{i=1}^{k}\sum_{\boldsymbol{x}_j\in C_i}\|\boldsymbol{\phi}(\boldsymbol{x}_j)-\boldsymbol{\mu}_i^{\phi}\|^2\\
&=\sum_{i=1}^{k}\sum_{\boldsymbol{x}_j\in C_i}\|\boldsymbol{\phi}(\boldsymbol{x}_j)\|^2-2\boldsymbol{\phi}(\boldsymbol{x}_j)^{\mathrm{T}}\boldsymbol{\mu}_i^{\phi}+\|\boldsymbol{\mu}_i^{\phi}\|^2\\
&=\sum_{i=1}^{k}\left(\left(\sum_{\boldsymbol{x}_j\in C_i}\|\boldsymbol{\phi}(\boldsymbol{x}_j)\|^2\right)-2n_i\left(\frac{1}{n_i}\sum_{\boldsymbol{x}_j\in C_i}\boldsymbol{\phi}(\boldsymbol{x}_j)\right)^{\mathrm{T}}\boldsymbol{\mu}_i^{\phi}+n_i\|\boldsymbol{\mu}_i^{\phi}\|^2\right)\\
&=\left(\sum_{i=1}^{k}\sum_{\boldsymbol{x}_j\in C_i}\boldsymbol{\phi}(\boldsymbol{x}_j)^{\mathrm{T}}\boldsymbol{\phi}(\boldsymbol{x}_j)\right)-\left(\sum_{i=1}^{k}n_i\|\boldsymbol{\mu}_i^{\phi}\|^2\right)\\
&=\sum_{i=1}^{k}\sum_{\boldsymbol{x}_j\in C_i}\boldsymbol{K}(\boldsymbol{x}_j,\boldsymbol{x}_j)-\sum_{i=1}^{k}\frac{1}{n_i}\sum_{\boldsymbol{x}_a\in C_i}^{\boldsymbol{x}}\sum_{\boldsymbol{x}_b\in C_i}\boldsymbol{K}(\boldsymbol{x}_a,\boldsymbol{x}_b)\\
&=\sum_{j=1}^{n}\boldsymbol{K}(\boldsymbol{x}_j,\boldsymbol{x}_j)-\sum_{i=1}^{k}\frac{1}{n_i}\sum_{\boldsymbol{x}_a\in C_i}\sum_{\boldsymbol{x}_b\in C_i}\boldsymbol{K}(\boldsymbol{x}_a,\boldsymbol{x}_b)
\end{aligned}$$

核 K 均值算法的目标函数 E 可以仅用核函数来表示。同 K 均值算法一样，最小化 E 的目标，可以采用贪心迭代的算法。这一算法的基本思想是：在特征空间中将每个点赋给最近的均值，从而得到一个新的聚类，并用于估计新的簇均值。

特征空间中，点 $\boldsymbol{\phi}(\boldsymbol{x}_j)$到均值$\boldsymbol{\mu}_i^{\phi}$的距离：

$$\begin{aligned}
\|\boldsymbol{\phi}(\boldsymbol{x}_j)-\boldsymbol{\mu}_i^{\phi}\|^2&=\|\boldsymbol{\phi}(\boldsymbol{x}_j)\|^2-2\boldsymbol{\phi}(\boldsymbol{x}_j)^{\mathrm{T}}\boldsymbol{\mu}_i^{\phi}+\|\boldsymbol{\mu}_i^{\phi}\|^2\\
&=\boldsymbol{\phi}(\boldsymbol{x}_j)^{\mathrm{T}}\boldsymbol{\phi}(\boldsymbol{x}_j)-\frac{2}{n_i}\sum_{\boldsymbol{x}_a\in C_i}\boldsymbol{\phi}(\boldsymbol{x}_j)^{\mathrm{T}}\boldsymbol{\phi}(\boldsymbol{x}_a)+\frac{1}{n_i^2}\sum_{\boldsymbol{x}_a\in C_i}\sum_{\boldsymbol{x}_b\in C_i}\boldsymbol{\phi}(\boldsymbol{x}_a)^{\mathrm{T}}\boldsymbol{\phi}(\boldsymbol{x}_b)\\
&=\boldsymbol{K}(\boldsymbol{x}_j,\boldsymbol{x}_j)-\frac{2}{n_i}\sum_{\boldsymbol{x}_a\in C_i}\boldsymbol{K}(\boldsymbol{x}_a,\boldsymbol{x}_j)+\frac{1}{n_i^2}\sum_{\boldsymbol{x}_a\in C_i}\sum_{\boldsymbol{x}_b\in C_i}\boldsymbol{K}(\boldsymbol{x}_a,\boldsymbol{x}_b)
\end{aligned}$$

特征空间中的一个点到簇均值的距离仅用核函数就可以计算。在核 K 均值算法的簇赋值步骤中，按如下方式将一个点赋给最近的簇均值：

$$C^*(\boldsymbol{x}_j) = \arg\min_i \{ \|\boldsymbol{\phi}(\boldsymbol{x}_j) - \boldsymbol{\mu}_i^{\phi}\|^2 \}$$

$$= \arg\min_i \left\{ \boldsymbol{K}(\boldsymbol{x}_j, \boldsymbol{x}_j) - \frac{2}{n_i} \sum_{\boldsymbol{x}_a \in C_i} \boldsymbol{K}(\boldsymbol{x}_a, \boldsymbol{x}_j) + \frac{1}{n_i^2} \sum_{\boldsymbol{x}_a \in C_i} \sum_{\boldsymbol{x}_b \in C_i} \boldsymbol{K}(\boldsymbol{x}_a, \boldsymbol{x}_b) \right\}$$

$$= \arg\min_i \left\{ \frac{1}{n_i^2} \sum_{\boldsymbol{x}_a \in C_i} \sum_{\boldsymbol{x}_b \in C_i} \boldsymbol{K}(\boldsymbol{x}_a, \boldsymbol{x}_b) - \frac{2}{n_i} \sum_{\boldsymbol{x}_a \in C_i} \boldsymbol{K}(\boldsymbol{x}_a, \boldsymbol{x}_j) \right\}$$

其中去掉了项 $\boldsymbol{K}(\boldsymbol{x}_j, \boldsymbol{x}_j)$，因为它对所有的 k 个簇保持不变，且不影响簇赋值。此外，第一项是簇 C_i 成对核值的平均值，与数据点 $\boldsymbol{x}_j$ 无关，它事实上是簇均值在特征空间中的平方范数；第二项是 C_i 中所有关于 $\boldsymbol{x}_j$ 核值的平均值的两倍。

核 K 均值算法见算法 5.3。在初始化阶段将所有点随机划分为 k 簇，然后根据公式，在特征空间中将每个点赋给最近的均值，从而迭代地更新簇赋值。为便于进行距离计算，首先计算平均核值，即每个簇的簇均值的平方范数（第（5）步的 for 循环）。然后计算每一个点 $\boldsymbol{x}_j$ 和簇 C_i 中的点的核值（第（7）步的 for 循环）。簇赋值步骤需用这些值来计算 $\boldsymbol{x}_j$ 与每个簇 C_i 之间的距离，并将 $\boldsymbol{x}_j$ 赋给最近的均值。以上步骤将点重新分配给一组新的簇，即所有距离 C_i 均值更近的点 $\boldsymbol{x}_j$ 构成了进行下一次迭代的簇，重复这一迭代过程直到收敛。

算法 5.3：核 K 均值算法

输入：簇的数目 k，任意小的正数 ε，核函数 K。
输出：每个数据所属的簇。

(1) $t \leftarrow 0$
(2) $C^t = \{C_1, \cdots, C_k\}$ //将所有点随机分成 k 个簇
(3) **repeat**
(4) 　$t \leftarrow t+1$
(5) 　**for each** $C_i \in C^{t-1}$ **do**//计算分簇均值的平方范数
(6) 　　$\text{sqnorm}_i \leftarrow \frac{1}{n_i^2} \sum_{\boldsymbol{x}_a \in C_i} \sum_{\boldsymbol{x}_b \in C_i} K(\boldsymbol{x}_a, \boldsymbol{x}_b)$
(7) 　**for each** $\boldsymbol{x}_j \in D$ **do** //对应 $\boldsymbol{x}_j$ 和 C_i 的平均核值
(8) 　　**for each** $C_i \in C^{t-1}$ **do**

(9) $\quad \text{avg}_{ji} \leftarrow \frac{1}{n_i} \sum_{x_a \in C_i} K(\boldsymbol{x}_a, \boldsymbol{x}_j)$

//找出距离每个点最近的分簇

(10) **for each** $\boldsymbol{x}_j \in D$ **do**

(11) **for each** $C_i \in C^{t-1}$ **do**

(12) $d(\boldsymbol{x}_j, C_i) \leftarrow \text{sqnorm}_i - 2 \cdot \text{avg}_{ij}$

(13) $j^* \leftarrow \arg\min_i \{d(\boldsymbol{x}_j, C_i)\}$

(14) $C_{j*}^t \leftarrow C_{j*}^t \cup \{\boldsymbol{x}_j\}$ //重新赋分簇

(15) $C^t \leftarrow \{C_1^t, \cdots, C_k^t\}$

(16) **until** $1 - \frac{1}{n}\sum_{i=1}^{k} |C_i^t \cap C_i^{t-1}| \leqslant \varepsilon$

通过检查所有点的簇赋值判断是否收敛。未发生簇变化的点的数目为 $\sum_{i=1}^{k} |C_i^t \cap C_i^{t-1}|$，其中 t 表示当前迭代。被赋予新簇的点的比例为

$$\frac{n - \sum_{i=1}^{k} |C_i^t \cap C_i^{t-1}|}{n} = 1 - \frac{1}{n}\sum_{i=1}^{k} |C_i^t \cap C_i^{t-1}|$$

当以上比例小于某一阈值 $\varepsilon(\varepsilon \geqslant 0)$ 时，核 K 均值算法终止。例如，当没有点的簇赋值变化时，终止迭代。

计算复杂度分析：计算每个簇 C_i 的平均核值需要 $O(n^2)$ 的时间，计算每个点与 k 个簇的平均核值也需要 $O(n^2)$ 的时间，计算每个点的最近均值和簇重赋值需要 $O(kn)$ 的时间，因此核 K 均值算法的总计算复杂度为 $O(tn^2)$，其中 t 为收敛时迭代的次数。I/O 复杂度为 $O(t)$ 次对核矩阵 $\boldsymbol{K}$ 的扫描。

5.3.4 EM 聚类

K 均值算法是硬分（Hard Assignment）聚类算法的一种，每个点只属于一个簇。EM 聚类是一种软分（Soft Assignment）聚类算法，每个点都有属于每个簇的概率。

1. *d* 维中的 EM 算法

现在来考虑 d 维中的 EM 算法，其中每一个簇由一个多元高斯分布刻画：

$$f_i(\boldsymbol{x})=f(\boldsymbol{x}\mid\boldsymbol{u}_i,\boldsymbol{\Sigma}_i)=\frac{1}{(2\pi)^{\frac{d}{2}}\mid\boldsymbol{\Sigma}_i\mid^{\frac{1}{2}}}\exp\left\{-\frac{(\boldsymbol{x}-\boldsymbol{u}_i)^{\mathrm{T}}\boldsymbol{\Sigma}_i^{-1}(\boldsymbol{x}-\boldsymbol{u}_i)}{2}\right\}$$

其中，簇均值 $\boldsymbol{u}_i\in\mathbb{R}^d$，协方差矩阵 $\boldsymbol{\Sigma}_i\in\mathbb{R}^{d\times d}$，$|\boldsymbol{\Sigma}|$ 表示矩阵 $\boldsymbol{\Sigma}$ 的行列式，$f_i(\boldsymbol{x})$是 $\boldsymbol{x}$ 属于簇 C_i的概率密度。

假设 $\boldsymbol{x}$ 的概率密度函数是在所有 k 个簇之上的高斯混合模型：

$$f(\boldsymbol{x})=\sum_{i=1}^{k}f_i(\boldsymbol{x})P(C_i)=\sum_{i=1}^{k}f_i(\boldsymbol{x}\mid\boldsymbol{u}_i,\boldsymbol{\Sigma}_i)P(C_i)$$

其中，先验概率 $P(C_i)$满足 $\sum\limits_{i=1}^{k}P(C_i)=1$。

高斯混合模型是由均值 $\boldsymbol{u}_i$、协方差矩阵 $\boldsymbol{\Sigma}_i$，以及 k 个高斯分布对应的混合概率 $P(C_i)$刻画，因此模型参数 $\boldsymbol{\theta}$ 可表示为 $\left\{\boldsymbol{u}_1,\boldsymbol{\Sigma}_1,P(C_1),\cdots,\boldsymbol{u}_k,\boldsymbol{\Sigma}_k,P(C_k)\right\}$。

对每一个簇 C_i，估计 d 维的均值向量 $\boldsymbol{u}_i=\{\boldsymbol{u}_{i1},\boldsymbol{u}_{i2},\cdots,\boldsymbol{u}_{id}\}^{\mathrm{T}}$，以及 $d\times d$ 的协方差矩阵：

$$\boldsymbol{\Sigma}_i=\begin{bmatrix}(\sigma_1^i)^2 & \sigma_{12}^i & \cdots & \sigma_{1d}^i\\ \sigma_{21}^i & (\sigma_2^i)^2 & \cdots & \sigma_{2d}^i\\ \vdots & \vdots & \ddots & \vdots\\ \sigma_{d1}^i & \sigma_{d2}^i & \cdots & (\sigma_d^i)^2\end{bmatrix}$$

由于协方差矩阵是对称阵，需要估计$\begin{pmatrix}d\\2\end{pmatrix}=\frac{d(d-1)}{2}$对协方差和 d 个方差，因此 $\boldsymbol{\Sigma}_i$ 一共有$\frac{d(d+1)}{2}$个参数。实际中，难有足够的数据来对这么多的参数进行估计。一种简化方法是假设各个维度是彼此独立的，从而可以得到一个对角协方差矩阵：

$$\boldsymbol{\Sigma}_i=\begin{bmatrix}(\sigma_1^i)^2 & 0 & \cdots & 0\\ 0 & (\sigma_2^i)^2 & \cdots & 0\\ \vdots & \vdots & \ddots & \vdots\\ 0 & 0 & \cdots & (\sigma_d^i)^2\end{bmatrix}$$

在这一独立性假设之下，只需要估计 d 个参数来估计该对角协方差矩阵。

1）初始化

对每一个簇 $C_i(i=1,2,\cdots,k)$，初始化均值为 $\boldsymbol{u}_i$：在每个维度 X_a中，在其

取值范围内均匀地随机选取一个值 $\boldsymbol{u}_{ia}$。协方差矩阵初始化为 $d \times d$ 的单位矩阵 $\boldsymbol{\Sigma}_i = \boldsymbol{I}$。簇的先验概率初始化为 $P(C_i)=\frac{1}{k}$，每一个簇的概率相等。

2）期望步骤

给定点 $\boldsymbol{x}_j(j=1,2,\cdots,n)$，计算簇 $C_i(i=1,2,\cdots,k)$ 的后验概率，记为 $w_{ij}=P(C_i \mid \boldsymbol{x}_j)$。$P(C_i \mid \boldsymbol{x}_j)$ 可看作点 $\boldsymbol{x}_j$ 对簇 C_i 的权值。$\boldsymbol{w}_i=(w_{i1},w_{i2},\cdots,w_{in})^{\mathrm{T}}$，表示簇 C_i 在所有 n 个点上的权向量。

3）最大化步骤

给定权值 ω_{ij}，重新估计 $\boldsymbol{\Sigma}_i$、$\boldsymbol{u}_i$ 和 $P(C_i)$。簇 C_i 的均值 $\boldsymbol{\mu}_i$ 可以估计为

$$\boldsymbol{u}_i = \frac{\sum_{j=1}^{n} w_{ij} \cdot \boldsymbol{x}_j}{\sum_{j=1}^{n} w_{ij}}$$

该式用矩阵形式表示为

$$\boldsymbol{u}_i = \frac{\boldsymbol{D}^{\mathrm{T}} \boldsymbol{w}_i}{\boldsymbol{w}_i^{\mathrm{T}} \boldsymbol{1}}$$

$$\boldsymbol{D}^{\mathrm{T}} = (\boldsymbol{x}_1, \boldsymbol{x}_2, \cdots, \boldsymbol{x}_n)$$

$$\boldsymbol{D} = \begin{pmatrix} \boldsymbol{x}_1^{\mathrm{T}} \\ \boldsymbol{x}_2^{\mathrm{T}} \\ \boldsymbol{x}_3^{\mathrm{T}} \\ \vdots \\ \boldsymbol{x}_n^{\mathrm{T}} \end{pmatrix}$$

$$\boldsymbol{1} = \left.\begin{pmatrix} 1 \\ 1 \\ 1 \\ \vdots \\ 1 \end{pmatrix}\right\} n \text{ 个 } 1$$

令 $\boldsymbol{Z}_i = \boldsymbol{D} - \boldsymbol{1} \cdot \boldsymbol{u}_i^{\mathrm{T}}$ 为簇 C_i 的居中数据矩阵，令 $\boldsymbol{z}_{ji} = \boldsymbol{x}_j - \boldsymbol{u}_i \in \mathbb{R}^d$ 表示 $\boldsymbol{Z}_i$ 中的第 j 个点。将 $\boldsymbol{\Sigma}_i$ 表示为外积形式：

$$\boldsymbol{\Sigma}_i = \frac{\sum_{j=1}^{n} w_{ij} \boldsymbol{z}_{ji} \boldsymbol{z}_{ji}^{\mathrm{T}}}{\boldsymbol{w}_i^{\mathrm{T}} \boldsymbol{1}}$$

考虑成对属性的情况，维度 X_a 和 X_b 之间的协方差可估计为

$$\sigma_{ab}^{i}=\frac{\sum_{j=1}^{n} w_{ij}(x_{ja}-u_{ia})(x_{jb}-u_{jb})}{\sum_{j=1}^{n} w_{ij}}$$

其中，x_{ja} 和 u_{ia} 分别代表 $\boldsymbol{x}_j$ 和 $\boldsymbol{u}_i$ 在第 a 个维度的值。

最后，每个簇的先验概率 $P(C_i)$：

$$P(C_i)=\frac{\sum_{j=1}^{n} w_{ij}}{n}=\frac{\boldsymbol{w}_i^{\mathrm{T}}\boldsymbol{1}}{n}$$

2. EM 聚类算法

多元 EM 聚类算法在初始化 $\boldsymbol{\Sigma}_i$、$\boldsymbol{u}_i$ 和 $P(C_i)(i=1,\cdots,k)$ 之后，重复期望和最大化步骤直到收敛。关于收敛性测试，检测是否 $\sum_{i=1}^{k}\|\boldsymbol{u}_i^t-\boldsymbol{u}_i^{t-1}\|^2\leqslant\varepsilon$，其中 $\varepsilon>0$ 是收敛阈值，t 表示迭代次数。换句话说，迭代过程持续到簇均值变化很小为止。EM 聚类算法如算法5.4 所示。

算法 5.4：EM 聚类算法

输入：簇的数目 k，任意小的正数 ε。
输出：每个数据所属的簇。

(1) $t\leftarrow 0$
　//初始化
(2) 随机初始化 $\boldsymbol{u}_1^t,\cdots,\boldsymbol{u}_k^t$
(3) $\boldsymbol{\Sigma}_i^t\leftarrow\boldsymbol{I},\forall i=1,\cdots,k$
(4) $P^t(C_i)\leftarrow\frac{1}{k},\forall i=1,\cdots,k$
(5) repeat
(6) 　$t\leftarrow t+1$
　　//期望步骤
(7) 　**for** $i=1,\cdots,k$ 且 $j=1,\cdots,n$ **do**
(8) 　　$w_{ij}\leftarrow\frac{f(\boldsymbol{x}_j\mid\boldsymbol{u}_i,\boldsymbol{\Sigma}_i)\cdot P(C_i)}{\sum_{a=1}^{k}f(\boldsymbol{x}_j\mid\boldsymbol{u}_a,\boldsymbol{\Sigma}_a)\cdot P(C_a)}$　//后验概率 $P^t(C_i\mid\boldsymbol{x}_j)P^t(C_i\mid\boldsymbol{x}_j)$

//最大化步骤

(9)　for $i=1,\cdots,k$ **do**

(10)　$\boldsymbol{u}_i^t \leftarrow \frac{\sum_{j=1}^{n} w_{ij} \cdot \boldsymbol{x}_j}{\sum_{j=1}^{n} w_{ij}}$　//重新估计均值

(11)　$\boldsymbol{\Sigma}_i^t \leftarrow \frac{\sum_{j=1}^{n} w_{ij}(\boldsymbol{x}_j - \boldsymbol{u}_i)(\boldsymbol{x}_j - \boldsymbol{u}_i)^{\mathrm{T}}}{\sum_{j=1}^{n} w_{ij}}$　//重新估计协方差矩阵

(12)　$P^t(C_i) \leftarrow \frac{\sum_{j=1}^{n} w_{ij}}{n}$　//重新估计先验概率

(13) **until** $\sum_{i=1}^{k} \|\boldsymbol{u}_i^t - \boldsymbol{u}_i^{t-1}\|^2 \leqslant \varepsilon$

5.3.5　基于随机搜索应用于大型应用的聚类算法 CLARANS

K 中心点算法在处理大数据集时效率慢且效果不佳。CLARA（Clustering LARge Applications）算法引入抽样的思想，它的主要思想是抽取实际数据中的一小部分作为样本，在样本中选择中心点。样本是以随机方式抽取的，以接近于原数据集的数据分布。这样从样本中求得中心点很可能与从整个数据集中求得的中心点相似。CLARA 算法抽取数据集的多个样本，对每个样本应用 PAM 算法，将其最好的结果作为输出。CLARA 算法如算法 5.5 所示。

算法 5.5：CLARA 算法

(1) $i = 1$ to v（选样的次数），重复执行下列步骤。

① 随机地从整个数据集中抽取一个 N 个对象的样本，调用 PAM 算法从样本中找出样本 k 个最优的中心点；

② 将这 k 个中心点应用到整个数据集上，对于每一个非代表对象 $\boldsymbol{o}_j$，判断它与从样本中选出的哪个代表对象距离最近；

③ 计算上一步中得到的聚类的总代价，若该值小于当前的最小值，用该值替换当前的最小值，保留在这次选样中得到的 k 个代表对象作为到目前为止得到的最好的代表对象的集合；

④ 返回到步骤①，开始下一个循环。 (2) 算法结束，输出聚类结果。

CLARA 算法的复杂度为 $O(ks^2+k(n-k))$，其中 s 是样本的大小，k 是簇的数目，n 是数据集中对象的总数。

和所有的基本抽样算法一样，CLARA 算法的准确性取决于样本大小。如果某个实际上最佳的中心点在若干次抽样中从未被抽到，那么最后计算的结果一定不是最佳的聚类结果。这个问题是抽样算法很难避免的，因为抽样本身就是效率对准确性做的一种折中。

CLARANS（Clustering Large Application based upon RANdomized Search，基于随机搜索的大型应用聚类）算法是对 CLARA 算法的改进，如算法 5.6 所示。CLARANS 算法也进行抽样，但计算的任何时候都不把自身局限于某个样本，CLARANS 算法在搜索的每一步都按照某种方法随机抽样。从概念上讲，聚类过程可以看作搜索的一个图，图中的每个节点是一个潜在的解（k 个中心点的集合）。

算法 5.6：CLARANS 算法

输入：参数 numlocal 和 maxneighbor。 输出：数据的类别。
(1) 从 n 个目标中随机地选取 k 个目标构成质心集合，记为 current； (2) $j=1$； (3) 从第（1）步中余下的 $n-k$ 个目标集中随机选取一个目标，并用之替换质心集合中随机的某一个质心得到一个新的质心集合，计算两个质心集合的代价差（这一点和 PAM 算法相似，只是变成了随机选取替换对象和被替换对象）； (4) 如果新的质心集合代价较小，则将其赋给 current，重置 $j=1$，否则 $j+=1$； (5) 直到 j 大于或等于 maxneighbor，则 current 为此时的最小代价质心集合； (6) 重复以上步骤 numlocal 次，取其中代价最小的质心集合为最终的质心集合； (7) 按照最终的质心集合划分类别并输出。

与 CLARA 算法不同，CLARANS 算法没有在任一给定的时间内局限于任一样本，而是在搜索的每一步都带一定随机性地选取一个样本。CLARANS 算

法的时间复杂度大约是 $O(n^2)$，n 是数据集中对象的数目。此算法的优点是：一方面改进了 CLARA 算法的聚类质量；另一方面拓展了数据处理量的伸缩范围，具有较好的聚类效果。但它的计算效率较低，且对数据的输入顺序敏感，只能聚类凸状或球形边界。

5.4 谱聚类

传统的聚类算法，如 K 均值算法和 EM 算法等都是建立在凸状或球形的样本空间上的，但当样本空间不为凸时，算法会陷入局部最优。为了能在任意形状的样本空间上聚类，且收敛于全局最优解，学者提出了谱聚类算法（Spectral Clustering Algorithm）[64]，该算法首先根据给定的样本数据集定义一个描述成对数据点相似度的亲合矩阵，并计算矩阵的特征值和特征向量，然后选择合适的特征向量聚类不同的数据点。谱聚类算法建立在图论中的谱图理论基础上，其本质是将聚类问题转化为图的最优划分问题，是一种点对聚类算法，对数据聚类具有很好的应用前景。

5.4.1 相似图

已知数据点 $\boldsymbol{x}_1,\cdots,\boldsymbol{x}_n$ 和所有数据点对 $\boldsymbol{x}_i$ 和 $\boldsymbol{x}_j$ 的某种相似度 $s_{ij}\geqslant 0$，求解的目标是将这些点分到若干簇中，其中簇内的点彼此相近，不同簇间的点彼此相异。在未知其他相似信息的情况下，将数据表示成相似图 $G=(V,E)$ 的形式是一种很好的方法。相似图中的每一个顶点 $\boldsymbol{v}_i$ 表示一个数据点 $\boldsymbol{x}_i$。如果两个顶点对应的数据点 $\boldsymbol{x}_i$ 和 $\boldsymbol{x}_j$ 之间的相似度 s_{ij} 是正的或者大于某一设定的阈值，就在这两个顶点间画一条边，并给予这条边的权重为 s_{ij}。现在聚类问题已经转化成了相似图分割的问题：求一种图分割方法使各个簇间的边有较低的权重（不同数据簇内的点有较低的相似度）、各个簇内的边有较高的权重（同一数据簇内的点有较高的相似度）。

常用的相似图有 3 种，如下所示。

（1）**ε 近邻图**：连接所有距离小于 ε 的点。因为被连接的点之间的距离处于同样的规模（最多为 ε），给边赋予权值无法包含更多的信息。因此，ε 近邻图通常被用作无权图。

（2）**k 近邻图**：k 邻近图的目的是将 $\boldsymbol{v}_i$ 与它的 k 个最近的邻居 $\boldsymbol{v}_j$ 相连接。然而，因为邻居关系不是对称的，这样做的结果是一个有向图。有两种方法将其转化为无向图。一种方法是简单地忽略边的方向，只要 $\boldsymbol{v}_j$ 属于 $\boldsymbol{v}_i$ 的 k 个最近的邻居就用一条无向边将它们连接，使用这种方式生成的图通常被叫作 k 近邻图。另一种方法是只有 $\boldsymbol{v}_i$ 和 $\boldsymbol{v}_j$ 互相属于对方的 k 个最近的邻居才用一条无向边将它们连接，这种方式生成的图被称为互 k 近邻图。使用任何一种方式生成图后，再根据点之间的相似度给各个边赋予权值。

（3）**全连接图**：全连接图简单地将所有有着正相似度的点对进行连接，并赋予相应边的权重 s_{ij}。图的目的是表示局部邻接关系，而这种方式只有在相似度度量方程能包含局部近邻关系时才有相应的作用。例如，经典的高斯方程 $s(\boldsymbol{x}_i,\boldsymbol{x}_j)=\exp(-\|\boldsymbol{x}_i-\boldsymbol{x}_j\|^2/(2\sigma^2))$，其中 σ 控制着邻居的宽度。σ 与 ε 近邻图中的 ε 起着一样的作用。

5.4.2　拉普拉斯矩阵

图的拉普拉斯矩阵是谱聚类算法的主要工具，对于这些矩阵的研究，有一个完整的研究领域，称为谱图理论。这里给出几种不同的拉普拉斯矩阵定义，并给出它们的特性。

首先，给出需要用到的一些基本定义。

无向图 $G=(V,E)$，其中 V 是顶点集 $V=\{\boldsymbol{v}_1,\cdots,\boldsymbol{v}_n\}$，顶点 $\boldsymbol{v}_i$ 和 $\boldsymbol{v}_j$ 的边的权重 $w_{ij}\geqslant 0$。图的邻接矩阵 $\boldsymbol{W}=(w_{ij})_{i,j=1,\cdots,n}$，$w_{ij}=0$ 表示 $\boldsymbol{v}_i$ 和 $\boldsymbol{v}_j$ 之间没有边。在无向图中，显然有 $w_{ij}=w_{ji}$。定义顶点 $\boldsymbol{v}_i\in V$ 的度为

$$d_i=\sum_{j=1}^{n}w_{ij}$$

注意，这个求和只与点 $\boldsymbol{v}_i$ 连接的点有关，对于其他的点 $\boldsymbol{v}_j$，权重 $w_{ij}=0$。度矩阵 $\boldsymbol{D}$ 是以 $d_1,\cdots,d_n$ 为元素的对角矩阵。给出点的子集 $A\subset V$，A 的补集 $\overline{A}$ 为 $V\backslash A$。定义标示向量为 $(f_1,\cdots,f_n)^{\mathrm{T}}\in\mathbb{R}^n$，其中当 $\boldsymbol{v}_i\in A$ 时 $f_i=1$，其余 $f_i=0$。为了方便，采用 $\boldsymbol{v}_i\in A$ 表示 $\{i\mid\boldsymbol{v}_i\in A\}$，如表示一个求和 $\sum_{i\in A}w_{ij}$。对于两个不相交集合 $A,B\subset V$ 定义：

$$W(A,B)=\sum_{i\in A,j\in B}w_{ij}$$

考虑度量子集 $A\subset V$ 大小的两种不同的方法：

$$|A| = A \text{ 中的顶点个数}$$

$$\mathrm{vol}(A) = \sum_{i \in A} d_i$$

$|A|$使用A中顶点的个数表示A的大小，$\mathrm{vol}(A)$使用与A相连的边的权重之和表示A的大小。如果一个子图$A \subset V$中所有的顶点可以被包含在一条路径内，则这个子图是连通的。如果一个子图A是连通的，并且A和$\bar{A}$之间是没有连接的，则A是原图的一个连通分量。一个图分割是通过k个非空子集$A_1, \cdots, A_k$表示原图的，且满足$A_i \cap A_j = \varnothing$且$A_1 \cup \cdots \cup A_k = V$。

现在给出非归一化拉普拉斯矩阵和归一化拉普拉斯矩阵的定义及特性。

非归一化拉普拉斯矩阵定义：

$$\boldsymbol{L} = \boldsymbol{D} - \boldsymbol{W}$$

矩阵$\boldsymbol{L}$有以下特性：

① 对于任意向量$\boldsymbol{f} \in \mathbb{R}^n$有$\boldsymbol{f}^{\mathrm{T}}\boldsymbol{L}\boldsymbol{f} = \dfrac{1}{2}\sum_{i,j=1}^{n} w_{ij}(f_i - f_j)^2$。

② $\boldsymbol{L}$是对称的半正定矩阵。

③ $\boldsymbol{L}$的最小特征值是0，对应的特征向量为常向量，即所有分量为$\boldsymbol{1}$。

④ $\boldsymbol{L}$有n个非负实特征值$0 = \lambda_1 \leqslant \lambda_2 \leqslant \cdots \leqslant \lambda_n$。

常用的归一化拉普拉斯矩阵有两种，分别定义如下：

$$\boldsymbol{L}_{\mathrm{sym}} = \boldsymbol{D}^{-1/2}\boldsymbol{L}\boldsymbol{D}^{-1/2} = \boldsymbol{I} - \boldsymbol{D}^{-1/2}\boldsymbol{W}\boldsymbol{D}^{-1/2}$$

$$\boldsymbol{L}_{\mathrm{rw}} = \boldsymbol{D}^{-1}\boldsymbol{L} = \boldsymbol{I} - \boldsymbol{D}^{-1}\boldsymbol{W}$$

归一化拉普拉斯矩阵有以下特性：

① 对于任意$\boldsymbol{f} \in \mathbb{R}^n$有$\boldsymbol{f}^{\mathrm{T}}\boldsymbol{L}_{\mathrm{sym}}\boldsymbol{f} = \dfrac{1}{2}\sum_{i,j=1}^{n} w_{ij}\left(\dfrac{f_i}{\sqrt{d_i}} - \dfrac{f_j}{\sqrt{d_j}}\right)^2$。

② λ是$\boldsymbol{L}_{\mathrm{rw}}$的特征值且对应特征向量为$\boldsymbol{u}$，当且仅当$\lambda$是$\boldsymbol{L}_{\mathrm{sym}}$的特征值且对应特征向量为$\boldsymbol{w} = \boldsymbol{D}^{1/2}\boldsymbol{u}$。

③ λ是$\boldsymbol{L}_{\mathrm{rw}}$的特征值且对应特征向量为$\boldsymbol{u}$，当且仅当$\lambda$和$\boldsymbol{u}$是特征值问题$\boldsymbol{L}\boldsymbol{u} = \lambda\boldsymbol{D}\boldsymbol{u}$的解。

④ 0是$\boldsymbol{L}_{\mathrm{rw}}$的特征值，对应的特征向量为常向量，即所有分量为$\boldsymbol{1}$。0是$L_{\mathrm{sym}}$的特征值，对应的特征向量为$\boldsymbol{D}^{1/2}\boldsymbol{1}$。

⑤ $\boldsymbol{L}_{\mathrm{sym}}$和$\boldsymbol{L}_{\mathrm{rw}}$为半正定矩阵，各有$n$个非负实特征值，$0 = \lambda_1 \leqslant \lambda_2 \leqslant \cdots \leqslant \lambda_n$。

5.4.3 谱聚类算法

下面介绍经典的谱聚类算法。设数据为 n 个任意实体的点 $\boldsymbol{x}_1,\cdots,\boldsymbol{x}_n$，使用非负对称方程计算点对之间的相似性 $s_{ij}=s(\boldsymbol{x}_i,\boldsymbol{x}_j)$，定义相似度矩阵 $\boldsymbol{S}=(s_{ij})_{i,j=1,\cdots,n}$。非归一化谱聚类算法如算法 5.7 所示。

算法 5.7：非归一化谱聚类算法

输入：相似矩阵 $\boldsymbol{S}\in\mathbb{R}^{n\times n}$，聚类簇数 k。 输出：聚类结果 $A_1,\cdots,A_k$，其中 $A_i=\{j\mid \boldsymbol{y}_i\in C_i\}$。
(1) 构造相似图，用 $\boldsymbol{W}$ 表示它的带权的亲合矩阵； (2) 计算非归一化拉普拉斯矩阵 $\boldsymbol{L}$； (3) 计算 $\boldsymbol{L}$ 的前 k 个特征值及其对应的特征向量 $\boldsymbol{u}_1,\cdots,\boldsymbol{u}_k$； (4) 定义矩阵 $\boldsymbol{U}\in\mathbb{R}^{n\times k}$，$\boldsymbol{U}$ 的各列为 $\boldsymbol{u}_1,\cdots,\boldsymbol{u}_k$； (5) 定义向量 $\boldsymbol{y}_i\in\mathbb{R}^k_{i=1,\cdots,n}$对应 $\boldsymbol{U}$ 的第 i 行； (6) 在空间$\mathbb{R}^k$中对数据点$(\boldsymbol{y}_i)_{i=1,\cdots,n}$应用 K 均值算法得到聚类 $C_1,\cdots,C_k$。

不同的归一化拉普拉斯矩阵对应着两种不同的归一化谱聚类方法，如算法 5.8 和算法 5.9 所示。

算法 5.8：归一化谱聚类算法（使用 $\boldsymbol{L}_{\mathrm{rw}}$矩阵）

输入：相似矩阵 $\boldsymbol{S}\in\mathbb{R}^{n\times n}$，聚类簇数 k。 输出：聚类结果 $A_1,\cdots,A_k$，其中 $A_i=\{j\mid \boldsymbol{y}_i\in C_i\}$。
(1) 构造相似图，用 $\boldsymbol{W}$ 表示它的带权的亲合矩阵； (2) 计算非归一化拉普拉斯矩阵 $\boldsymbol{L}$； (3) 解广义特征问题 $\boldsymbol{Lu}=\lambda\boldsymbol{Du}$ 的前 k 个特征及其对应的特征向量$\boldsymbol{u}_1,\cdots,\boldsymbol{u}_k$； (4) 定义矩阵 $\boldsymbol{U}\in\mathbb{R}^{n\times k}$，$\boldsymbol{U}$ 的各列为 $u_1,\cdots,u_k$； (5) 定义向量 $\boldsymbol{y}_i\in\mathbb{R}^k_{i=1,\cdots,n}$对应 U 的第 i 行； (6) 在空间$\mathbb{R}^k$中对数据点$(\boldsymbol{y}_i)_{i=1,\cdots,n}$应用 K 均值算法得到聚类 $C_1,\cdots,C_k$。

注意，上述算法使用了 $\boldsymbol{L}$ 的广义特征向量，这等价于使用对应的矩阵 $\boldsymbol{L}_{\mathrm{rw}}$ 的特征向量。事实上，本算法计算的是归一化矩阵 $\boldsymbol{L}_{\mathrm{rw}}$的特征向量，所以将这

个算法称为归一化谱聚类算法。下一种算法也是一种归一化谱聚类算法，不同之处在于归一化矩阵由 $\boldsymbol{L}_{\mathrm{rw}}$ 换成了 $\boldsymbol{L}_{\mathrm{sym}}$。可见，这需要加入一个其他算法中没有的步骤，就是对矩阵的行进行归一化。

算法 5.9：归一化谱聚类算法（使用 $\boldsymbol{L}_{\mathrm{sym}}$ 矩阵）

输入：相似矩阵 $\boldsymbol{S}\in\mathbb{R}^{n\times n}$，聚类簇数 k。 输出：聚类结果 $A_1,\cdots,A_k$，其中 $A_i=\{j\mid\boldsymbol{y}_i\in C_i\}$。
（1）构造相似图，用 $\boldsymbol{W}$ 表示亲合矩阵； （2）计算归一化拉普拉斯矩阵 $\boldsymbol{L}_{\mathrm{sym}}$； （3）计算 $\boldsymbol{L}_{\mathrm{sym}}$ 的前 k 个特征值及其对应的特征向量 $\boldsymbol{u}_1,\cdots,\boldsymbol{u}_k$； （4）定义矩阵 $\boldsymbol{U}\in\mathbb{R}^{n\times k}$，$\boldsymbol{U}$ 的各列为 $\boldsymbol{u}_1,\cdots,\boldsymbol{u}_k$； （5）归一化矩阵 $\boldsymbol{U}$ 得到矩阵 $\boldsymbol{T}\in\mathbb{R}^{n\times k}$，即使矩阵各行的模为 1，$t_{ij}=u_{ij}\Big/\left(\sum_k u_{ik}^2\right)^{1/2}$； （6）定义向量 $\boldsymbol{y}_i\in\mathbb{R}^k{}_{i=1,\cdots,n}$ 对应 $\boldsymbol{T}$ 的第 i 行； （7）在空间 $\mathbb{R}^k$ 中对数据点 $(\boldsymbol{y}_i)_{i=1,\cdots,n}$ 应用 K 均值算法得到聚类 $C_1,\cdots,C_k$。

这 3 种算法相当类似，除了使用了不同的拉普拉斯矩阵。这 3 种算法的核心都是将抽象数据点 $\boldsymbol{x}_i$ 表示为 $\boldsymbol{y}_i\in\mathbb{R}^k$。由图的拉普拉斯矩阵的特性可知，这种表示的改变是十分有用的，这种表示加强了数据点间的聚类特性，使得聚类可以被容易地计算出来。简单的 K 均值算法在这种新的表示下就可以容易地计算出聚类结果。

谱聚类算法背后有着各种不同思想的支持，包括切图理论、随机游走理论和扰动理论等。尽管目前在应用中谱聚类算法表现出了相当优秀的效果，但是其背后的理论支持体系仍然有待于进一步完善。目前，如何更好地构造亲合矩阵，如何更高效地求解特征值和特征向量，如何处理大规格数据，如何进行并行计算，如何确定参数（包括聚类数目和选择哪种拉普拉斯矩阵等）是目前关于谱聚类研究的几个热点问题。

5.5 基于约束的聚类

基于约束的聚类在聚类过程中体现用户的偏好和约束，这种偏好或约束包括期望的簇数目、簇的最大或最小规模、不同对象的权重，以及对聚类结果的其他期望特征等。基于约束的聚类能发现用户指定偏好或约束的簇。根据约束的性质，基于约束的聚类可以采用不同的方法。

（1）个体对象的约束：可以对待聚类的对象指定约束，这种约束限制了聚类的对象集。

（2）聚类参数选择的约束：用户对每个聚类参数设定了一个期望的范围。对于给定的聚类算法，聚类参数通常是明确的，如 K 均值算法中期望的簇数为 k。尽管这种用户指定的参数可能对聚类结果具有很大的影响，但是它们通常只对算法本身进行限制。因此，对这些参数的微调和处理并不认为是一种基于约束的聚类。

（3）距离或相似度函数的约束：用户可以对聚类对象的特定属性指定不同的距离或相似度函数，或者对特定的对象指定不同的距离度量。

（4）用户对各个簇的性质指定约束：用户指定结果簇应该具有的性质，这可能会对聚类过程有很大的影响。这种基于约束的聚类在实际应用中很常见，常称为用户约束聚类分析。

（5）基于“部分”监督的半监督聚类：使用某种弱监督形式，可以明显地改进无监督聚类质量，这种被约束的聚类过程称为半监督聚类。

5.5.1 含有障碍物的对象聚类

障碍物问题的一个经典例子：如何不游泳而使用河对面的自动取款机。这种障碍物对象及其影响可以通过重新定义对象间的距离函数得以体现。使用划分方法聚类含有障碍物的对象时，在每次迭代中，只要簇中心发生改变，与其相关的每个对象到簇中心的距离都要重新计算。然而，由于障碍物的存在，这种重新计算的代价是十分昂贵的。在这种情况下，就需要针对大数据集上含有障碍物对象的聚类开发更有效的方法。

障碍物问题的实质是对距离函数产生约束。划分的聚类方法是解决障碍物问题一种较好的选择，因为它最小化对象和其簇中心之间的距离。如果选择K均值算法，在障碍物存在的情况下，簇中心可能是不可达的。例如，簇均值可能会落在一个河中央。而K中心点算法选择簇中心的对象作为簇中心，因此保证了这样的问题不会发生。注意，每次选出新的中心点后，必须重新计算每个对象到新簇中心点的距离。由于两个对象之间可能存在障碍物，它们之间的距离可能需要利用几何计算推导。如果涉及大量对象和障碍物，这种计算代价可能很高。

含有障碍物的聚类问题可以用图形符号表示。首先，如果在区域 R 内连接点 $\boldsymbol{p}$ 和点 $\boldsymbol{q}$ 的直线不与任何障碍物相交，则称点 $\boldsymbol{p}$ 是从点 $\boldsymbol{q}$ 可见的。定义图 $VG=(V,E)$ 是一个可见图，其中 V 是点集，E 是边集。如果每个障碍物的顶点对应 V 中的一个结点，并且当且仅当 V 中的两个结点 $\boldsymbol{v}_1$ 和 $\boldsymbol{v}_2$ 彼此可见时，它们被 E 中的一条边相连。结合可见图和划分方法，可对含有障碍物的聚类问题进行计算，在涉及大量数据的数据挖掘领域，使用进一步的预处理和优化方法来降低计算开销，提高聚类方法的效率。

5.5.2 用户约束的聚类分析

用户约束的聚类分析的一个经典例子，一家快递公司的快递送达服务满足约束：①每站至少服务100个高价值客户；②每站至少服务5000个普通客户。基于用户约束的聚类需要对上述的约束予以考虑。这是一个位置确定问题，更加明确地说是确定共服务 n 个客户的 k 个服务点的位置，使客户和服务点之间的路程最小。本质上，可以认为这是一个受约束的最优化问题。然而，用数学规划方法解决这个问题的代价是巨大的，如要联立数百万的方程，而一种有效的方法是采用一种微聚类的思想。

把大数据集聚类成满足用户指定约束的 k 个簇的基本思想如下：首先，把数据集划分为 k 组从而寻找一个初始“解”，每组满足用户指定的约束。然后，把对象从一个簇转移到另一个簇来迭代地改进这个解，同时还要满足那些约束。在实际应用中，往往会涉及几个簇之间的互相转移，这就需要同时注意避免死锁的问题。这种方法能确保良好的效率和可伸缩性，可以对大型数据集实施有效的聚类。

5.5.3 半监督聚类分析

与监督学习相比，聚类过程缺少用户或分类器的指导，因此可能会产生不够理想的簇。使用某种弱监督形式，如逐对约束，即成对对象表明属于相同或者不同的簇，可以显著地改进无监督聚类的质量，这种基于用户反馈或指导约束的聚类过程称为半监督聚类。

半监督聚类方法可以分为两类：基于约束的半监督聚类和基于距离的半监督聚类。基于约束的半监督聚类依靠用户提供的标号或约束指导算法产生更合适的数据划分，这包括基于约束修改目标函数，或基于已标记对象初始化和约束聚类过程；基于距离的半监督聚类使用一种自适应距离度量，该度量被训练，以满足监督聚类数据中的标号或约束。有几种不同的自适应距离度量被使用过，如使用EM方法训练得到的串编辑距离和由最短激励算法修订过的欧氏距离。

基于决策树的聚类（Clustering based on decision Trees，CLTree）[65]是一种结合了两种思想的聚类方法，它是一种基于约束的半监督聚类。它把聚类任务转化成分类任务，即将数据点集看成一类，标记为“Y”，然后添加一组分布相对均匀的“不存在的点”，使用类标记“N”；再次将数据空间划分为数据稠密区域和空白稀疏区域，进而转化为分类问题。这样可以使用决策树归纳方法划分这个二维空间。实际使用时，“N”点的添加可以仅仅假设而不做物理添加，这样可以避免很多问题，同时不影响结果。

决策树分类方法使用一种度量，通常基于信息增益来为决策点选择属性测试，然后根据测试或“切割”对数据进行分裂或划分。但是，对于聚类，这样做可能导致某些簇的片段分裂到离散区域。为了解决这个问题，开发了一些方法，这些方法使用信息增益，但保留“向前看”能力，即CLTree首先找出一个初始的切割，然后向前看，找出对簇区域切割较少的更好的划分。它找出那些形成具有较低相对密度的区域的切割，其基本思想是：要尽可能形成一个大的空区域切割点分裂，该空区域更加有可能把簇分开。通过这样的调整，CLTree可以在高维空间中完成高质量的聚类。由于决策树方法通常只选择属性的一个子集，所以它还可以发现子空间簇。

5.6 在线聚类

针对数据会随时间发生变化的数据集，常规的聚类算法很难处理，因而研究者提出在线聚类算法处理这类问题。通常的聚类算法都明确地或者隐含地优化一个全局准则函数，聚类结果也常常表现出对于准则函数中参数变化过于敏感的缺点。特别是当这些算法用于在线学习时，可能会出现聚类结构不稳定的问题、簇的波动或者漂移。在线聚类希望系统可以从新出现的数据中学到知识或者捕获信息，这就要求它必须是自适应的，具有一定的“可塑性”，从而允许新类别的产生。另外，如果数据的内部结构不稳定而且新获得的信息会造成较大的结构重组，那么问题就会变得比较复杂，因而就不能把问题只归因于特定的聚类描述。这个问题被称为稳定性/可塑性两难问题。

产生这个问题的原因之一就是聚类算法使用了全局准则，每个新到的样本都可能影响一个聚类中心的位置，不管这个样本距离中心有多远。为此，有学者提出一种称为“竞争学习”的算法，只对与新到样本最相似的一个聚类中心进行调整。因此，与该样本无关的其他类的性质得以保留。竞争学习源自神经网络，在线聚类算法是多种思想结合的产物。下面介绍一种简单的方法，它可以看作串行 K 均值算法的一种改进。

竞争学习算法以神经网络学习规则为基础，与判定导向的 K 均值算法有内在的联系。竞争学习和判定导向都是先初始化类别数和聚类中心，并在聚类过程中按照某种规则暂时将样本分到某一类。但它们在更新聚类中心时表现出不同的方式：对判定导向的算法而言，每个类中心被更新为当前类中所有数据点的均值；而在竞争学习算法中，只有与输入模式最相似的类别的中心得到了更新。结果是，在竞争学习算法中，离输入模式很远的类别不会改变。

5.7 聚类与降维

聚类就是按照某个特定标准（如距离准则）把一个数据集分成不同的簇，

使得同一簇内的数据相似性尽可能高，同时不在同一个簇中的数据差异性尽可能高。降维是一种对高维特征数据预处理的方法，它用维数更低的子空间来表示原来高维的特征空间。降维是将高维度的数据保留下最重要的一些特征，去除噪声和不重要的特征，从而实现提升数据处理速度的目的。降维具有如下一些优点：使得数据集更易使用；降低算法的计算开销；去除了噪声；使得结果容易理解。

大多数聚类方法都是为聚类低维数据设计的，当数据的维度实际很高时，这些方法往往效果不佳。因为当维度增加时，通常只有少数几维与某些簇相关，但其他不相关维的数据可能会产生大量的噪声而屏蔽真实的簇。此外，随着维度的增加，数据通常会变得更加稀疏，因为数据点可能大多分布在不同维的子空间中，当数据特别稀疏时，位于不同维的数据点可以认为是距离相等的，而这样，聚类分析中重要的距离度量失去意义。

解决这个问题的方法有两种，分别是特征选择技术和特征变换技术。

（1）特征选择技术又称属性子集选择或者特征子集选择，对它最简单的理解就是从高维数据中选择出若干最“有用”的维度进行聚类计算。选择属性子集的过程一般可以用有监督的方法，如找出与所求问题最相关的属性集。同时，它也可以使用无监督的方法，如熵分析等。

（2）特征变换技术把数据转换到一个较小的空间，同时保持对象间原始的相对距离。它们通过创建属性的线性组合等方式来汇总数据，可能发现数据中的隐藏结构。然而，这种技术没有真正地从分析中剔除任何原始属性，所以当原数据中出现大量不相关属性时，此方法仍可能出现问题。此外，变换后产生的属性有可能是无法解释的，从而使聚类出的结果不一定有实际用途。

特征值变换技术在研究领域也被称为主成分分析（Principal Component Analysis，PCA）。主成分分析主要有两种实现方式：特征值分解和奇异值分解。特征值分解和奇异值分解在机器学习领域都有非常广泛的应用。两者有着很紧密的关系，特征值分解和奇异值分解的目的都是提取出矩阵最重要的特征。

1）特征值分解

如果一个向量 $\boldsymbol{v}$ 是方阵 $\boldsymbol{A}$ 的特征向量，则有：

$$\boldsymbol{A}\boldsymbol{v}=\lambda\boldsymbol{v}$$

其中，λ 称为特征向量 $\boldsymbol{v}$ 对应的特征值，一个矩阵的一组特征向量是一组正交向量。

特征值分解是将一个矩阵分解成下面的形式：

$$\boldsymbol{A}=\boldsymbol{Q}\boldsymbol{E}\boldsymbol{Q}^{-1}$$

其中，$\boldsymbol{Q}$ 是矩阵 $\boldsymbol{A}$ 的特征向量组成的矩阵；$\boldsymbol{E}$ 是一个对角阵，每一个对角线上的元素就是一个特征值。例如，矩阵 $\boldsymbol{M}$：

$$\boldsymbol{M}=\begin{bmatrix}3 & 0\\0 & 1\end{bmatrix}$$

一个矩阵乘以一个向量后得到的向量，其实就相当于将这个向量进行了线性变换。矩阵 $\boldsymbol{M}$ 乘以向量（x,y）：

$$\begin{bmatrix}3 & 0\\0 & 1\end{bmatrix}\begin{bmatrix}x\\y\end{bmatrix}=\begin{bmatrix}3x\\y\end{bmatrix}$$

上面的矩阵是对称的，所以这个变换是对 x,y 轴方向的一个拉伸变换（每一个对角线上的元素将会对一个维度进行拉伸变换。当值大于 1 时，它是拉长的；当值小于 1 时，它是缩短的），当矩阵不是对称的时候，假如下面的矩阵：

$$\boldsymbol{M}=\begin{bmatrix}1 & 1\\0 & 1\end{bmatrix}$$

当矩阵是高维的情况下，这个矩阵就是高维空间下的一个线性变换，这个变换有很多的变换方向，通过特征值分解得到的前 N 个特征向量，就对应于这个矩阵最主要的 N 个变化方向。利用这前 N 个变化方向，就可以近似这个矩阵（变换），即提取这个矩阵最重要的特征。总结一下，特征值分解可以得到特征值与特征向量，特征值表示的是这个特征到底有多重要，而特征向量表示这个特征是什么。可以将每一个特征向量理解为一个线性的子空间，可以利用这些线性的子空间做很多的事情。不过，特征值分解也有很多的局限，比如说变换的矩阵必须是方阵。

2）奇异值分解

奇异值分解实质上是将上述分解从方阵推广到任意矩阵的一种分解方法：

$$\boldsymbol{A}=\boldsymbol{U}\boldsymbol{E}\boldsymbol{V}^{\mathrm{T}}$$

其中，各矩阵的计算方法这里不再赘述。

PCA 的问题其实是一个基变换，使得变换后的数据有着最大的方差。方差的大小描述的是一个变量的信息量，一个数据值越稳定，其方差越小。而在机器学习领域，训练数据的方差大才有意义，不然输入的数据都是同一个点，那方差就为 0 了，这样输入的多个数据就等同于一个数据了。

PCA 就是在原始的空间中顺序地找一组相互正交的坐标轴，第 1 个轴是使得方差最大的轴，第 2 个轴是在与第一个轴正交的平面中使得方差最大的轴，第 3 个轴是在与第 1、2 个轴正交的平面中使得方差最大的轴，这样假设在 N 维空间中，可以找到 N 个这样的坐标轴，取前 r 个去近似这个空间，这样就从一个 N 维的空间压缩到 r 维的空间，但是我们选择的 r 个坐标轴能够使得空间的压缩使数据的损失最小。

实质上，PCA 的数学表示为

$$\boldsymbol{A}_{m\times n}\boldsymbol{P}_{n\times r}=\widetilde{\boldsymbol{A}}_{m\times r}$$

奇异值分解的数学表示为

$$\boldsymbol{A}_{m\times n}\approx\boldsymbol{U}_{m\times r}\boldsymbol{E}_{r\times r}\boldsymbol{V}_{r\times n}^{\mathrm{T}}$$

这两个公式可以分别变换为

$$\boldsymbol{P}_{r\times m}\boldsymbol{A}_{m\times n}=\widetilde{\boldsymbol{A}}_{r\times n} \text{和} \boldsymbol{U}_{r\times m}^{\mathrm{T}}\boldsymbol{A}_{m\times n}\approx\boldsymbol{E}_{r\times r}\boldsymbol{V}_{r\times n}^{\mathrm{T}}$$

可见，经过推导这两个公式可得相同形式。所以，其实 PCA 几乎可以说是对奇异值分解（Sigular Value Decomposition，SVD）的一个包装，如果实现了奇异值分解，也就实现了 PCA，而且更好的地方是，有了 SVD，可以得到两个方向的 PCA，如果我们对 $\boldsymbol{A}^{\mathrm{T}}\boldsymbol{A}$ 进行特征值的分解，只能得到一个方向的 PCA。

PCA 中求解的特征值也就是谱聚类算法中提到的谱，所以特征值及特征分解的含义也就是谱聚类中计算谱的意义。因此，谱聚类过程也常被看作先对数据谱分解或者谱降维，然后使用经典算法对降维后的结果进行聚类。

5.8　本章小结

聚类分析作为无监督学习的一种学习方法，其目的是使簇内数据之间具有很高的相似性，不同簇数据之间具有很高的差异性。度量数据间相似性的方法有多种，如欧氏距离、曼哈顿距离、切比雪夫距离等满足一定条件的函数都可以作为度量距离的函数。本章首先讨论了划分方法、层次方法、基于密度方法、基于网格方法和基于模型方法等经典聚类方法；然后详细讨论了谱聚类算法、基于约束的聚类算法和在线聚类算法；最后讨论了聚类与降维问题。

第6章 支持向量机

6.1 统计学习理论

传统的统计学研究样本数目趋于无穷大时的渐进理论，但在实际问题中，样本数通常很有限，因此一些理论上很优秀的学习方法在实际应用中的表现未必尽如人意。统计学习理论（Statistical Learning Theory，SLT）研究始于20世纪60年代末[66]。苏联的万普尼克（Vladimir N. Vapnik）和切尔沃宁基斯（Alexey Chervonenkis）做了大量开创性和奠基性的工作[67]。1964年，万普尼克和切尔沃宁基斯提出了硬边距的线性支持向量机（Support Vector Machine，SVM）[68]。20世纪90年代，该理论被用来分析神经网络。1992年，博泽（Bernhard Boser）、盖恩（Isabelle Guyon）和万普尼克通过核方法提出了非线性支持向量机[69]。1995年，科尔特斯（Corinna Cortes）和万普尼克提出了软边距的非线性支持向量机[70]，并将其应用于手写字符识别问题。20世纪90年代中期，基于该理论设计的支持向量机在解决小样本、非线性及高维模式识别中表现出许多特有的优势，并能够推广应用到函数拟合等其他机器学习问题中。

统计学习理论适用研究小样本统计和预测的理论，其核心内容是：经验风险最小化、VC维（Vapnik-Chervonenkis dimension，VC dimension）和结构风险最小化。

6.1.1 经验风险最小化

下面针对典型的两类模式识别问题讨论经验风险最小化[71]。设给定的训练集为

$$(\boldsymbol{x}_1,y_1),(\boldsymbol{x}_2,y_2),\cdots,(\boldsymbol{x}_l,y_l),\boldsymbol{x}_i\in\mathbb{R}^n,\quad y_i\in\{-1,1\}$$

训练样本与测试样本都要满足一个未知的联合概率 $P(\boldsymbol{x},y)$。通过一组函数 $\{f(\boldsymbol{x},\alpha),\alpha\in\Lambda\}$ 进行学习，学习的目的是确定参数 α。通常称 $f(\boldsymbol{x},\alpha)$ 为假

设（Hypothesis），$\{f(\boldsymbol{x},\alpha),\alpha\in\Lambda\}$ 为假设空间（Hypothesis Space），记为 H。

定义 6.1：期望风险。对于一个已训练的机器，测试错误的期望风险为

$$R(\alpha)=\int\frac{1}{2}|y-f(\boldsymbol{x},\alpha)|\mathrm{d}P(\boldsymbol{x},y) \tag{6.1}$$

由于 $P(\boldsymbol{x},y)$ 为未知，因此无法直接计算 $R(\alpha)$。但是，对于给定的训练集，则可以计算经验风险 $R_{\mathrm{emp}}(\alpha)$。

定义 6.2：经验风险。对于给定的训练集，经验风险为

$$R_{\mathrm{emp}}(\alpha)=\frac{1}{2l}\sum_{i=1}^{l}|y_i-f(\boldsymbol{x}_i,\alpha)| \tag{6.2}$$

对于一个给定的训练集，$R_{\mathrm{emp}}(\alpha)$ 是确定的。通常将式（6.2）中的 $\frac{1}{2}|y_i-f(\boldsymbol{x}_i,\alpha)|$ 称为损失函数。

大数定理可以保证随着训练样本数目的增加，$R_{\mathrm{emp}}(\alpha)$ 可收敛于 $R(\alpha)$。经验风险最小化归纳法（ERM Inductive Principle）就是用经验风险 $R_{\mathrm{emp}}(\alpha)$ 代替期望风险 $R(\alpha)$，用使经验风险 $R_{\mathrm{emp}}(\alpha)$ 最小的 $f(\boldsymbol{x},\alpha_i)$ 来近似使期望风险 $R(\alpha)$ 最小化的 $f(\boldsymbol{x},\alpha_0)$。ERM 建立在一个基本假设上，即如果 $R_{\mathrm{emp}}(\alpha)$ 收敛于 $R(\alpha)$，则 $R_{\mathrm{emp}}(\alpha)$ 的最小值收敛于 $R(\alpha)$ 的最小值。这也称为 ERM 是收敛的。实验结果证明，ERM 收敛的充要条件是 $R_{\mathrm{emp}}(\alpha)$ 依概率一致收敛于 $R(\alpha)$。

6.1.2 VC 维

学习系统的容量对其泛化能力有重要影响。低容量的学习系统只需要较小的训练集，高容量的学习系统则需要较大的训练集，但其所获的解将优于前者。对于给定的训练集，高容量学习系统的训练集误差和测试集误差之间的差别将大于低容量的学习系统。万普尼克指出，对学习系统来说，训练集误差与测试集误差之间的差别是训练集规模的函数，该函数可以由学习系统的 VC 维表征[67]。换言之，VC 维表征了学习系统的容量。

Anthony[72] 将 VC 维定义为：设 F 为一个从 n 维向量集 X 到 $\{0,1\}$ 的函数族，则 F 的 VC 维为 X 的子集 E 的最大元素数，其中 E 满足对于任意 $S\subseteq E$，总存在函数 $f_s\in F$，使得当 $\boldsymbol{x}\in S$ 时 $f_s=1$，$\boldsymbol{x}\notin S$ 但 $x\in E$ 时 $f_s=0$。

VC 维可作为函数族 F 复杂度的度量，它是一个自然数，其值有可能为无穷大，表示无论以何种组合方式出现均可被函数族 F 正确划分为两类的向量

个数的最大值。对于实函数族，可定义相应的指示函数族，该指示函数族的VC维即为原实函数族的VC维。

为便于讨论，首先针对典型的二元模式识别问题进行分析。设给定训练集为$\{(\boldsymbol{x}_1,y_1),(\boldsymbol{x}_2,y_2),\cdots,(\boldsymbol{x}_l,y_l)\}$，其中$\boldsymbol{x}_i\in\mathbb{R}^n,y_i\in\{0,\ 1\}$。显然，$\boldsymbol{x}_i$是一个$n$维输入向量，$y_i$为二值期望输出。再假设训练样本与测试样本均满足样本空间的实际概率分布$P(\boldsymbol{x},y)$。

对基于统计的学习方法来说，学习系统可以由一组二值函数$\{f(\boldsymbol{x},\alpha),\alpha\in\Lambda\}$表征，其中参数$\alpha$可以唯一确定函数$f(\boldsymbol{x},\alpha)$，$\Lambda$为$\alpha$所有可能的取值集合。因此，$\{f(\boldsymbol{x},\alpha),\alpha\in\Lambda\}$的VC维也表征了该学习系统的复杂度，即学习系统的最大学习能力，将其称为该学习系统的VC维。学习的目的就是通过选择一个参数α^*，使得学习系统的输出$f(\boldsymbol{x},\alpha^*)$与期望输出$y$之间的误差概率最小化，即出错率最小化。出错率也称为期望风险（Expected Risk），如式（6.1）所示。$P(\boldsymbol{x},y)$为样本空间的实际概率分布，由于$P(\boldsymbol{x},y)$通常是未知的，因此无法直接计算$R(\alpha)$。但是，对给定的训练集，其经验风险（Empirical Risk）$R_{\text{emp}}(\alpha)$却是确定的，如式（6.2）所示。$(\boldsymbol{x}_i,y_i)$为训练样本，l为训练集中的样本数，即训练集规模。由数理统计中的大数定理可知，随着训练集规模的扩大，$R_{\text{emp}}(\alpha)$将逐渐收敛于$R(\alpha)$。

基于统计的学习方法大多建立在经验风险最小化原则（Principle of Empirical Risk Minimization）的基础上，其思想就是利用经验风险$R_{\text{emp}}(\alpha)$代替期望风险$R(\alpha)$，用使$R_{\text{emp}}(\alpha)$最小的$f(\boldsymbol{x},\alpha_l)$来近似使$R(\alpha)$最小的$f(\boldsymbol{x},\alpha_0)$。这类方法有一个基本的假设，即如果$R_{\text{emp}}(\alpha)$收敛于$R(\alpha)$，则$R_{\text{emp}}(\alpha)$的最小值收敛于$R(\alpha)$的最小值。实验结果证明，该假设成立的充要条件是函数族$\{f(x,\alpha),\alpha\in\Lambda\}$的VC维为有限值。

Vapnik证明[66]，期望风险$R(\alpha)$满足一个上界，即任取η满足$0\leqslant\eta\leqslant1$，下列边界以概率$1-\eta$成立：

$$R(\alpha)\leqslant R_{\text{emp}}(\alpha)+\sqrt{\frac{h(\ln(2l/h)+1)-\ln(\eta/4)}{l}} \tag{6.3}$$

其中，h为函数族$\{f(\boldsymbol{x},\alpha),\alpha\in\Lambda\}$的VC维；$l$为训练集规模。

式（6.3）右侧第二项通常称为VC置信度（VC Confidence）。由式（6.3）可以看出，当学习系统VC维与训练集规模的比值很大时，即使经验风险$R_{\text{emp}}(\alpha)$较小，也无法保证期望风险$R(\alpha)$较小，即无法保证学习系统具有较好的泛化能力。因此，要获得一个泛化性能较好的学习系统，就需要在学习系统的 VC 维与训练集规模之间达成一定的均衡。

6.1.3 结构风险最小化

ERM 原则在样本有限时是不合理的，需要同时最小化经验风险和置信范围。其实，在传统方法中，选择学习模型和算法的过程就是调整置信范围的过程，如果模型比较适合现有的训练样本，则可以取得比较好的效果。但因为缺乏理论指导，这种选择只能依赖先验知识和经验，造成了如神经网络等方法对使用者"技巧"的过分依赖。

统计学习理论给出了一种新的策略，在假设空间 H 中定义一个函数集子集：

$$S_1 \subset S_2 \subset \cdots \subset S_n \subset \cdots$$

每个 H_n 的 VC 维数 h_n 为有限值，于是有：

$$h_1 \leqslant h_2 \leqslant \cdots \leqslant h_n \leqslant \cdots$$

对于每个子空间 H_n，计算出它的 h_n，找到 H_n 中使经验风险最小的函数，得到 H_n 中期望风险的最佳上界。在嵌套结构中，逐层进行这一过程，直至得到期望风险的最佳上界。即使各个子集按照 VC 维的大小排列，也要在每个子集中寻找最小经验风险，在子集间折中考虑经验风险和置信范围，以取得最小化的实际风险，如图 6.1 所示。

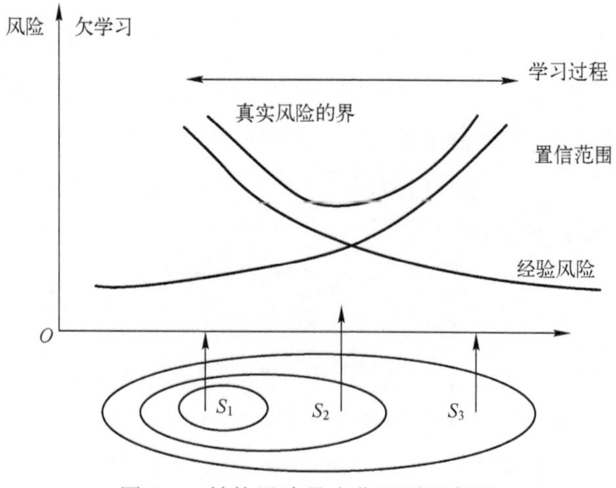

图 6.1　结构风险最小化原则示意图

这种方法称为结构风险最小化（Structural Risk Minimization，SRM）归纳法[73]。可以有两种思路实现 SRM 归纳法：一是在每个子集中求最小经验风险，然后选择使最小经验风险和置信范围之和最小的子集。显然这种方法比较费时，当子集数目很大甚至无穷时不可行。因此有第二种思路，即设计函数集的某种结构使每个子集中都能取得最小的经验风险（如使训练误差为 0），然后只需要选择适当的子集使置信范围最小，则这个子集中使经验风险最小的函数就是最优函数。支持向量机方法实际上就是这种归纳法的具体实现。

6.2 支持向量机的基本原理

支持向量机（SVM）是基于统计学习理论的机器学习方法，其基本思想是：定义最优超平面，并把寻找最优超平面的算法归结为求解一个凸规划问题。这里的超平面包括两类：线性最优超平面和非线性最优超平面。与之相对应的支持向量机分别为线性支持向量机（数据线性可分和数据线性不可分情况）、非线性支持向量机，即

- 线性最优超平面──→线性支持向量机─┌数据线性可分；
└数据线性不可分：引入松弛变量。
- 非线性最优超平面──→非线性支持向量机：引入核函数。

对于非线性超平面，基于 Mercer 核展开定理[74]，通过用内积函数定义的非线性变换将输入空间映射到一个高维空间（希尔伯特空间），在这个高维空间中寻找输入变量和输出变量之间的关系，简单地说就是“升维”和“线性化”。升维，即把样本向高维空间做映射，一般只会增加计算的复杂性，甚至会引起“维数灾难”。但是对于分类、回归等问题来说，很可能在低维样本空间无法线性处理的样本集，在高维特征空间却可以通过一个线性超平面实现线性划分（或回归）。SVM 的线性化是在变换后的高维空间中应用解线性问题的方法来进行计算的。在高维特征空间中得到的是问题的线性解，但与之相对应的却是原来样本空间中问题的非线性解。一般的升维会带来计算的复杂化，SVM 算法巧妙地解决了这两个难题：由于应用了核函数的展开定理，所以根本不需要知道非线性映射的显式表达式；由于是在高维特征空间中建立线性学习机的，所以与线性模型相比，不但几乎不增加计算的复杂性，而且在

某种程度上避免了“维数灾难”。这一切要归功于核的展开和计算理论。SVM算法就是在核特征空间上使用最优化理论有效地训练线性学习器，同时还考虑了学习器的泛化性问题。

支持向量机有着严格的理论基础，采用结构风险最小化原则，具有很好的推广能力。支持向量机算法是一个凸二次优化问题[75]，保证找到的解是全局最优解；能较好地解决小样本、非线性、高维数和局部极小点等实际问题。

6.3 支持向量机分类器

6.3.1 线性支持向量机分类器

1. 数据线性可分情况

支持向量机理论是从数据线性可分情况下的最优分类面发展而来的，基本思想可用图 6.2 所示的二维情况来说明。

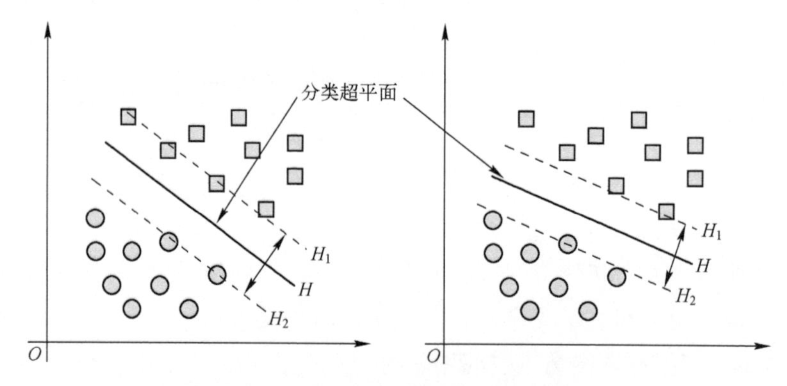

图 6.2 数据线性可分情况下的分类面

图 6.2 中，圆和矩形分别代表两类样本，H 为分类面，H_1、H_2分别为各类中离分类面最近的样本且平行于分类面，它们之间的距离称为分类间隔(Margin)。所谓最优分类面，就是要求分类面不但能将两类正确分开（训练错误率为 0)，而且也要使分类间隔最大。

设存在线性可分的训练样本：

$$(\boldsymbol{x}_i, y_i), \boldsymbol{x}_i \in \mathbb{R}^n, y_i \in \{-1, 1\}, i = 1, \cdots, l$$

通过寻找一个超平面使得这两类样本完全分开，且使分类超平面具有更好的推广能力。从图 6.3 和图 6.4 中可以了解到，能将两类样本正确分开的超平面有无数多个，那么如何求得最优的分离超平面呢？从直观上可以清楚地理解，所谓最优分离超平面，就是不但能将两类样本正确划分，而且也使每一类数据和超平面距离最近的点与超平面之间的距离最大，即分类间隔最大，如图 6.4 所示。

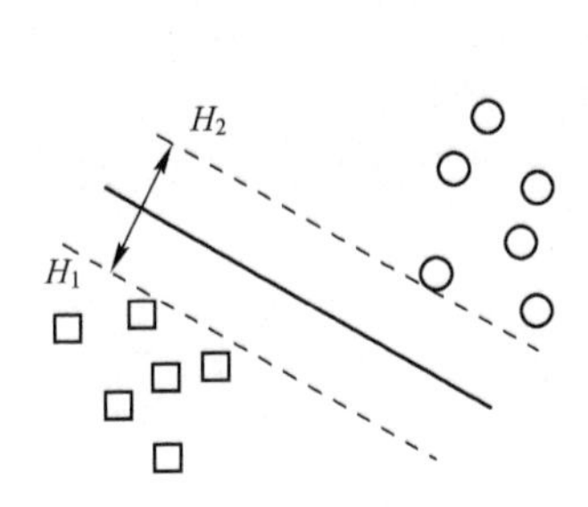

图 6.3　分类间隔较小的分类面

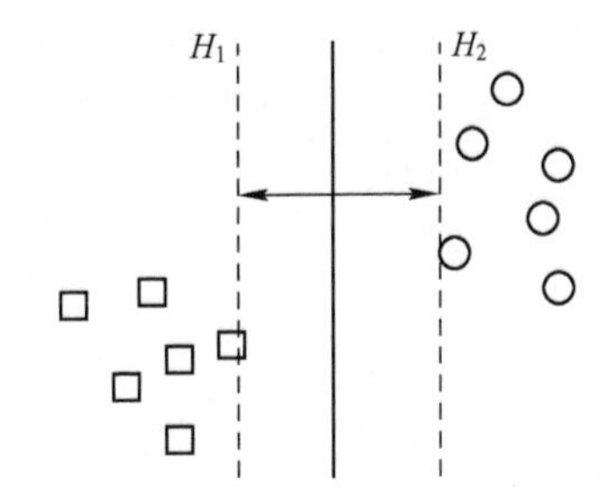

图 6.4　最大分类间隔的最优分类面

下面从数学上进行推导，设分类超平面为

$$(\boldsymbol{w} \cdot \boldsymbol{x})+b=0$$

其中，· 是向量点积。当两类样本线性可分时，不妨设下面条件满足：

$$(\boldsymbol{w} \cdot \boldsymbol{x})+b \geqslant 1 \quad 对于\ y_i=1 \tag{6.4}$$

$$(\boldsymbol{w} \cdot \boldsymbol{x})+b \leqslant -1 \quad 对于\ y_i=-1 \tag{6.5}$$

现在考虑使式（6.4）和式（6.5）等号成立的那些点，也就是距离超平面最近的两类点，只要成比例地调整 $\boldsymbol{w}$ 和 b 的值，就一定能保证这样的点存在，而且对分类结果并没有影响。设两个超平面为

$$H_1=(\boldsymbol{w} \cdot \boldsymbol{x})+b=1, \quad H_2=(\boldsymbol{w} \cdot \boldsymbol{x})+b=-1$$

则超平面 H_1 到原点的距离为 $|1-b|/\|\boldsymbol{w}\|$，超平面 H_2 到原点的距离为 $|-1-b|/\|\boldsymbol{w}\|$。

因此，H_1 和 H_2 之间的距离为 $2/\|\boldsymbol{w}\|$，它被称为分类间隔。因此，使分类间隔最大就是使 $\|\boldsymbol{w}\|$ 最小。H_1、H_2 上的训练样本点称为支持向量（Support Vector，SV）。

另外，还可以从 VC 维的角度来考虑分类间隔问题。统计学习理论指出，在 N 维空间中，设样本分布在一个半径为 R 的超球体范围内，则满足条件 $\|\boldsymbol{w}\| \leqslant A(A>0)$ 的正则超平面构成的指标函数集 $f(\boldsymbol{x},\boldsymbol{w},b)=\mathrm{sgn}(\boldsymbol{w} \cdot \boldsymbol{x}+b)$（sgn

是符号函数）的 VC 维满足下面的界：

$$p \leqslant \min\{A^2, R^2, N\} + 1$$

因此，使$\|\boldsymbol{w}\|^2$最小就是使 VC 维的上界最小，从而实现结构风险最小化。

综上所述，最优超平面可以通过下面的二次规划来求解：

$$\min \frac{1}{2}\|\boldsymbol{w}\|^2$$

约束为

$$y_i(\boldsymbol{w} \cdot \boldsymbol{x}_i + b) - 1 \geqslant 0, \quad i = 1, \cdots, l \tag{6.6}$$

利用拉格朗日（Lagrange）优化方法可以把上述最优分类面问题转化为其对偶问题，即最大化：

$$W(\alpha) = \sum_{i=1}^{l} \alpha_i - \frac{1}{2} \sum_{i=1}^{l} \sum_{j=1}^{l} \alpha_i \alpha_j y_i y_j \boldsymbol{x}_i \cdot \boldsymbol{x}_j = \boldsymbol{\Lambda} \cdot \boldsymbol{I} - \frac{1}{2} \boldsymbol{\Lambda} \cdot \boldsymbol{D} \cdot \boldsymbol{\Lambda}$$

满足约束：

$$\begin{cases} \alpha_i \geqslant 0, \quad i = 1, 2, \cdots, l \\ \sum_{i=1}^{l} \alpha_i y_i = 0 \end{cases}$$

其中，$\boldsymbol{\Lambda} = \{\alpha_1, \alpha_2, \cdots, \alpha_l\}$；$\boldsymbol{D}$ 是 $l \times l$ 阶对称矩阵，$D_{ij} = y_i y_j \boldsymbol{x}_i \cdot \boldsymbol{x}_j$。

α_i为原问题中与每个约束条件式对应的拉格朗日乘子，这是一个不等式约束下二次函数寻优的问题，存在唯一解。容易证明，解中将只有一部分（通常是少部分）α_i不为 0，其对应的样本就是支持向量。通过解上述问题后得到的最优分类函数：

$$f(\boldsymbol{x}) = \operatorname{sgn}[(\boldsymbol{w} \cdot \boldsymbol{x}) + b] = \operatorname{sgn}\left[\sum_{i=1}^{n} \alpha_i^* y_i (\boldsymbol{x}_i \cdot \boldsymbol{x}) + b^*\right] \tag{6.7}$$

式（6.7）中的求和实际上只对支持向量进行。α_i^* 为 α_i的最优解，b^*是分类阈值，可以用任一个支持向量求得，或者通过两类中任意一对支持向量取中值求得。

2. 数据线性不可分情况

在线性不可分的情况下，引入非负松弛变量 $\xi = \{\xi_1, \xi_2, \cdots, \xi_l\}$，这样将式（6.6）的线性约束条件转化为

$$y_i[(\boldsymbol{w} \cdot \boldsymbol{x}) + b] \geqslant 1 - \xi_i, \quad i = 1, 2, \cdots, l \tag{6.8}$$

当样本 $\boldsymbol{x}_i$ 满足不等式（6.6）时，ξ_i 为 0，否则 $\xi_i \geqslant 0$，表示此样本为造

成线性不可分的点。利用拉格朗日乘子法进行处理，可得到数据线性不可分条件下的对偶问题，即最大化：

$$W(\alpha)=\sum_{i=1}^{l}\alpha_i-\frac{1}{2}\sum_{i=1}^{l}\sum_{j=1}^{l}\alpha_i\alpha_j y_i y_j(\boldsymbol{x}_i\cdot\boldsymbol{x}_j)=\boldsymbol{\Lambda}\cdot\boldsymbol{I}-\frac{1}{2}\boldsymbol{\Lambda}\cdot\boldsymbol{D}\cdot\boldsymbol{\Lambda}$$

满足约束：

$$\begin{cases}C>\alpha_i\geqslant 0, \quad i=1,\cdots,l\\ \sum_{i=1}^{l}\alpha_i y_i=0\end{cases}$$

其中，C 为大于零的平衡常数，在对这类约束优化问题的求解和分析中，库恩-塔克（Karush-Kuhn Tucker，KKT）条件起着重要的作用，KKT 条件为

$$\begin{cases}若\ \alpha_i=0,则\ \xi_1=0,y_i(\boldsymbol{w}\cdot\boldsymbol{x}_i+b)\geqslant 1\\ 若\ 0<\alpha_i<C,则\ \xi_1=0,y_i(\boldsymbol{w}\cdot\boldsymbol{x}_i+b)=1\\ 若\ \alpha_i=C,则\ \xi_1\geqslant 0,y_i(\boldsymbol{w}\cdot\boldsymbol{x}_i+b)\leqslant 1\end{cases}$$

KKT 条件是最优解应满足的条件，所以目前提出的一些算法几乎都是以是否违反 KKT 条件作为迭代策略的准则的。

6.3.2 非线性可分的支持向量机分类器

以上都是在线性分类超平面的基础上进行的讨论，在很多问题中需要将其推广到非线性分类超平面中。SVM 的非线性特性可以这样来实现，把输入样本 $\boldsymbol{x}$ 映射到高维特征空间（可能是无穷维，如图 6.5 所示）H 中，即$\mathbb{R}^{(d)}\to H$，在 H 中使用线性分类器来完成分类。

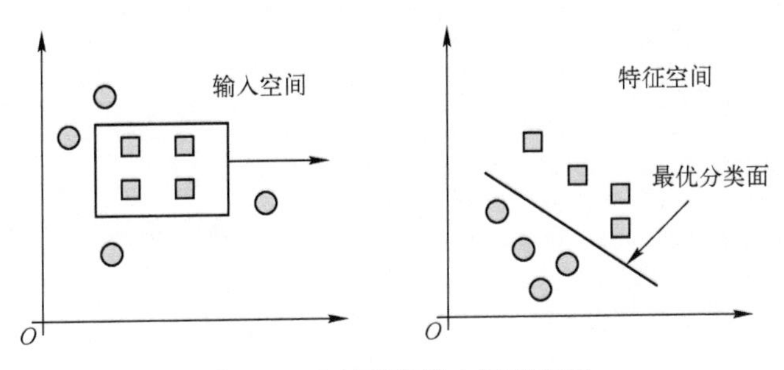

图 6.5　映射到高维空间示意图

当在特征空间 H 中构造最优超平面时，训练算法仅使用空间中的点积，即仅仅使用 $\varphi(\boldsymbol{x}_i)\cdot\varphi(\boldsymbol{x}_j)$，而没有单独的 $\varphi(\boldsymbol{x}_i)$ 出现。因此，如果能够找到一个函数 K 使得 $K(\boldsymbol{x}_i,\boldsymbol{x}_j)=\varphi(\boldsymbol{x}_i)\cdot\varphi(\boldsymbol{x}_j)$。那么，在高维空间实际上只需要进行内积运算，而这种内积运算是可以用原空间中的函数来实现的，甚至没有必要知道 φ 的形式。

为了避免高维空间中的复杂计算，支持向量机采用一个核函数 $K(\boldsymbol{x}_i,\boldsymbol{x}_j)$ 来代替高维空间中的 $\varphi(\boldsymbol{x}_i)\cdot\varphi(\boldsymbol{x}_j)$。根据泛函的有关理论，只要核函数 $K(\boldsymbol{x}_i,\boldsymbol{x}_j)$ 满足 Mercer 定理，它就对应某一变换空间中的内积。因此，在最优分类面中，采用适当的核函数 $K(\boldsymbol{x}_i,\boldsymbol{x}_j)$ 就可以实现某一非线性变换后的线性分类，而计算复杂度却没有增加。这一特点为算法可能导致的“维数灾难”问题提供了解决方法：在构造判别函数时，不是对输入空间的样本做非线性变换，而后再在特征空间中求解；而是先在输入空间比较向量（如求点积或是某种距离），然后再对结果做非线性变换。这样，大的工作量将在输入空间而不是在高维特征空间中完成。

另外，考虑到可能存在一些样本不能被分离超平面正确分类，采用松弛变量解决这个问题，于是优化问题为

$$\min \frac{1}{2}\|\boldsymbol{w}\|^2 + C\sum_{i=1}^{l}\xi_i \tag{6.9}$$

约束：

$$\begin{cases} y_i(<\boldsymbol{w},\varphi(\boldsymbol{x}_i)>+b)\geqslant 1-\xi_i, & i=1,\cdots,l \\ \xi_i\geqslant 0, & i=1,\cdots,l \end{cases}$$

其中，C 为一正的常数。

式（6.9）中的第一项使样本到超平面的距离尽量大，从而提高泛化能力；第二项则使分类误差尽量小。

引入拉格朗日函数：

$$L=\frac{1}{2}\|\boldsymbol{w}\|^2 + C\sum_{i=1}^{l}\xi_i - \sum_{i=1}^{l}\alpha_i(y_i(<\boldsymbol{w},\varphi(\boldsymbol{x}_i)>+b)-1+\xi_i) - \sum_{i=1}^{l}\gamma_i\xi_i$$

其中，$\alpha_i,\gamma_i\geqslant 0, i=1,\cdots,l$。

函数 L 的极值应满足条件：

$$\frac{\partial}{\partial \boldsymbol{w}}L=0,\quad \frac{\partial}{\partial b}L=0,\quad \frac{\partial}{\partial \xi_i}L=0$$

于是得到：

$$\begin{cases} \boldsymbol{w} = \sum_{i=1}^{l} \alpha_i y_i \boldsymbol{\varphi}(\boldsymbol{x}_i) \\ \sum_{i=1}^{l} \alpha_i y_i = 0 \\ C - \alpha_i - \gamma_i = 0, \quad i = 1, \cdots, l \end{cases}$$

则优化问题的对偶形式为

$$\max \sum_{i=1}^{l} \alpha_i - \frac{1}{2} \sum_{i=1}^{l} \sum_{j=1}^{l} \alpha_i \alpha_j y_i y_j K(\boldsymbol{x}_i, y_j)$$

约束：

$$\begin{cases} \sum_{i=1}^{l} \alpha_i y_i = 0 \\ 0 \leqslant \alpha_i \leqslant C, \quad i = 1, \cdots, l \end{cases}$$

一般情况下，该优化问题解的特点是大部分将为零，其中不为零的对应的样本为支持向量（Support Vector，SV）。

根据 KKT 条件，在鞍点有：

$$\begin{cases} \alpha_i [y_i(<\boldsymbol{w}, \varphi(\boldsymbol{x}_i)>+b)-1+\xi_i] = 0, \quad i=1, \cdots, l \\ (C-\alpha_i)\xi_i = 0, \quad i=1, \cdots, l \end{cases}$$

于是可得：

$$y\left(\left(\sum_{j=1}^{l} \alpha_j y_j K(\boldsymbol{x}_j, \boldsymbol{x}_i) + b \right) - 1 = 0, \text{当 } \alpha_i \in (0, C)$$

因此，可以通过任意一个支持向量求出 b 值。为了稳定起见，也可以用所有的支持向量求出 b 值，然后取平均。最后得到判别函数为

$$f(\boldsymbol{x}) = \operatorname{sgn}\left(\sum_{i=1}^{l} \alpha_i y_i K(\boldsymbol{x}_i, \boldsymbol{x}_i) + b \right)$$

6.3.3　一类分类

一类分类方法[70]，也称数据描述，是一类特殊的分类方法，用于描述现有物体的特征，并判断新物体是否属于原先数据所确定的类别。在各种一类分类方法中，应当首要考虑以下两个因素：

（1）测试物对目标类的距离 d 或相似度 p；

（2）距离 d 或相似度 p 的阈值。

当新物体到目标类的距离 d 小于阈值时，目标类接受新的物体；当相似度 p 大于阈值时，目标类接受新的物体。

大多数一分类方法注重于对相似度模型 p 或距离 d 的优化，然后对阈值进行优化。只有少数一分类方法先定义阈值后对 d 或 p 进行优化。一分类器最重要的特点是被接受的目标物体与被拒绝的孤立点之间的权衡关系。采用一个单独的测试集可以从相同的目标描述中测量出，而孤立点的测量则需要假设孤立点的密度。假设这些孤立点是由一个有界的统一分布得出的，而且这个分布覆盖了目标集和描述体。一分类方法所接受的物体所占的部分是对被覆盖的体积的估计。

异常值检测实际上可视为一类特殊的分类问题，被称为一类分类。支持向量机不但可以实现二值分类和回归问题，同时还可以实现这种特殊的一类分类问题，不妨将其称为一类支持向量机（One-Class Support Vector Machine, 1-SVM）。下面给出通过超球体来实现一类分类的方法。设一个正类样本集为

$$\{\boldsymbol{x}_i, i=1,\cdots,l\}, \boldsymbol{x}_i \in \mathbb{R}^d$$

设法找一个以 $\boldsymbol{a}$ 为中心、以 R 为半径的能够包含所有样本点的最小球体。如果直接进行优化处理，所得到的优化区域就是一个超球体。为了使优化区域更紧致，这里仍然采用核映射思想，首先用一个非线性映射将样本点映射到高维特征空间，然后在高维特征空间中求解包含所有样本点的最小超球体。为了允许一些数据点存在误差，可以引入松弛变量来控制，同时将高维空间优化中的内积运算采用满足 Mercer 条件的核函数代替，即找到一个核函数。

优化问题：

$$\min F(R,\boldsymbol{a},\xi_i) = R^2 + C\sum_{i=1}^{l}\xi_i \tag{6.10}$$

约束：

$$\begin{cases}(\varphi(\boldsymbol{x}_i)-\boldsymbol{a})(\varphi(\boldsymbol{x}_i)-\boldsymbol{a})^{\mathrm{T}} \leqslant R^2+\xi_i, & i=1,\cdots,l \\ \xi_i \geqslant 0, & i=1,\cdots,l\end{cases}$$

将该优化问题变成其对偶形式：

$$\max \sum_{i=1}^{l}\alpha_i K(\boldsymbol{x}_i,\boldsymbol{x}_i) - \sum_{i=1}^{l}\sum_{j=1}^{l}\alpha_i\alpha_j K(\boldsymbol{x}_i,\boldsymbol{x}_j) \tag{6.11}$$

约束：

$$\begin{cases} \sum_{i=1}^{l} \alpha_i = 1 \\ 0 \leqslant \alpha_i \leqslant C, \quad i = 1, \cdots, l \end{cases}$$

解式（6.11）可以得到 α 的值，通常大部分 α_i 将为零，不为零的 α_i 所对应的样本仍然被称为支持向量。

根据 KKT 条件，对应于 $0<\alpha_i<C$ 的样本满足：

$$R^2 - \left(K(\boldsymbol{x}_i, \boldsymbol{x}_i) - 2\sum_{j=1}^{l} \alpha_j K(\boldsymbol{x}_j, \boldsymbol{x}_i) + \boldsymbol{a}^2\right) = 0 \tag{6.12}$$

其中，$\boldsymbol{a} = \sum_{i=1}^{l} \alpha_i \varphi(\boldsymbol{x}_i)$。因此，用任意一个支持向量根据式（6.12）可求出 R 的值。对于新样本 $\boldsymbol{z}$，设：

$$f(\boldsymbol{z}) = (\varphi(\boldsymbol{z}) - \boldsymbol{a})(\varphi(\boldsymbol{z}) - \boldsymbol{a})^{\mathrm{T}} = K(\boldsymbol{z}, \boldsymbol{z}) - 2\sum_{i=1}^{l} \alpha_i K(\boldsymbol{z}, \boldsymbol{x}_i) + \sum_{i=1}^{l} \sum_{j=1}^{l} \alpha_i \alpha_j K(\boldsymbol{x}_i, \boldsymbol{x}_j) \tag{6.13}$$

若 $f(\boldsymbol{z}) \leqslant R^2$，则 $\boldsymbol{z}$ 为正常点，否则 $\boldsymbol{z}$ 为异常点。

6.3.4　多类分类

SVM 算法最初是为二值分类问题设计的，当处理多类问题时，就需要构造合适的多类分类器。多类分类器主要包括如下两类。

（1）直接法。直接在目标函数上进行修改，将多个分类面的参数求解合并到一个最优化问题中，通过求解该最优化问题“一次性”实现多类分类。这种方法看似简单，但其计算复杂度比较高，实现起来比较困难，只适合用于小型问题中。

（2）间接法。主要通过组合多个二分类器来实现多分类器的构造，常见的方法有一对多法（one-against-all）和一对一法（one-against-one）两种。

① **一对多法**[67]：训练时依次把某个类别的样本归为一类，而将剩余的样本归为另一类，这样 k 个类别的样本就构造出了 k 个 SVM。分类时将未知样本分类为具有最大分类函数值的那类。

这种方法训练 k 个分类器，个数较少，其分类速度相对较快，但存在缺点：每个分类器的训练都是将全部的样本作为训练样本，这样在求解二次规划问题时，训练速度会随着训练样本数量的增加而急剧减慢；同时，由于负类样本的数据要远远大于正类样本的数据，从而出现了样本不对称的情况，且这种情况随着训练数据的增加而趋向严重。解决不对称的问题可以引入不同的惩罚因子，对样本点较少的正类来说采用较大的惩罚因子 C。还有就是当有新的类别加进来时，需要对所有的模型进行重新训练。

从“一对多”的方法又衍生出基于决策树的分类。

② **一对一法**[68]：在任意两类样本之间设计一个 SVM，因此 k 个类别的样本就需要设计 $k(k-1)/2$ 个 SVM。当对一个未知样本进行分类时，最后得票最多的类别即为该未知样本的类别。

这种方法虽然好，但是当类别很多的时候，模型的个数是 $k(k-1)/2$，代价还是相当大的。

从“一对一”的方式出发，又出现了有向无环图（Directed Acyclic Graph）的分类方法。

由于通常构造多值分类的方法具有很高的计算复杂性，在一类分类思想的启发下，本节介绍一种多值分类方法。该方法是：在高维特征空间中对每一类样本求出一个超球体中心，然后计算待测试样本到每类中心的距离，最后根据最小距离来判断该点所属的类，具体步骤如下所述。

设训练样本为 $\{(\boldsymbol{x}_1,y_1),\cdots,(\boldsymbol{x}_l,y_l)\}\subset\mathbb{R}^n\times\mathbb{R}$，其中，$n$ 为输入向量的维数，$y_i\in\{1,2,\cdots,M\}$，M 为类别数。M 类样本写成 $\{(\boldsymbol{x}_1^{(s)},y_1^{(s)}),\cdots,(\boldsymbol{x}_l^{(s)},y_l^{(s)}),s=1,\cdots,M\}$，其中，$\{(\boldsymbol{x}_i^{(s)},y_i^{\{s\}}),i=1,\cdots,l_s\}$ 代表第 s 类训练样本，$l_1+\cdots+l_M=1$。首先给出原空间中的优化算法，为了求包含每类样本的最小超球体，同时允许一定的误差存在，构造下面的二次优化：

$$\min\sum_{s=1}^{M}R_s^2+C\sum_{s=1}^{M}\sum_{i=1}^{l_s}\xi_{si} \tag{6.14}$$

约束为

$$\begin{cases}(\boldsymbol{x}_i^{(s)}-\boldsymbol{a}_s)^{\mathrm{T}}(\boldsymbol{x}_i^{(s)}-\boldsymbol{a}_s)\leqslant R_s^2+\xi_{si}, & s=1,\cdots,M,\quad i=1,\cdots,l_s\\ \xi_{si}\geqslant 0,\quad s=1,\cdots,M,\quad i=1,\cdots,l_s\end{cases}$$

该优化问题的对偶形式为

$$\max\sum_{s=1}^{M}\sum_{i=1}^{l_s}\alpha_i^{(s)}<\boldsymbol{x}_i^{(s)},\boldsymbol{x}_i^{(s)}>-\sum_{s=1}^{M}\sum_{i=1}^{l_s}\sum_{j=1}^{l_s}\alpha_i^{(s)}\alpha_j^{(s)}<\boldsymbol{x}_i^{(s)},\boldsymbol{x}_j^{(s)}> \tag{6.15}$$

约束为

$$
\begin{cases}
0 \leqslant \alpha_i^{(s)} \leqslant C, & s=1,\cdots,M, \quad i=1,\cdots,l_s \\
\sum_{i=1}^{l_s} \alpha_i^{(s)} = 1, & s=1,\cdots,M
\end{cases}
$$

借助核映射思想，首先通过映射 φ 将原空间影射到高维特征空间，然后在高维特征空间中进行上述优化，并通过引入核函数代替高维特征空间中的内积运算，得到核方法下的优化方程为

$$
\max \sum_{s=1}^{M} \sum_{i=1}^{l_s} \alpha_i^{(s)} K(\boldsymbol{x}_i^{(s)}, \boldsymbol{x}_i^{(s)}) - \sum_{s=1}^{M} \sum_{i=1}^{l_s} \sum_{j=1}^{l_s} \alpha_i^{(s)} \alpha_j^{(s)} K(\boldsymbol{x}_i^{(s)}, \boldsymbol{x}_j^{(s)}) \tag{6.16}
$$

约束为

$$
\begin{cases}
0 \leqslant \alpha_i^{(s)} \leqslant C, & s=1,\cdots,M, \quad i=1,\cdots,l_s \\
\sum_{i=1}^{l_s} \alpha_i^{(s)} = 1, & s=1,\cdots,M
\end{cases}
$$

上面的优化方程是多值分类问题最终的优化方程，待优化的参数个数是样本总数 l。因此，该优化方程的计算复杂度只与总的样本数量有关，与样本的分类数无关。由此可知，该算法在处理多值分类问题时，比用 SVM 构造一系列二值优化器要简单得多。

根据 KKT 条件，对应于 $0<\alpha_i^{(s)}<C$ 的样本满足：

$$
R_s^2 - (K(\boldsymbol{x}_i^{(s)}, \boldsymbol{x}_i^{(s)}) - 2\sum_{j=1}^{l_s} \alpha_j^{(s)} K(\boldsymbol{x}_j^{(s)}, \boldsymbol{x}_j^{(s)}) + \boldsymbol{a}_s^2) = 0 \tag{6.17}
$$

利用式（6.17）分别计算出 R_s 的值，$s=1,\cdots,M$。

给定待识别样本 $\boldsymbol{z}$，计算它到各中心点的距离：

$$
f_s(\boldsymbol{z}) = K(\boldsymbol{z},\boldsymbol{z}) - \frac{1}{2}\sum_{i=1}^{l_s} \alpha_i^{(s)} K(\boldsymbol{z}, \boldsymbol{x}_i^{(s)}) + \sum_{i=1}^{l_s} \sum_{j=1}^{l_s} \alpha_i^{(s)} \alpha_j^{(s)} K(\boldsymbol{x}_i^{(s)}, \boldsymbol{x}_j^{(s)}), s=1,\cdots,M \tag{6.18}
$$

比较大小，找出最小的 $f_k(\boldsymbol{z})$，则 $\boldsymbol{z}$ 属于第 k 类。同时可定义该分类结果的信任度如下：

$$
B_k = \begin{cases}
1, \text{当 } R_k \geqslant f_k(\boldsymbol{z}) \\
\dfrac{R_k}{f_k(\boldsymbol{z})}, \text{其他}
\end{cases} \tag{6.19}
$$

式（6.19）表明，当所得的 $f_k(\boldsymbol{z})$ 值位于超球体内部时，其信任度为 1，否则信任度小于 1，并且距离超球体中心越远，信任度越小。

该算法的关键是找到各类的中心点，因此还可以通过适当地调整参数 C 的取值来抑制噪声的影响。

另外，考虑到各类别中含有样本数的不同可能对以上分类原则有一定的影响。例如，两类样本数相差悬殊，如图 6.6 所示，设小圆代表样本数少的第一类样本，大圆代表样本数多的第二类样本，那么根据 $f_k(z)$ 的大小可判定新样本（图 6.6 中由矩形表示）属于第一类，但由于新样本处在第一类样本区域外，而位于第二类样本区域内，此时将新样本判为第二类更合理。

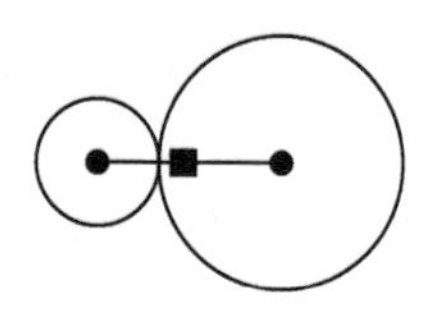

图 6.6　样本数相差悬殊时的分类

为了在各类样本数不同的情况下仍能保持合理的分类结果，可以将原来分类原则中“找出最小的 $f_k(z)$”改为“找出最小的 $f_k(z)/R_k$”，这样就可以克服原分类原则中样本数相差悬殊时的不合理分类情况。

数据都是各类样本数比较均衡的分类数据，因此分类结果都是通过直接比较 $f_k(z)$ 的大小得到的。

6.4　核函数

核函数[76]的引入极大地提高了学习机的非线性处理能力，同时也保持了学习机在高维空间中的内在线性，从而使得学习很容易得到控制。利用核函数代替原空间中的内积，即对应于将数据通过一个映射，映射到某个高维的特征空间中，这时的映射称为与核有关的映射特征空间，是由核函数定义的。通过引入核函数，高维特征空间中的内积运算就可以通过原空间的一个核函数来隐含地进行运算。升维后，只是改变了内积运算，没有使算法的复杂性随着维数的增加而增加，而且在高维空间中的推广能力并不受维数影响。值得注意的是：在基于核函数的学习方法中，并不是在整个高维特征空间中进行运算，而是在一个相对较小的线性子空间中进行运算，它的维数最多等于样本的数量。

在核学习方法中，这个子空间是通过训练（或学习）自动选择的，人们甚至不必知道具体的非线性映射。通过引入核函数，不仅可以实现非线性算法，而且算法的复杂度也不会增加，这也是基于核函数的学习方法可行的关键。但是，需要注意的是，对于一个给定的核函数，映射和高维空间都不是唯一的。在利用核学习方法解决问题时，既可以根据映射来构造核函数，也可以预先选定核函数，映射与核函数是密切相关的，但核函数与非线性映射并不是一一对应的关系。目前，选择最佳核函数的方法是采用 cross-validalion 方法。利用 cross-validation 方法进行核函数的选用时，分别试用不同的核函数，归纳误差最小的核函数就是最好的核函数，同时核函数的参数也用同样的方法进行选定。

6.4.1　核函数的定义

定义 6.3：核函数。 对所有 $\boldsymbol{x}_i,\boldsymbol{x}_j \in \mathbb{R}^{(d)}$，核函数 K 满足：

$$K(\boldsymbol{x}_i,\boldsymbol{x}_j)=\varphi(\boldsymbol{x}_i)\cdot\varphi(\boldsymbol{x}_j)$$

这里 φ 是从$\mathbb{R}^{(d)}$到（内积）特征空间 H 的映射。

下面介绍核函数的一个重要性质：Mercer 定理。

Mercer 定理刻画了函数 $K(\boldsymbol{x}_i,\boldsymbol{x}_j)$是核函数时的性质，从考虑一个简单的实例开始引导得到最后的结果。首先考虑有限输入空间$\mathbb{R}^{(d)}=\{\boldsymbol{x}_1,\cdots,\boldsymbol{x}_n\}$，并假定 $K(\boldsymbol{x}_i,\boldsymbol{x}_j)$是在$\mathbb{R}^{(d)}$上的对称函数。考虑矩阵 $\boldsymbol{K}=(K(\boldsymbol{x}_i,\boldsymbol{x}_j))_{i,j=1}^{n}$，既然 $\boldsymbol{K}$ 是对称的，必存在一个正交矩阵 $\boldsymbol{V}$ 使得 $\boldsymbol{K}=\boldsymbol{V\Lambda V'}$。

这里 $\boldsymbol{\Lambda}$ 是包含 $\boldsymbol{K}$ 的特征值 λ_τ 的对角矩阵，特征值 λ_τ 对应的特征向量 $\boldsymbol{v}_\tau=(v_{\tau i})_{i=1}^{n}$，也就是 $\boldsymbol{V}$ 的列。现在假定所有特征值是非负的，考虑特征映射：

$$\varphi:\boldsymbol{x}_i\rightarrow(\sqrt{\lambda_\tau v_{\tau i}})_{i=1}^{n}\in\mathbb{R}^n \quad i=1,\cdots,n$$

则：

$$\langle\varphi(\boldsymbol{x}_i)\cdot\varphi(\boldsymbol{x}_j)\rangle=\sum_{\tau=1}^{n}\lambda_\tau v_{\tau i}v_{\tau j}=(\boldsymbol{V\Lambda V'})_{ij}=K_{ij}=K(\boldsymbol{x}_i,\boldsymbol{x}_j)$$

这意味着 $K(\boldsymbol{x}_i,\boldsymbol{x}_j)$是真正对应于特征映射 φ 的核函数。$\boldsymbol{K}$ 的特征值非负的条件是必要的，因为如果有一个负特征值 λ_τ 对应着特征向量 $\boldsymbol{v}_\tau$，则特征空间中的点为

$$\boldsymbol{z}=\sum_{i=1}^{n}v_{\tau i}\varphi(\boldsymbol{x}_i)=\sqrt{\boldsymbol{\Lambda}}\boldsymbol{V}'\boldsymbol{v}_s$$

6.4.2 核函数的构造

根据正定核函数的等价定义，从简单的核函数来构造复杂的核函数。

定理 6.1：设 $K_3(\boldsymbol{\theta},\boldsymbol{\theta}')$ 是$\mathbb{R}^m\times\mathbb{R}^m$上的核。若 $\theta(\boldsymbol{x})$ 是从$\mathcal{X}\subset\mathbb{R}^n$到$\mathbb{R}^m$的映射，则 $K(\boldsymbol{x},\boldsymbol{x}')=K_3(\theta(\boldsymbol{x}),\theta(\boldsymbol{x}'))$ 是$\mathbb{R}^n\times\mathbb{R}^n$上的核。特别地，若 $n\times n$ 矩阵 $\boldsymbol{B}$ 是半正定的，则 $K(\boldsymbol{x},\boldsymbol{x}')=\boldsymbol{x}^{\mathrm{T}}\boldsymbol{B}\boldsymbol{x}'$是$\mathbb{R}^n\times\mathbb{R}^n$上的核。

证明：任取 $\boldsymbol{x}_1,\cdots,\boldsymbol{x}_l\in\mathcal{X}$，则 $K(\boldsymbol{x},\boldsymbol{x}')=K_3(\theta(\boldsymbol{x}),\theta(\boldsymbol{x}'))$ 相应的格拉姆（Gram）矩阵为

$$(K(\boldsymbol{x}_i,\boldsymbol{x}_j))_{i,j=1}^{l}=(K_3(\theta(\boldsymbol{x}_i),\theta(\boldsymbol{x}_j)))_{i,j=1}^{l}$$

记 $\theta(\boldsymbol{x}_t)=\theta_t, t=1,\cdots,l$，则有：

$$(K(\boldsymbol{x}_i,\boldsymbol{x}_j))_{i,j=1}^{l}=(K_3(\theta(\boldsymbol{x}_i,\boldsymbol{x}_j))_{i,j=1}^{l}$$

由 K_3 是正定核知，上式右端的矩阵是半正定的，因而左端的矩阵是半正定的，从而 $K(\boldsymbol{x},\boldsymbol{x}')$ 是正定核。

特别地，考虑半正定矩阵 $\boldsymbol{B}$，显然它可分解为

$$\boldsymbol{B}=\boldsymbol{V}^{\mathrm{T}}\boldsymbol{\Lambda}\boldsymbol{V}$$

其中，$\boldsymbol{V}$ 是正定矩阵；$\boldsymbol{\Lambda}$ 是以 $\boldsymbol{B}$ 的非负特征值为对角元素的对角矩阵。定义$\mathbb{R}^n\times\mathbb{R}^n$ 上的核 $K_3(\boldsymbol{\theta},\boldsymbol{\theta}')=(\boldsymbol{\theta}\cdot\boldsymbol{\theta}')$ 并且令 $\theta(\boldsymbol{x})=\sqrt{\boldsymbol{\Lambda}}\boldsymbol{V}\boldsymbol{x}'$，则由证明的结论推知：

$$K(\boldsymbol{x},\boldsymbol{x}')=K_3(\theta(\boldsymbol{x}),\theta(\boldsymbol{x}'))=\theta(\boldsymbol{x})^{\mathrm{T}}\theta(\boldsymbol{x}')=\boldsymbol{x}^{\mathrm{T}}\boldsymbol{V}^{\mathrm{T}}\sqrt{\boldsymbol{\Lambda}}\sqrt{\boldsymbol{\Lambda}}\boldsymbol{V}\boldsymbol{x}'=\boldsymbol{x}^{\mathrm{T}}\boldsymbol{B}\boldsymbol{x}'$$

是正定核。

定理 6.2：若 $f(\cdot)$ 是定义在$\mathcal{X}\subset\mathbb{R}^n$上的实值函数，则 $K(\boldsymbol{x},\boldsymbol{x}')=f(\boldsymbol{x})f(\boldsymbol{x}')$ 是正定核函数。

证明：只须把双线性形式重写为

$$\begin{aligned}\sum_{i=1}^{l}\sum_{j=1}^{l}\alpha_i\alpha_j(K(\boldsymbol{x}_i,\boldsymbol{x}_j)&=\sum_{i=1}^{l}\sum_{j=1}^{l}\alpha_i\alpha_j f(\boldsymbol{x}_i)f(\boldsymbol{x}_j)\\&=\sum_{i=1}^{l}\alpha_i f(\boldsymbol{x}_i)\sum_{j=1}^{l}\alpha_j f(\boldsymbol{x}_j)\\&=\left(\sum_{i=1}^{l}\alpha_i f(\boldsymbol{x}_i)\right)^2\geqslant 0\end{aligned}$$

定理 6.3：设 K_1 和 K_2 是$\mathcal{X}\times\mathcal{X}$ 上的核，$\mathcal{X}\subseteq\mathbb{R}^n$。设常数 $a\geqslant 0$，则下面的函

数均是核函数：

(i) $K(\boldsymbol{x},\boldsymbol{x}')=K_1(\boldsymbol{x},\boldsymbol{x}')+K_2(\boldsymbol{x},\boldsymbol{x}')$

(ii) $K(\boldsymbol{x},\boldsymbol{x}')=aK_1(\boldsymbol{x},\boldsymbol{x}')$

(iii) $K(\boldsymbol{x},\boldsymbol{x}')=K_1(\boldsymbol{x},\boldsymbol{x}')K_2(\boldsymbol{x},\boldsymbol{x}')$

证明：按照核函数的定义直接可证。事实上，对给定一个有限点的集合 $\{\boldsymbol{x}_1,\cdots,\boldsymbol{x}_l\}$，令 $\boldsymbol{\kappa}_1$ 和 $\boldsymbol{\kappa}_2$ 分别是 K_1 和 K_2 相对于这个集合的格拉姆矩阵，下面依次证明定理各结论。

(i) 对任意 $\boldsymbol{\alpha}\in\mathbb{R}^l$，有：

$$\boldsymbol{\alpha}^{\mathrm{T}}(\boldsymbol{\kappa}_1+\boldsymbol{\kappa}_2)\boldsymbol{\alpha}=\boldsymbol{\alpha}^{\mathrm{T}}\boldsymbol{\kappa}_1\boldsymbol{\alpha}+\boldsymbol{\alpha}^{\mathrm{T}}\boldsymbol{\kappa}_2\boldsymbol{\alpha}\geqslant 0$$

所以 $\boldsymbol{\kappa}_1+\boldsymbol{\kappa}_2$ 是半正定的，因而 K_1+K_2 是核函数。

(ii) 同样地，$\boldsymbol{\alpha}^{\mathrm{T}}a\boldsymbol{\kappa}_1\boldsymbol{\alpha}=a\boldsymbol{\alpha}^{\mathrm{T}}\boldsymbol{\kappa}_1\boldsymbol{\alpha}\geqslant 0$，说明 $aK_1(\boldsymbol{x},\boldsymbol{x}')$ 是核函数。

(iii) 设 $\boldsymbol{\kappa}$ 为 $K(\boldsymbol{x},\boldsymbol{x}')=K_1(\boldsymbol{x},\boldsymbol{x}')K_2(\boldsymbol{x},\boldsymbol{x}')$ 对应于 $\{\boldsymbol{x}_1,\cdots,\boldsymbol{x}_l\}$ 的格拉姆矩阵，则易见 $\boldsymbol{\kappa}$ 是 $\boldsymbol{\kappa}_1$ 和 $\boldsymbol{\kappa}_2$ 的舒尔（Schur）积，即 $\boldsymbol{\kappa}$ 的元素是 $\boldsymbol{\kappa}_1$ 和 $\boldsymbol{\kappa}_2$ 的对应元素的乘积：

$$\boldsymbol{\kappa}=\boldsymbol{\kappa}_1\circ\boldsymbol{\kappa}_2,$$

现在证明 $\boldsymbol{\kappa}$ 是半正定矩阵。令 $\boldsymbol{\kappa}_1=\boldsymbol{C}^{\mathrm{T}}\boldsymbol{C},\boldsymbol{\kappa}_2=\boldsymbol{D}^{\mathrm{T}}\boldsymbol{D}$，则：

$$\begin{aligned}\boldsymbol{x}^{\mathrm{T}}(\boldsymbol{\kappa}_1\circ\boldsymbol{\kappa}_2)\boldsymbol{x}&=\mathrm{tr}[(\mathrm{diag}\boldsymbol{x})\boldsymbol{\kappa}_1(\mathrm{diag}\boldsymbol{x})\boldsymbol{\kappa}_2]\\&=\mathrm{tr}[(\mathrm{diag}\ \boldsymbol{x})\boldsymbol{C}^{\mathrm{T}}\boldsymbol{C}(\mathrm{diag}\ \boldsymbol{x})\boldsymbol{D}^{\mathrm{T}}\boldsymbol{D}]\\&=\mathrm{tr}[\boldsymbol{D}(\mathrm{diag}\ \boldsymbol{x})\boldsymbol{C}^{\mathrm{T}}\boldsymbol{C}(\mathrm{diag}\ \boldsymbol{x})\boldsymbol{D}^{\mathrm{T}}]\\&=\mathrm{tr}[\boldsymbol{C}(\mathrm{diag}\ \boldsymbol{x})\boldsymbol{D}^{\mathrm{T}}]^{\mathrm{T}}[\boldsymbol{C}(\mathrm{diag}\ \boldsymbol{x})\boldsymbol{D}^{\mathrm{T}}]\geqslant 0\end{aligned}$$

上式中第三个等号的根据是，对任意矩阵 $\boldsymbol{A}$ 和 $\boldsymbol{B}$，有 $\mathrm{tr}\boldsymbol{AB}=\mathrm{tr}\boldsymbol{BA}$。

定理 6.4：设 $K_1(\boldsymbol{x},\boldsymbol{x}')$ 是 $\mathcal{X}\times\mathcal{X}$ 上的核，又设 $p(x)$ 是系数全为正数的多项式。则下面的函数均是核函数。

(i) $K(\boldsymbol{x},\boldsymbol{x}')=p(K_1(\boldsymbol{x},\boldsymbol{x}'))$

(ii) $K(\boldsymbol{x},\boldsymbol{x}')=\exp(K_1(\boldsymbol{x},\boldsymbol{x}'))$

(iii) $K(\boldsymbol{x},\boldsymbol{x}')=\exp(-\|\boldsymbol{x}-\boldsymbol{x}'\|^2/\sigma^2)$

证明：(i) 记系数全为正数的多项式 $p(x)=a_qx^q+\cdots+a_1x+a_0$，则有：

$$K(\boldsymbol{x},\boldsymbol{x}')=p(K_1(\boldsymbol{x},\boldsymbol{x}'))=a_q[K_1(\boldsymbol{x},\boldsymbol{x}')]^q+\cdots+a_1K_1(\boldsymbol{x},\boldsymbol{x}')+a_0$$

根据定理 6.3 的结论（ii）和（iii）推知，每个非零次项 $a_i[K_1(\boldsymbol{x},\boldsymbol{x}')]^i$，$i=1,\cdots,q$ 都是正定核函数。此外，零次项 a_0 也是正定核函数。因此根据定理

6.3 的结论（i）推知结论成立。

（ii）由于指数函数可以用多项式无限逼近，所以 $\exp(K_1(\boldsymbol{x},\boldsymbol{x}'))$ 是核函数的极限。再注意到核函数是闭集，便知结论成立。

（iii）显然高斯（Gauss）函数 $\exp(-\|\boldsymbol{x}-\boldsymbol{x}'\|^2/\sigma^2)$ 可以表示为

$$\exp(-\|\boldsymbol{x}-\boldsymbol{x}'\|^2/\sigma^2)=\exp(-\|\boldsymbol{x}\|^2/\sigma^2)\cdot\exp(-\|\boldsymbol{x}'\|^2/\sigma^2)\cdot\exp(2(\boldsymbol{x}\cdot\boldsymbol{x}')/\sigma^2)$$

根据定理 6.3 知，上式右端前两个因子构成一个正定核函数，而由刚证明的结论（ii）推知，上式右端的第 3 个因子是一个正定核函数。因此再用定理 6.3 的结论（iii）知结论成立。

6.4.3 几种常用的核函数

统计学习理论和支持向量机的相关理论指出，凡是满足 Mercer 条件的函数都可以作为支持向量机的核函数，但其中效果较优越且较常用于分类的一般有以下几种。

（1）多项式形式的核函数 $K(\boldsymbol{x},\boldsymbol{y})=\{(\boldsymbol{x}\cdot\boldsymbol{y})\}^d$。

此时得到的支持向量机是一个 d 阶多项式分类器。

（2）径向基函数形式的核函数 $K(\boldsymbol{x},\boldsymbol{y})=\mathrm{e}^{-\|x-y\|^2/2\sigma^2}$。

此时得到的支持向量机是一种径向基函数分类器。它与传统径向基核函数（RBF）方法的基本区别是，这里每一个核函数的中心对应于一个支持向量，它们和输出权值是由算法自动确定的。

（3）Sigmoid 函数形式的核函数 $K(\boldsymbol{x},\boldsymbol{y})=\tanh(k\boldsymbol{x}\cdot\boldsymbol{y}-\delta)$。

此时得到的支持向量机实现两层的多层感知器神经网络，这里网络的权值不但由算法自动确定，而且网络的隐层结点数目也由算法自动确定。

（4）点积形式的核函数 $K(\boldsymbol{x},\boldsymbol{y})=\boldsymbol{x}\cdot\boldsymbol{y}$。

此时得到的支持向量机是线性的分类器。

在上述几种常用的核函数中，最为常用的是多项式核函数和径向基核函数，同时线性核函数（点积形式）也时有应用。还有指数径向基核函数、小波核函数等其他一些核函数，应用相对较少。事实上，需要进行训练的样本集各式各样，核函数也各有优劣。巴特·贝森（Bart Baesens）等人曾利用 LS-SVM 分类器[77]，采用 UCI 数据库，对线性核函数、多项式核函数和径向基核函数进行了实验比较，从实验结果来看，对不同的数据库，不同的核函数各有优劣，而径向基核函数在多数数据库上得到略为优良的性能。需要注意的是，这些实验的大多数是建立在训练正确率的基础上的。判断一个支持向量机分类器性能的关键指标有两个，即学习能力和推广能力。学习能力表示了分类器从训练数据中建立正确的分类模型的能力；而推广能力是指这个模型对未知数据进行正确预测的能力。其中，推广能力的强弱更能反映分类器性能的好坏，因为设计分类器的目的就是对未知数据进行分类。所以，有必要对核函数在这两方面的能力做进一步的探究。

6.5　支持向量回归机

支持向量回归机[78]是支持向量机用于回归的情况，为了说明支持向量回归的几何意义，先考虑线性情况。设给定训练样本集：

$$S=\{(\boldsymbol{x}_1,y_1),\cdots(\boldsymbol{x}_l,y_l)\}\subset\mathbb{R}^n\times\mathbb{R}$$

定义 6.4：样本集 S 是 ε 线性近似的，如果存在一个超平面 $f(\boldsymbol{x})=\langle\boldsymbol{w},\boldsymbol{x}\rangle+b$，其中 $\boldsymbol{w}\in\mathbb{R}^n,b\in\mathbb{R}$，下面的式子成立：

$$|y_i-f(\boldsymbol{x}_i)|\leqslant\varepsilon,\quad i=1,\cdots,l$$

图 6.7 显示了一个典型的 ε 线性近似。

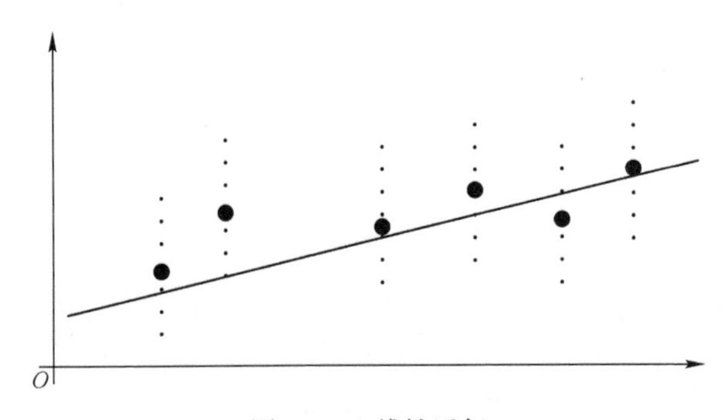

图 6.7　ε 线性近似

d_i 表示点 $(\boldsymbol{x}_i,y_i)\in S$ 到超平面 $f(\boldsymbol{x})$ 的距离：

$$d_i=\frac{|\langle\boldsymbol{w},\boldsymbol{x}\rangle+b-y_i|}{\sqrt{1+\|\boldsymbol{w}\|^2}}$$

因为 S 集是 ε 线性近似的，所以有：

$$|\langle\boldsymbol{w},\boldsymbol{x}\rangle+b-y_i|\leqslant\varepsilon_i,\quad i=1,\cdots,l$$

得到：

$$\frac{|\langle \boldsymbol{w},\boldsymbol{x}\rangle+b-y_i|}{\sqrt{1+\|\boldsymbol{w}\|^2}}\leqslant\frac{\varepsilon}{\sqrt{1+\|\boldsymbol{w}\|^2}},\quad i=1,\cdots,l$$

于是有：

$$d_i\leqslant\frac{\varepsilon}{\sqrt{1+\|\boldsymbol{w}\|^2}},\quad i=1,\cdots,l$$

上式表明，$\varepsilon/\sqrt{1+\|\boldsymbol{w}\|^2}$是 S 中的点到超平面的距离的上界。

定义 6.5：ε 线性近似集 S 的最优近似超平面是通过最大化 S 中的点到超平面距离的上界得到的超平面。

图 6.8 显示了最优近似超平面，由这个定义能够得出最优近似超平面是通过最大化 $\varepsilon/\sqrt{1+\|\boldsymbol{w}\|^2}$得到的（最小化$\sqrt{1+\|\boldsymbol{w}\|^2}$）。因此只要最小化$\|\boldsymbol{w}\|^2$ 就可以得到最优近似超平面。于是线性回归问题就转化为求下面的优化问题：

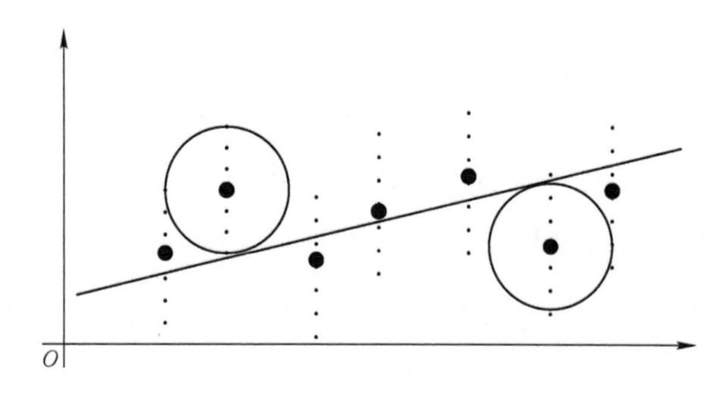

图 6.8　最优近似超平面

$$\min\frac{1}{2}\|\boldsymbol{w}\|^2$$

约束为

$$|\langle \boldsymbol{w},\boldsymbol{x}\rangle+b-y_i|\leqslant\varepsilon,\quad i=1,\cdots,l$$

另外，考虑到可能存在一定的误差，因此引入两个松弛变量：

$$\xi_i,\xi_i^*\geqslant 0,\quad i=1,\cdots,l$$

损失函数采用 ε 不敏感函数，它的定义为

$$|\xi_\varepsilon|=\begin{cases}0, & |\xi|<\varepsilon\\ |\xi|-\varepsilon, & 其他\end{cases}$$

函数 L 的极值应满足条件：

$$\frac{\partial L}{\partial \boldsymbol{w}}=0,\frac{\partial L}{\partial b}=0,\frac{\partial L}{\partial \xi_i^*}=0$$

则有：

$$\boldsymbol{w} = \sum_{i=1}^{l}(\alpha_i - \alpha_i^*)\boldsymbol{x}_i$$

$$\sum_{i=1}^{l}(\alpha_i - \alpha_i^*) = 0$$

$$C - \alpha_i - \gamma_i = 0, \quad i = 1,\cdots,l$$

$$C - \alpha_i^* - \gamma_i^* = 0, \quad i = 1,\cdots,l$$

则优化问题的对偶形式为

$$\max -\frac{1}{2}\sum_{i,j=1}^{l}(\alpha_i - \alpha_i^*)(\alpha_j - \alpha_j^*) < \boldsymbol{x}_i,\boldsymbol{x}_j > + \sum_{i=1}^{l}(\alpha_i - \alpha_i^*)y_i - \sum_{i=1}^{l}(\alpha_i + \alpha_i^*)\varepsilon$$

约束为

$$\sum_{i=1}^{l}(\alpha_i - \alpha_i^*)y_i = 0$$

$$0 \leqslant \alpha_i,\alpha_i^* \leqslant C, \quad i = 1,\cdots,l$$

对于非线性回归，同分类情况一样，首先使用一个非线性映射 φ 把数据映射到一个高维特征空间，然后在高维特征空间进行线性回归。由于在上面的优化过程中只考虑到高维特征空间中的内积运算，因此用一个核函数 $K(\boldsymbol{x},\boldsymbol{y})$ 代替 $<\varphi(\boldsymbol{x}),\varphi(\boldsymbol{y})>$ 就可以实现非线性回归。于是，非线性回归的优化方程为最大化下面的函数：

$$W(\alpha,\alpha^*) = -\frac{1}{2}\sum_{i,j=1}^{l}(\alpha_i - \alpha_i^*)(\alpha_j - \alpha_j^*)K(\boldsymbol{x}_i,\boldsymbol{x}_j) + \sum_{i=1}^{l}(\alpha_i - \alpha_i^*)y_i - \sum_{i=1}^{l}(\alpha_i + \alpha_i^*)\varepsilon$$

约束为

$$\sum_{i=1}^{l}(\alpha_i - \alpha_i^*)y_i = 0$$

$$0 \leqslant \alpha_i,\alpha_i^* \leqslant C, \quad i = 1,\cdots,l$$

求解出 α_i 后，可得 $f(\boldsymbol{x})$ 的表达式为

$$f(\boldsymbol{x}) = \sum_{i=1}^{l} (\alpha_i - \alpha_i^*) K(\boldsymbol{x}_i, \boldsymbol{x}) + b$$

通常情况下，大部分 α_i, α_i^* 的值为零，不为零的 α_i, α_i^* 所对应的样本称为支持向量。

根据 KKT 条件，在鞍点处有：

$$\alpha_i[\xi_i+\varepsilon-y_i+f(\boldsymbol{x}_i)]=0, \quad i=1,\cdots,l$$

$$\alpha_i^*[\xi_i+\varepsilon-y_i+f(\boldsymbol{x}_i)]=0, \quad i=1,\cdots,l$$

$$(C-\alpha_i)\xi_i=0, \quad i=1,\cdots,l$$

$$(C-\alpha_i^*)\xi_i^*=0, \quad i=1,\cdots,l$$

于是可得 b 的计算公式为

$$b = y_j - \varepsilon - \sum_{i=1}^{l} (\alpha_i - \alpha_i^*) K(\boldsymbol{x}_j, \boldsymbol{x}_i), \quad \alpha_i, \alpha_i^* \in (0, C)$$

用任意一个支持向量就可以计算出 b 的值，也可以采用取平均值方法求得。

6.6 支持向量机的应用实例

支持向量机（SVM）方法在理论上具有突出的优势，贝尔实验室率先在美国邮政手写数字库识别研究方面应用了 SVM 方法，并取得了较大的成功。随后，有关 SVM 的应用研究得到了很多领域学者的重视，在图像分类、人脸检测、验证和识别、说话人/语音识别、文字/手写体识别、视频信息处理及其他应用研究等方面取得了大量的研究成果，从最初的简单模式输入的直接方法研究，进入到多种方法取长补短的联合应用研究，对 SVM 方法也有了很多改进。

6.6.1 图像分类

本节在提取底层颜色、形状和纹理特征的基础上，采用基于 SVM 的方法，从图像的底层视觉特征得到其高层语义特征，实现图像分类。

1. 利用SVM对图像进行分类的过程

（1）对训练集图像的特征向量进行预处理，生成输入文件，文件中的每行代表一个记录。

（2）把输入文件作为SVM训练程序的输入，生成分类模型文件。

（3）把测试集图像的特征向量经过预处理后生成测试输入文件作为预测程序的输入，生成分类结果文件。

（4）经过后处理过程，把分类结果文件中的类别信息写入测试集图像的特征向量中。

2. 性能评价指标

SVM在解决小样本、非线性及高维模式识别问题中表现出了许多特有的优势，并能够推广应用到函数拟合等其他机器学习问题中。

评估图像分类系统好坏的指标有精确率和召回率（查全率）：

精确率(C类)= 分类(C类)的正确图像数/划分为C类的图像数

召回率(C类)= 分类(C类)的正确图像数/实际的C类图像数

对实验结果的评测，主要采用3种量化的标准：宏平均精确率（MacroP）、宏平均召回率（MacroR）和宏平均F1值（MacroF1）。

定义6.6：宏平均精确率（MacroP）为

$$\mathrm{MacroP} = \frac{1}{n}\sum_{j=1}^{n} p_j$$

其中，p_j为第j类的精确率；n为分类的总数。

定义6.7：宏平均召回率（MacroR）为

$$\mathrm{MacroR} = \frac{1}{n}\sum_{j=1}^{n} R_j$$

其中，R_j为第j类的召回率；n为分类的总数。

定义6.8：宏平均F1值（MacroF1）为

$$\mathrm{MacroF1} = \frac{\mathrm{MacroP}\times\mathrm{MacroR}\times 2}{\mathrm{MacroP}+\mathrm{MacroR}}$$

其中，MacroP为宏平均精确率；MacroR为宏平均召回率。

3. 数据集及分类算法的参数设置

图像数据来源于素材库网，其中包括10类共2000幅图像，训练数据与测试数据的比例为3∶1，如表6.1所示。

表6.1　分类图像

图像类别	图片数量
鸟	200
绿叶	200
成年人	200
山峰	200
野生动物	200
婴孩	200
蝴蝶	200
花朵	200
大理石	200
简洁装修	200

在这个实验中，提取图像的颜色、形状和纹理特征，形成一个87维的特征向量。分别采用BP网络和SVM对图像进行分类。对各算法的参数选择如下。

（1）BP网络分类。对初始权重，我们采用范围为0~1的随机数，但为了得到每次训练可重现的结果，我们固定了随机数字发生器的状态；对神经元激活函数，采用Sigmoid函数，中间层的数目为1；神经元的个数为输入结点的2倍；阈值误差范围设置为0.2。

（2）SVM分类。采用一对一分类策略，核函数使用径向基函数。

4. 实验结果分析

由表6.2可以看出，SVM相对于BP网络分类器表现出了较好的分类能力。这是因为BP网络，假设样本的各个特征相互独立，但是实际上一幅图像中，图像特征向量的各个分量始终存在一定的联系，不可能是相互独立的。而SVM以非线性函数作为它的核函数，能够比较好地发现特征之间的联系。

表6.2　分类效果对比

评价指标	BP网络	SVM
MacroP	0.648	0.720
MacroR	0.603	0.664
MacroF1	0.624	0.690

5. 图像筛选和显示

经过图像分类后，图像数据库中的每幅图像都已经归入一个预定的类别。当系统与用户交互时，进行图像筛选和显示的具体步骤如下。

（1）确定参加筛选图像的数目 P 和图像显示的最大数目 Q。

（2）按照与示例图像特征的相似度对库中的所有图像进行排序，并从中选出特征距离最小的 P 幅图像。

（3）将筛选出的 P 幅图像按照图像分类时归入的预定的类别组合成 K 类。

（4）分两阶段向用户显示结果图像。

① 第一阶段，从每个类别中选出能够代表此类别的图像显示给用户。用户对这些图像进行评价，与示例图像相似的图像给予正向评价（相关），不相似的图像给予负向评价（不相关）。

② 第二阶段，对被给予正向评价的图像，显示其所代表的类中的其他所有图像，用户对这些图像进行评价。如果需要显示的图像数目大于 Q，可以从中选择与示例图像相似度最大的 Q 幅图像显示给用户。

系统分两阶段向用户展示检索结果的过程如图 6.9 和图 6.10 所示。

图 6.9　结果显示（第一阶段）

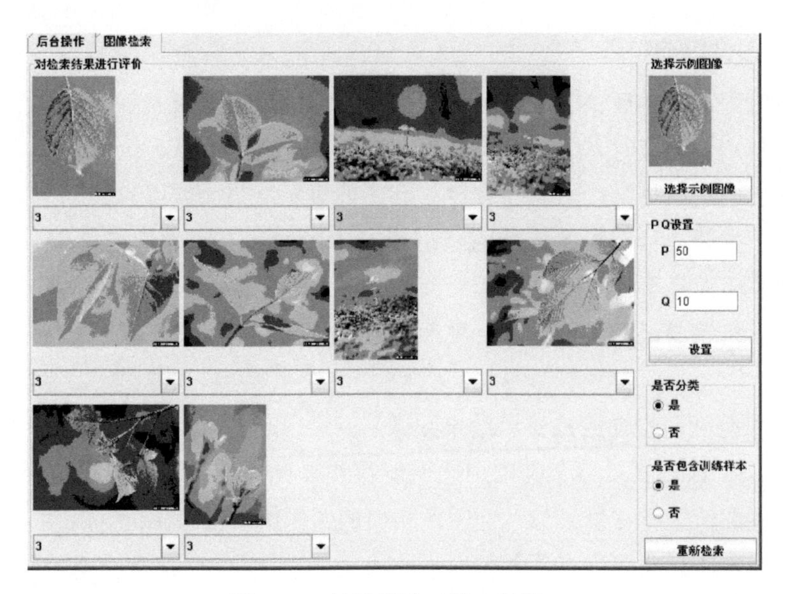

图 6.10　结果显示（第二阶段）

6.6.2　其他应用

1. 人脸检测、验证和识别

Edgar Osuna 最早将 SVM 应用于人脸检测，并取得了较好的效果[79]。其方法是直接训练非线性 SVM 分类器完成人脸与非人脸的分类。由于 SVM 的训练需要大量的存储空间，并且非线性 SVM 分类器需要较多的支持向量，所以速度很慢。有学者提出了一种层次型结构的 SVM 分类器，它由一个线性 SVM 组合和一个非线性 SVM 组成。检测时，由前者快速排除掉图像中绝大部分的背景窗口，而后者只须对少量的候选区域做出确认。训练时，在线性 SVM 组合的限定下，与“自举（Bootstrapping）”方法相结合可收集到训练非线性的更有效的非人脸样本，简化 SVM 训练的难度。大量实验结果表明，这种方法不仅具有较高的检测率和较低的误检率，而且具有较快的速度。

人脸检测研究中更复杂的情况是姿态的变化。国内学者提出了利用支持向量机方法进行人脸姿态的判定[80]，将人脸姿态划分成 6 个类别，从一个多姿态人脸库中手工标定训练样本集和测试样本集，训练基于支持向量机姿态分类器，效果明显优于在传统方法中效果最好的人工神经元网络方法。

在人脸识别中，面部特征的提取和识别可看作 3D 物体的 2D 投影图像进行匹配的问题。由于许多不确定性因素的影响，特征的选取与识别就成为一个难点。采用基于 PCA 与 SVM 相结合的人脸识别算法，充分利用 PCA 在特征提取方面的有效性，以及 SVM 在处理小样本问题和泛化能力等方面的优势，通过与最近邻距离分类器 SVM 相结合，使得所提出的算法具有比传统最近邻分类器和 BP 网络分类器更高的识别率。进一步的研究是在 PCA 的基础上做 ICA，提取更加有利于分类的面部特征的主要独立成分，然后采用分阶段淘汰的支持向量机分类机制进行识别。

2. 说话人/语音识别

说话人识别属于连续输入信号的分类问题，SVM 是一个很好的分类器，但不适合处理连续输入样本。隐马尔可夫模型（Hidden Markov Model，HMM）被引入，建立了 SVM 和 HMM 的混合模型。HMM 适合处理连续信号，而 SVM 适合分类问题；HMM 的结果反映了同类样本的相似度，而 SVM 的输出结果则体现了异类样本间的差异。为了方便与 HMM 组成混合模型，首先将 SVM 的输出形式改为概率输出。HMM 和 SVM 的结合对识别语音达到了很好的效果。

3. 文字/手写体识别

在贝尔实验室对美国邮政手写数字库进行的实验[81]中，人工识别的平均错误率是 2.5%，专门针对该特定问题设计的 5 层神经网络，错误率为 5.1%（其中利用了大量先验知识），而用 3 种 SVM 方法（采用 3 种核函数）得到的错误率分别为 4.0%、4.1%和 4.2%，且是直接采用 16×16 的字符点阵作为输入的，表明了 SVM 的优越性能。

4. 视频信息处理

视频字幕蕴含了丰富的语义，可用于对相应视频流进行高级语义标注。有学者采用基于 SVM 的视频字幕自动定位和提取的方法，首先将原始图像帧分割为 N^2的子块，提取每个子块的灰度特征；其次使用预先训练好的 SVM 分类机进行字幕子块和非字幕子块的分类；最后结合金字塔模型和后期处理过程，实现视频图像字幕区域的自动定位提取。实验表明，该方法取得了良好的效果。

6.7　本章小结

支持向量机方法具有比较完善的理论基础及良好的学习性能。支持向量机研究主要体现在：各种改进的支持向量机新模型和新算法，降低训练时间和减少计算复杂性的训练算法，提高推广能力的模型选择方法，以及多类别分类方法等方面。本章在分析统计学习理论的基础上，讨论了支持向量机的基本原理；分析了支持向量机分类器，具体包括一类分类器、二类分类器和多类分类器，以及支持向量回归机；研究了核函数；最后介绍了支持向量机的应用。

支持向量机的研究仍有待进一步扩展和逐步完善。进一步的研究至少可在以下几个方面展开：面对实际问题中的海量数据，开发高效、快速的支持向量机算法将是一个亟待解决的问题；针对具体问题，合理地选择核函数及其参数，仍是一个值得研究的内容；提升方法（Boosting）和集成方法（Ensemble）等学习方法通过组合弱学习算法而达到强学习的目的，具有实现简单且效果明显等优点，融合提升方法和集成方法，组合出更好的支持向量机算法将是一个具有实际应用价值的研究方向；已有研究表明支持向量机与高斯过程，以及神经网络等方法具有一定的联系，将它们有机地纳入统一框架值得进一步研究。

第 7 章

概率无向图模型

概率在机器学习中起着重要的作用，很多问题都可以使用概率分布的图形表示进行抽象建模，分析变量之间的关系，这种概率分布的图形表示称为概率图模型（Probabilistic Graphical Model），简称图模型（Graphical Model，GM）。概率图模型是一种用图结构描述多元随机变量之间条件独立关系的概率模型，它提供了一种简单的将概率模型结构可视化的方式，从而可以更深刻地认识模型的性质，设计新的模型。在概率图模型中，每个结点表示一个随机变量或一组随机变量，结点之间的边表示这些变量之间的概率关系。根据边性质的不同，概率图模型可大致分为两类：第一类，使用有向无环图表示变量间的关系，称为概率有向图模型，在这个模型中，图之间的连接有一个特定的方向，使用箭头表示；第二类，使用无向图表示变量间的关系，称为概率无向图模型，在这个模型中，连接没有方向性质。有向图对于表示随机变量之间的因果关系很有用，而无向图对于表示随机变量之间的软限制比较有用。

7.1 概率无向图模型概述

概率无向图模型（Probability Undirected Graphical Model），也称马尔可夫网络（Markov Network，MN），其网络结构为无向图。为了更好地说明概率无向图模型，首先介绍相关的性质。

成对马尔科夫性：设 u 和 v 是无向图 G 中任意两个没有边连接的结点，其他所有结点记为 o，结点 u 和 v 对应随机变量 x_u 和 x_v，o 对应随机变量组 x_o；成对马尔可夫性是指在给定随机变量组 x_o 的条件下随机变量 x_u 和 x_v 是条件独立的，可以理解为没有直连边的任意两个结点是独立的，即

$$p(x_u,x_v \mid x_o)=p(x_u \mid x_o)p(x_v \mid x_o)$$

局部马尔可夫性：设 $v \in V$ 是无向图 G 中任意一个结点，w 是与 v 有边连

接的所有结点，o 是 v、w 以外的其他所有结点。v 、w 和 o 对应的随机变量分别为 x_v、x_w 和 x_o。局部马尔可夫性是指在给定随机变量组 x_w 的条件下随机变量 x_v 和 x_o 是条件独立的，即

$$p(x_v,x_o \mid x_w)=p(x_v \mid x_w)p(x_o \mid x_w)$$

在 $p(x_o \mid x_w)>0$ 时，等价于 $p(x_o \mid x_w)=p(x_v \mid x_w,x_o)$

图 7.1 展示了局部马尔可夫性。

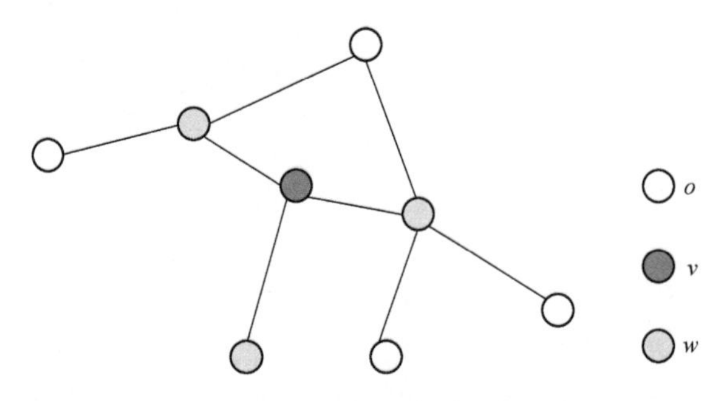

图 7.1　局部马尔科夫性

全局马尔可夫性：设结点集合 A、B 是在无向图 G 中被结点集合 C 分开的任意结点集合，如图 7.2 所示。从结点集合 A 中的点到达结点集合 B 中，必须经过结点集合 C。结点集合 A、B 和 C 所对应的随机变量组分别是 X_A、X_B 和 X_C。全局马尔可夫性是指在给定随机变量组 X_C 条件下，随机变量组 X_A 和 X_B 是条件独立的，即

$$p(X_A,X_B \mid X_C)=p(X_A \mid X_C)p(X_B \mid X_C)$$

图 7.2 展示了全局马尔可夫性。

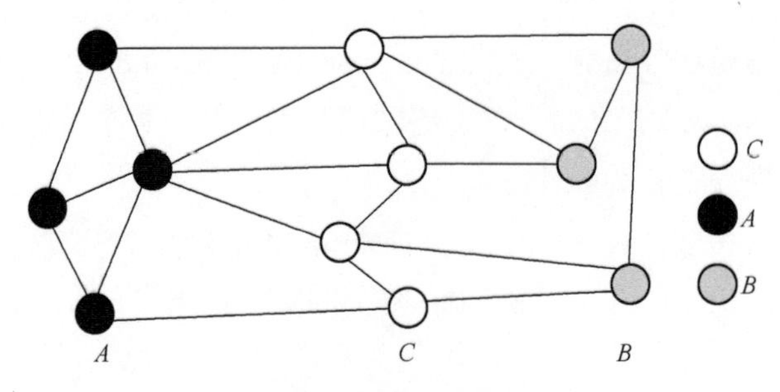

图 7.2　全局马尔科夫性

概率无向图模型：设有联合概率分布 $p(Y)$，由无向图 $G=(V,E)$ 表示，其中 V 是结点集，E 是边集，结点表示随机变量，边表示随机变量之间的依

赖关系。如果联合概率分布 $p(Y)$ 满足成对、局部或全局马尔可夫性，则称此联合概率分布为概率无向图模型或马尔可夫随机场（Markov Random Field）。

概率无向图模型中最重要的一部分是因子分解。首先给出无向图中团与最大团的定义，无向图 G 中任何两个结点均有边连接的结点子集称为团（Clique）。若 C 是无向图 G 的一个团，并且不能再加进任何一个 G 的结点使其成为一个更大的团，则称此 C 为最大团（Maximal Clique）。

图7.3是概率无向图模型实例。图7.3中共有7个团：(x_1,x_2)、(x_1,x_3)、(x_1,x_4)、(x_2,x_3)、(x_3,x_4)、(x_1,x_2,x_3)、(x_1,x_3,x_4)，其中最大团有2个：(x_1,x_2,x_3)、(x_1,x_3,x_4)。

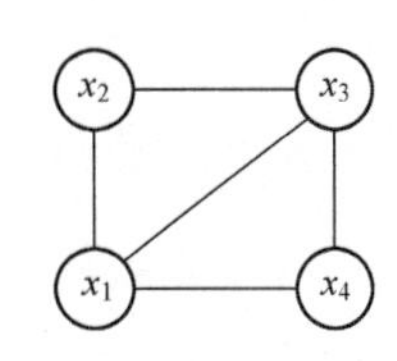

图7.3 概率无向图模型实例

Hammersley-Clifford 定理[82]：如果一个联合概率分布 $p(x)>0$ 满足无向图 G 中的局部马尔可夫性质，当且仅当 $p(x)$ 可以表示为一系列定义在最大团上的非负函数的乘积形式，即

$$p(x)=\frac{1}{Z}\prod_{Q\in C}\varphi_Q(x_Q)$$

其中，Q 为 G 中的最大团集合；$\varphi_Q(x_Q)\geqslant 0$ 是定义在团 C 上的势能函数（Potential Function）；$Z=\sum_x\prod_{Q\in C}\varphi_Q(x_Q)$ 是配分函数（Partition Function），用来将乘积归一化为概率形式。

上式中定义的分布形式也称吉布斯分布（Gibbs Distribution）。根据 Hammersley-Clifford 定理，概率无向图模型和吉布斯分布是一致的。吉布斯分布一定满足马尔可夫随机场的条件独立性质，并且马尔可夫随机场的概率分布一定可以表示成吉布斯分布。

由于势能函数必须为正，因此一般定义为

$$\varphi_Q(x_Q)=\exp(-E_Q(x_Q))$$

其中，$E_Q(x_Q)$是能量函数。

概率无向图上的联合概率分布可以表示为

$$p(x)=\frac{1}{Z}\prod_{Q\in C}\exp(-E_Q(x_Q))$$

这种形式的分布又称**玻尔兹曼分布**（Boltzmann Distribution）。任何一个无向图模型都可以用上述公式来表示其联合概率分布。

根据 Hammersley-Clifford 定理，图 7.3 对应的无向图模型的联合概率分布可以写成

$$P(x_1,x_2,x_3,x_4)=\frac{1}{Z}\varphi_{C_1}(x_1,x_2,x_3)\varphi_{C_2}(x_1,x_3,x_4)$$

7.2 逻辑斯谛回归模型

对数线性模型是无向图中经常使用的一种模型，其利用特征函数和参数的方式对势能函数进行定义，从而获得较好的效果。

势能函数一般定义为

$$\varphi_Q(x_Q \mid \boldsymbol{w}_Q)=\exp(\boldsymbol{w}_Q^{\mathrm{T}}\boldsymbol{f}_Q(x_Q))$$

其中，$\boldsymbol{f}_Q(x_Q)$是定义在 x_Q 上的特征向量；$\boldsymbol{w}_Q$ 是权重向量。联合概率 $p(x)$的对数形式为

$$\log p(x \mid \boldsymbol{w}) = \sum_{Q\in C}\boldsymbol{w}_Q^{\mathrm{T}}\boldsymbol{f}_Q(x_Q) - \log Z(\boldsymbol{w})$$

其中，$Z(\boldsymbol{w})$是配分函数。

对数线性模型最常用的模型是逻辑斯谛回归模型（Logistic Regression Model）和最大熵模型（Maximum Entropy Model）。

在逻辑斯谛回归模型[83]中，采用 Sigmoid 函数作为激励函数，所以它又称 Sigmoid 回归模型、对数概率回归模型。需要注意的是，虽然名字中带有回归，但事实上它并不是一种回归算法，而是一种分类算法。它的优点是直接对分类的可能性进行建模，无须事先假设数据分布，这样就避免了假设分布不准确所带来的问题。由于它是针对分类的可能性进行建模的，所以它不仅能预测出类别，还可以得到属于该类别的概率。逻辑斯谛回归模型的主要思想是：根据现有数据对分类边界线（Decision Boundary）建立回归公式，以此进行分类。

逻辑斯谛回归模型在线性回归模型的基础上，使用 Sigmoid 函数，将线性模型 $\boldsymbol{w}^{\mathrm{T}}\boldsymbol{x}$ 的结果压缩到［0，1］之间，使其拥有概率意义，它可以将任意输入映射到［0，1］区间内，实现由值到概率的转换。模型本质仍然是一个线性模型，实现起来相对简单。同时，逻辑斯谛回归模型也是深度学习的基本组成单元。

逻辑斯谛回归模型属于概率判别式模型，这是因为模型有概率意义。之

所以是判别式模型，是因为模型并没有对数据的分布进行建模，也就是说，模型并不知道数据的具体分布，而是直接将判别函数，或者说是分类超平面求解出来。

7.2.1　逻辑斯谛函数与分布

逻辑斯谛回归模型是一种易于实现而且使用广泛的分类模型之一。假设某事件发生的概率为 p，那么此事件不发生的概率为（$1-p$），则称 $p/(1-p)$ 为此事件发生的概率。取此事件发生概率的对数，定义为 $\text{logit}(p)$：

$$\text{logit}(p)=\log\frac{p}{1-p}$$

取 logit 函数的反函数（称为 logistic 函数），即 Sigmoid 函数：

$$\phi(z)=\frac{1}{1+e^{-z}}$$

Sigmoid 函数如图 7.4 所示。

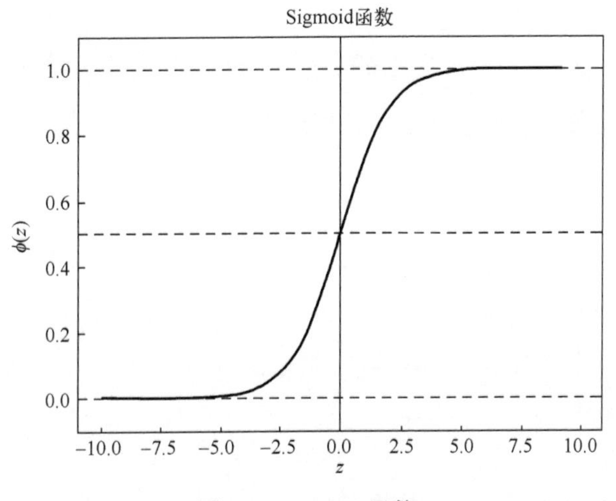

图 7.4　Sigmoid 函数

定义 7.1：逻辑斯谛分布的分布函数 $F(x)$。

设 X 是连续随机变量，则：

$$F(x)=P(X\leqslant x)=\frac{1}{1+e^{-(x-\mu)/r}}$$

定义 7.2：逻辑斯谛分布的密度函数 $f(x)$。

$$f(x)=F'(x)=\frac{\mathrm{e}^{-(x-\mu)/r}}{r\left(1+\mathrm{e}^{-(x-\mu)/r}\right)^2}$$

其中，μ 是位置参数；r 为形状参数，$r>0$。

分类算法是求解 $P(C_k \mid x)$，逻辑斯谛回归模型是用逻辑斯谛分布的概率分布函数 Sigmoid 对 $P(C_k \mid x)$ 建模的。对于二分类的逻辑斯谛回归模型有：

$$P(C_1 \mid x)=\frac{p(x \mid C_1)p(C_1)}{p(x \mid C_1)p(C_1)+p(x \mid C_2)p(C_2)}=\sigma(t)=\frac{1}{1+\mathrm{e}^{-t}}$$

$$P(C_2 \mid x)=\frac{p(x \mid C_2)p(C_2)}{p(x \mid C_1)p(C_1)+p(x \mid C_2)p(C_2)}=1-\sigma(t)=\frac{\mathrm{e}^{-t}}{1+\mathrm{e}^{-t}}$$

通过上两式得：

$$t=\ln\frac{p(x \mid C_1)p(C_1)}{p(x \mid C_2)p(C_2)}$$

t 称为概率比值比、机会比或优势比。

逻辑斯谛回归模型是线性分类算法。线性模型的参数向量 $\boldsymbol{w}=(w_0,w_1,w_2,\cdots,w_n)^{\mathrm{T}}$，线性模型的基函数 $\boldsymbol{\phi}(x)=(\phi_0(x),\phi_1(x),\phi_2(x),\cdots,\phi_M(x))^{\mathrm{T}}$。为了便于讨论，设 $b=w_0\phi_0(x)$，此时 $\boldsymbol{w}^{\mathrm{T}}\boldsymbol{\phi}(x)+b$ 就转化成 $\boldsymbol{w}^{\mathrm{T}}\boldsymbol{\phi}(x)$。

令 $h_w(x)=t=y(x,\boldsymbol{w})=\sum_{j=0}^{M}w_j\phi_j(x)$，则逻辑斯谛回归模型 $P(C_k \mid x)$ 可重写为

$$P(C_1 \mid x)=\sigma(h_w(x))=\sigma(\boldsymbol{w}^{\mathrm{T}}\boldsymbol{\phi}(x))$$

$$P(C_2 \mid x)=1-\sigma(h_w(x))=1-\sigma(\boldsymbol{w}^{\mathrm{T}}\boldsymbol{\phi}(x))$$

7.2.2 极大似然估计模型参数

对于一个二分类的数据集 $\{x_n,c_n\}$，这里 $c_n\in\{0,1\}$，$y_n=p(c_n \mid x_n)$，似然函数：

$$p(c \mid \boldsymbol{w})=p(c;\boldsymbol{w})=\prod_{i=1}^{N}\left\{y_i^{c_i}(1-y_i)^{(1-c_i)}\right\}$$

对数似然函数：

$$L(\boldsymbol{w})=\log p(c \mid \boldsymbol{w})=\sum_{i=1}^{N}[c_i\log y_i+(1-c_i)\log(1-y_i)]$$

$$=\sum_{i=1}^{N}\left[c_i\log\frac{y_i}{1-y_i}+\log(1-y_i)\right]$$

$$=\sum_{i=1}^{N}[c_i(\boldsymbol{w}^{\mathrm{T}}\cdot\boldsymbol{\phi}(x_i))-\log(1+\exp(\boldsymbol{w}^{\mathrm{T}}\cdot\boldsymbol{\phi}(x_i)))]$$

似然函数表示样本为真的概率，似然函数越大越好，此时可以用梯度上升法对 $L(\boldsymbol{w})$ 求最大值，也可以引入一个负号转换为梯度下降法来求解。

目标函数为

$$J(\boldsymbol{w})=-\sum_{i=1}^{N}[c_i(\boldsymbol{w}^{\mathrm{T}}\cdot\boldsymbol{\phi}(x_i))-\log(1+\exp(\boldsymbol{w}^{\mathrm{T}}\cdot\boldsymbol{\phi}(x_i)))]$$

逻辑斯谛回归模型学习中通常使用梯度下降法、牛顿法或拟牛顿法（DFP、BFGS、L-BFGS）。

上面介绍的逻辑斯谛回归模型是二分类模型，可将其推广到多项逻辑斯谛回归模型，用于多分类问题。

7.3 最大熵模型

最大熵模型[84]（Maximum Entropy Model）是概率模型学习中的一个准则，其思想为：在学习概率模型时，所有可能的模型中熵最大的模型是最好的模型；若概率模型需要满足一些约束，则最大熵模型就是在满足已知约束的条件集合中选择熵最大的模型。

7.3.1 最大熵原理

最大熵原理在1957年由埃德温·T. 杰因斯（Edwin T. Jaynes）[85]提出，其主要思想是：在只掌握关于未知分布的部分知识时，应该选取符合这些知识但熵值最大的概率分布。熵定义实际上是一个随机变量的不确定性，熵最大时，表示随机变量最不确定，也就是随机变量最随机，对其行为做准确预测最困难。最大熵原理是：在已知部分知识的前提下，关于未知分布最合理的推断就是符合已知知识最不确定或最随机的推断，这是可以做出的唯一不偏不倚的选择。最大熵原理是在对一个随机事件的概率分布进行预测时，预测应当满足全部已知的约束，而对未知的情况不要做任何主观假设。在这种情况下，概率分布最均匀，预测的风险最小，因此得到的概率分布的熵最大。

计算最大熵根据两个前提去解决问题：需满足一定约束；不做任何假设，在约束外的事件发生概率为等概率。

7.3.2 最大熵模型概述

最大熵模型是由最大熵原理推导实现的应用于分类问题的模型。

给定训练数据集 $T=\{(\boldsymbol{x}_1,y_1),(\boldsymbol{x}_2,y_2),\cdots,(\boldsymbol{x}_N,y_N)\}$，目标是根据最大熵原理选择最好的分类模型。该模型的任务是对于给定的 $X=x$ 以条件概率分布 $P(Y|X=x)$ 预测 Y 的取值。根据训练数据能得出（X,Y）的经验分布，得出部分（X,Y）的概率值，或某些概率需要满足的条件，即问题变成求部分信息下的最大熵或满足一定约束的最优解。约束条件是通过**特征函数**引入的。

1. 约束条件

定义 7.3：特征函数。特征函数 $f(x,y)$ 描述 x 与 y 之间的某一事实，特征函数 $f(x,y)$ 是一个二值函数，当 x 与 y 满足事实时取值为 1，否则取值为 0，其定义为

$$f(x,y)=\begin{cases}1, & \text{当 } x,y \text{ 满足某一事实} \\ 0, & \text{其他}\end{cases}$$

对于训练数据集，可以确定联合分布 $P(X,Y)$ 的经验分布 $\widetilde{P}(X,Y)$ 和边缘分布 $P(X)$ 的经验分布 $\widetilde{P}(X)$。

$$\widetilde{P}(X=x,Y=y)=\frac{\text{num}(X=x,Y=y)}{N}$$

$$\widetilde{P}(X=x)=\frac{\text{num}(X=x)}{N}$$

其中，$\text{num}(X=x,Y=y)$ 表示训练样本中 (x,y) 出现的频数，$\text{num}(X=x)$ 表示训练样本中 x 出现的频数，N 为训练样本数。

特征函数 $f(x,y)$ 关于经验分布 $\widetilde{P}(x,y)$ 的期望 $E_{\widetilde{P}}(f)$：

$$E_{\tilde{P}}(f)=\sum_{x,y}\widetilde{P}(x,y)f(x,y)$$

模型$P(Y|X)$关于函数f的期望等于经验分布关于f的期望，模型$P(Y|X)$关于f的期望为

$$E_P(f)=\sum_{x,y}P(x,y)f(x,y)\approx\sum_{x,y}\widetilde{P}(x)P(y|x)f(x,y)$$

经验分布与特征函数结合能代表概率模型需要满足的约束，只须使得两个期望项相等，即$E_P(f)=E_{\tilde{P}}(f)$：

$$\sum_{x,y}\widetilde{P}(x)P(y|x)f(x,y)=\sum_{x,y}\widetilde{P}(x,y)f(x,y)$$

上式便为最大熵模型中需要满足的约束，给定n个特征函数$f_i(x,y)$，则有n个约束条件，用C表示满足约束的模型集合：

$$C=\{P\,|\,E_P(f_i)=E_{\tilde{P}}(f_i),i=1,2,\cdots,n\}$$

从满足约束的模型集合C中找到使得$P(Y|X)$的熵最大，即为最大熵模型。

2. 最大熵模型的学习

条件分布$P(Y|X)$的熵为

$$H(P)=-\sum_{x,y}P(y,x)\log P(y|x)=-\sum_{x,y}\widetilde{P}(x)P(y|x)\log P(y|x)$$

在约束条件满足时使得该熵最大，即最大熵模型P^*：

$$P^*=\arg\max_{P\in C}H(P)$$

形式化最大熵模型：

给定数据集$\{(\boldsymbol{x}_i,y_i)\}_{i=1}^N$，特征函数$f_i(x,y),i=1,2,\cdots,n$，根据经验分布得到满足约束集的模型集合$C$，则最大熵模型：

$$\min_{P\in C}\sum_{x,y}\widetilde{P}(x)P(y|x)\log P(y|x)$$

$$\text{s.t. }E_P(f_i)=E_{\tilde{P}}(f_i)$$

$$\sum_y P(y|x)=1$$

最大熵模型可形式化为带有约束条件的最优化问题，通过拉格朗日乘子法将其转为无约束优化的问题[86]。为求解最大熵模型，引入拉格朗日乘子$w_0,w_1,\cdots,w_n$，构造拉格朗日函数$L(P,w)$：

$$L(P,w)=-H(P)+w_0\left(1-\sum_y P(y|x)\right)+\sum_{i=1}^{n} w_i(E_{\tilde{P}}(f_i)-E_p(f_i))$$

$$=\sum_{x,y}\widetilde{P}(x)P(y|x)\log P(y|x)+w_0\left(1-\sum_y P(y|x)\right)$$

$$+\sum_{i=1}^{n} w_i\left(\sum_{x,y}\widetilde{P}(x,y)f(x,y)-\sum_{x,y}\widetilde{P}(x)p(y|x)f(x,y)\right)$$

现在，问题可以形式化为便于拉格朗日对偶处理的极小极大问题：

$$\min_{P\in C}\max_{w} L(P,w)$$

由于 $L(P,w)$ 是关于 P 的凸函数，根据拉格朗日对偶可得 $L(P,w)$ 的极小极大问题与极大极小问题等价：

$$\min_{P\in C}\max_{w} L(P,w)=\max_{w}\min_{P\in C} L(P,w)$$

通过先求内部的极小问题$\min\limits_{P\in C} L(P,w)$，$\min\limits_{P\in C} L(P,w)$ 得到的解为关于 w 的函数，可以记作 $\Psi(w)$：

$$\Psi(w)=\min_{P\in C} L(P,w)=L(P_w,w)$$

上式的解 P_w可以记作：

$$P_w=\arg\min_{P\in C} L(P,w)=P_w(y|x)$$

由于求解 P 的最小值 P_w，只须对 $P(y|x)$ 求导，令导数等于 0 即可得到 $P_w(y|x)$：

$$\frac{\partial L(P,w)}{\partial P(y|x)}=\sum_{x,y}\widetilde{P}(x)(\log P(y|x)+1)-\sum_y w_0-\sum_{x,y}(\widetilde{P}(x)\sum_{i=1}^{n} w_i f_i(x,y))$$

$$=\sum_{x,y}\widetilde{P}(x)(\log P(y|x)+1-w_0-\sum_{i=1}^{n} w_i f_i(x,y))=0$$

$$\Rightarrow$$

$$P(y|x)=\exp\left(\sum_{i=1}^{n} w_i f_i(x,y)+w_0-1\right)=\frac{\exp\left(\sum_{i=1}^{n} w_i f_i(x,y)\right)}{\exp(1-w_0)}$$

由于 $\sum_y P(y|x)=1$，则：

$$\sum_y P(y|x)=1\Rightarrow\frac{1}{\exp(1-w_0)}\sum_y\exp\left(\sum_{i=1}^{n} w_i f_i(x,y)\right)=1$$

进而可以得到：

$$\exp(1-w_0)=\sum_y \exp\left(\sum_{i=1}^n w_i f_i(x,y)\right)$$

这里 $\exp(1-w_0)$ 起到了归一化的作用，令 $Z_w(x)$ 表示 $\exp(1-w_0)$ ，得到最大熵模型：

$$P_w(y|x)=\frac{1}{Z_w(x)}\exp\left(\sum_{i=1}^n w_i f_i(x,y)\right)$$

$$Z_w(x)=\sum_y \exp\left(\sum_{i=1}^n w_i f_i(x,y)\right)$$

其中，$f_i(x,y)$ 代表特征函数；w_i代表特征函数的权值；$P_w(y|x)$ 即为最大熵模型。

内部的极小化求解得到了关于 w 的函数，现在求其对偶问题的外部极大化即可，将最优解记作 $\boldsymbol{w}^*$：

$$\boldsymbol{w}^*=\arg\max_w \Psi(w)$$

现在最大熵模型转为求解 $\Psi(w)$ 的极大化问题，求解最优的 $\boldsymbol{w}^*$后，便得到了所求的最大熵模型，将 $P_w(y|x)$ 代入 $\Psi(w)$ ：

$$\begin{aligned}
\Psi(w)=&\sum_{x,y}\tilde{P}(x)P_w(y|x)\log P_w(y|x)+\sum_{i=1}^n w_i\left(\sum_{x,y}\tilde{P}(x,y)f(x,y)\right.\\
&\left.-\sum_{x,y}\tilde{P}(x)P_w(y|x)f(x,y)\right)\\
=&\sum_{x,y}\tilde{P}(x,y)\sum_{i=1}^n w_i f_i(x,y)+\sum_{x,y}\tilde{P}(x)P_w(y|x)\left(\log P_w(y|x)\right.\\
&\left.-\sum_{i=1}^n w_i f_i(x,y)\right)\\
=&\sum_{x,y}\tilde{P}(x,y)\sum_{i=1}^n w_i f_i(x,y)+\sum_{x,y}\tilde{P}(x)P_w(y|x)\log Z_w(x)\\
=&\sum_{x,y}\tilde{P}(x,y)\sum_{i=1}^n w_i f_i(x,y)+\sum_{x}\tilde{P}(x)\log Z_w(x)\sum_y P_w(y|x)\\
=&\sum_{x,y}\tilde{P}(x,y)\sum_{i=1}^n w_i f_i(x,y)+\sum_{x}\tilde{P}(x)\log Z_w(x)
\end{aligned}$$

以上推导中的第三行到第五行用到了以下结论：

$$P_w(y|x)=\frac{1}{Z_w(x)}\exp\left(\sum_{i=1}^n w_i f_i(x,y)\right)\Rightarrow\log P_w(y|x)=\sum_{i=1}^n w_i f_i(x,y)-\log Z_w(x)$$

倒数第二行到最后一行由于：$\sum_{y} P_{w}(y \mid x)=1$，通过运算，得到了需要极大化的公式：

$$\max_{p \in C} \sum_{x,y} \widetilde{P}(x,y) \sum_{i=1}^{n} w_{i} f_{i}(x,y) + \sum_{x} \widetilde{P}(x) \log Z_{w}(x)$$

3. 极大化似然估计解法

上述求解较为复杂，因此采用极大似然估计方法求解最大熵模型。根据训练数据得到经验分布$\widetilde{P}(x,y)$，待求解的概率模型$P(y \mid x)$的似然函数为

$$L_{\tilde{P}}(P_{w}) = \log \prod_{x,y} P(y \mid x)^{\tilde{P}(x,y)} = \sum_{x,y} \widetilde{P}(x,y) \log P(y \mid x)$$

将$P_{w}(y \mid x)$代入以下公式可以得到：

$$\begin{aligned} L_{\tilde{P}}(P_{w}) &= \sum_{x,y} \widetilde{P}(x) \log P_{w}(y \mid x) \\ &= \sum_{x,y} \widetilde{P}(x,y) \left(\sum_{i=1}^{n} w_{i} f_{i}(x,y) - \log Z_{w}(x) \right) \\ &= \sum_{x,y} \widetilde{P}(x,y) \sum_{i=1}^{n} w_{i} f_{i}(x,y) - \sum_{x,y} \widetilde{P}(x,y) \log Z_{w}(x) \\ &= \sum_{x,y} \widetilde{P}(x,y) \sum_{i=1}^{n} w_{i} f_{i}(x,y) - \sum_{x} \widetilde{P}(x) \log Z_{w}(x) \end{aligned}$$

从最大熵思想出发得出的最大熵模型，采用最大化求解就是在求$P(y \mid x)$的对数似然最大化。逻辑斯谛回归也是在求条件概率分布关于样本数据的对数似然最大化。二者唯一的不同就是条件概率分布的表示形式不同。

拉格朗日对偶得到的结果与极大似然得到的结果是等价的，现在只需要极大化似然函数即可，顺带优化目标中可以加入正则项，这是一个凸优化问题，一般的梯度下降法和牛顿法都可求解，专门的算法有 GIS 和 IIS 算法等。

最大熵模型作为分类方法的优缺点总结如下。

（1）**优点**：最大熵模型获得的是在满足约束条件的所有模型中信息熵极大的模型，作为经典的分类模型时，准确率较高；它可以灵活地设置约束条件，通过约束条件的多少可以调节模型对未知数据的适应度和对已知数据的拟合程度。

（2）**缺点**：由于约束函数数量和样本数目有关系，导致迭代过程计算量巨大，实际应用比较难。

7.4 条件随机场

条件随机场（Conditional Random Field，CRF）是约翰·拉弗蒂（John Lafferty）等人在2001年提出[87]来的，它是一种条件概率分布模型$P(Y|X)$，表示的是在给定一组输入随机变量X的条件下另一组输出随机变量Y的马尔可夫随机场，是一种直接建模条件概率的判别式无向图模型。条件随机场最早是针对序列数据分析提出的，现已成功应用于自然语言处理、生物信息学、机器学习及网络智能等诸多领域。

7.4.1 模型

与最大熵模型不同，在条件随机场建模的条件概率$p(\boldsymbol{y}|\boldsymbol{x})$中，$\boldsymbol{y}$一般为随机向量，因此需要对$P(\boldsymbol{y}|\boldsymbol{x})$进行因子分解。假设条件随机场的最大团集合为$C$，其条件概率为

$$p(\boldsymbol{y}|\boldsymbol{x},w)=\frac{1}{Z(\boldsymbol{x},w)}\exp\left(\sum_{Q\in C}\boldsymbol{w}_Q^{\mathrm{T}}\boldsymbol{f}_Q(\boldsymbol{x},\boldsymbol{y}_Q)\right)$$

条件随机场对多个变量在给定观测值后的条件概率进行建模，假设$X=\{\boldsymbol{x}_1,\boldsymbol{x}_2,\cdots,\boldsymbol{x}_n\}$为观测序列，$Y=\{\boldsymbol{y}_1,\boldsymbol{y}_2,\cdots,\boldsymbol{y}_n\}$为与之相应的标记序列，则条件随机场的目标是构建条件概率模型$p(Y|X)$。

定义7.4：条件随机场。令$G=<V,E>$表示结点与标记变量Y中元素一一对应的无向图，Y_v表示与结点v对应的标记变量，设X与Y是随机变量，$p(Y|X)$是条件概率分布，如果随机变量Y构成一个由无向图表示的马尔可夫随机场，即

$$p(Y_u|X,Y_v,v\in V\backslash\{u\})=P(Y_u|X,Y_v,v\in n(u))$$

对任意结点v成立，则称条件概率分布$p(Y|X)$为条件随机场。其中，$v\in V\backslash\{u\}$表示结点v可以取无向图中除结点u以外的任一结点；$v\in n(u)$表示结点v可以取无向图中与结点u在边相连的任一结点；$n(u)$表示结点u的邻接结点集。

最简单并且最常用的是一阶链式结构，即线性链条件随机场（Linear-chain CRFs）。

定义7.5：线性链条件随机场。设$X=(X_1,X_2,\cdots,X_n)$，$Y=(Y_1,Y_2,\cdots,$

Y_n)为线性链表示的随机变量序列。若条件概率分布 $p(Y|X)$ 构成条件随机场，即

$$P(Y_i|X,Y_1,Y_2,\cdots,Y_{i-1},Y_{i+1},\cdots,Y_n)=p(Y_i|X,Y_{i-1},Y_{i+1}),i=1,2,\cdots,n$$

则称 $p(Y|X)$ 为线性链条件随机场。在 $i=1$ 和 n 时只考虑单边。

线性链条件随机场的示例如图 7.5 所示。以词性标注为例，X 表示输入的句子，X_{n-1}表示第 $n-1$ 位置上的文本；Y 表示对应的词性序列，Y_{n-1}表示第 $n-1$ 位置上的词性。

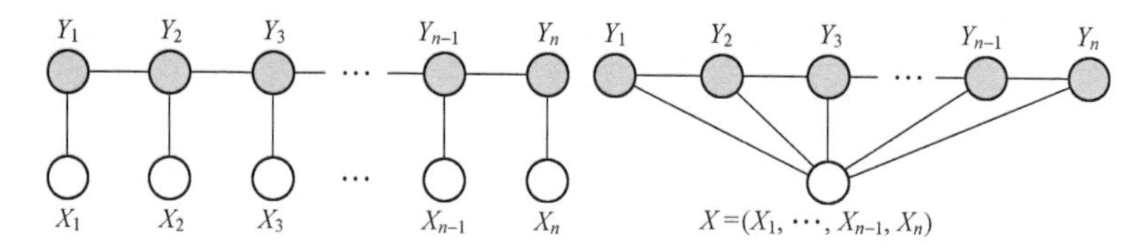

图 7.5　线性链条件随机场的示例

与马尔科夫随机场定义联合概率的方式类似，条件随机场使用势函数和图结构上的团来定义条件概率 $p(y|x)$。选择合适的势函数，即可得下面的条件概率，在条件随机场中，通过选用指数势函数并引入特征函数，条件概率定义为

$$p(\boldsymbol{y}|\boldsymbol{x})=\frac{1}{Z}\exp\Big(\sum_j\sum_{i=1}^{n-1}\lambda_j t_j(\boldsymbol{y}_{i+1},\boldsymbol{y}_i,\boldsymbol{x},i)+\sum_k\sum_{i=1}^{n}\mu_k s_k(\boldsymbol{y}_i,\boldsymbol{x},i)\Big)$$

其中，$t_j(\boldsymbol{y}_{i+1},\boldsymbol{y}_i,\boldsymbol{x},i)$是定义在观测序列的两个相邻标记位置上的转移特征函数，用于刻画相邻标记变量之间的相关关系，以及观测序列对它们的影响；$s_k(\boldsymbol{y}_i,\boldsymbol{x},i)$ 是定义在观测序列的标记位置 i 上的状态特征函数，用于刻画观测序列对标记变量的影响，λ_j 和 μ_k 为参数，Z 为规范化因子，即 $Z=\sum_{\boldsymbol{y}}\exp\Big(\sum_j\sum_{i=1}^{n-1}\lambda_j t_j(\boldsymbol{y}_{i+1},\ \boldsymbol{y}_i,\ \boldsymbol{x},\ i)+\sum_k\sum_{i=1}^{n}\mu_k s_k(\boldsymbol{y}_i,\ \boldsymbol{x},\ i)\Big)$，保证条件概率符合实际。

若两个特征函数统一为$f_j(\boldsymbol{y}_{i+1},\boldsymbol{y}_i,\boldsymbol{x},i)$，则：

$$p(\boldsymbol{y}|\boldsymbol{x})=\frac{1}{Z}\exp\Big(\sum_j\sum_{i=1}^{n-1}\lambda_j f_j(\boldsymbol{y}_{i+1},\boldsymbol{y}_i,\boldsymbol{x},i)\Big)$$

$$Z=\sum_{\boldsymbol{y}}\exp\Big(\sum_j\sum_{i=1}^{n-1}\lambda_j f_j(\boldsymbol{y}_{i+1},\boldsymbol{y}_i,\boldsymbol{x},i)\Big)$$

显然，在使用条件随机场时，需要定义合适的特征函数。特征函数通常

是实值函数，以刻画数据的一些很可能成立或期望成立的经验特性。

以自然语言处理的词性标注任务为例，观测数据为单词序列，标记为相应的词性序列，具有线性序列结构，如图 7.6 所示。

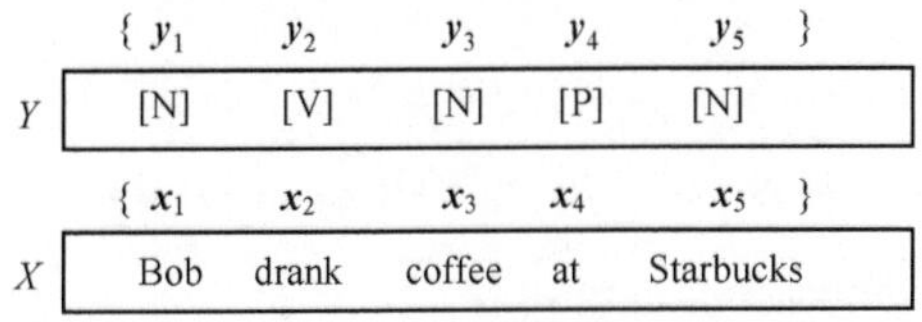

$\{y_1 \quad y_2 \quad y_3 \quad y_4 \quad y_5\}$

Y　[N]　[V]　[N]　[P]　[N]

$\{\boldsymbol{x}_1 \quad \boldsymbol{x}_2 \quad \boldsymbol{x}_3 \quad \boldsymbol{x}_4 \quad \boldsymbol{x}_5\}$

X　Bob　drank　coffee　at　Starbucks

图 7.6　词性标注

若采用转移特征函数：

$$t_j(\boldsymbol{y}_{i+1},\boldsymbol{y}_i,\boldsymbol{x},i)=\begin{cases}1, & \boldsymbol{y}_{i+1}=[N],\boldsymbol{y}_i=[V],\ \boldsymbol{x}_i=\text{"drank"}\\ 0, & \text{其他}\end{cases}$$

则表示第 i 个观测值 $\boldsymbol{x}_i$ 为单词 drank 时，相应的词性标记 $\boldsymbol{y}_i$ 和 $\boldsymbol{y}_{i+1}$很可能分别为[V]和[N]。若采用状态特征函数

$$s_k(\boldsymbol{y}_i,X,i)=\begin{cases}1, & \boldsymbol{y}_i=[V],\ \boldsymbol{x}_i=\text{"drank"}\\ 0, & \text{其他}\end{cases}$$

则表示观测值 $\boldsymbol{x}_i$ 为单词 drank 时，它所对应相应的标记 $\boldsymbol{y}_i$ 很可能为[V]。

对比条件随机场和马尔科夫随机场，它们都使用团上的势函数定义概率，两者在形式上没有明显区别，但是条件随机场处理的是条件概率，而马尔科夫随机场处理的是联合概率。

7.4.2　条件随机场的关键问题

条件随机场需要解决下面 3 个关键问题。

(1) 特征函数的选择：特征函数的选择直接关系模型的性能。

(2) 参数估计：从已经标注好的训练数据集学习条件随机场模型的参数，即各特征函数的权重向量 $\boldsymbol{\lambda}$。

(3) 模型推断：在给定条件随机场参数 $\boldsymbol{\lambda}$ 下，预测出最可能的状态序列。

1. 参数估计

1）极大似然估计

极大似然估计（Maximum Likelihood Estimation，MLE）假定训练数据的样

本集合 $D=\{(\boldsymbol{x}_j,\boldsymbol{y}_j),\forall j=1,\cdots,N\}$，样本相互独立，$\tilde{p}(\boldsymbol{x},\boldsymbol{y})$ 为训练样本中 $(\boldsymbol{x},\boldsymbol{y})$ 的经验概率，对于某个条件模型，训练数据 D 的似然函数：

$$L_1(\boldsymbol{\theta})=\prod_{\boldsymbol{x},\boldsymbol{y}}p(\boldsymbol{y}|\boldsymbol{x},\boldsymbol{\theta})^{\tilde{p}(\boldsymbol{x},\boldsymbol{y})}$$

取对数形式：

$$L(\boldsymbol{\theta})=\sum_{\boldsymbol{x},\boldsymbol{y}}\tilde{p}(\boldsymbol{x},\boldsymbol{y})\log p(\boldsymbol{y}|\boldsymbol{x},\boldsymbol{\theta})$$

根据条件随机场模型，条件随机场模型中极大似然函数可以表示为

$$\begin{aligned}L(\boldsymbol{\lambda})&=\sum_{\boldsymbol{x},\boldsymbol{y}}\tilde{p}(\boldsymbol{x},\boldsymbol{y})\sum_{i=1}^{n-1}\Big(\sum^{j}\lambda_j f_j((\boldsymbol{y}_{i+1},\boldsymbol{y}_i,\boldsymbol{x},i))\Big)-\sum_{\boldsymbol{x}}\tilde{p}(\boldsymbol{x})\log Z(\boldsymbol{x})\\&=\sum_{\boldsymbol{x},\boldsymbol{y}}\tilde{p}(\boldsymbol{x},\boldsymbol{y})\sum_{j}\lambda_j f_h(\boldsymbol{y},\boldsymbol{x})-\sum_{\boldsymbol{x}}\tilde{p}(\boldsymbol{x})\log Z(\boldsymbol{x})\end{aligned}$$

对 λ_j 求导：

$$\begin{aligned}\frac{\partial L(\boldsymbol{\lambda})}{\lambda_j}&=\sum_{\boldsymbol{x},\boldsymbol{y}}\tilde{p}(\boldsymbol{x},\boldsymbol{y})\sum_{i=1}^{n-1}f_j(\boldsymbol{y}_{i+1},\boldsymbol{y}_i,\boldsymbol{x},i)\sum_{\boldsymbol{x},\boldsymbol{y}}\tilde{p}(\boldsymbol{x},\boldsymbol{y})\sum_{i=1}^{n-1}f_j(\boldsymbol{y}_{i+1},\boldsymbol{y}_i,\boldsymbol{x})\\&\quad-\sum_{\boldsymbol{x},\boldsymbol{y}}\tilde{p}(\boldsymbol{x})p(\boldsymbol{y}|\boldsymbol{x},\lambda)\sum_{i=1}^{n-1}f_j(\boldsymbol{y}_{i+1},\boldsymbol{y}_i,\boldsymbol{x},i)\\&=E_{\tilde{p}(\boldsymbol{x},\boldsymbol{y})}[f_j(\boldsymbol{x},\boldsymbol{y})]-\sum_k E_{p(\boldsymbol{y}|\boldsymbol{x}^{(k)},\lambda)}[f_j(\boldsymbol{x}^{(k)},\boldsymbol{y})]=0\end{aligned}$$

求得 $\boldsymbol{\lambda}$。

2）迭代缩放

John Lafferty 提出两个迭代缩放的算法用于估计条件随机场的极大似然参数：

（1）GIS 算法（Generalised Iterative Scaling）。

（2）IIS 算法（Improved Iterative Scaling）。

迭代缩放是一种通过更新规则来更新模型中的参数、通过迭代改善联合或条件模型分布的方法。更新规则如下：

$$\lambda_j\leftarrow\lambda_j+\delta\lambda_j$$

其中，更新值 $\delta\lambda_j$ 使得新的值 λ_j 比原来的值 λ_j 更接近极大似然值。

（1）迭代缩放的基本原理。

假定有一个以 $\boldsymbol{\lambda}=\{\lambda_1,\lambda_2,\cdots\}$ 为参数的模型 $p(\boldsymbol{y}|\boldsymbol{x},\boldsymbol{\lambda})$，并要找到一组新的参数 $\boldsymbol{\lambda}+\boldsymbol{\Delta}=\{\lambda_1+\delta\lambda_1,\lambda_2+\delta\lambda_2,\cdots\}$，使得在该参数条件下模型具有更高的对数似然值；通过迭代，最终达到收敛。

条件随机场对数似然值的变化可表示为

$$L(\boldsymbol{\lambda}+\boldsymbol{\Delta})-L(\boldsymbol{\lambda})=\sum_{\boldsymbol{x},\boldsymbol{y}}\widetilde{p}(\boldsymbol{x},\boldsymbol{y})\log p(\boldsymbol{y}|\boldsymbol{x},\boldsymbol{\lambda}+\boldsymbol{\Delta})-\sum_{\boldsymbol{x},\boldsymbol{y}}\widetilde{p}(\boldsymbol{x},\boldsymbol{y})\log p(\boldsymbol{y}|\boldsymbol{x},\lambda)$$

$$=\sum_{\boldsymbol{x},\boldsymbol{y}}\widetilde{p}(\boldsymbol{x},\boldsymbol{y})\Big[\sum_{i=1}^{n-1}\sum_{j}\delta\lambda_j f_j(\boldsymbol{y}_{i+1},\boldsymbol{y}_i,\boldsymbol{x},i)\Big]-\sum_{\boldsymbol{x}}\widetilde{p}(\boldsymbol{x})\log\frac{Z_{\lambda+\Delta}(\boldsymbol{x})}{Z_{\lambda}(\boldsymbol{x})}$$

辅助函数：

$$A(\boldsymbol{\lambda},\boldsymbol{\Delta})\triangleq\sum_{\boldsymbol{x},\boldsymbol{y}}\widetilde{p}(\boldsymbol{x},\boldsymbol{y})\Big[\sum_{i=1}^{n-1}\sum_{j}\delta\lambda_j f_j(\boldsymbol{y}_{i+1},\boldsymbol{y}_i,\boldsymbol{x},i)\Big]+1$$

$$-\sum_{\boldsymbol{x}}\widetilde{p}(\boldsymbol{x})p(\boldsymbol{y}|\boldsymbol{x},\boldsymbol{\lambda})\left[\sum_{i=1}^{n-1}\sum_{j}\left(\frac{f_j(\boldsymbol{y}_{i+1},\boldsymbol{y}_i,\boldsymbol{x},i)}{T(\boldsymbol{x},y)}\right)\exp(\delta\lambda_j T(\boldsymbol{x},\boldsymbol{y}))\right]$$

$$T(\boldsymbol{x},\boldsymbol{y})=\sum_{i=1}^{n-1}\sum_{j}f_j(\boldsymbol{y}_{i+1},\boldsymbol{y}_i,\boldsymbol{x},i)$$

定义为在观察序列和标记序列为$(\boldsymbol{x},\boldsymbol{y})$的条件下，特征值为 1 的特征的个数。

根据$L(\boldsymbol{\lambda}+\boldsymbol{\Delta})-L(\boldsymbol{\lambda})\geqslant A(\boldsymbol{\lambda},\boldsymbol{\Delta})$，寻找使$A(\boldsymbol{\lambda},\boldsymbol{\Delta})$最大化的$\boldsymbol{\Delta}$，使用迭代算法计算最大似然参数集。

（2）迭代过程。

① 对每个 λ_j 设初始值。

② 对于每个 λ_j，计算$\dfrac{\partial A(\boldsymbol{\lambda},\boldsymbol{\Delta})}{\partial\delta_j}=0$，即

$$\frac{\partial A(\boldsymbol{\lambda},\boldsymbol{\Delta})}{\partial\delta\lambda_j}=\sum_{\boldsymbol{x},\boldsymbol{y}}\widetilde{p}(\boldsymbol{x},\boldsymbol{y})\sum_{i=1}^{n-1}f_j(\boldsymbol{y}_{i+1},\boldsymbol{y}_i,\boldsymbol{x},i)$$

$$-\sum_{x}\widetilde{p}(\boldsymbol{x})\sum_{y}p(\boldsymbol{y}|\boldsymbol{x},\boldsymbol{\lambda})\sum_{i=1}^{n-1}f_j(\boldsymbol{y}_{i+1},\boldsymbol{y}_i,\boldsymbol{x},i)\exp(\delta\lambda_j T(\boldsymbol{x},\boldsymbol{y}))=0$$

应用更新规则 $\lambda_j\leftarrow\lambda_j+\delta\lambda_j$，更新每个参数，直到收敛。

（3）GIS 算法。

GIS 算法是迭代缩放的一种方法，为了确保参数收敛的结果达到全局最优，GIS 需要对特征集进行约束，即令每个训练数据中的事件 $T(\boldsymbol{x},\boldsymbol{y})=C$。

定义一个全局修正特征 $S(\boldsymbol{x},\boldsymbol{y})$：

$$S(\boldsymbol{x},\boldsymbol{y})\triangleq C-\sum_{i=1}^{n-1}\sum_{j}f_j(\boldsymbol{y}_{i+1},\boldsymbol{y}_i,\boldsymbol{x},i)$$

其中，C 是训练语料中所有的 $\boldsymbol{x}$ 和 $\boldsymbol{y}$ 情况下 $T(\boldsymbol{x},\boldsymbol{y})$的最大值，即等于最大可能的特征个数，特征 $S(\boldsymbol{x},\boldsymbol{y})$的加入确保了 $T(\boldsymbol{x},\boldsymbol{y})=C$。

对于所有的事件，条件随机场选定的特征的总和是常量 C。

更新值按下式计算：

$$\delta u_j = \frac{1}{C}\log\left(\frac{E_{\tilde{p}(\boldsymbol{x},\boldsymbol{y})}(f_k)}{E_{p(\boldsymbol{y}|\boldsymbol{x},z)}(f_k)}\right)$$

$$E_{\tilde{p}(\boldsymbol{x},\boldsymbol{y})}(f_k) = \sum_{\boldsymbol{x},\boldsymbol{y}} \tilde{p}(\boldsymbol{x},\boldsymbol{y}) \sum_{i=1}^{n-1} f_j(\boldsymbol{y}_{i+1},\boldsymbol{y}_i,\boldsymbol{x},i)$$

$$E_{p(\boldsymbol{y}|k,z)}(f_k) = \sum_{\boldsymbol{x}} \tilde{p}(\boldsymbol{x}) \sum_{\boldsymbol{y}} p(\boldsymbol{y}|\boldsymbol{x},\boldsymbol{\lambda}) \sum_{i=1}^{n-1} f_j(\boldsymbol{y}_{i+1},\boldsymbol{y}_i,\boldsymbol{x},i)\exp(\delta\lambda_j T(\boldsymbol{x},\boldsymbol{y}))$$

① GIS 算法的收敛速度由计算更新值的步长确定。C 值越大，步长越小，收敛速度就越慢；反之，C 值越小，步长越大，收敛的速度也就越快。

② GIS 算法依赖一个额外的全局修正特征 $S(\boldsymbol{x},\boldsymbol{y})$，以确保对于每个 (x,y) 的有效特征总和是一个常量。但是一旦加入这个新的特征，就认为这个特征和特征集中所有其他的特征之间是相互独立的，并且它的参数也需要使用上式来更新。计算期望需要对所有可能的标记序列求和，这将是一个指数级的计算过程。

（4）IIS 算法。

重新定义：$T(\boldsymbol{x},\boldsymbol{y}) \approx T(\boldsymbol{x}) \triangleq \max_y T(\boldsymbol{x},\boldsymbol{y})$

将每个对观察序列和标记序列对 $(\boldsymbol{x},\boldsymbol{y})$ 起作用的特征值的和近似等于对于观察序列 x 的最大可能的观察特征的和：

$$E_{p(\boldsymbol{y}|\boldsymbol{x},z)}(f_k) = \sum_{m=0}^{T_{\max}} a_{k,m} \exp(\delta\boldsymbol{\lambda}_j)^m$$

$$a_{k,m} = \sum_{\boldsymbol{x}} \tilde{p}(\boldsymbol{x}) \sum_{\boldsymbol{y}} p(\boldsymbol{y}|\boldsymbol{x},\boldsymbol{\lambda}) \sum_{i=1}^{n-1} f_k(\boldsymbol{y}_{i+1},\boldsymbol{y}_i,\boldsymbol{x},i)\delta(m,T(\boldsymbol{x}))$$

使用牛顿—拉夫森方法求解。

（5）梯度算法。

L-BFGS 算法[88]：

$$\frac{\partial L(\boldsymbol{\lambda})}{\partial \boldsymbol{\lambda}_j} = E_{p(\boldsymbol{x},\boldsymbol{y})}[f_j(\boldsymbol{x},\boldsymbol{y})] - \sum_k E_{p(\boldsymbol{y}|\boldsymbol{x}^{(b)},z)}[f_j(\boldsymbol{x}^{(k)},\boldsymbol{y})] - \frac{\boldsymbol{\lambda}_k}{\sigma^2}$$

2. 模型推断

条件随机场的模型推断常见的两个问题：

（1）在模型训练中，需要边际分布 $p(\boldsymbol{y}_t,\boldsymbol{y}_{t-1}|\boldsymbol{x})$ 和 $Z(\boldsymbol{x})$。

（2）对于未标记的序列，求其最可能的标记。

第一个问题采用前向后向法解决；第二个问题通过 Viterbi 算法解决。Viterbi 算法是一种动态规划算法，其思想精髓在于将全局最佳解的计算过程分解为阶段最佳解的计算。

关于前向后向法和 Viterbi 算法可参见隐马尔可夫模型部分的讨论。

7.5　本章小结

概率无向图模型是采用无向图结构来描述多元随机变量之间条件独立关系的概率模型。本章主要讨论了几种典型的概率无向图模型：逻辑斯谛回归模型、最大熵模型和条件随机场。逻辑斯谛回归模型是一种概率性判别式模型，它无须知道数据的具体分布，而是直接求解判别函数进行数据分类。本章主要介绍逻辑斯谛回归模型的函数、分布及极大似然估计模型参数。最大熵模型由最大熵原理推导实现，最大熵模型形式化为带有约束条件的最优化问题，本章通过拉格朗日乘子法将其转为无约束优化的问题来求解最大熵模型，并讨论了采用极大似然估计方法来求解最大熵模型。本章还讨论了条件随机场模型，以及特征函数的选择、参数估计和模型推断等关键问题，并介绍了用于估计最大似然函数的两个迭代缩放算法，即 GIS 算法和 IIS 算法。

第 8 章

概率有向图模型

8.1 概率有向图模型概述

在概率有向图模型中，网络结构使用有向无环图（Directed Acyclic Graph，DAG）表示变量之间的关系。为了理解有向图对于描述概率分布的作用，首先考虑 3 个变量 x_1，x_2，x_3 上的一个任意的联合分布 $p(x_1,x_2,x_3)$，使用概率的乘积规则将联合概率展开，即

$$p(x_1,x_2,x_3)=p(x_3|x_1,x_2)p(x_2|x_1)p(x_1) \tag{8.1}$$

使用简单的图模型表示式（8.1）的右侧。首先，图 8.1 中，随机变量 x_1,x_2,x_3 分别对应一个结点；然后为每个结点关联式（8.1）右侧对应的条件概率，即对于每个条件概率分布，在图中添加一条有向边，起点对应的是条件概率中条件随机变量对应的结点。因此，对于因子 $p(x_3|x_1,x_2)$，会存在分别从结点 x_1、x_2到结点 x_3的有向边；而对于因子 $p(x_1)$，不存在边。如果存在一条从结点 x_1 到结点 x_2 的边，那么结点 x_1 是结点 x_2 的父结点，结点 x_2 是结点 x_1 的子结点。

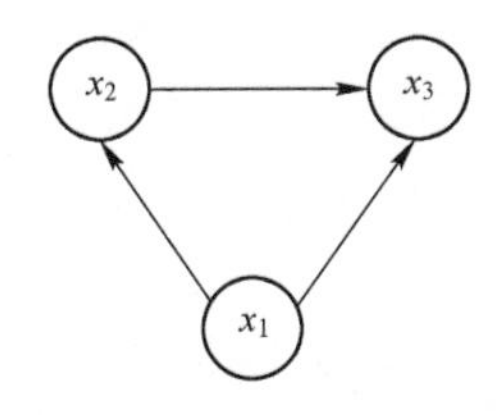

图 8.1 $p(x_1,x_2,x_3)$对应的概率有向图模型

将式（8.1）给出的例子扩展到 k 个变量的联合概率分布 $p(x_1,\cdots,x_k)$。通过重复使用概率的乘积规则，$p(x_1,\cdots,x_k)$可以展开为

$$p(x_1,\cdots,x_k)=p(x_k|x_1,\cdots,x_{k-1})\cdots p(x_2|x_1)p(x_1)$$

给定 k，可以将其联合概率分布表示为一个具有 k 个结点的有向图，每个结点

的输入边包括所有以编号低于当前结点编号的结点为起点的有向边。

一般情况下，选取的对象是一个完全一般的联合概率分布，对应的是一个全连接概率图模型。现实中经常遇到的概率图模型并不仅仅是全连接的。考虑下面的公式：

$$p(x_1)p(x_2)p(x_3|x_1,x_2)p(x_4|x_1,x_3)p(x_5|x_4)p(x_6|x_3,x_4,x_5) \quad (8.2)$$

根据式（8.2）构建概率有向图模型，如图 8.2 所示，每项对应于图中的一个结点，每个结点只和条件概率中条件对应的结点相连，并不是每对结点之间都存在连接，因此这个图不是一个全连接图。

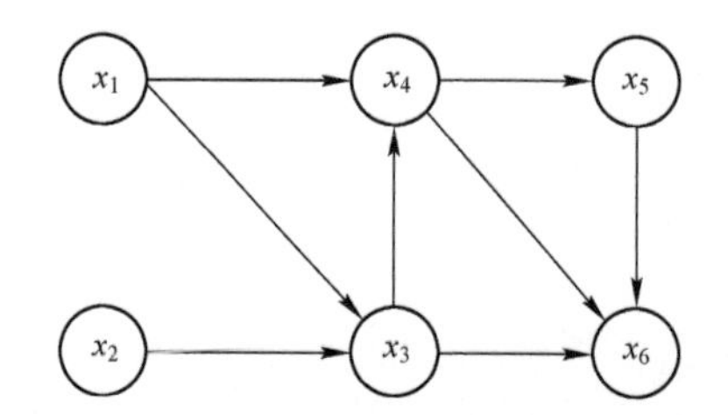

图 8.2　式（8.2）对应的概率有向图模型

在图的所有结点上定义的联合概率分布由每个结点上的条件概率分布的乘积表示，每个条件概率分布的条件都是图中结点的父结点所对应的变量。因此，对于一个有 K 个结点的图，联合概率为

$$p(x_1,\cdots,x_K)=\prod_{k=1}^{K}p(x_k|x_1,x_2,\cdots,x_{k-1})=\prod_{k=1}^{K}p(x_k|\mathrm{pa}_k) \quad (8.3)$$

其中，pa_k 表示 x_k 的父结点的集合 $\mathrm{pa}_k\subseteq\{x_1,x_2,\cdots,x_{k-1}\}$。式（8.3）表示有向图模型的联合概率分布的分解（Factorization）属性。这里的有向图有个重要的限制，即不能存在有向环（Directed Cycle）。

有向图模型主要介绍贝叶斯网络和隐马尔可夫模型。

8.2　贝叶斯网络

贝叶斯网络（Bayesian Network，BN）起源于贝叶斯统计学，是以概率论为基础的有向图模型，它为处理不确定知识提供了有效的方法。贝叶斯网络是用来表示变量间概率依赖关系的有向无环图，其中，结点表示了随机变量，是对过程、事件和状态等实体的某些特征的描述；有向边表示变量间的概率依赖关系。贝叶斯网络提供了一种表示因果信息的方法，其在统计学、决策分析、自然语言处理、推荐系统、图像识别和博弈论等领域具有广泛的应用价值。

贝叶斯网络具有两个重要的条件独立性：一是结点与其非后代结点条件独立；二是给定一个结点的马尔可夫覆盖，这个结点和网络中的所有其他结点是条件独立的。马尔可夫覆盖在贝叶斯网络的推理中起到非常重要的作用。

贝叶斯网络具有如下特点。

（1）贝叶斯网络本身是一种不定性因果关联模型。贝叶斯网络与其他决策模型不同，它本身是将多元知识图解为可视化的一种概率知识表达与推理模型，更为贴切地蕴含了网络结点变量之间的因果关系及条件相关关系。

（2）贝叶斯网络具有强大的不确定性问题处理能力。贝叶斯网络用条件概率表达各个信息要素之间的相关关系，能在有限的、不完整的和不确定的信息条件下进行学习和推理。

（3）贝叶斯网络具有良好的可理解性和逻辑性。它自然地将先验知识与概率推理相结合，从而贴近现实问题，有助于优化决策。

（4）贝叶斯网络能有效地进行多源信息的表达与融合。贝叶斯网络可将故障诊断与维修决策相关的各种信息纳入网络结构中，按结点的方式统一进行处理，能有效地按信息的相关关系进行融合。

（5）贝叶斯网络结合了先验知识，并用图形化模型的形式描述数据间的相互关系，便于进行预测分析。

8.2.1 贝叶斯定理

定义8.1：贝叶斯网络。假设贝叶斯网络中结点集 $V=\{V_1,V_2,\cdots,V_n\}$，贝叶斯网络 N 可表示为 $N=(G,\theta)$，其中 $G=<V,E>$ 表示结点关系的有向无环图，即贝叶斯网络结构；$\theta=\{\theta_1,\theta_2,\cdots,\theta_n\}$ 表示每个结点 V_i 在它父结点集 $\mathrm{pa}(V_i)$ 条件下的条件概率表（Conditional Probability Table，CPT），即贝叶斯网络参数。

贝叶斯定理是18世纪英国数学家托马斯·贝叶斯（Thomas Bayes）提出的重要概率论理论。

贝叶斯定理是关于随机事件 A 和 B 的条件概率：

$$P(A|B)=\frac{P(B|A)P(A)}{P(B)} \tag{8.4}$$

其中，$P(A)$是 A 的先验概率；$P(A|B)$是已知 B 发生后 A 的条件概率；$P(B|A)$是已知 A 发生后 B 的条件概率；$P(B)$是 B 的先验概率，也称为规范化常量（Normalizing Constant）。

贝叶斯定理的推导如下。

从条件概率的定义推导出贝叶斯定理。

根据条件概率的定义，在事件 B 发生的条件下事件 A 发生的概率为

$$P(A|B)=\frac{P(A\cap B)}{P(B)}$$

其中，联合概率 $P(A\cap B)$ 表示两个事件 A 与 B 共同发生（数学概念上的交集）的概率。

同样地，在事件 A 发生的条件下事件 B 发生的概率为

$$P(B|A)=\frac{P(A\cap B)}{P(A)}$$

结合这两个方程式，可以得到：

$$P(B|A)P(A)=P(A\cap B)=P(A|B)P(B)$$

这个引理有时称作概率乘法规则。上式两边同除以 $P(B)$，若 $P(B)$是非零的，得到贝叶斯定理：

$$P(A|B)=\frac{P(B|A)P(A)}{P(B)}$$

通常，事件 A 在事件 B 发生的条件下的概率，与事件 B 在事件 A 发生的条件下的概率是不一样的；然而，这两者是有确定关系的，贝叶斯定理就是这种关系的陈述。通过联系 A 与 B，计算在一个事件发生的情况下另一事件发生的概率，即从结果上溯到源头，即逆向概率。

贝叶斯定理也可以表示下述情形：设 $\boldsymbol{x}$ 是观测向量，$\boldsymbol{\theta}$ 是未知参数向量，$\boldsymbol{x}$、$\boldsymbol{\theta}$ 的联合分布密度是 $p(\boldsymbol{x},\boldsymbol{\theta})$，它们的边际密度分别为 $p(\boldsymbol{x})$、$p(\boldsymbol{\theta})$，通过观测向量获得未知参数向量的估计，则：

$$p(\boldsymbol{\theta}|\boldsymbol{x})=\frac{\pi(\boldsymbol{\theta})p(\boldsymbol{x}|\boldsymbol{\theta})}{p(\boldsymbol{x})}=\frac{\pi(\boldsymbol{\theta})p(\boldsymbol{x}|\boldsymbol{\theta})}{\int\pi(\boldsymbol{\theta})p(\boldsymbol{x}|\boldsymbol{\theta})\mathrm{d}\boldsymbol{\theta}} \tag{8.5}$$

其中，$\pi(\boldsymbol{\theta})$是 $\boldsymbol{\theta}$ 的先验分布。从式（8.5）可以看出，对未知参数向量的估

计综合了它的先验信息和样本信息，而传统的参数估计方法只从样本数据获得信息，如最大似然估计。

贝叶斯方法对未知参数向量估计的一般过程如下所述。

（1）将未知参数看作随机向量。这是贝叶斯方法与传统参数估计方法的最大区别。

（2）根据以往对参数 $\boldsymbol{\theta}$ 的知识，确定先验分布 $\pi(\boldsymbol{\theta})$。这是贝叶斯方法容易引起争议的一步，由此受到经典统计界的攻击。

（3）计算后验分布密度，做出对未知参数的推断。

在第（2）步，如果没有任何以往的知识来帮助确定 $\pi(\boldsymbol{\theta})$，贝叶斯提出可以采用均匀分布作为其分布，即参数在它的变化范围内，取到各个值的机会是相同的，这个假定称为贝叶斯假设。贝叶斯假设在直觉上容易被人们所接受，然而它在处理无信息先验分布，尤其是未知参数无界的情况时却遇到了困难。经验贝叶斯估计（Empirical Bayes Estimator）把经典的方法和贝叶斯方法结合在一起，用经典的方法获得样本的边际密度 $p(\boldsymbol{x})$，然后通过下式来确定先验分布 $\pi(\boldsymbol{\theta})$：

$$p(\boldsymbol{x}) = \int_{-\infty}^{+\infty} \pi(\boldsymbol{\theta}) p(\boldsymbol{x} | \boldsymbol{\theta}) \mathrm{d}\boldsymbol{\theta}$$

8.2.2　有向分离

假设概率空间(Ω,P)，A、B 和 C 是包含定义在 Ω 上的随机变量子集。若满足 $P(A|B,C)=P(A|C)$，则称 A 和 B 关于 C 条件独立。

条件独立从概率的角度来判断结点与结点之间是否相关，需要首先知道概率分布，以及状态取值。实际上，在贝叶斯网络中，可以从图的角度分析结点之间的独立性和相关性。在贝叶斯网络中，有向分离（D-Separation）对应于概率论中的条件独立性，它的目的是从图的角度寻找结点之间的条件独立性。对于互不相交的结点集 X、Y 和 Z，X 和 Y 关于 Z 条件独立的必要条件在于 Z 能够有向分离 X 和 Y。如图 8.3 所示，在研究有向分离前，需要考虑 3 类特殊的结点连接情况。

- 顺序连接：有向连接 $X_i \rightarrow X_k \rightarrow X_j$，称为顺序连接，其中结点 X_k 称为头对尾结点；
- 发散连接：有向连接 $X_i \leftarrow X_k \rightarrow X_j$，称为发散连接，其中结点 X_k 称为尾

对尾结点；

- 收敛连接（v 结构）：有向连接 $X_i \to X_k \leftarrow X_j$，称为收敛连接，其中结点 X_k 称为头对头结点。

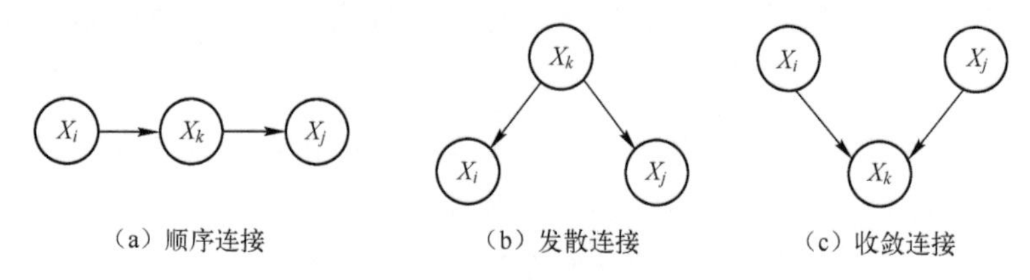

图 8.3　3 种特殊的结点连接情况

根据条件独立的知识可以证明出：在顺序连接和发散连接中，在结点 X_k 状态未知的条件下，X_i 和 X_j 之间是存在相关性的；而在 X_k 状态已知的情况下，X_i 和 X_j 则关于 X_k 条件独立，即 X_i 和 X_j 被 X_k 有向分离。

定义 8.2：有向分离。对于贝叶斯网络 $N=(G,\boldsymbol{\theta})$，$X_i$ 和 X_j 是 G 中任意不相邻的两个结点，Z 表示连接 X_i 和 X_j 路径上的结点集，并且 Z 不包含 X_i 和 X_j，l 是连接 X_i 和 X_j 的任意一条路径。如果 Z 满足至少下面的 3 个条件之一，则称 l 是关于 Z 的一条阻断路径，X_i 和 X_j 则被 Z 有向分离 $\mathrm{dsep}_G(X_i,Z,X_j)$，又记作 $X_i \perp\!\!\!\perp X_j \mid Z$。

① Z 包含 l 中不同于 X_i 和 X_j 的某一头对尾结点；

② Z 包含 l 中不同于 X_i 和 X_j 的某一尾对尾结点；

③ Z 不包含 l 中不同于 X_i 和 X_j 的某一头对头结点及其子结点。

同样，可以拓展到结点集之间的有向分离。假设 A、B 和 Z 是 G 中的 3 个互不相交的结点集，对于任意的结点 $A_i \in A$ 和任意的结点 $B_i \in B$，若 A_i 和 B_i 被 Z 有向分离，则称 A 和 B 被 Z 有向分离 $\mathrm{dsep}_G(A,Z,B)$，记作 $A \perp\!\!\!\perp B \mid Z$。

有向分离需要考虑结点与结点之间的所有的路径，而路径的数目是随着结点数目的增多呈现指数级别增长的。可以通过下面的定理来简化对有向分离的分析。

定理 8.1：判断 G 中的结点集 X 和 Y 是否被 Z 有向分离等价于判断 X 和 Y 是否在新的有向无环图 G' 无连接路径，而 G' 是由 G 根据下面的规则修剪 G 所得的。

- 从 G 中删除所有不属于 $X \cup Y \cup Z$ 的叶结点，重复这一步直到无满足条件的叶结点存在。

- 删除从 Z 中结点输出的所有边。

通过定理 8.1，可以将有向图简化成非连接图，这样我们可以在复杂度内判断是否满足有向分离，从而降低分析的复杂度。前面提到有向分离对应于条件独立，在贝叶斯网络中，当结构图中 X 和 Y 被 Z 有向分离，根据有向分离定义可以推出 X 和 Y 必然是关于 Z 条件独立的。然而，当 X 和 Y 关于 Z 条件独立时，X 和 Y 是否被 Z 有向分离呢？答案是未必。例如，假设贝叶斯网络中存在 3 个结点 $X_i \rightarrow X_k \rightarrow X_j$，它们均为二态结点，根据有向图定义可知：当 X_k 已知状态时，X_i 和 X_j 并非条件独立。然而，假设结点 X_k 的条件概率为 $\boldsymbol{\theta}_{\boldsymbol{x}_k|\boldsymbol{x}_i} = \boldsymbol{\theta}_{\boldsymbol{x}_k|\bar{\boldsymbol{x}}_i}$。根据贝叶斯条件概率公式可知 $P(\boldsymbol{x}_k) = P(\boldsymbol{x}_k|\boldsymbol{x}_i)P(\boldsymbol{x}_i) + P(\boldsymbol{x}_k|\bar{\boldsymbol{x}}_i)P(\bar{\boldsymbol{x}}_i) = P(\boldsymbol{x}_k|\boldsymbol{x}_i)$。这样 X_k 和 X_i 满足条件独立性，虽然它们之间存在边连接。同样可以推出 X_i 和 X_j 条件独立，这也与有向分离相矛盾。实际上，对于贝叶斯网络 $N = (G, \boldsymbol{\theta})$ 及联合概率 $P(V)$：

- 若 X 和 Y 被 Z 有向分离，则对于任意的网络参数 $\boldsymbol{\theta}$，X 和 Y 关于 Z 条件独立。
- 若 X 和 Y 不被 Z 有向分离，则 X 和 Y 是否关于 Z 条件独立取决于网络参数 $\boldsymbol{\theta}$ 的选择。

8.2.3　贝叶斯网络构造

贝叶斯网络的构造主要包括下面 3 个步骤。

（1）确定与网络模型构造有关的变量及其解释。确定模型的目标，即研究的问题；确定与问题有关的观测值，并确定其中可能的模型子集；根据研究的问题将这些观测值组织成独立且穷尽所有状态的变量。

（2）建立表示条件独立性关系的有向无环图。根据概率乘法公式，对应于属性或变量 $X_1, X_2, \cdots, X_N$ 的任意元组 $\boldsymbol{x}_1, \boldsymbol{x}_2, \cdots, \boldsymbol{x}_N$，其联合概率由式（8.3）计算。在现实中通常可以确定变量之间的因果关系，而且因果关系一般都对应于条件独立的断言。因此，可以从原因变量到结果变量之间画一个带箭头的弧直观表示变量之间的因果关系。

（3）指派局部概率分布 $p(\boldsymbol{x}_k|\mathrm{pa}_k)$。对于离散的情形，需要为每一个变量 X_i 及其父结点集 pa_k 的各个状态 $\boldsymbol{x}_i$、pa_k 指派一个分布。

以上各步根据需要交叉并反复进行。

8.2.4 贝叶斯网络学习

1. 贝叶斯网络结构学习

贝叶斯网络结构学习是从给定的数据集中学出贝叶斯网络结构，即各结点之间的依赖关系；只有确定了结构才能学习网络参数，即表示各结点之间依赖性的条件概率。根据训练数据是否存在缺失，结构学习分为完整数据结构学习和缺失数据结构学习。完整数据结构学习主要包括基于搜索评分的方法和基于约束的方法。

1）*基于搜索评分的方法*

根据已有的数据集学习贝叶斯网络结构，一种最简单的想法就是遍历所有可能的结构，然后用某个标准去衡量各个结构，进而找出最好的结构，这是评分搜索的基本思想。所有可能的结构可视为定义域，将衡量特定结构好坏的标准视为函数，寻找最好结构的过程相当于在定义域上求函数的最优值，即最优化问题[90]。但这里有两个关键点：一是定义域一般几乎无穷大，不可能遍历，即确定合适的搜索策略；二是衡量标准，即确定所谓的评分函数。

基于搜索评分的贝叶斯网络结构学习方法将贝叶斯网络结构学习问题看作优化问题，通过给定结构的评分函数，利用搜索算法，寻找评分最优的网络结构。基于搜索评分的贝叶斯网络结构学习数学模型可以表示为

$$\begin{gathered}\max f(G,D)\\ G\in\Omega, G\,|=C\end{gathered}\tag{8.6}$$

其中，f是结构评分函数；Ω是结构空间；$G\,|=C$表示G满足约束条件C。在搜索评分过程中，其约束条件C是所搜索到的结构满足结构图中无环。这样，最优结构G^*可以表示为

$$G^*=\arg\max_G f(G,D)$$

在基于搜索评分的结构学习中，第一个问题是给定训练数据D和一个可能的结构G，如何去计算其评分函数$f(G,D)$。评分函数需要对不满足数据及有向无环图特性的结构进行惩罚，并且当结构满足数据的分布时，选择更简单的图模型。同时，如果评分函数能够满足一些特性，如一致性，则其评分效果更佳。根据这些考虑，研究者们提出了不同的评分函数，主要可以分为

两类：基于贝叶斯的评分和基于信息论的评分。

(1) 基于贝叶斯的评分函数。

基于贝叶斯的评分函数是 $G^* = \arg\max_G P(G|D)$，其中 $P(G|D)$ 表示给定 D 下结构 G 的后验概率。假定 P 的先验概率是 $P(G)$，根据贝叶斯公式，有 $P(G|D)=\dfrac{P(D|G)P(G)}{P(D)}$。由于 $P(D)$ 与 G 无关，因此 $P(G|D)\propto P(D|G)P(G)$。

假设模型结构 G 的参数为 $\boldsymbol{\theta}_G$，则可得 $P(D|G)=\int_{\boldsymbol{\theta}_G} P(D|G,\boldsymbol{\theta}_G)\ P(\boldsymbol{\theta}_G|G)\mathrm{d}\boldsymbol{\theta}_G$，其中 $P(D|G,\boldsymbol{\theta}_G)$ 是模型关于数据的似然函数 $L(G,\boldsymbol{\theta}_G|D)$。在离散数据的结构学习中，通常假设模型参数的先验分布 $P(\boldsymbol{\theta}_G|G)$ 服从参数为 α_{ijk} 的狄利克雷分布，即

$$P(\boldsymbol{\theta}_G|G)=\frac{\Gamma(\alpha_{ij})}{\sum_{k=1}^{r_i}\Gamma(\alpha_{ijk})}\prod_{k=1}^{r_i}\theta_{ijk}^{\alpha_{ijk}-1}$$

其中，r_i 为结点 V_i 的状态数；θ_{ijk} 为 V_i 取状态值为 k 时其父结点为 j 状态的概率。

给定数据 D，有 $P(D|G)=\prod_{i=1}^{n}\prod_{j=1}^{q_i}\dfrac{\Gamma(\alpha_{ij})}{\Gamma(\alpha_{ij}+m_{ij})}\prod_{k=1}^{r_i}\dfrac{\Gamma(\alpha_{ijk}+m_{ijk})}{\Gamma(\alpha_{ijk})}$。其中，$m_{ijk}$ 是数据 D 中结点 V_i 状态为 k 且父结点状态组合为 j 的样本数，$m_{ij}=\sum_k m_{ijk}$；$q_i=\prod_{\boldsymbol{x}_i\in \mathrm{pa}(\boldsymbol{x}_i)} r_i$ 则有：

$$\log P(D|G)=\sum_{i=1}^{n}\sum_{j=1}^{q_i}\log\frac{\Gamma(\alpha_{ij})}{\Gamma(\alpha_{ij}+m_{ij})}\sum_{k=1}^{r_i}\log\frac{\Gamma(\alpha_{ijk}+m_{ijk})}{\Gamma(\alpha_{ijk})}+\log P(G) \quad (8.7)$$

式 (8.7) 称为 BD (Bayesian Dirichlet) 评分，当结构的先验分布为均匀分布时，$\log P(G)=0$，BD 评分也只剩下第一项，通常也被称为 CH (Cooper Herskovits) 评分[91]。

对于 BD 评分中狄利克雷分布的参数 α_{ijk}，假设其服从统一的参数 $\alpha_{ijk}=1$，则 BD 评分转变为 K2 评分：

$$f_{\mathrm{K2}}(G,D)=\sum_{i=1}^{n}\sum_{j=1}^{q_i}\left(\log\frac{(r_i-1)!}{(m_{ij}+r_i-1)!}\sum_{k=1}^{r_i}\log(m_{ijk}!)\right)+\log P(G)$$

假设参数满足 $\alpha_{ijk}=\dfrac{m'}{r_i q_i}$，BD 评分转变为 BDeu 评分：

$$f_{\mathrm{BDeu}}(G,\ D)=\sum_{i=1}^{n}\sum_{j=1}^{q_i}\left(\log\frac{\Gamma\left(\frac{m'}{q_i}\right)}{\Gamma\left(m_{ij}+\frac{m'}{q_i}\right)}\sum_{k=1}^{r_i}\log\frac{\Gamma\left(m_{ijk}+\frac{m'}{r_iq_i}\right)}{\Gamma\left(\frac{m'}{r_iq_i}\right)}\right)+\log P(G)$$

（2）基于信息论的评分函数。

基于信息论的评分函数的思想是将训练数据进行压缩，利用最小描述长度（Minimum Description Length，MDL）[92]来挖掘其中的规则。MDL 表示传输一个消息所需要的最小编码位数，对于假设 $H\in\mathcal{H}$，数据 D 的最小描述长度 MDL 为

$$L(D)=\min(L(H)+L(D|H))$$

MDL 在模型选择时倾向于选择使得 L 长度最小且精度更高的模型，实际上也是对 $P(H)P(D|H)$ 的最大化，这对应于模型选择的最大后验概率（Maximum A Posterior，MAP）问题，其中 $P(H)=2^{-L(H)}$。MDL 是对预测精准度和模型复杂性之间的一个折中，从而选择一个泛化能力更强的模型。

在贝叶斯网络中，对于一个结构 G 和参数 $\boldsymbol{\theta}_G$，设定假设为 $H=(G,\boldsymbol{\theta}_G)$，在给定数据 D 下，最优模型 G^* 可以表示为

$$G^*=\underset{G}{\arg}\min L(G)+\min L(\boldsymbol{\theta}_G|G)+\min L(D|G,\boldsymbol{\theta}_G)$$

其中，$L(D|G,\boldsymbol{\theta}_G)$表示在给定模型假设下，描述数据的最小长度。$L(\boldsymbol{\theta}_G|G)$是在结构给定下，描述参数的最小长度，也就是参数的复杂度。根据是否考虑模型和参数的复杂度，可以转化为下面几类评分函数。

① LL（Log-Likelihood）评分函数只考虑 $L(D|G,\boldsymbol{\theta}_G)$，而忽略了结构和模型的复杂度，在离散数据的结构学习中，LL 评分函数通常可以表示为

$$f_{\mathrm{LL}}(G,D)=\sum_{i=1}^{n}\sum_{j=1}^{q_i}\sum_{k=1}^{r_i}m_{ijk}\log\frac{m_{ijk}}{m_{ij}}$$

LL 评分函数也是数据和模型的对数似然度，由于它忽略了参数和结构的复杂度，故在学习的过程中通常无法选择结构简单的模型。

② AIC（Akaike Information Criterion）评分函数在 LL 评分函数的基础上考虑参数的复杂性，表示为

$$f_{\mathrm{AIC}}(G,\ D)=\sum_{i=1}^{n}\sum_{j=1}^{q_i}\sum_{k=1}^{r_i}m_{ijk}\log\frac{m_{ijk}}{m_{ij}}-\sum_{i=1}^{n}(r_i-1)q_i$$

③ BIC（Bayesian Information Criterion）评分函数在 AIC 评分函数的基础

上考虑了训练数据 D 所需的存储，表示为

$$f_{\mathrm{BIC}}(G,D)=\sum_{i=1}^{n}\sum_{j=1}^{q_i}\sum_{k=1}^{r_i}m_{ijk}\log\frac{m_{ijk}}{m_{ij}}-\frac{\log m}{2}\sum_{i=1}^{n}(r_i-1)q_i$$

BIC 评分相对简单，而且在精准度和复杂度之间选择较为均衡，所以经常用于实际的结构学习问题中。

MDL 评分函数则是考虑了结构的复杂度，认为 $L(G)$ 可以用对结构进行编码的位数进行近似表示，这样 MDL 评分函数可以表示为

$$f_{\mathrm{MDL}}(G,D)=\sum_{i=1}^{n}\sum_{j=1}^{q_i}\sum_{k=1}^{r_i}m_{ijk}\log\frac{m_{ijk}}{m_{ij}}-\frac{\log m}{2}\sum_{i=1}^{n}(r_i-1)q_i-\sum_{i=1}^{n}(|\mathrm{pa}(V_i)|+1)\log n$$

研究者们还提出了其他的评分函数，如 NML（Normalized Maximum Likelihood）评分函数和 MIT（Mutual Information Tests）评分函数等。基于贝叶斯的评分函数能够更好地区分训练样本较大的贝叶斯网络结构；而对于小样本的训练数据，基于信息论的评分函数，尤其是 BIC 评分函数所学习到的结构，效果更好。

在定义了对结构好坏进行评价的评分函数后，结构学习问题就可以转化为在所有可能的结构中寻找最高评价值的搜索最优问题。然而，结构空间的大小是随着结点数呈指数级增加的。学习贝叶斯网络结构是 NP 难问题，因此通常采用启发式或元启发式的搜索方法来搜寻最优结构，常用的有 K2 算法、爬山算法、GES 算法，以及基于进化计算的方法等。

- K2 算法。

K2 算法是由格雷戈里·库珀（Gregory Cooper）和爱德华·赫斯科维茨（Edward Herskovits）[91] 提出的一种基于贪婪搜索的结构学习算法。在 K2 算法中，采用 CH 评分来衡量结构的优劣性，并利用结点序 ρ 和正整数 u 来限制搜索空间的大小。K2 算法见算法 8.1。

算法 8.1：K2 算法

输入：训练数据 D，结点序 ρ，正整数 u。 输出：有向无环图 G。
从 D 中识别结点集 V，初始化 $E=\{\}$； for $i=1$ to n do 　pa$(V_i)=\varnothing$； 　　$P_{\mathrm{old}}=f_{\mathrm{CH}}((V_i,\mathrm{pa}(V_i)),D)$； findmore = true；

```
while findmore && |pa(V_i)|<u do
    Z←Pred(V_i)\pa(V) 中最大化f_CH((V_i,pa(V_i)∪Z),D)中的结点;
  P_new =f_CH((V_i,pa(V_i)∪Z),D);
    if P_new>P_old then
        P_old =P_new;
        pa(V_i)= pa(V_i)∪Z;
    else
        findmore=false;
    end
end
```

在K2算法中，最关键的问题在于选择合适的结点序 ρ，不同的结点序会对最终学习到的结构影响很大，这也是限制K2算法广泛应用的原因之一。

- 爬山算法。

不同于K2算法采用搜索结点的父结点策略，爬山（Hill Climbing）算法[93]在搜索过程中不断地进行加边、减边和删除边的局部操作，并根据评分是否发生变化来确定是否选择该操作。爬山算法中可以采用任何的评分函数对结构进行评分，并且通过贪婪选择来判断是否对模型结构进行更新，具体如算法8.2所示。

算法8.2：爬山算法

输入：训练数据 D。
输出：有向无环图 G。

```
从D中识别结点集V;
θ_G←结构的参数的最大似然估计;
oldScore←f(G,θ_G,D);
while true do
  for 加边、减边和删除边操作后的新G' do
      tempScore←f(G,θ_G',D);
      if tempScore>oldScore then
          G* =G';
          oldScore=tempScore;
```

```
        end
    end
end
```

爬山算法的每个操作算子都是选择使得结构评分提升的局部最优操作算子，会使得算法容易陷入局部最优，通常采用多组实验来选择其中评分最高的结构图。

爬山算法虽然对评分函数不做任何要求，且搜索过程简单，但却无法保证搜索到的结构一定是最优的。克里斯托弗·米克（Christopher Meek）[94]在其博士论文中提出“Meek 猜想”，认为如果一个有向无环图结构 H 是另一个有向无环图结构 G 的独立映射，那么必然存在有限的增加边和反转边序列，使得在每条边修改后 H 仍然是 G 的独立映射，且在所有边修改后 $G=H$。根据这一猜想，米克提出贪婪搜索[94]（Greedy Equivalent Search，GES）来学习贝叶斯网络结构。大卫·M. 奇克林（David M. Chickering）[95]证明了这一猜想，并完善了 GES 算法。GES 算法从一个空图出发，采用两个不同的搜索阶段来寻找评分最高的结构。首先采用贪心前向搜索（Greedy Forward Search，GFS）法来不断地在空图中加边，直至评分值无法进一步提高为止；然后利用贪心后向搜索（Greedy Backward Search，GBS）法在图中不断地删除边，直至评分值不能进一步提高为止。它的操作思想和爬山算法类似，但是其学习到的结构一定是真实结构的等价类结构。

2）基于约束的方法

基于约束的贝叶斯网络结构学习（Constrain Based BN Structure Learning）方法通过统计独立性测试学习结点间的独立性和相关性，并根据独立性或相关性构建出相应的有向无环图结构。

为了学习出结点间的独立性关系 $X\perp\!\!\!\perp Y|Z$，基于约束的方法通常采用渐进统计检验（CI）来测试其独立性[96]。离散训练集的结构学习通常采用 G 检验或χ^2检验，而对于连续训练集的结构学习，通常采用费希尔 Z 检验[97]。这些检验方式都是首先通过统计训练数据集 D 中 X、Y 和 Z 的状态数，并做出零假设 $H_0:X\perp\!\!\!\perp Y|Z$，与之对应的则是假设 $H_1:\neg X\perp\!\!\!\perp Y|Z$，即 X 和 Y 不被 Z 有向分离。可以通过计算频率的方式计算 $p(D|H_0)$，然后判断是否超过阈值，从而判定是否接受假设 H_0。

采用互信息的思想来确定结点与结点之间的相关性。对于结点 V_i 和 V_j，它们之间的互信息 $I(V_i,V_j)$ 为

$$I(V_i,V_j)=H(V_i)-H(V_i|V_j)$$

其中，$H(V_i)$是 V_i 的熵；$H(V_i|V_j)$是 V_i 关于 V_j 的条件熵。若 $I(V_i,V_j)=0$，则表示 V_i 和 V_j 相互独立。$I(V_i,V_j)$越大，则 V_i 和 V_j 的相关性越强。首先假定初始的网络结构图为空图，即结点之间不存在任何边，然后计算结点与结点之间的互信息，不断地在图中进行添加边操作，从而学习出 DAG 结构。

另外一种 CI 测试渐进似然比条件独立性检验，它根据数据集 D 来计算结点 X 和 Y 关于 Z 的似然度 $J(X,Y|Z)$，从而判断条件独立性：

$$J(X,Y|Z)=2\sum_{i=1}^{m}\sum_{j=1}^{p}\sum_{k=1}^{q}n(i,j,k)\ln\frac{n(i,j,k)n(\cdot,\cdot,k)}{n(i,\cdot,k)n(\cdot,j,k)}$$

其中，$n(i,j,k)$是训练数据集中满足 $X=x_i$，$Y=y_i$，$Z=z_k$（$i=1$，2，…，m；$j=1$，2，…，p；$k=1$，2，…，q）的样本数。当结点之间相互独立时，似然度服从χ^2分布。似然比检验输出的是一个 p 值，表示结点之间依赖性的大小，如果 p 大于给定的置信度阈值，则表示结点之间存在相关性。

（1）PC 算法。

PC 算法是由彼得·斯皮斯特（Peter Spirtes）和克拉克·格莱莫尔（Clark Glymour）[98]提出并以他们名字命名的贝叶斯网络结构学习方法，其基本思想是通过寻找结点 X 的父结点和子结点集合 pc(X)，以及寻找 v 结构来学习 DAG 结构。对于结点 X 的父结点集和子结点集，彼得·斯皮斯特[98]证明了如果 $Y\in$ pc(X)，则需要满足$\neg X \perp\!\!\!\perp Y|Z$ 对于任意的 $Z\subseteq$pc(X)\$Y$，及任意的 $Z\subseteq$pc(Y)\$X$ 均成立。同时，对于 v 结构，证明了当$\{X,Y\}\subseteq$pc(W) 且 $X\perp\!\!\!\perp Y|Z$ 时，若 $W\notin Z$，有$\{X,Y\}\subseteq$pc(W)成立。PC 算法见算法 8.3。

算法 8.3：PC 算法

输入：训练数据 D，结点集 $V=\{V_1,V_2,\cdots,V_n\}$。 输出：有向无环图 G。

构造结点集 V 的完全无向图 G；
for m 从 0 到 $n-2$ do
  for 所有有序对 V_i 和 V_j do
    if $\exists Z\subseteq AD_{V_i}\setminus V_j$ 满足 $\|Z\|=m$ 且 $V_i\perp\!\!\!\perp V_j\|Z$ then
      移除边 V_i-V_j

```
            S_ij←Z
            end
    end
end
for 所有潜在的 v 结构 V_i-V_j-V_k do
    for V_j ∉ S_ik 和 V_j ∉ S_ki then
        V_i←V_j←V_k
    end
end
确定余下的边方向不产生新的 v 结构或环。
```

PC 算法首先从一个完全连接的无向图出发，然后以 $Z=\varnothing$ 作为第一次 CI 测试来限制潜在的邻居结点集。对于每个结点，首先考虑邻居结点集为 1 的子结点集来判断是否条件独立，然后结点集为 2，不断增加结点集数目直至收敛。而对于 v 结构，则是通过检查将 V_i 和 V_j 分离的结点集合，而不需要额外的 CI 测试来判断是否存在 v 结构。

（2）TPDA 算法。

TPDA 算法[99]是为了减少学习过程中的 CI 测试次数而提出的一种基于三层独立性测试的结构学习方法。在 TPDA 中共有 3 个阶段：制定（Drafting）、增厚（Thickening）和变薄（Thinning）。在制定阶段，TPDA 从一个空图出发，通过简单的互信息测试来产生一组初始边，从而形成一个单连接的无环图；在增厚阶段，TPDA 通过 CI 测试来检查每对结点之间是否能够被有向分离，如果不能，则为其添加边，在这一阶段，满足 DAG 的所有的边将会在图中被添加；在变薄阶段，TPDA 则对图中的每对边进行检查，通过判断其对应的结点对之间是否条件独立来决定是否移除边。对于每组无向边，则通过 OrientEdges 算法来判断边的方向。

3）混合约束和搜索评分的结构学习方法

基于约束的方法一般对于数据的要求性较高，需要训练数据是无噪声的且真实的，训练数据的量需要足够大，这样才能获得较好的独立性测试结构。而基于搜索评分的方法，相对而言复杂度更高，尤其是当结点较多时，会使得搜索空间巨大，从庞大的搜索空间中搜索最优结构无疑是很耗时的。为了克服这两类方法的缺陷，研究者们提出将这两类思想进行融合，即利用混合的方法对贝叶斯网络进行结构学习。首先通过独立性测试来降低搜索空间的大小，然后再利用搜索评分的方法寻找最优的网络结构。例如，MMHC[100]（Max-Min Hill Climbing）算法，它将局部学习、CI 测试和搜索评分方法进行融合，通过采用独立性测试来学习出结构的框架，然后采用搜索评分的方式来确定网络中的边，以及边的方向。

从**不完整数据条件下学习网络结构**比从完整数据条件下学习困难得多，因为事件发生的次数无法统计，所有评分函数无法分解成只与局部结构相关的因式，这样就需要执行推理过程计算待评判的网络结构的分值；为给网络结构配置最佳概率分布，需要利用 EM 算法或基于梯度的方法执行非线性的优化过程；搜索算法对网络结构任一点的局部改动，都将影响网络其他局部结构的评估，因此为评判当前网络结构必须评估其所有的“邻居”（那些与当前网络结构只在某个局部结构上存在差异的网络），那么对当前网络做细小改动之前，需要多次调动 EM 过程。

现有的学习方法分为两大类：一为修复数据集的方法；二为近似计算的方法。尼尔·弗里德曼（Nir Friedman）基于 EM 算法进行贝叶斯网络结构学习[101]。EM 算法是最常用的在不完整数据下统计参数的方法，它是“求期望-取最大”的迭代循环过程，每次迭代都改进参数的似然性，当达到极值时收敛。EM 算法基于统计意义和期望思想，因此能够高效地从不完整数据下学习网络参数，并且具有较高的精度。该方法能够一定程度地提高学习效率，但一般是收敛到局部最优结构。凯瑟琳·B. 拉斯基（Kathryn B. Laskey）[102]等人采用进化和马尔可夫链蒙特卡洛（Markov Chain Monte-Carlo）等随机搜索方法，把不完整数据转换成完整数据。随机搜索方法可以避免陷入局部极值。在从不完整数据集中学习贝叶斯网络结构方面，最显著的进步是尼尔·弗里德曼的 SEM 算法。SEM 算法交替进行网络结构的贪婪搜索过程和概率分布评估的 EM 过程。它的特别之处在于：只对当前选中的网络结构使用 EM 算法，进行概率分布评估；对于未被选中的网络并不使用 EM 算法。之后对所有的候选结构进行评价，这样每评价一个当前网络的“邻居”集，只调用一次 EM 算法，节省了计算开销。如果当前网络结构的最大似然估计低于某个候选结构，则用候选结构代替当前结构。重复上述过程，直到不能找到更好的网络为止。

2. 贝叶斯网络参数学习

贝叶斯网络参数学习是指在给定网络结构的基础上，从训练数据中学习得到结点的条件概率分布表的过程。参数学习又可以称为参数估计，不“正确”的模型参数会影响后续的推理结果。由于贝叶斯网络主要处理离散数据，因此在参数学习的过程中，通常假设网络中变量的状态是离散的或是呈现高斯分布的。然而，在实际应用中，结点变量一般是不满足高斯分布的，通常可以采用等频率或者等区间的离散型方法对训练数据进行离散化。对于训练数据中所有变量的状态都可观测时，通常可以采用贝叶斯估计（Bayesian Estimation，BE）方法或者最大似然估计（Maximum Likelihood Estimation，MLE）方法来进行参数学习。MLE 方法是根据模型参数与训练数据的最大似然程度来选择最优参数的，是一种以频率代替概率的传统统计方法，当数据中存在噪声时，其学习的效果将会很差。BE 方法利用贝叶斯的知识，首先假定参数的先验分布（通常假设服从狄利克雷分布），然后利用贝叶斯后验概率公式，结合训练数据，寻找最优的参数。然而，在一些实际问题中，某些结点变量的状态有时候能观测到，有时则不能，这也导致了所得的训练集不完整，这时通常采用最大期望（Expectation Maximization，EM）来训练模型参数。如果训练集中丢失数据的比重较大，会导致 EM 收敛很慢，可以依靠梯度上升的方法来提高其收敛速度。首先利用 EM 进行多次迭代获取一部分参数估计，然后使用这些估计作为梯度上升的起点来训练模型参数。

1）最大似然估计方法

最大似然估计（MLE）是实例数据完备情况下的学习方法。最大似然估计方法依据参数与数据集的似然程度来选择参数。似然函数的一般形式为

$$L(\boldsymbol{\theta}|D,G)=P(D|\boldsymbol{\theta},G)$$

为了方便计算，通常取其对数：

$$L(\boldsymbol{\theta}|D,G)=\log P(D|\boldsymbol{\theta},G)$$

最大似然估计选择使似然函数 $L(\boldsymbol{\theta}|D,G)$ 值最大的参数 $\hat{\boldsymbol{\theta}}$ 作为学习的结果。根据数据集的独立同分布假设和贝叶斯网络的结构特征，有：

$$\begin{aligned}L(\boldsymbol{\theta}|D,G)&=\log P(D|\boldsymbol{\theta},G)=\log\prod_{i=1}^{m}P(D_i|\boldsymbol{\theta},G)\\&=\log\prod_{i=1}^{m}\prod_{i=1}^{n}P(\boldsymbol{x}_i(l)|\mathrm{pa}(\boldsymbol{x}_i(l)),\theta_i)\\&=\sum_{i=1}^{n}\sum_{j=1}^{q_i}\sum_{k=1}^{r_i}N_{ijk}\log(\theta_{ijk})\end{aligned}$$

其中，$q_i = \prod_{x_i \in \mathrm{pa}(x_i)} r_i$；$N_{ijk}$表示数据集 D 中满足条件 $X_i = x_{ik}$，$\mathrm{pa}(X_i) = \mathrm{pa}(X_i)_j$ 的实例数；$N_{ij} = \sum_{k=1}^{r_i} N_{ijk}$。则最大似然估计为

$$\hat{\theta}_{ijk} = \frac{N_{ijk}}{N_{ij}}, \quad (\forall i \in [1:n], \forall j \in [1:q_i], \forall k \in [1:r_i])$$

当数据集 D 中的记录数不充分时，最大似然估计的计算精度通常不够高，尤其是当 $N_{ij}=0$ 时，最大似然估计值的计算公式会失效。贝叶斯估计方法可以有效地克服最大似然估计方法的这些不足。

2）贝叶斯估计方法

给定贝叶斯网络的结构，如何利用给定样本数据求取学习网络的概率分布，即更新网络变量原有的先验分布。这里使用的是贝叶斯估计方法，即综合先验知识和数据去改进已有知识的技术，这些技术可用于数据挖掘。参数学习的目标是根据概率分布的先验分布和数据样本计算概率分布的后验分布。

最大似然估计方法认为概率是频率的一种逼近，属于传统统计方法，而贝叶斯估计方法基于贝叶斯公式，认为代表不确定性的概率参数是由先验知识和观察到的数据集共同决定的。

贝叶斯估计方法按如下步骤来学习未知网络参数向量。

① 首先选择网络参数 $\boldsymbol{\theta}$ 的先验分布 $P(\boldsymbol{\theta})$；

② 根据贝叶斯公式计算参数的后验分布，做出对未知参数的推断。

$$P(\boldsymbol{\theta}|D) = \frac{P(\boldsymbol{\theta})P(D|\boldsymbol{\theta})}{P(D)} = \frac{P(\boldsymbol{\theta})P(D|\boldsymbol{\theta})}{\int P(\boldsymbol{\theta})P(D|\boldsymbol{\theta})\mathrm{d}\boldsymbol{\theta}}$$

贝叶斯估计方法对未知参数的估计综合了它的先验信息和样本信息，如果没有任何先验知识用于确定先验分布 $P(\boldsymbol{\theta})$，可以选择均匀分布作为参数 $\boldsymbol{\theta}$ 的先验分布 $P(\boldsymbol{\theta})$，但这一选择在未知参数无界的情况下存在困难。为此，霍华德·莱福（Howard Raiffa）[103] 等人提出选取共轭分布为参数 $\boldsymbol{\theta}$ 的先验分布 $P(\boldsymbol{\theta})$，即满足参数 $\boldsymbol{\theta}$ 后验分布和先验分布属于同一类型的分布的条件。常用的共轭分布有二项分布、多项分布、高斯分布、Γ 分布、泊松分布和狄利克雷分布，其中狄利克雷分布最为常用。狄利克雷分布是一种应用最为广泛的参数先验分布，假定参数 $\boldsymbol{\theta}$ 的先验分布 $P(\boldsymbol{\theta}|D)$ 为狄利克雷分布，即

$$P(\theta_{ij}|G) = \mathrm{Dir}(\alpha_{ij1}, \alpha_{ij2}, \cdots, \alpha_{ijr_i}) = \frac{\Gamma(\alpha_{ij})}{\prod_k \Gamma(\alpha_{ijk})} \prod_k \theta_{ijk}^{\alpha_{ijk}}$$

其中，$\alpha_{ij}=\sum_k \alpha_{ijk}$，$\alpha_{ijk}(\forall i\in[1:n],\forall j\in[1:q_i],\forall k\in[1:r_i])$是超系数。参数 $\boldsymbol{\theta}$ 的后验概率也服从狄利克雷分布，即

$$P(\theta_{ij}|G,\ D)=\frac{P(\theta_{ij}|G)P(D|G,\ \theta_{ij})}{P(D)}=\frac{\Gamma(\alpha_{ij}+n_{ij})}{\prod_k \Gamma(\alpha_{ijk}+n_{ijk})}\prod_k \theta_{ijk}^{\alpha_{ijk}+n_{ijk}}$$

$$=\mathrm{Dir}(\alpha_{ij1}+n_{ij1},\ \alpha_{ij2}+n_{ij2},\ \cdots,\ \alpha_{ijr_i}+n_{ijr_i})$$

其中，N_{ijk}表示数据集 D 中满足条件 $X_i=x_{ik}$，$\mathrm{pa}(X_i)=\mathrm{pa}(X_i)_j$ 的实例数，则参数 $\boldsymbol{\theta}$ 的最大后验估计为

$$\hat{\theta}_{ijk}=\frac{\alpha_{ijk}+n_{ijk}}{\sum_k(\alpha_{ijk}+n_{ijk})},\quad(\forall i\in[1:n],\forall j\in[1:q_i],\forall k\in[1:r_i])$$

贝叶斯估计方法通过贝叶斯公式来学习网络参数，将先验信息和样本数据集 D 有机结合起来，有效地提高了参数学习的精度。

现实存在大量不完备的数据，如何从不完整数据下学习贝叶斯网络的概率分布是一个非常有实际意义的问题。本节将论述**不完整数据时贝叶斯网络的参数学习**。在数据不完备时，似然函数的计算将变得很复杂，几乎不可能做到精确计算极大值，只能近似求出似然函数的极大值，并将该极大值点的概率分布作为估计值。近似方法主要有 Monte-Carlo（蒙特卡洛）方法、高斯逼近、拉普拉斯近似、EM 算法求 ML（极大似然）或 MAP（极大后验）等。

（1） Monte-Carlo 方法。

在众多 Monte-Carlo 方法中，斯图尔特 · 杰曼（Stuart Geman）和唐纳德 · 杰曼（Donald Geman）提出的吉布斯抽样[44]（Gibbs Sampling）是常用的一种。基本思想是以吉布斯抽样估计变量集上联合概率分布的数学期望。基本步骤如下。

① 随机初始化每个事例中的默认变量，从而得到一个完整的数据集D_c。

② 选择某个观察到的变量值x_{il}（第 l 个事例中的变量x_i），去掉其初始状态，并利用下面的概率分布对其状态进行重新赋值：

$$P(x'_{il}|D_c\setminus x_{il},G)=\frac{P(x'_{il},D_c\setminus x_{il}|G)}{\sum_{x_{il}}P(x'_{il},D_c\setminus x_{il}|G)}$$

式中，$D_c\setminus x_{il}$表示D_c中去掉x_{il}值的数据集。

③ 对数据集中的每一个默认值，重复步骤②，直至得到完整的数据

集 D'_c。

④ 计算后验概率分布 $P(\boldsymbol{\theta}_G|D'_c,G)$。

⑤ 迭代执行步骤①~④，用 $P(\boldsymbol{\theta}_G|D'_c,G)$ 的平均值作为近似值，该近似值就是所求。

Monte-Carlo 方法也可用于计算给定不完整数据集的边缘似然。应用贝叶斯公式有：

$$P(D|G)=\frac{P(\boldsymbol{\theta}_G|G)P(D|\boldsymbol{\theta}_G,G)}{P(\boldsymbol{\theta}_G|D,G)}$$

式中，分子中的先验概率分布可直接得到，似然项可通过概率推断获得；分母中的后验概率分布项可由前面的计算得到。使用 Monte-Carlo 方法，样本越大，运行时间越长，结果越精确，但计算复杂度是事例数的指数幂次。

（2）高斯逼近。

基本思想是，$P(\boldsymbol{\theta}_G|D,G)\propto P(D|\boldsymbol{\theta}_G,G)\cdot P(\boldsymbol{\theta}_G|G)$ 能被近似为多变量高斯分布。定义：

$$g(\boldsymbol{\theta}_G)\equiv\log(P(D|\boldsymbol{\theta}_G,G)\cdot P(\boldsymbol{\theta}_G|G))$$

应用向量形式的泰勒公式，可得：

$$g(\boldsymbol{\theta}_G)\approx g(\tilde{\boldsymbol{\theta}}_G)-\frac{1}{2}(\boldsymbol{\theta}_G-\tilde{\boldsymbol{\theta}}_G)\boldsymbol{A}(\boldsymbol{\theta}_G-\tilde{\boldsymbol{\theta}}_G)^{\mathrm{T}}$$

式中，$\tilde{\boldsymbol{\theta}}_G$ 是使 $g(\boldsymbol{\theta}_G)$ 取最大值（概率分布最大后验概率值）的 $\boldsymbol{\theta}_G$ 值；$\boldsymbol{A}$ 是 $g(\boldsymbol{\theta}_G)$ 在 $\boldsymbol{\theta}_G$ 具有配置 $\tilde{\boldsymbol{\theta}}_G$ 的负黑塞矩阵；$(\boldsymbol{\theta}_G-\tilde{\boldsymbol{\theta}}_G)^{\mathrm{T}}$ 是 $(\boldsymbol{\theta}_G-\tilde{\boldsymbol{\theta}}_G)$ 的转置。

综合可得后验概率分布的高斯近似：

$$\begin{aligned}P(\boldsymbol{\theta}_G|D,G)&\propto P(D|\boldsymbol{\theta}_G,G)\cdot P(\boldsymbol{\theta}_G|G)\\&\approx P(D|\tilde{\boldsymbol{\theta}}_G,G)\cdot P(\tilde{\boldsymbol{\theta}}_G|G)\exp\left\{-\frac{1}{2}(\boldsymbol{\theta}_G-\tilde{\boldsymbol{\theta}}_G)\boldsymbol{A}(\boldsymbol{\theta}_G-\tilde{\boldsymbol{\theta}}_G)^{\mathrm{T}}\right\}\end{aligned}\tag{8.8}$$

计算主要是寻找 $\tilde{\boldsymbol{\theta}}_G$ 和计算负黑塞矩阵 $\boldsymbol{A}$。

（3）拉普拉斯近似。

为了进一步计算边缘似然，可用高斯逼近的结果。将式（8.8）代入 $P(D|G)=\int P(\boldsymbol{\theta}_G|G)P(D|\boldsymbol{\theta}_G,G)\mathrm{d}\boldsymbol{\theta}_G$ 并取对数，可得：

$$\log P(D|G)\approx\log P(D|\tilde{\boldsymbol{\theta}}_G,G)+\log P(\tilde{\boldsymbol{\theta}}_G|G)+\frac{d}{2}\log(2\pi)-\frac{1}{2}\log(|\boldsymbol{A}|)$$

称为 Laplace 近似，其中 d 是 $g(\boldsymbol{\theta}_G)$ 的维度，通常令 $d=\prod_{i=1}^{n} q_i \cdot (r_i-1)$。Laplace 近似相当精确，相对误差可达到 $O(1/N)$，其中 N 是数据集中的事例个数。

使用对角元素代替 $\boldsymbol{A}$ 参加计算可以简化计算 $|\boldsymbol{A}|$。可以进一步简化 Laplace 近似，只保留上式中随 N 增加而增加的部分。其中，$|\boldsymbol{A}|$ 随 N 的增加以 $d\log N$ 增加，从而得到：

$$\log P(D|G) \approx \log P(D|\widehat{\boldsymbol{\theta}_G}, G) - \frac{d}{2}\log N$$

称为贝叶斯信息标准（Bayesian Information Criterion，BIC）。其中$\widehat{\boldsymbol{\theta}_G}$是$\widetilde{\boldsymbol{\theta}}_G$ 的最大似然近似。BIC 是一种非常有效但精确度稍差的渐进收敛方法。

（4）EM 算法。

EM（Expectation-Maximization）算法是从不完整数据下统计概率分布最常用的方法。它是“求期望-取最大”的迭代循环过程，“求期望”步骤计算不完整数据样本中每个事件在当前概率分布条件下发生的期望充分统计量；“取最大”步骤按照期望充分统计量把不完整数据转换成完整数据，找到使似然性最大的概率分布。每次“求期望-取最大”迭代都改进了概率分布的似然性，当达到局部极值时，算法收敛。

当样本数据量增加时，$P(\boldsymbol{\theta}_G|G)$ 的影响变小，甚至可以忽略。这时，可以用 $\boldsymbol{\theta}_G$的最大似然配置$\widehat{\boldsymbol{\theta}_G}$近似 $\widetilde{\boldsymbol{\theta}}_G$，即

$$\widehat{\boldsymbol{\theta}_G} = \arg\max\{P_{\boldsymbol{\theta}_G}(D|\boldsymbol{\theta}_G, G)\}$$

EM 算法的具体步骤如下。

① 为 $\boldsymbol{\theta}_G$指派一个初值（可以随机指派）。

② 计算不完整数据集的充分统计量的期望值：

$$E_{P(X|D,\boldsymbol{\theta}_G,G)}(N_{ijk}) = \sum_{l=1}^{N} P(x_i^k, \mathrm{pa}_i^j | y_l, \boldsymbol{\theta}_G, G)$$

式中，y_l是数据集中的第 l 个事例，可能含有缺值。当x_i 和 pa_i中的所有变量在事例 y_l中都没有缺值时，$P(x_i^k, \mathrm{pa}_i^j | y_l, \boldsymbol{\theta}_m, m)$ 或者是 1（在 y_l中有 x_i^k，pa_i^j 配对时）或者是 0（在 y_l中没有 x_i^k，pa_i^j 配对时）；否则，可用概率推断来求该概率值。

③ 将期望的充分统计量作为真正的充分统计量参加计算。如果做最大似

然计算，则利用以下公式：

$$\theta_{ijk} = \frac{E_{P(X|D\cdot\boldsymbol{\theta}_G,G)}(N_{ijk})}{\sum_{k=1}^{r_i} E_{P(X|D\cdot\boldsymbol{\theta}_G,G)}(N_{ijk})}$$

如果做最大后验计算，则利用以下公式：

$$\theta_{ijk} = \frac{\alpha_{ijk} + E_{P(X|D,\boldsymbol{\theta}_G\cdot G)}(N_{ijk})}{\sum_{k=1}^{r_i} (\alpha_{ijk} + E_{P(X|D\cdot\boldsymbol{\theta}_G,G)}(N_{ijk}))}$$

④ 迭代前 3 步，可收敛到局部最大值。

8.3 隐马尔可夫模型

隐马尔可夫模型（Hidden Markov Model，HMM）描述由隐马尔可夫链随机生成观测序列的过程，属于生成模型。它是结构简单的动态贝叶斯网络，也是一种有向图模型，在语音识别、自然语言处理和生物信息等领域具有广泛的应用价值。

8.3.1 隐马尔可夫模型描述

在介绍 HMM 之前，首先介绍一下马尔可夫过程（Markov Process），它因俄罗斯数学家 Andrey Andreyevich Markov 而得名，代表数学中具有马尔可夫性质的离散随机过程。在该过程中，每个状态的转移只依赖之前的 n 个状态，这个过程被称为一个 n 阶的模型，其中 n 是影响转移状态的数目。最简单的马尔科夫过程就是一阶过程，每一个状态的转移只依赖其之前的那一个状态。

马尔可夫链是随机变量 $X_1,X_2\cdots,X_n$ 的一个数列，这些变量的取值范围，称为“状态空间”，而 X_n 的值代表在时刻 n 的状态。如果 X_{n+1} 对于过去状态的条件概率分布仅仅是 X_n 的一个函数，则：

$$P(X_{n+1}|X_0,X_1,\cdots,X_n)=P(X_{n+1}|X_n)$$

其中，X_i 为过程中的某个状态。

为了阐述隐马尔可夫模型，首先举一个示例：球和缸的实验。

设有 N 个缸，每个缸中装有很多彩色的球，球的颜色由一组概率分布描述。实验是这样进行的：根据某个初始概率分布，随机地选择 N 个缸中的一个，如第 i 个缸，根据这个缸中彩色球颜色的概率分布，随机地选择一个球，球的颜色记为 O_1，然后把球放回缸中；又根据描述缸的转移概率分布，随机地选择下一个缸，如第 j 个缸，从缸中随机选一个球，球的颜色记为 O_2，这样一直进行下去。可以得到一个描述球颜色的序列 L，即 $(O_1,O_2,\cdots)$，由于这是观察到的事件，因而称为观察值序列。但缸之间的转移，以及每次选取的缸被隐藏，并不能直接观察到，而且从每个缸中选取球的颜色并不是与缸一一对应的，而是由该缸中彩球颜色的概率分布随机决定的。此外，每次选取哪个缸则由一组转移概率所决定。

隐马尔可夫模型是一种统计模型，经常用来描述一个含有隐含未知参数的马尔可夫过程。隐马尔可夫模型中的变量可以分为两组，第一组是状态变量 $\{q_1,q_2,\cdots,q_n\}$，其中 q_i 表示第 i 时刻的系统状态，通常状态是隐藏的，是不可以观测的，这些状态变量构成状态序列，状态变量也称隐藏变量；第二组是观测变量 $\{o_1,o_2,\cdots,o_n\}$，其中 o_i 表示第 i 时刻的观测值，这些观测变量构成观测序列。在隐马尔可夫模型中，系统通常会在多个状态之间转换，因此状态变量 q_i 的取值范围通常是有 n 个可能取值的离散空间，观测变量 o_i 可以是离散型的，也可以是连续型的。该模型的难点是通过观测变量确定隐藏的状态变量隐含参数。

隐马尔可夫模型由下列参数描述。

（1）N：模型中马尔可夫链状态数目。N 个状态为 $S_1,S_2,\cdots,S_N$，记 t 时刻马尔可夫链所处的状态为 q_t，$q_t\in\{S_1,S_2,\cdots,S_N\}$。在球与缸的实验中，缸相当于状态。

（2）M：每个状态对应的可能观察值的数目。M 个观察值为 $V_1,V_2,\cdots,V_M$，记 t 时刻观察到的观察值为 o_t，$o_t\in\{V_1,V_2,\cdots,V_M\}$。球与缸的实验中，所选彩球的颜色就是观察值。

（3）**状态转移概率**：模型在各个状态间转换的概率，通常记为矩阵 $\boldsymbol{A}=[a_{ij}]_{N\times N}$，其中，$a_{ij}=P(q_{t+1}=S_j|q_t=S_i),1\leqslant i,j\leqslant N$ 表示在任意时刻 t，若状态为 S_i，则在下一时刻为 S_j 的概率。

（4）**观测概率**：模型根据当前状态获得各个观测值的概率，通常记为矩阵 $\boldsymbol{B}=[b_{ij}]_{N\times M}$，其中，$b_{ij}=P(o_t=V_j|q_t=S_i)$，$1\leqslant i\leqslant N$，$1\leqslant j\leqslant M$ 表示在任意时刻 t，若状态为 S_i，则观测到 o_j 的概率。

（5）**初始状态概率**：模型在初始时刻各状态出现的概率，通常记为 $\boldsymbol{\pi}=$

$(\pi_1,\pi_2,\cdots,\pi_N)$，其中，$\pi_i=P(q_1=S_i)$，$1\leqslant i\leqslant N$ 表示模型的初始状态概率为 S_i 的概率。

通过指定状态空间、观测空间和上面 3 组参数，就能确定一个隐马尔可夫模型。隐马尔可夫模型用 5 元组表示：$\lambda=(N,M,\boldsymbol{A},\boldsymbol{B},\pi)$。给定隐马尔可夫模型 λ，它按如下过程产生观测序列 $\{o_1,o_2,\cdots,o_n\}$。

（1）设置 $t=1$，并根据初始状态概率 π 选择初始状态 q_1；

（2）根据状态 S_t 和观测概率 $\boldsymbol{B}$ 选择观测变量取值 o_t；

（3）根据状态 q_t 和状态转移矩阵 $\boldsymbol{A}$ 转移模型状态，即确定 o_{t+1}；

（4）若 $t<n$，设置 $t=t+1$，并转到第（2）步，否则终止。

8.3.2　隐马尔可夫模型的三个基本问题

在实际应用中，隐马尔可夫模型的 3 个基本问题如下所述。

（1）估计问题：给定模型 λ，如何有效计算其产生观测序列 $o=\{o_1,o_2,\cdots,o_T\}$ 的概率 $P(o|\lambda)$？

（2）寻找状态序列：给定模型 λ 和观测序列 $o=\{o_1,o_2,\cdots,o_T\}$，如何找到与此观测序列最匹配的状态序列 $q=\{q_1,q_2,\cdots,q_T\}$？

（3）学习模型参数：给定观测序列 $o=\{o_1,o_2,\cdots,o_T\}$，如何调整参数使得模型 λ 出现给定观测序列的概率 $P(o|\lambda)$ 最大？

1. 估计问题

给定观测序列 $o=\{o_1,o_2,\cdots,o_T\}$ 和状态序列 $q=\{q_1,q_2,\cdots,q_T\}$，给定状态序列 q 观测 o 的概率：

$$P(o|q,\lambda)=\prod_{t=1}^{T}P(o_t|q_t,\lambda)=b_{q_1}(o_1)\cdot b_{q_2}(o_2)\cdot\cdots\cdot b_{q_T}(o_T)$$

由于不知道状态序列，因此无法直接计算上式。状态序列 q 的概率为

$$P(q|\lambda)=P(q_1)\prod_{i=1}^{T}P(q_r|q_{r-1})=\pi_{q_1}a_{q_1q_2}\cdots a_{q_{T-1}q_T}$$

联合概率为

$$\begin{aligned}P(o,q|\lambda)&=P(q_1)\prod_{i=2}^{T}P(q_i|q_{t-1})\prod_{i=1}P(o_t|q_i)\\&=\pi_{q_1}b_{q_1}(o_1)a_{q_1q_2}b_{q_2}(o_2)\cdots a_{q_{T-1}q_T}b_{q_T}(o_T)\end{aligned}$$

通过在所有可能的 q 上求和，计算 $P(o|\lambda)$：

$$P(o|\lambda) = \sum_{\text{所有可能的}q} P(o,q|\lambda)$$

但是，这种方法并不现实，因为如果假定所有的概率都是非零的，则有 N 个可能的 q。存在计算 $P(o|\lambda)$ 的有效方法，称为前向后向过程（Forward-Backward Procedure），它的基本思想是将观测序列分为两个部分：第一部分开始于时刻 1，止于时刻 t；第二部分从时刻 $t+1$ 到时刻 T。

定义 8.3：前向变量（Forward Variable）。给定模型 λ，前向变量 $\alpha_t(i)$ 为在时刻 t 观测到部分序列 $\{o_1,\cdots,o_t\}$ 且在时刻 t 的状态为 S_t 的概率：

$$\alpha_t(i) \equiv P(o_1\cdots o_t, q_t = S_t|\lambda)$$

前向算法[104]的优点在于可通过累积结果而递推地计算上式，具体算法见算法 8.4。

算法 8.4：前向算法

输入：隐马尔可夫模型 λ，观测序列 $o_1,\cdots,o_t$。

输出：$P(o|\lambda)$。

（1）初始化：

$$\begin{aligned}\alpha_1(i) &\equiv P(o_1, q_1 = S_i|\lambda)\\ &= P(o_1|q_1 = S_i,\lambda)P(q_1 = S_i|\lambda)\\ &= \pi_i\, b_i(o_1)\end{aligned}$$

（2）递归：

$$\begin{aligned}\alpha_{t+1}(j) &\equiv P(o_1\cdots o_{t+1}, q_{t+1} = S_j|\lambda)\\ &= P(o_1\cdots o_{t+1}|q_{t+1} = S_j,\lambda)P(q_{t+1} = S_j|\lambda)\\ &= P(o_1\cdots o_t|q_{t+1} = S_j,\lambda)P(o_{t+1}|q_{t+1} = S_j,\lambda)P(q_{t+1} = S_j|\lambda)\\ &= P(o_1\cdots o_t, q_{t+1} = S_j|\lambda)P(o_{t+1}|q_{t+1} = S_j,\lambda)\\ &= P(o_{t+1}|q_{t+1} = S_j,\lambda)\sum_i P(o_1\cdots o_t, q_t = S_i, q_{t+1} = S_j|\lambda)\\ &= P(o_{t+1}|q_{t+1} = S_j,\lambda)\sum_i P(o_1\cdots o_t, q_{n+1} = S_j|q_t = S_i,\lambda)P(q_t = S_i|\lambda)\end{aligned}$$

$$P(o_{t+1}|q_{t+1}= S_j,\lambda)\sum_i P(o_1\cdots o_t|q_t= S_i,\lambda)P(q_{t+1}= S_j|q_t= S_i,\lambda)P(q_t= S_i|\lambda)$$

$$\begin{aligned}&= P(o_{t+1}|q_{t+1} = S_j,\lambda)\sum_i P(o_1\cdots o_t, q_i = S_i|\lambda)P(q_{t+1} = S_j|q_t = S_i,\lambda)\\ &= \left[\sum_{i=1}^{N}\alpha_t(i)a_{ij}\right]b_j(o_{t+1})\end{aligned}$$

$\alpha_t(i)$ 解释前 t 个观测并且止于状态 S_i。通过将其乘以概率 a_{ij} 转移到状态 S_j，但

是因为有 N 个可能的先前状态，所以我们需要在所有这些可能的先前状态 S_i 上求和。$b_j(o_{t+1})$则是产生第 $t+1$ 个观测且在时刻 $t+1$ 处于状态 S_j 的概率。
(3) 终止：计算观测序列的概率

$$P(o|\lambda) = \sum_{i=1}^{N} P(o,q_T = S_i|\lambda) = \sum_{i=1}^{N} \alpha_T(i)$$

$P(o|\lambda)$是产生整个观测序列并终止于状态 S_i 的概率，我们需要在所有可能的终止状态上求和。计算$\alpha_t(i)$的复杂度为 $O(N^2T)$，并且在这个时间内解决估计问题。

类似地，定义后向变量。

定义 8.4：后向变量（Backward Variable）。给定模型 λ，反向变量$\beta_t(i)$为在时刻 t 处于状态 S_i 且观测到部分序列 $o_{t+1},\cdots,o_T$的概率。

$$\beta_t(i) \equiv P(o_{t+1}\cdots o_T|q_t=S_i,\lambda)$$

后向算法[104]按如下步骤递归地计算，它反向进行完成，具体见算法 8.5。

算法 8.5：后向算法

输入：隐马尔可夫模型 λ，观测序列$o=(o_{t+1},\cdots,o_T)$。
输出：$P(o|\lambda)$。

(1) 初始化（任意地初始化为 1）：

$$\beta_T(i)=1$$

(2) 递归：

$$\begin{aligned}
\beta_t(i) &= P(o_{t+1}\cdots o_T|q_t = s_i,\lambda)\\
&= \sum_j P(o_{t+1}\cdots o_T,q_{t+1} = S_j|q_t = S_i,\lambda)\\
&= \sum_j P(o_{t+1}\cdots o_T,q_{t+1} = S_j|q_t = S_i,\lambda)P(q_{t+1} = S_j|q_t = S_t,\lambda)\\
&= \sum_j P(o_{t+1},q_{t+1} = S_j|q_t = S_i,\lambda)\\
&\quad P(o_{t+2}\cdots o_T|q_{t+1} = S_j,q_t = S_i,\lambda)P(q_{t+1} = S_j|q_t = S_i,\lambda)\\
&= \sum_j P(o_{t+1}|q_{t+1} = S_i,\lambda)\\
&\quad P(o_{t+2}\cdots o_T|q_{t+1} = S_j,\lambda)P(q_{t+1} = S_j|q_t = S_i,\lambda)\\
&= \sum_{j=1}^{N} a_{ij}\, b_j(o_{t+1})\,\beta_{t+1}(j)
\end{aligned}$$

当处于状态 S_i 时，有 N 种可能的下一状态 S_j，每个的概率为 a_{ij}。在该状态上，产生第 $t+1$ 个观测，而$\beta_{t+1}(j)$解释时刻 $t+1$ 后的所有观测。

（3）终止：计算观测序列的概率。

$$P(o|\lambda) = \sum_{i=1}^{N} P(o,\ q_1 = S_i|\lambda) = \sum_{i=1}^{N} \pi_i b_i(o_1) \beta_1(i)$$

需要注意：α_t 和β_t 都是通过多个小概率相乘计算得到的，当序列很长时，有下溢的可能。在实现过程中，为了避免下溢，对其进行规范化，即每一步通过将$\alpha_t(i)$乘以 $c_t = \dfrac{1}{\sum_j \alpha_t(j)}$ 实现规范化。同样地，将$\beta_t(i)$也乘以相同的c_t 对其进行规范化（$\beta_t(i)$之和不为 1）。规范化后的使用式[104]：

$$P(o|\lambda) = \frac{1}{\prod_t c_t} \text{ 或 } \log P(o|\lambda) = -\sum_t \log c_t$$

2. 寻找状态序列

现在考虑第二个问题，即给定模型 λ，寻找以最高概率产生观测序列 $o=\{o_1,o_2,\cdots,o_T\}$ 的状态序列 $q=\{q_1,q_2,\cdots,q_T\}$。

定义$\gamma_t(i)$为给定 o 和 λ，在时刻 t 处于状态 S_i 的概率，则有：

$$\begin{aligned}
\gamma_t(i) &= P(q_t = S_i|o,\ \lambda) \\
&= \frac{P(o|q_t = S_i,\ \lambda)P(q_t = S_i|\lambda)}{P(o|\lambda)} \\
&= \frac{P(o_1\cdots o_t|q_t = S_i,\ \lambda)P(o_{t+1}\cdots o_T|q_t = S_i,\ \lambda)P(q_t = S_i|\lambda)}{\sum_{j=1}^{N} P(o,\ q_t = S_j|\lambda)} \\
&= \frac{P(o_1\cdots o_t,\ q_t = S_i,\ \lambda)P(o_{t+1}\cdots o_T|q_t = S_i,\ \lambda)}{\sum_{j=1}^{N} P(o|q_i = S_j,\ \lambda)P(q_t = S_i|\lambda)} \\
&= \frac{\alpha_t(i)\ \beta_t(i)}{\sum_{j=1}^{N} \alpha_t(j)\ \beta_t(j)}
\end{aligned}$$

前向变量$\alpha_t(i)$解释在时刻 t 并终止于状态 S_i 的序列的前一部分，而后向变量$\beta_t(i)$解释从那里开始直到时刻 T 的后一部分。

分子 $\alpha_t(i)\beta_t(i)$ 解释在时刻 t 系统处于状态 S_i 的整个序列。我们需要将其除以所有在时刻 t 可能转移到的中间状态来对其进行规范化，并保证 $\sum_i \gamma_t(i) = 1$。

为了找到状态序列，可以在每一时间步 t 选择具有最高概率的状态：

$$q_i^* = \arg\max_i \gamma_t(i)$$

但是这有可能在时刻 t 和时刻 $t+1$ 选择 S_i 与 S_j 作为最合适的状态，即使这时有 $a_{ij}=0$。为了找到单个最好的状态序列（路径），使用基于动态规划的维特比算法，它是将这样的转移概率考虑在内的。

给定状态序列 $q=(q_1,q_2,\cdots,q_T)$ 和观测序列 $o=(o_1,o_2,\cdots,o_T)$，定义 $\delta_t(i)$ 为在时刻 t 观测前 t 个并止于状态 S_i 的最高概率路径的概率：

$$\delta_t(i) \equiv \max_{q_1q_2\cdots q_{t-1}} p(q_1q_2\cdots q_{t-1}, q_t=S_i, o_1\cdots o_t \mid \lambda)$$

于是，可以递归地计算 $\delta_{t+1}(i)$，而最优路径可以从 T 后向读取，在每个时刻选择最可能的状态。维特比算法[105]见算法 8.6。

算法 8.6：维特比算法

（1）初始化：

$$\delta_1(i) = \pi_i b_i(o_1)$$

$$\Psi_1(i) = 0$$

（2）递归：

$$\delta_t(j) = \max_i \delta_{t-1}(i) a_{ij} \cdot b_j(o_t)$$

$$\Psi_t(j) = \arg\max_i \delta_{t-1}(i) a_{ij}$$

（3）终止：

$$p^* = \max_i \delta_T(i)$$

$$q_T^* = \arg\max_i \delta_T(i)$$

（4）路径（状态序列）回溯：

$$q_t^* = \Psi_{t+1}(q_{t+1}^*) \quad t=T-1, T-2, \cdots, 1$$

$\Psi_t(j)$ 跟踪在时刻 $t-1$ 最大化 $\delta_t(j)$ 的状态，即最佳先前状态。维特比算法与正向阶段具有相同的复杂度，其中每一步用取最大值替代求和。

3. 学习模型参数

现在考虑第 3 个问题，采用最大似然方法，计算最大化训练序列样本

$X=\{o^k\}_{k-1}^{K}$ 的似然的 λ^*，即计算最大化 $P(X|\lambda)$ 的 λ^*。

给定整个观测 o 和 λ，定义 $\xi_t(i,j)$ 为在时刻 t 处于状态 S_i 且在时刻 $t+1$ 处于状态 S_j 的概率：

$$
\begin{aligned}
\xi_t(i,j) &\equiv P(q_t=S_i,q_{t+1}=S_j|o,\lambda)\\
&=\frac{P(o|q_t=S_i,q_{t+1}=S_j,\lambda)P(q_t=S_i,q_{t+1}=S_j|\lambda)}{P(o|\lambda)}\\
&=\frac{P(o|q_t=S_i,q_{t+1}=S_j,\lambda)P(q_{t+1}=S_j|q_t=S_i,\lambda)P(q_t=S_i|\lambda)}{P(o|\lambda)}\\
&=\left(\frac{1}{P(o|\lambda)}\right)P(o_1\cdots o_t|q_t=S_i,\lambda)P(o_{t+1}|q_{t+1}=S_j,\lambda)\\
&\quad P(o_{t+2}\cdots o_T|q_{t+1}=S_j,\lambda)a_{ij}P(q_t=S_i|\lambda)\\
&=\left(\frac{1}{P(o|\lambda)}\right)P(o_1\cdots o_t|q_t=S_i,\lambda)P(o_{t+1}|q_{t+1}=S_j,\lambda)\\
&\quad P(o_{t+2}\cdots o_T|q_{t+1}=S_j,\lambda)a_{ij}\\
&=\frac{\alpha_t(i)b_j(o_{t+1})\beta_{t+1}(j)a_{ij}}{\sum_k\sum_l P(q_t=S_k,q_{t+1}=S_l,o|\lambda)}\\
&=\frac{\alpha_t(i)a_{ij}b_j(o_{t+1})\beta_{t+1}(j)}{\sum_k\sum_l\alpha_t(k)a_{kl}b_l(o_{t+1})\beta_{t+1}(l)}
\end{aligned}
$$

$\alpha_t(i)$ 解释前 t 个观测且在时刻 t 处于状态 S_i。以概率 a_{ij} 转移到状态 S_j，产生第 $t+1$ 个观测，并在 $t+1$ 时刻从 S_t 开始继续产生观测序列的其余部分。通过将 $\xi_t(i,j)$ 除以所有的在时刻 t 和时刻 $t+1$ 可能处于的状态对其进行规范化。

如果需要，可以通过对所有可能的下一状态在弧概率上边缘化来计算在 t 时刻系统处于状态 S_t 的概率：

$$\gamma_t(i)=\sum_{j=1}^{N}\xi_t(i,j)$$

需要注意的是，如果马尔科夫模型状态不是隐含的，而是可观测的，则 $\gamma_t(i)$ 和 $\xi_t(i,j)$ 两者均为 0 或 1。当它们不是 0 或 1 时，通过软计数（Soft Count）这样的后验概率来估计它们。正如分类和聚类之间的区别，类标号相应为已知的和未知的。在使用 EM 算法的聚类中，类标号是未知的，首先

（在E步中）估计它们，然后（在M步中）使用这些估计计算参数。

使用Baum-Welch[106]算法来学习模型参数，它是一种EM过程。在每次迭代中，首先在E步，给定当前λ，计算$\xi_t(i,j)$和$\gamma_t(i)$的值；然后在M步，给定$\xi_t(i,j)$和$\gamma_t(i)$，再计算λ。这两个步骤交替进行直到收敛，这是因为$P(o|\lambda)$的值在这个过程中不会减小。

假设指示变量z_i^t为：

$$z_i^t=\begin{cases}1 & \text{如果 } q_t=S_i\\ 0 & \text{否则}\end{cases}$$

并且：

$$z_{ij}^t=\begin{cases}1 & \text{如果 } q_t=S_i \text{ 且 } q_{t+1}=S_j\\ 0 & \text{否则}\end{cases}$$

这些值在可观测马尔可夫模型情况下为0或1，而在HMM情况下为隐随机变量。

Baum-Welch算法见算法8.7。

算法8.7：Baum-Welch算法

（1）初始化：参数的初值。

（2）E步：估计

$$E[z_i^t]=\gamma_t(i)$$
$$E[z_{ij}^t]=\xi_t(i,j)$$

（3）M步：给定这些估计值，计算参数。从S_i到S_j的转移的期望数为$\sum\limits_t \xi_t(i,j)$，而从S_i转移的总数为$\sum\limits_t \gamma_t(i)$。这两个数值的比值给出了任意时刻从状态$S_i$转移到$S_j$的概率。

$$\hat{a}_{ij}=\frac{\sum\limits_{t=1}^{T-1}\xi_t(i,j)}{\sum\limits_{t=1}^{T-1}\gamma_t(i)}$$

在状态S_j观测v_m的概率为系统处于状态S_j时刻观测v_m的期望次数除以系统处于状态S_j的总数：

$$\hat{b}_j(m)=\frac{\sum_{t=1}^{T}\gamma_t(j)\boldsymbol{1}(o_t=v_m)}{\sum_{t=1}^{T}\gamma_t(j)}$$

$$\pi_i=r_1\ (i)$$

（4）终止：得到模型参数 $\boldsymbol{A}$、$\boldsymbol{B}$、π。

当有多个观测序列 $x=\{o^*\}_{k-1}^{K}$时，假定它们彼此独立：

$$P(x\mid\lambda)=\prod_{i=1}^{K}P(o^k\mid\lambda)$$

参数在全部序列的所有观测上取平均：

$$\hat{a}_{ij}=\frac{\sum_{k=1}^{K}\sum_{i=1}^{T_k-1}\xi_i(i,j)}{\sum_{k=1}^{K}\sum_{i=1}^{T_k-1}\gamma_i^*(i)}$$

$$\hat{b}_j(m)=\frac{\sum_{k=1}^{K}\sum_{t=1}^{T_k}\gamma_i^*(j)\boldsymbol{1}(o_i^*=v_m)}{\sum_{k=1}^{K}\sum_{i=1}^{T_k}\gamma_i^*(j)}$$

$$\hat{\pi}=\frac{\sum_{k=1}^{K}\gamma_i^*(i)}{K}$$

假定离散的观测服从多项分布：

$$P(o_t\mid q_t=S_j,\lambda)=\prod_{m=1}^{M}b_j(m)^{r_m^t}$$

其中，$r_m^t=\begin{cases}1 & 如果\ o_t=v_m\\ 0 & 其他\end{cases}$。

如果输入是连续的，一种方法是将其离散化，再使用这些离散值作为观测值。通常使用向量量化，将连续值转换为最接近的参考向量的离散值索引。例如，在语音识别中，一个单词发音被分割为小的语音片段，对应于音素或部分音素。预处理后，这些片段通过向量量化被离散化，然后使用 HMM 将一个单词的发音建模为一个离散化片段的序列。

用于向量量化的 K 均值是高斯混合模型的一个硬版本：

$$p(o_t|q_t = S_j, \lambda) = \sum_{i=1}^{L} P(G_i)p(o_t|q_t = S_j, G_t, \lambda)$$

其中，$p(o_t|q_t=S_j,G_l,\lambda)\sim\mathcal{N}(\boldsymbol{\mu}_l,\boldsymbol{\Sigma}_l)$，并且观测保持连续性。在这种高斯混合情况下，可以为分量参数（以合适的正则化来保持对参数个数进行检验）和混合比例推导出 EM 方程。

8.4 本章小结

本章主要讨论了有向图模型中的贝叶斯网络和隐马尔可夫模型。本章从完整数据结构学习和缺失数据结构学习两方面介绍了贝叶斯网络，首先说明如何使用有向分离方法来判断结点间的独立性，之后对完整数据结构学习的两种主要方法进行了详细的阐述，介绍了评分函数，如 BD 评分、LL 评分、MDL 评分等，以及常用的算法，如 K2 算法和爬山算法等；讨论了不完整数据时贝叶斯网络的参数学习，主要介绍了几种近似方法，如 Monte-Carlo 方法、高斯逼近、Laplace 近似和 EM 算法。本章讨论了隐马尔可夫模型及其 3 个基本问题，并且介绍了每一个基本问题相应的算法，如估计问题的前向算法和后向算法、寻找状态序列的 Viterbi 算法和学习模型参数的 Baum-Welch 算法等。

第 9 章

矩阵与张量分解

在机器学习中，数据向量通常用于描述一个高维的数据点，不同的数据向量之间没有相关性。但在许多情况下，数据之间存在空间或时间关系，简单的数据向量不足以表征这些特性，因此需要使用更高阶的数据表示方法，即数据矩阵（二阶）和数据张量（三阶及以上）。例如，推荐系统中用户对物品的打分数据通常用打分矩阵表示，一张 RGB 三色图片通常用一个三维张量表示。数据尺寸的增加对于数据维度而言是幂指数式的，使用矩阵和张量表示数据，通常需要更多的存储空间（仅就稠密矩阵和张量而言），其相关算法也具有更高的时间复杂度。因此，将矩阵或张量分解成多个较小矩阵或张量的某种运算结果（通常为乘积），将算法作用于分解后的矩阵或张量，能够显著地减少算法的存储空间与运算时间。本章将介绍机器学习中常用的矩阵、张量分解算法及其相关应用。

9.1 等值与低轶矩阵分解

矩阵分解是线性代数中的重要知识点。在线性代数中，矩阵分解指的是等值矩阵分解，即等式左右两边的矩阵或运算结果矩阵完全相同。机器学习领域最常用的等值矩阵分解算法是奇异值分解（Singular Value Decomposition, SVD）[107]。

定义 9.1：奇异值分解。

给定域 K（实数域或复数域）上的 $m\times n$ 矩阵 $\boldsymbol{M}$，其奇异值分解定义为如下形式：

$$\boldsymbol{M}=\boldsymbol{U}\boldsymbol{\Sigma}\boldsymbol{V}^{*} \tag{9.1}$$

其中，$\boldsymbol{U}$ 是域 K 上的 $m\times m$ 酉矩阵（若 K 为实数域，则 $\boldsymbol{U}$ 是正交矩阵）；$\boldsymbol{\Sigma}$ 是元素全为非负数的 $m\times n$ 对角矩阵；$\boldsymbol{V}$ 是域 K 上的 $n\times n$ 酉矩阵，而 $\boldsymbol{V}^{*}$ 是 $\boldsymbol{V}$ 的共轭转置。矩阵 $\boldsymbol{\Sigma}$ 对角线上的元素被称为矩阵 $\boldsymbol{M}$ 的奇异值。习惯上将奇异值

按降序排列，此时 $\boldsymbol{\Sigma}$ 由 $\boldsymbol{M}$ 唯一确定。

由于奇异值矩阵 $\boldsymbol{\Sigma}$ 中前10%甚至前1%的奇异值的和占据了所有奇异值和的99%以上，因此可以使用奇异值分解对数据矩阵进行近似表示，即使用最大的前 k 个奇异值和它们对应的 $\boldsymbol{U}$ 矩阵中的 k 列，以及 $\boldsymbol{V}^*$ 矩阵中的 k 行近似描述原矩阵 $\boldsymbol{M}$：

$$\boldsymbol{M}_{m\times n} \approx \boldsymbol{U}_{m\times k}\boldsymbol{\Sigma}_{k\times k}\boldsymbol{V}_{k\times n}^* \tag{9.2}$$

使用奇异值分解进行数据降维时，若数据个数为 n，数据维度为 m，则 $\boldsymbol{U}_{m\times k}$ 可视为新的一组坐标基，而 $\boldsymbol{\Sigma}_{k\times k}\boldsymbol{V}_{k\times n}^*$ 为降维后的数据（数据维度从 m 降低为 k）。另外，奇异值分解也常用于主成分分析（Principal Component Analysis, PCA）[108]的计算，后者的核心思想是使得数据协方差矩阵的非对角线元素为零，即不同维度之间不存在关联，各个维度相互独立。

当对 $n\times n$ 的方阵进行奇异值分解时，其时间复杂度为 $O(n^3)$；若为一般的 $m\times n$ 矩阵，假设 $m\geqslant n$，则奇异值分解的时间复杂度为 $O(mn^2)$。因此，当数据维度过大时，如 $n=10^6$，奇异值分解是相当耗时的。

在处理大规模矩阵数据时，若算法对矩阵分解后还原矩阵的秩没有严格要求时，即不要求数据之间或数据维度之间线性无关，则可采用低秩矩阵分解算法。该类算法能够有效地降低矩阵分解的算法复杂度。

定义 9.2：低秩矩阵分解。

给定域 K（实数域或复数域）上的 $m\times n$ 矩阵 $\boldsymbol{M}$，寻找矩阵因子 $\boldsymbol{W}$ 和 $\boldsymbol{H}$，使得

$$\boldsymbol{M} \approx \hat{\boldsymbol{M}} = \boldsymbol{W}\boldsymbol{H} \tag{9.3}$$

其中，$\boldsymbol{W}$ 为域 K 上的 $m\times k$ 矩阵；$\boldsymbol{H}$ 为域 K 上的 $k\times n$ 矩阵，k 称为隐维度（Latent Dimension）。假设原矩阵 $\boldsymbol{M}$ 为满秩矩阵且 $m\geqslant n$，则其秩为 n，分解后近似矩阵 $\hat{\boldsymbol{M}}$ 的秩为 k。由于通常选择 $k\ll m,n$，因此被称为低秩矩阵分解。

低秩矩阵分解是一个优化问题，目标是使得分解后矩阵因子的乘积尽可能接近原矩阵。常用的目标函数有两种。

一种是平方欧氏距离：

$$E(\boldsymbol{M},\hat{\boldsymbol{M}}) = \|\boldsymbol{M}-\hat{\boldsymbol{M}}\|_{\mathrm{F}}^2 \tag{9.4}$$

其中，$\|\cdot\|_{\mathrm{F}}$ 为弗罗贝尼乌斯（Frobenius）范数。

另一种是散度：

$$D(\boldsymbol{M}\|\hat{\boldsymbol{M}}) = \sum_{i=1}^{m}\sum_{j=1}^{n} M_{ij}\log\frac{M_{ij}}{\hat{M}_{ij}} - M_{ij} + \hat{M}_{ij} \tag{9.5}$$

注：当散度中的两个变量均为概率分布或和为 1 时，称为 KL 散度[109]。

以上两种目标函数均不是凸函数。然而，若固定其中任一矩阵变量，对另一矩阵变量而言，它们则是凸函数。因此，求解低秩矩阵分解的算法，最常用的是随机梯度下降（Stochastic Gradient Descent，SGD）[110]和交替最小二乘法（Alternating Least Square，ALS）[111]。以实数域下的平方欧氏距离目标函数为例，分别介绍算法 9.1 和算法 9.2。

算法 9.1：随机梯度下降算法求解低秩矩阵分解

目标函数关于 $\boldsymbol{W}$ 和 $\boldsymbol{H}$ 的偏导数分别为

$$\frac{\mathrm{d}E}{\mathrm{d}\boldsymbol{W}} = \boldsymbol{W}\boldsymbol{H}\boldsymbol{H}^{\mathrm{T}} - \boldsymbol{M}\boldsymbol{H}^{\mathrm{T}},\ \frac{\mathrm{d}E}{\mathrm{d}\boldsymbol{H}} = \boldsymbol{W}^{\mathrm{T}}\boldsymbol{W}\boldsymbol{H} - \boldsymbol{W}^{\mathrm{T}}\boldsymbol{M} \tag{9.6}$$

那么，使用随机梯度下降算法的更新公式为

$$\begin{aligned}\boldsymbol{W} &\leftarrow \boldsymbol{W} - \mu(\boldsymbol{W}\boldsymbol{H}\boldsymbol{H}^{\mathrm{T}} - \boldsymbol{M}\boldsymbol{H}^{\mathrm{T}})\\ \boldsymbol{H} &\leftarrow \boldsymbol{H} - \eta(\boldsymbol{W}^{\mathrm{T}}\boldsymbol{W}\boldsymbol{H} - \boldsymbol{W}^{\mathrm{T}}\boldsymbol{M})\end{aligned} \tag{9.7}$$

其中，μ 和 η 是学习速率（步长）。

在应用该算法求解时，交替进行对 $\boldsymbol{W}$ 和 $\boldsymbol{H}$ 的更新。

算法 9.2：交替最小二乘法求解低秩矩阵分解

当固定 $\boldsymbol{W}$ 时，更新 $\boldsymbol{H}$ 可以被视为求解 k 个独立的线性最小二乘法问题：

$$\boldsymbol{W}\boldsymbol{h} \approx \boldsymbol{m} \tag{9.8}$$

其中，$\boldsymbol{h}$ 是矩阵 $\boldsymbol{H}$ 中的一列；$\boldsymbol{m}$ 则是数据矩阵 $\boldsymbol{M}$ 中 $\boldsymbol{h}$ 所对应的一列。

使用线性最小二乘法公式可直接求出 $\boldsymbol{h}$ 的更新公式为

$$\boldsymbol{h} = (\boldsymbol{W}^{\mathrm{T}}\boldsymbol{W})^{-1}\boldsymbol{W}^{\mathrm{T}}\boldsymbol{m} \tag{9.9}$$

更新完 $\boldsymbol{H}$ 的每一列后，固定 $\boldsymbol{H}$，使用同样方法更新 $\boldsymbol{W}$ 的每一行。

9.2　非负矩阵分解

在许多矩阵分解的应用中，数据本身具有必须保有的特性，这些特性通常以约束形式体现在矩阵分解算法中。9.1 节中介绍的矩阵分解算法，不包含任何约束，分解后的矩阵和还原后的矩阵均可能出现负值，这与许多实际应用的数据非负性存在冲突，如图像聚类时图像像素 RGB 值，以及多数推荐系统的打分数据。因此，针对具有非负性的数据集，矩阵分解算法应考虑非负性约束，由此衍生出非负矩阵分解算法[112]。

定义 9.3：非负矩阵分解。

给定域 K（实数域或复数域）上的 $m\times n$ 非负矩阵 $\boldsymbol{M}$，寻找非负矩阵因子 $\boldsymbol{W}$ 和 $\boldsymbol{H}$，使得：

$$\boldsymbol{M}\approx\boldsymbol{WH} \tag{9.10}$$

对应的优化问题为

$$\min_{\boldsymbol{W}\geqslant 0,\boldsymbol{H}\geqslant 0} F(\boldsymbol{M},\boldsymbol{WH}) \tag{9.11}$$

其中，$F(\cdot)$为目标函数。

当使用平方欧氏距离时：

$$\min_{\boldsymbol{W}\geqslant 0,\boldsymbol{H}\geqslant 0} \|\boldsymbol{M}-\boldsymbol{WH}\|_{\mathrm{F}}^{2} \tag{9.12}$$

当使用散度时：

$$\min_{\boldsymbol{W}\geqslant 0,\boldsymbol{H}\geqslant 0} \sum_{i=1}^{m}\sum_{j=1}^{n} M_{ij}\log\frac{M_{ij}}{(\boldsymbol{WH})_{ij}} - M_{ij} + (\boldsymbol{WH})_{ij} \tag{9.13}$$

由于增加了非负性约束，9.1 节中介绍的随机梯度下降算法和交替最小二乘法不再适用。

注：随机梯度下降算法和交替最小二乘法经过简单变换，即可用于求解非负矩阵分解。前者必须增加约束映射步骤，后者必须使用非负线性最小二乘算法。

这里介绍求解非负矩阵分解应用最为广泛的算法——乘式更新法则(Multiplicative Update Rules)[112]，如算法 9.3 所示。

算法 9.3：乘式更新法则

对任意正整数 $a\leqslant m$，$b\leqslant n$，上述优化问题，使用下列更新公式进行更新，其目标函数值必定非增。

平方欧氏距离：

$$W_{ab}\leftarrow W_{ab}\frac{(\boldsymbol{MH}^{\mathrm{T}})_{ab}}{(\boldsymbol{WHH}^{\mathrm{T}})_{ab}} \tag{9.14}$$

$$H_{ab}\leftarrow H_{ab}\frac{(\boldsymbol{W}^{\mathrm{T}}\boldsymbol{M})_{ab}}{(\boldsymbol{W}^{\mathrm{T}}\boldsymbol{WH})_{ab}} \tag{9.15}$$

散度：

$$W_{ab} \leftarrow W_{ab} \frac{\sum_{j} M_{aj} H_{bj} / (\boldsymbol{WH})_{aj}}{\sum_{j} H_{bj}} \tag{9.16}$$

$$H_{ab} \leftarrow H_{ab} \frac{\sum_{i} M_{ib} W_{ia} / (\boldsymbol{WH})_{ib}}{\sum_{i} W_{ia}} \tag{9.17}$$

要证明上述更新公式的收敛性，首先引入辅助函数 $G(h,h')$，满足下列条件：

（1）$G(h,h') \geqslant F(h)$；

（2）$G(h,h)=F(h)$。

引理 9.1：如果 $G(h,h')$ 是 $F(h)$ 的辅助函数，则使用如下第 $t+1$ 步更新公式时 F 非增：

$$h^{t+1} = \arg\min_{h} G(h,h') \tag{9.18}$$

证明：$F(h^{t+1}) \leqslant G(h^{t+1},h^{t}) \leqslant G(h^{t},h^{t}=F(h^{t}))$。

如图 9.1 所示，在当前值处构造辅助函数 G，以 G 的最小值不断逼近 F 的最小值。

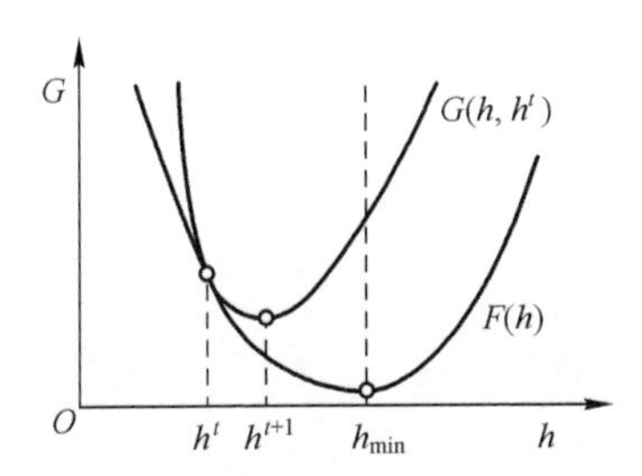

图 9.1　在当前值处构造辅助函数 G，以 G 的最小值不断逼近 F 的最小值

引理 9.2：函数

$$G_{ab}(\boldsymbol{W},\boldsymbol{W}^{t}) = F_{ab}(\boldsymbol{W}^{t}) + (W_{ab}-W_{ab}^{t})F'_{ab}(\boldsymbol{W}^{t}) + (W_{ab}-W_{ab}^{t})^{2}\frac{(\boldsymbol{W}^{t}\boldsymbol{HH}^{\mathrm{T}})_{ab}}{W_{ab}^{t}} \tag{9.19}$$

是平方欧氏距离目标函数 $F_{ab}(\boldsymbol{W})$ 的辅助函数。

证明：$G_{ab}(\boldsymbol{W},\boldsymbol{W})=F_{ab}(\boldsymbol{W})$显然成立，只需要证明$G_{ab}(\boldsymbol{W},\boldsymbol{W}^t)\geqslant F_{ab}(\boldsymbol{W})$。

在点W_{ab}^t处，对$F_{ab}(\boldsymbol{W})$应用泰勒展开：

$$
\begin{aligned}
F_{ab}(\boldsymbol{W}) = & F_{ab}(\boldsymbol{W}^t)+(W_{ab}-W_{ab}^t)F'_{ab}(\boldsymbol{W}^t) \\
& +\frac{1}{2}(W_{ab}-W_{ab}^t)^2 F''_{ab}(\boldsymbol{W}^t)
\end{aligned}
\tag{9.20}
$$

比较式（9.20）与$G_{ab}(\boldsymbol{W},\boldsymbol{W}^t)$，为证$G_{ab}(\boldsymbol{W},\boldsymbol{W}^t)\geqslant F_{ab}(\boldsymbol{W})$，只需要证明：

$$
\frac{(\boldsymbol{W}^t\boldsymbol{H}\boldsymbol{H}^{\mathrm{T}})_{ab}}{W_{ab}^t}\geqslant\frac{1}{2}F''_{ab}(\boldsymbol{W}^t)
\tag{9.21}
$$

由于：

$$
\begin{aligned}
& \frac{(\boldsymbol{W}^t\boldsymbol{H}\boldsymbol{H}^{\mathrm{T}})_{ab}}{W_{ab}^t}-\frac{1}{2}F''_{ab}(\boldsymbol{W}^t) \\
= & \frac{(\boldsymbol{W}^t\boldsymbol{H}\boldsymbol{H}^{\mathrm{T}})_{ab}}{W_{ab}^t}-(\boldsymbol{H}\boldsymbol{H}^{\mathrm{T}})_{bb} \\
= & \frac{\sum_{k=1}^{K}W_{ab}^t(\boldsymbol{H}\boldsymbol{H}^{\mathrm{T}})_{kb}}{W_{ab}^t}-(\boldsymbol{H}\boldsymbol{H}^{\mathrm{T}})_{bb} \\
\geqslant & \frac{W_{ab}^t(\boldsymbol{H}\boldsymbol{H}^{\mathrm{T}})_{bb}}{W_{ab}^t}-(\boldsymbol{H}\boldsymbol{H}^{\mathrm{T}})_{bb} \\
= & 0
\end{aligned}
\tag{9.22}
$$

证毕。

将辅助函数$G_{ab}(\boldsymbol{W},\boldsymbol{W}^t)$代入引理9.1，可得：

$$
\begin{aligned}
\boldsymbol{W}^{t+1} & =\arg\min_{W_{ab}} G_{ab}(\boldsymbol{W},\boldsymbol{W}^t) \\
& = W_{ab}^t\frac{(\boldsymbol{V}\boldsymbol{H}^{\mathrm{T}})_{ab}}{(\boldsymbol{W}\boldsymbol{H}\boldsymbol{H}^{\mathrm{T}})_{ab}}
\end{aligned}
\tag{9.23}
$$

引理9.3：函数

$$
\begin{aligned}
G_{ab}(\boldsymbol{W},\boldsymbol{W}^t)= & \sum_j(M_{aj}\log M_{aj}-M_{aj})+\sum_j(\boldsymbol{W}\boldsymbol{H})_{aj} \\
& -\sum_{jk}M_{aj}\frac{W_{ak}^tH_{kj}}{(\boldsymbol{W}^t\boldsymbol{H})_{aj}}\left(\log W_{ak}H_{kj}-\log\frac{W_{ak}^tH_{kj}}{(\boldsymbol{W}^t\boldsymbol{H})_{aj}}\right)
\end{aligned}
\tag{9.24}
$$

是散度目标函数$F_{ab}(\boldsymbol{W})$的辅助函数。

证明：$G_{ab}(\boldsymbol{W},\boldsymbol{W})=F_{ab}(\boldsymbol{W})$显然成立，只需要证明$G_{ab}(\boldsymbol{W},\boldsymbol{W}^t)\geqslant F_{ab}(\boldsymbol{W})$。

对任意和为 1 的 α_k，下列延森不等式（Jensen Inequality）恒成立：

$$-\log\sum_k W_{ak}H_{kj}\leqslant -\sum_k \alpha_k \log\frac{W_{ak}^t H_{kj}}{\alpha_k} \tag{9.25}$$

取：

$$\alpha_k=\frac{W_{ak}^t H_{kj}}{(\boldsymbol{W}^t\boldsymbol{H})_{aj}} \tag{9.26}$$

可得：

$$-\sum_j M_{aj}\log\sum_k W_{ak}H_{kj}\leqslant -\sum_{jk} M_{aj}\frac{W_{ak}^t H_{kj}}{(\boldsymbol{W}^t\boldsymbol{H})_{aj}}\left(\log W_{ak}H_{kj}-\log\frac{W_{ak}^t H_{kj}}{(\boldsymbol{W}^t\boldsymbol{H})_{aj}}\right) \tag{9.27}$$

上式不等号两边是$F_{ab}(\boldsymbol{W})$和$G_{ab}(\boldsymbol{W},\boldsymbol{W}^t)$的区别。因此，$F_{ab}(\boldsymbol{W})\leqslant G_{ab}(\boldsymbol{W},\boldsymbol{W}^t)$，证毕。

将辅助函数$G_{ab}(\boldsymbol{W},\boldsymbol{W}^t)$代入引理 9.1，可得：

$$\begin{aligned}W_{ab}^{t+1}&=\arg\min_{W_{ab}} G_{ab}(\boldsymbol{W},\boldsymbol{W}^t)\\&=W_{ab}^t\frac{\sum_j V_{aj}H_{bj}/(\boldsymbol{WH})_{aj}}{\sum_j H_{bj}}\end{aligned} \tag{9.28}$$

补充：其他带约束矩阵分解。

除使用非负性作为矩阵分解约束，也可增加其他约束。常用的两种约束为 L1 范数和弗罗贝尼乌斯范数约束。

加入 L1 范数约束，使得分解结果更为稀疏：

$$\min_{\boldsymbol{W}\geqslant 0,\boldsymbol{H}\geqslant 0} F(\boldsymbol{M},\boldsymbol{WH})+\alpha\sum_i \|\boldsymbol{W}_{i:}\|_1+\beta\sum_j\|\boldsymbol{H}_{:j}\|_1 \tag{9.29}$$

加入弗罗贝尼乌斯范数约束，防止分解结果过拟合：

$$\min_{\boldsymbol{W}\geqslant 0,\boldsymbol{H}\geqslant 0} F(\boldsymbol{M},\boldsymbol{WH})+\frac{1}{2}\|\boldsymbol{W}\|_F^2+\frac{1}{2}\|\boldsymbol{H}\|_F^2 \tag{9.30}$$

9.3　矩阵分解与推荐系统

推荐系统常用模型协同过滤算法[113]，这种算法主要有两大类：一类为邻居算法（Neighbourhood Methods），另一类为潜在因子算法（Latent Factor Models）。矩阵分解是潜在因子算法的核心步骤。以如下实例，简单展示矩阵分解在推荐系统中的应用。

实例 9.1：推荐系统中的矩阵分解。

假设存在表 9.1 中所示的用户对电影的打分矩阵。

表 9.1　用户对电影的打分矩阵

打分 电影 / 用户	电影 1	电影 2	电影 3	电影 4	电影 5
用户 1	3		2		
用户 2		5	2		
用户 3				3	4
用户 4	1	4		2	
用户 5		3	2		

由于上述推荐系统打分矩阵存在未打分项，因此必须在矩阵分解算法中引入指示矩阵（Indication Matrix），过滤不存在数据的矩阵位置。通常指示矩阵为仅包含 0 和 1 的矩阵，1 处表示存在数据，0 处表示不存在数据。

根据实例 9.1 中的打分矩阵，可得数据矩阵 $\boldsymbol{M}$ 和指示矩阵 $\boldsymbol{Z}$：

$$\boldsymbol{M}=\begin{bmatrix}3&0&2&0&0\\0&5&2&0&0\\0&0&0&3&4\\1&4&0&2&0\\0&3&2&0&0\end{bmatrix},\ \boldsymbol{Z}=\begin{bmatrix}1&0&1&0&0\\0&1&1&0&0\\0&0&0&1&1\\1&1&0&1&0\\0&1&1&0&0\end{bmatrix} \tag{9.31}$$

使用非负矩阵分解乘式更新法则得到平方欧氏距离更新公式，对该实例进行求解。由于指示矩阵的引入，此时，更新公式变更为

$$W_{ab}\leftarrow W_{ab}\frac{((\boldsymbol{Z}\cdot\boldsymbol{M})\boldsymbol{H}^{\mathrm{T}})_{ab}}{((\boldsymbol{Z}\cdot(\boldsymbol{WH}))\boldsymbol{H}^{\mathrm{T}})_{ab}} \tag{9.32}$$

$$H_{ab}\leftarrow H_{ab}\frac{(\boldsymbol{W}^{\mathrm{T}}(\boldsymbol{Z}\cdot\boldsymbol{M}))_{ab}}{(\boldsymbol{W}^{\mathrm{T}}(\boldsymbol{Z}\cdot(\boldsymbol{WH})))_{ab}} \tag{9.33}$$

其中，· 表示矩阵对应元素相乘。

依上述公式，设定潜在维度为 3 且迭代精度为 1×10^{-5} 时停止运算，可得分解结果如下：

$$W=\begin{bmatrix}1.33 & 1.67 & 0.99\\ 2.06 & 0.85 & 0.37\\ 1.96 & 0.18 & 1.07\\ 1.89 & 0.08 & 0.13\\ 1.76 & 0.36 & 1.32\end{bmatrix},\ H=\begin{bmatrix}0.44 & 2.05 & 0.75 & 0.98 & 1.65\\ 1.04 & 0.73 & 0.35 & 0.33 & 0.45\\ 0.68 & 0.44 & 0.42 & 0.96 & 0.64\end{bmatrix} \tag{9.34}$$

那么，还原后的打分矩阵 $\hat{\boldsymbol{M}}$ 为

$$\hat{\boldsymbol{M}}=\begin{bmatrix}3.00 & 4.38 & 2.00 & 2.80 & 3.58\\ 2.04 & 5.01 & 2.00 & 2.65 & 4.02\\ 1.78 & 4.62 & 1.98 & 3.01 & 4.00\\ 1.00 & 3.99 & 1.50 & 2.00 & 3.24\\ 2.05 & 4.45 & 2.00 & 3.11 & 3.91\end{bmatrix} \tag{9.35}$$

此时，可根据矩阵 $\hat{\boldsymbol{M}}$ 对用户进行电影推荐。若仅推荐预测打分最高的电影，则向用户 1 和用户 3 推荐电影 2，向用户 2、用户 4 和用户 5 推荐电影 5。

9.4　张量分解

张量分解通常被认为是矩阵分解的高阶扩展。相较矩阵而言，张量涉及更多概念和运算。同时，由于数据由二阶矩阵变成三阶甚至更高阶的张量，相应的分解算法也变得更为复杂。本节首先介绍张量的相关概念，随后介绍低秩张量分解的两种基本形式。

定义 9.4：张量的阶（Valence）。

张量的阶，指的是张量维度的个数。

定义 9.5：张量的纤维（Fibre）。

张量的纤维，指的是除某一维外，固定张量其他所有维之后所得的向量。三阶张量的纤维如图 9.2 所示。

定义 9.6：张量的片（Slice）。

张量的片，指的是除某两维外，固定张量其他所有维之后所得的矩阵。三阶张量的片如图 9.3 所示。

定义 9.7：张量的范数（Norm）。

张量的范数，通常指其全部元素平方和的平方根。

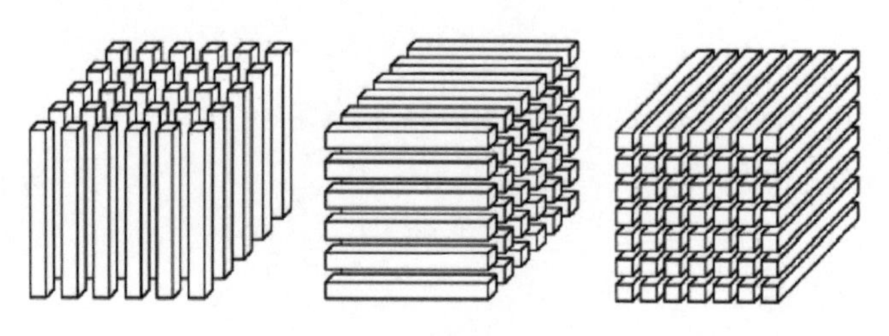

图 9.2　三阶张量的纤维

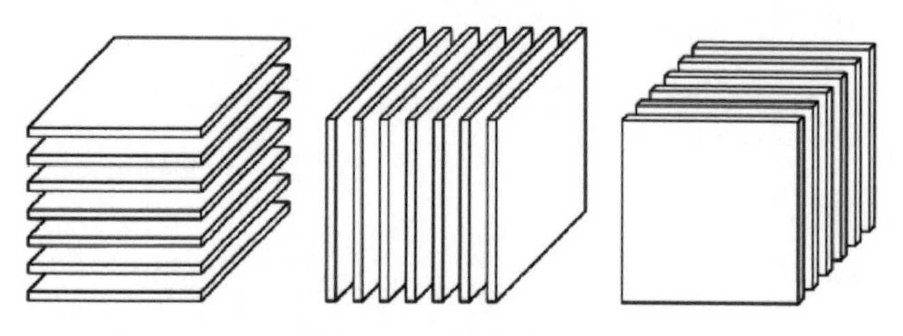

图 9.3　三阶张量的片

定义 9.8：张量的内积（Inner Product）。

两个张量的内积，指的是它们对应元素乘积的和。

定义 9.9：秩为 1 的张量。

指由多个向量连续外积所得的张量。秩为 1 的张量如图 9.4 所示。

定义 9.10：对角张量。

对角张量，指除超对角线上的元素外，其他元素均为 0 的张量。对角张量如图 9.5 所示。

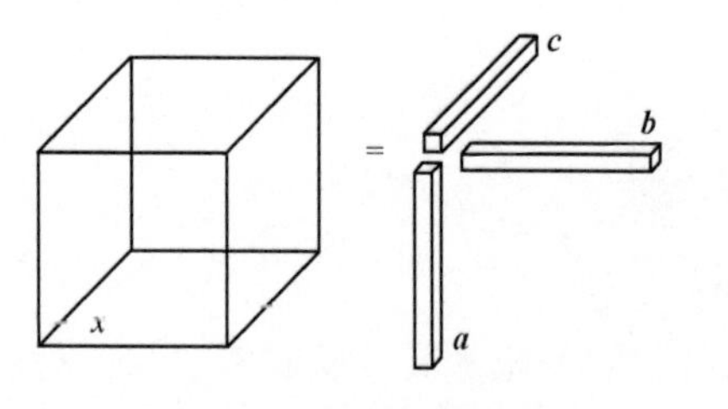

图 9.4　秩为 1 的张量

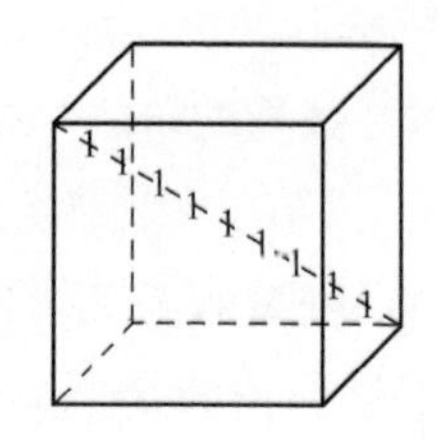

图 9.5　对角张量

定义 9.11：张量矩阵化。

张量$\boldsymbol{\mathcal{X}} \in \mathbb{R}^{I_1 \times I_2 \times \cdots \times I_N}$的 n 阶矩阵化，指使用维度 n 上纤维堆砌成的矩阵，记为$\boldsymbol{\mathcal{X}}_{(n)}$。

实例 9.2：张量矩阵化实例。

设有张量$\boldsymbol{\mathcal{X}} \in \mathbb{R}^{3 \times 3 \times 2}$，如下所示：

$$\boldsymbol{\mathcal{X}}_{::1}=\begin{bmatrix}1&4&7\\2&5&8\\3&6&9\end{bmatrix},\boldsymbol{\mathcal{X}}_{::2}=\begin{bmatrix}10&13&16\\11&14&17\\12&15&18\end{bmatrix}\tag{9.36}$$

那么它在 3 个维度上的矩阵化表示分别为

$$\boldsymbol{\mathcal{X}}_{(1)}=\begin{bmatrix}1&4&7&10&13&16\\2&5&8&11&14&17\\3&6&9&12&15&18\end{bmatrix},\boldsymbol{\mathcal{X}}_{(2)}=\begin{bmatrix}1&2&3&10&11&12\\4&5&6&13&14&15\\7&8&9&16&17&18\end{bmatrix}\tag{9.37}$$

$$\boldsymbol{\mathcal{X}}_{(3)}=\begin{bmatrix}1&2&3&4&5&6&7&8&9\\10&11&12&13&14&15&16&17&18\end{bmatrix}\tag{9.38}$$

定义 9.12：张量与矩阵乘法。

张量$\boldsymbol{\mathcal{X}}\in\mathbb{R}^{I_1\times I_2\times\cdots\times I_N}$与矩阵$\boldsymbol{U}\in\mathbb{R}^{J\times I_n}$的 n 阶乘法，记为$\boldsymbol{\mathcal{X}}\times_n\boldsymbol{U}$。相乘后所得张量的大小为$I_1\times\cdots\times I_{n-1}\times J\times I_{n+1}\times\cdots\times I_N$。计算公式为

$$(\boldsymbol{\mathcal{X}}\times_n\boldsymbol{U})_{i_1\cdots i_{n-1}ji_{n+1}\cdots i_N}=\sum_{i_n=1}^{I_n}x_{i_1i_2\cdots i_N}u_{ji_n}\tag{9.39}$$

补充：张量与矩阵乘法的矩阵化等价形式如下。

$$\boldsymbol{\mathcal{y}}=\boldsymbol{\mathcal{X}}\times_n\boldsymbol{U}\Leftrightarrow\boldsymbol{Y}_{(n)}=\boldsymbol{U}\boldsymbol{\mathcal{X}}_{(n)}\tag{9.40}$$

实例 9.3：张量与矩阵乘法实例。

设有张量$\boldsymbol{\mathcal{X}}\in\mathbb{R}^{3\times3\times2}$和矩阵$\boldsymbol{U}\in\mathbb{R}^{2\times3}$如下所示：

$$\boldsymbol{\mathcal{X}}_{::1}=\begin{bmatrix}1&4&7\\2&5&8\\3&6&9\end{bmatrix},\boldsymbol{\mathcal{X}}_{::2}=\begin{bmatrix}10&13&16\\11&14&17\\12&15&18\end{bmatrix},\boldsymbol{U}=\begin{bmatrix}1&3&5\\2&4&6\end{bmatrix}\tag{9.41}$$

那么，$\boldsymbol{\mathcal{y}}=\boldsymbol{\mathcal{X}}\times_1\boldsymbol{U}\in\mathbb{R}^{2\times3\times2}$的计算结果为

$$\boldsymbol{\mathcal{y}}_{::1}=\begin{bmatrix}22&49&76\\28&64&100\end{bmatrix},\boldsymbol{\mathcal{y}}_{::2}=\begin{bmatrix}103&130&157\\136&172&208\end{bmatrix}\tag{9.42}$$

下面介绍 3 个张量相关的矩阵运算。

定义 9.13：克罗内克（Kronecker）乘积。

给定矩阵$\boldsymbol{A}\in\mathbb{R}^{I\times J}$和$\boldsymbol{B}\in\mathbb{R}^{K\times L}$，它们的 Kronecker 乘积记为$\boldsymbol{A}\otimes\boldsymbol{B}$。乘积结果的大小为$(I\times K)\times(J\times L)$，其计算公式如下：

$$\boldsymbol{A}\otimes\boldsymbol{B}=\begin{bmatrix}a_{11}\boldsymbol{B}&a_{12}\boldsymbol{B}&\cdots&a_{1J}\boldsymbol{B}\\a_{21}\boldsymbol{B}&a_{22}\boldsymbol{B}&\cdots&a_{2J}\boldsymbol{B}\\\vdots&\vdots&\ddots&\vdots\\a_{I1}\boldsymbol{B}&a_{I2}\boldsymbol{B}&\cdots&a_{IJ}\boldsymbol{B}\end{bmatrix}\tag{9.43}$$

定义 9.14：Khatri-Rao 乘积。

给定矩阵 $\boldsymbol{A}\in\mathbb{R}^{I\times K}$和 $\boldsymbol{B}\in\mathbb{R}^{J\times K}$，它们的 Khatri-Rao 乘积记为 $\boldsymbol{A}\odot\boldsymbol{B}$。乘积结果的大小为$(I\times J)\times K$，其计算公式如下：

$$\boldsymbol{A}\odot\boldsymbol{B}=\begin{bmatrix} a_{11}\boldsymbol{B}_{:1} & a_{12}\boldsymbol{B}_{:2} & \cdots & a_{1K}\boldsymbol{B}_{:K} \\ a_{21}\boldsymbol{B}_{:1} & a_{22}\boldsymbol{B}_{:2} & \cdots & a_{2K}\boldsymbol{B}_{:K} \\ \vdots & \vdots & \ddots & \vdots \\ a_{I1}\boldsymbol{B}_{:1} & a_{I2}\boldsymbol{B}_{:2} & \cdots & a_{IK}\boldsymbol{B}_{:K} \end{bmatrix} = [\boldsymbol{A}_{:1}\otimes\boldsymbol{B}_{:1} \quad \boldsymbol{A}_{:2}\otimes\boldsymbol{B}_{:2} \quad \cdots \quad \boldsymbol{A}_{:K}\otimes\boldsymbol{B}_{:K}] \tag{9.44}$$

Khatri-Rao 乘积又被称为列对应的 Kronecker 乘积。

定义 9.15：Hadamard 乘积。

给定矩阵 $\boldsymbol{A}$ 和 $\boldsymbol{B}$，二者大小均为 $I\times J$，则它们的 Hadamard 乘积记为 $\boldsymbol{A}*\boldsymbol{B}$。乘积结果的大小仍为 $I\times J$，其计算公式如下：

$$\boldsymbol{A}*\boldsymbol{B}=\begin{bmatrix} a_{11}b_{11} & a_{12}b_{12} & \cdots & a_{1J}b_{1J} \\ a_{21}b_{21} & a_{22}b_{22} & \cdots & a_{2J}b_{2J} \\ \vdots & \vdots & \ddots & \vdots \\ a_{I1}b_{I1} & a_{I2}b_{I2} & \cdots & a_{IJ}b_{IJ} \end{bmatrix} \tag{9.45}$$

Hadamard 乘积又被称为对应元素矩阵乘法。

定义 9.16：Kruskal 张量和 CANDECOMP/PARAFAC(CP)分解。

CP 分解[114]将原张量分解成多个秩为 1 的张量的和。例如，给定一个三阶张量$\boldsymbol{\chi}\in\mathbb{R}^{I\times J\times K}$，CP 分解公式如下：

$$\boldsymbol{\chi}\approx[\boldsymbol{A},\boldsymbol{B},\boldsymbol{C}]\equiv\sum_{r=1}^{R}\boldsymbol{a}_r\circ\boldsymbol{b}_r\circ\boldsymbol{c}_r \tag{9.46}$$

其中，$\circ$ 表示外积；R 表示分解后秩为 1 张量的个数。对任意 $r=1,\cdots,R$，$\boldsymbol{a}_r\in\mathbb{R}^I$，$\boldsymbol{b}_r\in\mathbb{R}^J$，$\boldsymbol{c}_r\in\mathbb{R}^K$。三阶张量的 CP 分解如图 9.6 所示。

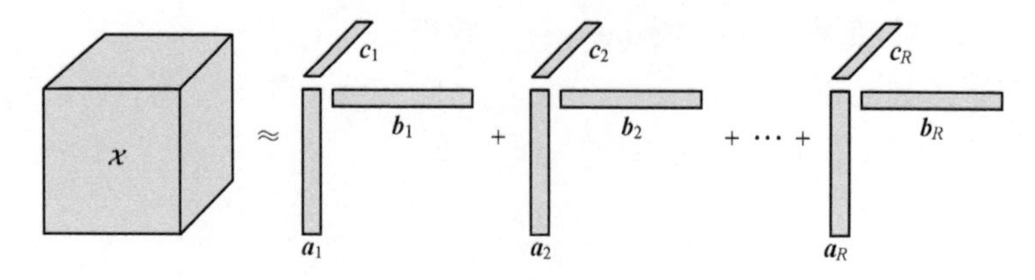

图 9.6　三阶张量的 CP 分解

对于 N 阶张量$\boldsymbol{\chi}\in\mathbb{R}^{I_1\times I_2\times\cdots\times I_N}$，CP 分解公式为

$$\boldsymbol{\chi} \approx [\boldsymbol{\lambda};\boldsymbol{A}^{(1)}, A^{(2)},\cdots,\boldsymbol{A}^{(N)}] \equiv \sum_{r=1}^{R} \boldsymbol{\lambda}_r \otimes_{j=1}^{N} \boldsymbol{a}_r^{(j)} \tag{9.47}$$

其中，$\boldsymbol{\lambda} \in \mathbb{R}^R$表示每个部分的权重。对于任意 $n=1,\cdots,N$，$\boldsymbol{A}^{(n)} \in \mathbb{R}^{I_n \times R}$。

若一个张量表示成$[\boldsymbol{\lambda};\boldsymbol{A}^{(1)}, \boldsymbol{A}^{(2)},\cdots,\boldsymbol{A}^{(N)}]$的形式，那么它被称作 Kruskal 张量。通常可不考虑权重参数 $\boldsymbol{\lambda}$。

定义 9.17：Tucker 张量和 Tucker 分解

Tucker 分解[115]将一个张量分解成一个核张量与多个矩阵的乘积。对于三阶张量$\boldsymbol{\chi} \in \mathbb{R}^{I\times J\times K}$，Tucker 分解公式如下：

$$\boldsymbol{\chi} \approx [\boldsymbol{\mathcal{G}};\boldsymbol{A},\boldsymbol{B},\boldsymbol{C}] \equiv \boldsymbol{\mathcal{G}}\times_1\boldsymbol{A} \times_2\boldsymbol{B} \times_3\boldsymbol{C} = \sum_{p=1}^{P}\sum_{q=1}^{Q}\sum_{r=1}^{R} g_{pqr}\boldsymbol{a}_p \circ \boldsymbol{b}_q \circ \boldsymbol{c}_r \tag{9.48}$$

这里，$\boldsymbol{A} \in \mathbb{R}^{I\times P}$，$\boldsymbol{B} \in \mathbb{R}^{J\times Q}$，$\boldsymbol{C} \in \mathbb{R}^{K\times R}$被称为因子矩阵（通常是正交矩阵）。张量$\boldsymbol{\mathcal{G}} \in \mathbb{R}^{P\times Q\times R}$被称为核张量。三阶张量的 Tucker 分解如图 9.7 所示。

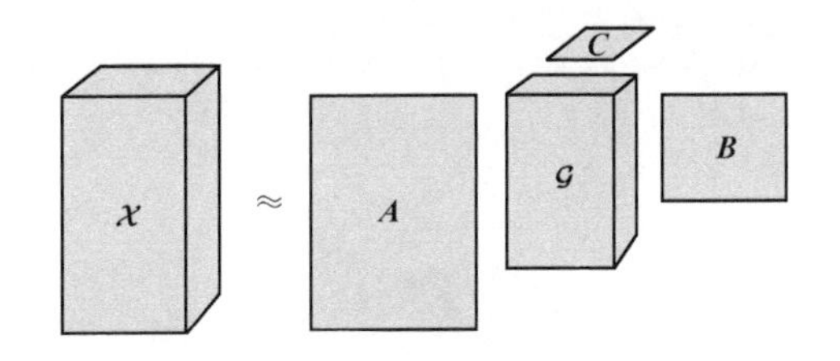

图 9.7 三阶张量的 Tucker 分解

在进行 Tucker 分解时，若仅分解成核张量和两个因子矩阵，则这种分解被称为 Tucker2 分解：

$$\boldsymbol{\chi} \approx [\boldsymbol{\mathcal{G}};\boldsymbol{A},\boldsymbol{B},\boldsymbol{I}] \equiv \boldsymbol{\mathcal{G}} \times_1\boldsymbol{A}\times_2\boldsymbol{B} \tag{9.49}$$

若仅分解成核张量和一个因子矩阵，则被称为 Tucker1 分解：

$$\boldsymbol{\chi} \approx [\boldsymbol{\mathcal{G}};\boldsymbol{A},\boldsymbol{I},\boldsymbol{I}] \equiv \boldsymbol{\mathcal{G}} \times_1\boldsymbol{A} \tag{9.50}$$

对于 N 阶张量$\boldsymbol{\chi} \in \mathbb{R}^{I_1\times I_2\times\cdots\times I_N}$，Tucker 分解的公式为

$$\boldsymbol{\chi} \approx [\boldsymbol{\mathcal{G}};\boldsymbol{A}^{(1)},\boldsymbol{A}^{(2)},\cdots,\boldsymbol{A}^{(N)}] \equiv \boldsymbol{\mathcal{G}} \times_1\boldsymbol{A}^{(1)}\times_2\boldsymbol{A}^{(2)}\times_3\cdots\times_N\boldsymbol{A}^{(N)} \tag{9.51}$$

注：无约束低秩张量分解同样可使用随机梯度下降和交替最小二乘法求解。

9.5 非负张量分解

非负张量分解是指在张量分解时加入非负性约束。在解决非负矩阵分解

时，乘式更新法则是一种有效且常用的算法。这里对乘式更新法则进行扩展，使其适用于非负张量分解，如算法 9.4 至算法 9.7 所示。

算法 9.4：乘式更新法则求解 CP 分解下的平方欧氏距离非负张量分解

给定非负张量$\boldsymbol{\mathcal{X}}$，其 CP 分解下的平方欧氏距离目标函数为

$$\underset{\boldsymbol{A}^{(l)}\geqslant 0}{\arg\min}\left\|\boldsymbol{\mathcal{X}}-\sum_{r=1}^{R}\otimes_{l=1}^{N}\boldsymbol{a}_r^{(l)}\right\|_F^2 \tag{9.52}$$

令：

$$\boldsymbol{C}=\boldsymbol{A}^{(1)}\odot\boldsymbol{A}^{(2)}\odot\cdots\odot\boldsymbol{A}^{(l-1)}\odot\boldsymbol{A}^{(l+1)}\odot\cdots\odot\boldsymbol{A}^{(N)} \tag{9.53}$$

那么矩阵$\boldsymbol{A}^{(l)}$的更新公式为

$$\boldsymbol{A}^{(l)}\leftarrow\boldsymbol{A}^{(l)}\frac{\boldsymbol{\mathcal{X}}_{(l)}\boldsymbol{C}}{\boldsymbol{A}^{(l)}\boldsymbol{C}^{\mathrm{T}}\boldsymbol{C}} \tag{9.54}$$

算法 9.5：乘式更新法则求解 CP 分解下的散度非负张量分解

给定非负张量$\boldsymbol{\mathcal{X}}$，其 CP 分解下的散度目标函数为

$$\underset{\boldsymbol{A}^{(l)}\geqslant 0}{\arg\min}\sum_{i_1=1,\cdots,i_N=1}^{I_1,\cdots,I_N}\left(\mathcal{X}_{i_1\cdots i_N}\log\frac{\mathcal{X}_{i_1\cdots i_N}}{\sum_{r=1}^{R}\otimes_{l=1}^{N}\boldsymbol{a}_r^{(l)}}-\mathcal{X}_{i_1\cdots i_N}+\sum_{r=1}^{R}\otimes_{l=1}^{N}\boldsymbol{a}_r^{(l)}\right) \tag{9.55}$$

令：

$$\boldsymbol{C}=\boldsymbol{A}^{(1)}\odot\boldsymbol{A}^{(2)}\odot\cdots\odot\boldsymbol{A}^{(l-1)}\odot\boldsymbol{A}^{(l+1)}\odot\cdots\odot\boldsymbol{A}^{(N)} \tag{9.56}$$

那么矩阵$\boldsymbol{A}^{(l)}$的更新公式为

$$A_{ab}^{(l)}\leftarrow A_{ab}^{(l)}\frac{\sum_t(\mathcal{X}_{(l)})_{at}\boldsymbol{C}_{tb}^{\mathrm{T}}/(\boldsymbol{A}^{(l)}\boldsymbol{C}^{\mathrm{T}})_{at}}{\sum_t C_{tb}} \tag{9.57}$$

算法 9.6：乘式更新法则求解 Tucker 分解下的平方欧氏距离非负张量分解

给定非负张量$\boldsymbol{\mathcal{X}}$，其 Tucker 分解下的平方欧氏距离目标函数为

$$\begin{gathered}\underset{\boldsymbol{A}^{(l)}\geqslant 0}{\arg\min}\|\boldsymbol{\mathcal{X}}-\boldsymbol{\mathcal{R}}\|_F^2\\ \underset{\boldsymbol{A}^{(l)}\geqslant 0}{\arg\min}\|\boldsymbol{\mathcal{X}}-\boldsymbol{\mathcal{G}}\times_1\boldsymbol{A}^{(1)}\times_2\boldsymbol{A}^{(2)}\times_3\cdots\times_N\boldsymbol{A}^{(N)}\|_F^2\end{gathered} \tag{9.58}$$

令：

$$\boldsymbol{C}=\boldsymbol{A}^{(N)} \otimes \boldsymbol{A}^{(N-1)} \otimes \cdots \otimes \boldsymbol{A}^{(l+1)} \otimes \boldsymbol{A}^{(l-1)} \otimes \cdots \otimes \boldsymbol{A}^{(1)} \tag{9.59}$$

那么矩阵 $\boldsymbol{A}^{(l)}$ 的更新公式为

$$\boldsymbol{A}^{(l)} \leftarrow \boldsymbol{A}^{(l)} \frac{\boldsymbol{\mathcal{X}}_{(l)} \boldsymbol{C}^{\mathrm{T}}}{\boldsymbol{A}^{(l)} \boldsymbol{C} \boldsymbol{C}^{\mathrm{T}}} \tag{9.60}$$

核张量$\boldsymbol{\mathcal{G}}$ 的更新公式为

$$\boldsymbol{\mathcal{G}} \leftarrow \boldsymbol{\mathcal{G}} \frac{\boldsymbol{\mathcal{X}} \times_1 \boldsymbol{A}^{(1)} \times_2 \cdots \times_N \boldsymbol{A}^{(N)}}{\boldsymbol{\mathcal{R}} \times_1 \boldsymbol{A}^{(1)} \times_2 \cdots \times_N \boldsymbol{A}^{(N)}} \tag{9.61}$$

算法 9.7：乘式更新法则求解 Tucker 分解下的散度非负张量分解

给定非负张量$\boldsymbol{\mathcal{X}}$，其 Tucker 分解下的散度目标函数为

$$\underset{\boldsymbol{A}^{(l)} \geqslant 0}{\arg \min } \sum_{i_1=1, \cdots, i_N=1}^{I_1, \cdots, I_N} \mathcal{X}_{i_1 \cdots i_N} \log \frac{\mathcal{X}_{i_1 \cdots i_N}}{\boldsymbol{\mathcal{R}}_{i_1 \cdots i_N}}-\mathcal{X}_{i_1 \cdots i_N}+\boldsymbol{\mathcal{R}}_{i_1 \cdots i_N} \tag{9.62}$$

其中：

$$\boldsymbol{\mathcal{R}}_{i_1 \cdots i_N}=\sum_{j_1=1, \cdots, j_N=1}^{J_1, \cdots, J_N} \boldsymbol{\mathcal{G}}_{j_1 \cdots j_N} \boldsymbol{A}_{i_1 j_1}^{(1)} \cdots \boldsymbol{A}_{i_N j_N}^{(N)} \tag{9.63}$$

令：

$$\boldsymbol{C}=\boldsymbol{A}^{(N)} \otimes \boldsymbol{A}^{(N-1)} \otimes \cdots \otimes \boldsymbol{A}^{(l+1)} \otimes \boldsymbol{A}^{(l-1)} \otimes \cdots \otimes \boldsymbol{A}^{(1)} \tag{9.64}$$

那么矩阵 $\boldsymbol{A}^{(l)}$ 的更新公式为

$$A_{ab}^{(l)} \leftarrow A_{ab}^{(l)} \frac{\sum_t (\mathcal{X}_{(l)})_{at} C_{bt} /(\boldsymbol{A}^{(l)} \boldsymbol{C})_{at}}{\sum_t C_{bt}} \tag{9.65}$$

核张量$\boldsymbol{\mathcal{G}}$ 的更新公式为

$$\boldsymbol{\mathcal{G}} \leftarrow \boldsymbol{\mathcal{G}} \frac{\frac{\boldsymbol{\mathcal{X}}}{\boldsymbol{\mathcal{R}}} \times_1 \boldsymbol{A}^{(1)} \times_2 \cdots \times_N \boldsymbol{A}^{(N)}}{\boldsymbol{\mathcal{E}} \times_1 \boldsymbol{A}^{(1)} \times_2 \cdots \times_N \boldsymbol{A}^{(N)}} \tag{9.66}$$

其中，$\frac{\boldsymbol{\mathcal{X}}}{\boldsymbol{\mathcal{R}}}$表示张量$\boldsymbol{\mathcal{X}}$ 与$\boldsymbol{\mathcal{R}}$对应元素相除所得张量；$\boldsymbol{\mathcal{E}}$表示所有元素全为 1 的张量。

9.6 本章小结

本章主要介绍了矩阵和张量分解的相关理论，首先阐述了等值与低秩矩阵分解，以及非负矩阵分解的相关概念和分解方法；其次举例说明了矩阵分解在推荐系统中的应用；最后介绍了张量分解和非负张量分解的相关理论与方法。

第10章 多层感知机

人工神经网络（Artificial Neural Network，ANN），简称神经网络（NN），是基于生物学中的神经网络基本原理，在理解和抽象了人脑结构和外界刺激响应机制后，以网络拓扑知识为理论基础，模拟人脑的神经系统对复杂信息的处理机制的一种数学模型。

神经网络有不同的划分方法。按性能可分为连续型和离散型网络，或确定型和随机型网络；按拓扑结构可分为前向网络和反馈网络。

（1）前向（前馈）网络：网络中的各个神经元接收前一级的输入，并输出到下一级，网络中没有反馈，可以用一个有向无环图表示。这种网络实现信号从输入空间到输出空间的变换，它的信息处理能力来自简单非线性函数的多次复合。网络结构简单，易于实现。反传网络是一种典型的前向网络，主要有自适应线性神经网络、多层感知机和误差反传网络等。

（2）反馈网络：网络内的神经元间有反馈，可以用一个无向的完备图表示。这种神经网络的信息处理是状态的变换，可以用动力学系统理论处理。系统的稳定性与联想记忆功能有密切关系。霍普菲尔德（Hopfield）网络和玻尔兹曼机均属于这种类型。

本书只讨论感知机和多层感知机。

10.1 感知机

感知机（Perceptron）是1957年由美国心理学家弗兰克·罗森布拉特（Frank Rosenblatt）提出的一个二分类的线性分类器模型[3]，它包含两层：输入层，样本的特征向量；输出层，样本的类别，用+1或-1标记。

给定训练数据集 $T=\{(\boldsymbol{x}_1,y_1),(\boldsymbol{x}_2,y_2),\cdots,(\boldsymbol{x}_n,y_n)\}$，其中 $\boldsymbol{x}_i\in\mathbb{R}^n$ 为样本的特征向量，$y_i\in(+1,-1)$，$i=1,2,\cdots,N$，则感知机模型 $f(\boldsymbol{x})=\text{sign}(\boldsymbol{w}\cdot\boldsymbol{x}+b)$，其中模型参数 $\boldsymbol{w}\in\mathbb{R}^n$ 为权值或权值向量，$b\in\mathbb{R}$ 为偏置。符号函数 sign 表示为

$$\operatorname{sign}(x)=\begin{cases}+1, & x\geqslant 0\\ -1, & x<0\end{cases}$$

感知机适用于处理线性可分的数据集，即存在超平面 $S:\boldsymbol{w}\cdot\boldsymbol{x}+b$ 能够将数据集中的正实例和负实例完全正确地划分到超平面的两侧。对于 $y_i=+1$ 的正实例，$\boldsymbol{w}\cdot\boldsymbol{x}+b\geqslant 0$；而对于 $y_i=-1$ 的负实例，$\boldsymbol{w}\cdot\boldsymbol{x}+b<0$。

感知机的损失函数定义为

$$L(\boldsymbol{w},b)=-\sum_{\boldsymbol{x}_i\in M}y_i(\boldsymbol{w}\cdot\boldsymbol{x}_i+b)$$

其中，M 为误分类的集合。

损失函数 L 是 $\boldsymbol{w}$ 与 b 的连续可导函数。损失函数是非负值，如果没有误分类数据，则损失函数的值为 0。感知机的训练就是使损失函数极小化：

$$\min_{\boldsymbol{w},b}L(\boldsymbol{w},b)=-\sum_{\boldsymbol{x}\in M}y_i(\boldsymbol{w}\cdot\boldsymbol{x}_i+b)$$

感知机学习算法是误分类驱动的。这里需要注意的是，所谓的“误分类驱动”，指的就是只需要判断 $-y_i(\boldsymbol{w}\cdot\boldsymbol{x}_i+b)$ 的正负来判断分类的正确与否。损失函数里，只有误分类的集合里面的样本才能参与损失函数的优化，所以不能用最普通的批量梯度下降，可以采用随机梯度下降方法训练感知机。损失函数梯度：

$$\nabla_{w}L(\boldsymbol{w},b)=-\sum_{\boldsymbol{x}_i\in M}y_i\boldsymbol{x}$$

$$\nabla_{b}L(\boldsymbol{w},b)=-\sum_{\boldsymbol{x}_i\in M}y_i$$

训练过程中，参数 $\boldsymbol{w},b$ 的更新：

$$\boldsymbol{w}\leftarrow\boldsymbol{w}\leftarrow\eta\ \nabla_{w}L(\boldsymbol{w},b)$$

$$b\leftarrow b\leftarrow\eta\ \nabla_{b}L(\boldsymbol{w},b)$$

其中，η（$0\leqslant\eta\leqslant 1$）是学习率。

感知机学习算法如算法 10.1 所示。

算法 10.1：感知机学习算法

输入：训练数据集 $T=\{(\boldsymbol{x}_1,y_1),(\boldsymbol{x}_2,y_2),\cdots,(\boldsymbol{x}_n,y_n)\}$，$\boldsymbol{x}_i\in\mathbb{R}^n$，$y_i\in(+1,-1)$，$i=1,2,\cdots,N$；学习率 η（$0\leqslant\eta\leqslant 1$）。 输出：$\boldsymbol{w},b$，感知机模型 $f(\boldsymbol{x})=\operatorname{sign}(\boldsymbol{w}\cdot\boldsymbol{x}+b)$

(1) 设定初值 $\boldsymbol{w}$ 和 b。
(2) 对每个数据样本对 $(\boldsymbol{x}_i, y_i)$ 计算 $y_i(\boldsymbol{w}\cdot\boldsymbol{x}_i+b)$。
　如果：$y_i(\boldsymbol{w}\cdot\boldsymbol{x}_i+b)<0$
　则：$\boldsymbol{w}\leftarrow\boldsymbol{w}\leftarrow\eta\,\nabla_{w}L(\boldsymbol{w},b)$
　　$b\leftarrow b\leftarrow\eta\,\nabla_{b}L(\boldsymbol{w},b)$
(3) 对所有的输入重复步骤 (2)，直到所有的样本没有误分类为止。

感知机学习算法的收敛性分析：在线性可分的数据集中，感知机学习算法收敛，即错误训练样本的个数存在一个上限。这个定理 Novikoff[116] 在 1962 年给出了证明。

定理 10.1：　(Novikoff) 设训练数据集 $T=\{(\boldsymbol{x}_1,y_1),(\boldsymbol{x}_2,y_2),\cdots,(\boldsymbol{x}_n,y_n)\}$，其中，$\boldsymbol{x}_i\in\mathbb{R}^n$，$y_i\in(+1,-1)$，$i=1,2,\cdots,N$，则有：

(1) 存在满足条件 $\|\hat{\boldsymbol{w}}_{\text{opt}}\|=1$ 的超平面 $\hat{\boldsymbol{w}}_{\text{opt}}\cdot\hat{\boldsymbol{x}}=\boldsymbol{w}_{\text{opt}}\cdot\boldsymbol{x}+b_{\text{opt}}=0$ 将训练集完全正确分开，且存在 $r>0$，对所有 $i=1,2,\cdots,N$

$$y_i(\hat{\boldsymbol{w}}_{\text{opt}}\cdot\hat{\boldsymbol{x}}_i)=y_i(\boldsymbol{w}_{\text{opt}}\cdot\boldsymbol{x}_i+b_{\text{opt}})\geqslant r$$

(2) 令 $R=\max\limits_{1\leqslant i\leqslant N}\|\hat{\boldsymbol{x}}_i\|$，则感知机学习算法在训练数据集上的误分类次数 k 满足不等式：

$$k\leqslant\left(\frac{R}{r}\right)^2$$

证明：(1) 因为训练数据是线性可分的，所以存在超平面可使得数据完全分开，记此超平面为

$$S_{\text{opt}}:\boldsymbol{w}_{\text{opt}}\cdot\boldsymbol{x}+b_{\text{opt}}=0$$

令 $\hat{\boldsymbol{w}}=(\boldsymbol{w}^{\mathrm{T}},b)^{\mathrm{T}}$，$\hat{\boldsymbol{x}}=(\boldsymbol{x}^{\mathrm{T}},1)^{\mathrm{T}}$，则 $\hat{\boldsymbol{w}}\cdot\hat{\boldsymbol{x}}=\boldsymbol{w}^{\mathrm{T}}\boldsymbol{x}+b=\boldsymbol{w}\cdot\boldsymbol{x}+b$，有：

$$\hat{\boldsymbol{w}}_{\text{opt}}\cdot\hat{\boldsymbol{x}}_{\text{opt}}=\boldsymbol{w}_{\text{opt}}\cdot\boldsymbol{x}+b_{\text{opt}}=0,\ \|\hat{\boldsymbol{w}}_{\text{opt}}\|=1$$

对于 $i=1,2,\cdots,N$，有 $y_i(\hat{\boldsymbol{w}}_{\text{opt}}\cdot\hat{\boldsymbol{x}}_i)=y_i(\boldsymbol{w}_{\text{opt}}\cdot\boldsymbol{x}_i+b_{\text{opt}})>0$。
令 $\min y_i(\hat{\boldsymbol{w}}_{\text{opt}}\cdot\hat{\boldsymbol{x}}_i)=r>0$，则 $y_i(\hat{\boldsymbol{w}}_{\text{opt}}\cdot\hat{\boldsymbol{x}}_i)=y_i(\boldsymbol{w}_{\text{opt}}\cdot\boldsymbol{x}_i+b_{\text{opt}})\geqslant r$。

(2) 如果训练数据集是线性可分的，则所有训练数据到超平面的距离存在一个最短距离，记为 r，超平面可以表示为 $\hat{\boldsymbol{w}}\cdot\hat{\boldsymbol{x}}=0$，令最终的超平面为 $\hat{\boldsymbol{w}}^*$，并且其范数为 1。为了证明结论，用到一个重要的不等式——柯西不等式：

$$\hat{\boldsymbol{w}}\cdot\hat{\boldsymbol{w}}^*\leqslant\|\hat{\boldsymbol{w}}\|\cdot\|\hat{\boldsymbol{w}}^*\|$$

当算法迭代到第 k 次时，$\hat{\boldsymbol{w}}_k\hat{\boldsymbol{w}}^* = (\hat{\boldsymbol{w}}_{(k-1)}+\hat{\boldsymbol{x}}_t y_t)\hat{\boldsymbol{w}}^* \geqslant \hat{\boldsymbol{w}}_{k-1}\hat{\boldsymbol{w}}^*+r \geqslant \cdots \geqslant kr$，其中，第一个等号依据梯度下降法中参数的迭代步骤；第一个不等号依据任何数据点到最终超平面的距离存在最小值。

$$\|\hat{\boldsymbol{w}}_k\|^2 = \|\hat{\boldsymbol{w}}_{k-1}+\hat{\boldsymbol{x}}_t y_t\|^2 = \|\hat{\boldsymbol{w}}_{k-1}\|^2+2(\hat{\boldsymbol{w}}_{k-1}\hat{\boldsymbol{x}}_t y_t)+\|\hat{\boldsymbol{x}}_t\|^2$$
$$\leqslant \|\hat{\boldsymbol{w}}_{k-1}\|^2+\|\hat{\boldsymbol{x}}_t\|^2 \leqslant \|\hat{\boldsymbol{w}}_{k-1}\|^2-R^2 \leqslant \cdots \leqslant kR^2$$

其中，第一个等号依据梯度下降法参数的迭代；第二个等号依据 $y^2=1$ $(y_t=+1/-1)$；第一个不等号依据分类样本满足 $\hat{\boldsymbol{w}}_{k-1}\hat{\boldsymbol{x}}_t y_t<0$；第二个不等号依据 $R=\max\limits_{1\leqslant i\leqslant N}\|\hat{\boldsymbol{x}}_i\|$，这样根据柯西不等式 $kr \leqslant \hat{\boldsymbol{w}}\cdot\hat{\boldsymbol{w}}^* \leqslant \|\hat{\boldsymbol{w}}\|\cdot\|\hat{\boldsymbol{w}}^*\| \leqslant \sqrt{k}R$（参数 $\boldsymbol{w}$ 的范数为 1），综上有：

$$k \leqslant \left(\frac{R}{r}\right)^2$$

它说明错误分类次数存在一个上限值，算法最终的错误分类次数达到上限会收敛。因此证明了在线性可分的数据集中感知机学习算法会收敛。

10.2 多层感知机概述

感知机能够解决线性可分的情况，但真实世界中，大量分类问题是非线性可分问题。一种有效的解决方法是：在输入层和输出层之间引入隐含层，在每个隐含层通过激活函数来处理非线性情况，从而将感知机转化为多层感知机来解决非线性可分问题。

10.2.1 误差反传算法

误差反传（Back Propagation，BP）神经网络[10]是一种按照误差后向传播算法训练的多层前馈神经网络，是目前应用最广泛的神经网络。如图 10.1 所示是包含输入层、隐含层和输出层的三层感知机。

在这个三层感知机中，输入向量：$\boldsymbol{X}=(x_1,x_2,\cdots,x_n)^{\mathrm{T}}$，隐含层输入：$\boldsymbol{Y}=(y_1,y_2,\cdots,y_m)^{\mathrm{T}}$，实际输出：$\boldsymbol{O}=(o_1,o_2,\cdots,o_l)^{\mathrm{T}}$。期望输出：$\boldsymbol{d}=(d_1,d_2,\cdots,d_l)^{\mathrm{T}}$。权值矩阵：$\boldsymbol{V}=(\boldsymbol{v}_1,\boldsymbol{v}_2,\cdots,\boldsymbol{v}_{\mathrm{m}})^{\mathrm{T}}$ 和 $\boldsymbol{W}=(\boldsymbol{w}_1,\boldsymbol{w}_2,\cdots,\boldsymbol{w}_l)^{\mathrm{T}}$。

1. 前向传递过程

(1) 输入层到隐含层的计算。

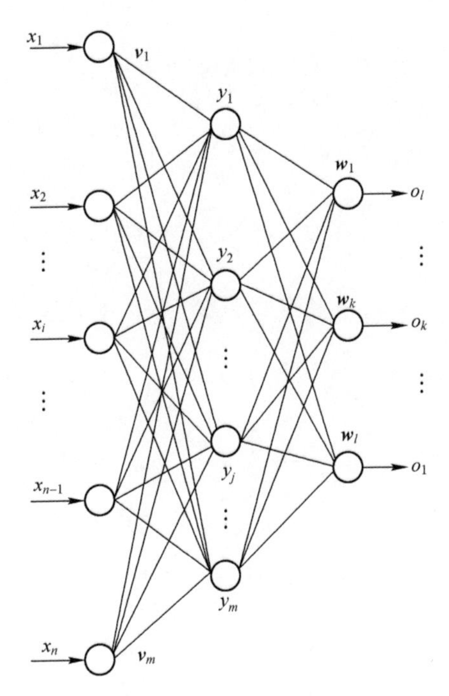

图 10.1　三层感知机

$$\mathrm{net}_j = \sum_{i=0}^{n} v_{ji} x_j \tag{10.1}$$

$$y_j = f(\mathrm{net}_j) \quad j = 1, 2, \cdots, m \tag{10.2}$$

（2）隐含层到输出层的计算。

$$\mathrm{net}_k = \sum_{j=0}^{m} w_{kj} y_j \tag{10.3}$$

$$o_k = f(\mathrm{net}_k) \quad k = 1, 2, \cdots, l \tag{10.4}$$

其中，$f(x)$是激活函数，它是非线性函数。

2. 误差后向传播过程

网络输出层的误差函数定义为

$$E = \frac{1}{2}(\boldsymbol{d} - \boldsymbol{O})^2 = \frac{1}{2}\sum_{k=1}^{l}(d_k - o_k)^2 \tag{10.5}$$

根据式（10.3）和式（10.4），误差函数展开到隐含层：

$$E = \frac{1}{2}(\boldsymbol{d} - \boldsymbol{O})^2 = \frac{1}{2}\sum_{k=1}^{l}(d_k - o_k)^2 = \frac{1}{2}\sum_{k=1}^{l}\left(d_k - f\left(\sum_{j=0}^{m} w_{kj} y_j\right)\right)^2 \tag{10.6}$$

根据式（10.1）和式（10.2），误差函数进一步展开到输入层：

$$E=\frac{1}{2}(\boldsymbol{d}-\boldsymbol{O})^2=\frac{1}{2}\sum_{k=1}^{l}(d_k-o_k)^2$$
$$=\frac{1}{2}\sum_{k=1}^{l}\left(d_k-f\left(\sum_{j=0}^{m}w_{kj}y_j\right)\right)^2 \tag{10.7}$$
$$=\frac{1}{2}\sum_{k=1}^{l}\left(d_k-f\left(\sum_{j=0}^{m}w_{kj}f\left(\sum_{i=0}^{n}v_{ji}x_j\right)\right)\right)^2$$

根据梯度下降策略，求解误差关于各个权值的梯度：

$$\Delta w_{kj}=-\eta\frac{\partial E}{\partial w_{kj}},\quad k=1,2,\cdots,l;\ j=0,1,2,\cdots,m \tag{10.8}$$

$$\Delta v_{ji}=-\eta\frac{\partial E}{\partial v_{ji}},\quad i=0,1,2,\cdots,n;\ j=0,1,2,\cdots,m \tag{10.9}$$

其中，负号表示梯度下降；$\eta\in(0,1)$表示学习率。

在推导过程中，对输出层有$j=0,1,2,\cdots,m$；$k=1,2,\cdots,l$。对隐含层有$i=0,1,2,\cdots,n$；$j=1,2,\cdots,m$。

对于输出层：

$$\delta_k^o=-\frac{\partial E}{\partial \mathrm{net}_k} \tag{10.10}$$

对于隐含层：

$$\delta_j^y=-\frac{\partial E}{\partial \mathrm{net}_j} \tag{10.11}$$

则式（10.8）和式（10.9）可以进一步写为

$$\Delta w_{jk}=-\eta\frac{\partial E}{\partial w_{jk}}=-\eta\frac{\partial E}{\partial \mathrm{net}_k}\frac{\partial \mathrm{net}_k}{\partial w_{jk}} \tag{10.12}$$

$$\Delta v_{ij}=-\eta\frac{\partial E}{\partial v_{ij}}=-\eta\frac{\partial E}{\partial \mathrm{net}_j}\frac{\partial \mathrm{net}_j}{\partial v_{ij}} \tag{10.13}$$

根据式（10.1）、式（10.3）、式（10.10）和式（10.11），式（10.12）和式（10.13）分别可表示为

$$\Delta w_{jk}=\eta\delta_k^o y_j \tag{10.14}$$

$$\Delta v_{ij}=\eta\delta_j^y x_i \tag{10.15}$$

进一步计算由式（10.10）和式（10.11）定义的delta信号：

$$\delta_k^o=-\frac{\partial E}{\partial \mathrm{net}_k}=\frac{\partial E}{\partial o_k}\frac{\partial o_k}{\partial \mathrm{net}_k}=-\frac{\partial E}{\partial o_k}f'(\mathrm{net}_k)$$

根据 $E=\frac{1}{2}\sum_{k=1}^{l}(d_k-o_k)^2$，则：

$$\frac{\partial E}{\partial o_k}=-(d_k-o_k)\text{，代入得 }\delta_k^o=(d_k-o_k)f'(\text{net}_k) \tag{10.16}$$

对于隐含层：

$$\delta_j^y=-\frac{\partial E}{\partial \text{net}_j}=-\frac{\partial E}{\partial y_j}\frac{\partial y_j}{\partial \text{net}_j}=-\frac{\partial E}{\partial y_j}f'(\text{net}_j)$$

根据 $E=\frac{1}{2}\sum_{k=1}^{t}\left[d_k-f\left(\sum_{i=0}^{m}w_{jk}y_j\right)\right]^2$，得 $\frac{\partial E}{\partial y_j}=-\sum_{k=1}^{l}(d_k-o_k)f'(\text{net}_k)w_{jk}$，代入得：

$$\delta_j^y=\left[\sum_{k=1}^{l}(d_k-o_k)f'(\text{net}_k)w_{jk}\right]f'(\text{net}_j)$$

根据式（10.16）可得：

$$\delta_j^y=\left[\sum_{k=1}^{l}\delta_k^o w_{jk}\right]f'(\text{net}_j) \tag{10.17}$$

式（10.16）和式（10.17）是求解出关于误差的最终表达式。可以证明，如果有更多的隐含层，这样的误差定义具有普遍意义。

如果激活函数 $f(x)$ 采用 Sigmoid 函数：

$$f(x)=\frac{1}{1+\mathrm{e}^{-x}}\text{，其导数为 }f'(x)=f(x)(1-f(x)) \tag{10.18}$$

把式（10.16）、式（10.17）代入式（10.14）、式（10.15），并根据式（10.18）、式（10.2）、式（10.4）可得：

$$\Delta w_{jk}=\eta\delta_k^o y_j=\eta(d_k-o_k)o_k(1-o_k)y_j \tag{10.19}$$

$$\Delta v_{ij}=\eta\delta_j^y x_i=\eta\left(\sum_{k=1}^{l}\delta_k^o w_{jk}\right)y_j(1-y_j)x_i \tag{10.20}$$

BP 算法如算法 10.2 所示。

算法 10.2：BP 算法

（1）初始化：随机初始化权值矩阵 $\boldsymbol{W}$、$\boldsymbol{V}$，将样本模式计数器 p 和训练次数计数器 q 置为 1，误差 E 置为 0，学习率 η 设为 0~1 内的小数，网络训练后达到的精度 $E_{\min}$ 设为一个正的小数。

（2）输入训练数据，计算各层输出：用当前样本 $\boldsymbol{X}^p$、$\boldsymbol{d}^p$ 对向量数组 $\boldsymbol{X}$、$\boldsymbol{d}$ 赋值，用式（10.2）和式（10.4）计算 $\boldsymbol{Y}$ 和 $\boldsymbol{O}$ 中的各分量。

（3）计算网络输出误差：设训练样本数为 P，网络对于不同的样本具有不同的误差 $E^p=\sqrt{\sum_{k=1}^{l}(d_k^p-o_k^p)^2}$，可将全部样本输出误差的平方 $(E^p)^2$ 进行累加再开方，作为总输出误差，也可用各误差中的最大者 E_{max} 代表网络的总输出误差，实用中更多采用均方误差 $E_{RME}=\sqrt{\frac{1}{P}\sum_{p=1}^{P}(E^p)^2}$ 作为网络的总误差。

(4) 计算各层误差信号：应用式（10.16）和式（10.17）计算 δ_k^0 和 δ_j^y。

(5) 调整各层权值：采用式（10.19）和式（10.20）计算 $\boldsymbol{W}$、$\boldsymbol{V}$ 中的各分量。

(6) 检查是否对所有样本完成一次轮询：若 $p<P$，计数器 p、q 增 1，返回步骤（2），否则执行步骤（7）。

(7) 检查网络总误差是否达到精度要求：当用 E_{RME} 作为网络的总误差时，若满足 $E_{RME}<E_{min}$，训练结束，否则 E 置 0，p 置 1，返回步骤（2）。

10.2.2　多层感知机的优势和局限性

1. 多层感知机的优势

多层感知机是目前应用广泛的神经网络之一，这主要源于基于 BP 算法的多层感知机具有以下重要能力。

(1) 非线性映射能力。多层感知机能学习和存储大量输入-输出模式的映射关系，它能完成由 n 维输入空间到 l 维输出空间的非线性映射。

(2) 泛化能力。多层感知机训练后将所提取的样本对中的非线性映射关系存储在权值矩阵中。在测试阶段，当输入新数据时，网络也能完成由输入空间到输出空间的正确映射。这种能力称为多层感知机的泛化能力，它是衡量多层感知机性能优劣的一个重要方面。

(3) 容错能力。多层感知机的优势还在于允许输入样本中带有较大的误差甚至个别错误。因为对权值矩阵的调整过程也是从大量的样本对中提取统计特性的过程，反映正确规律的知识来自全体样本，个别样本中的误差不能左右对权值矩阵的调整。

2. BP 算法的局限性

多层感知机的误差是各层权值和输入样本对的函数，对于图 10.1 所示的三层感知机，它可表达为

$$E=F(\boldsymbol{X}^p,\boldsymbol{W},\boldsymbol{V},\boldsymbol{d}^{\beta})$$

由式（10.7）可知，误差函数的可调整参数的个数 n_ω 等于各层权值数加上阈值数，即 $n_\omega = m\times(n+1)+l\times(m+1)$。所以，误差 E 是 $n_\omega+1$ 维空间中一个形状极为复杂的曲面，该曲面上的每个点的“高度”对应于一个误差值，每个点的坐标向量对应着 n_ω 个权值，因此称这样的空间为误差的权空间。误差曲面的分布有以下两个特点[117]。

（1）存在平坦区域。

误差曲面上的有些区域比较平坦，在这些区域中，误差的梯度变化最小，即使权值的调整量很大，误差仍然下降缓慢。造成这种情况的原因与各节点的输入过大有关。以输出层为例，由误差梯度表达式知：

$$\frac{\partial E}{\partial x_{ik}} = -\delta_i y_i$$

因此，误差梯度小意味着 δ_k 接近 0。从 δ_k 的表达式 $\delta_k = (d_k - o_k)o_k(1-o_k)$ 可以看出，δ_k 接近零有 3 种可能：第一种是 o_k 充分接近 d_k，此时对应着误差的某个谷点；第二种是 o_k 始终接近 0；第三种是 o_k 始终接近 1。在后两种情况下，误差 E 可能是任意值，但梯度很小，这样误差曲面上就出现了平坦区。o_k 接近 0 或 1 的原因在于 Sigmoid 变换函数具有饱和特性，BP 算法是严格遵从误差梯度下降的原则调整权值的，训练进入平坦区后，尽管 $d_k - o_k$ 仍然很大，但由于误差梯度小而使权值调整力度减小，训练只能以增加迭代次数为代价缓慢进行，只要调整方向正确，调整时间足够长，总可以退出平坦区而进入某个谷点。

（2）存在多个极小点。

二维权空间的误差曲面的低凹部分就是误差函数的极小点，高维权空间的误差曲面会有更多的极小点，而且多数极小点都是局部极小。即使是全局极小，往往也不是唯一的，但其特点都是误差梯度为零。误差曲面的这一特点使以误差梯度降为权值调整依据的 BP 算法无法辨别极小点的性质，因而训练易陷入局部极小点。

误差曲面的平坦区域会使训练次数大大增加，从而影响收敛速度；而误差曲面的极小点会使训练易陷入局部极小，从而使训练无法收敛于给定误差。以上两个问题都是 BP 算法的固有缺陷，其根源在于其基于误差梯度下降的权值调整原则每一步求解都取局部最优（该调整原则，即所谓的贪心算法原则）。此外，对于较复杂的多层感知机，标准的 BP 算法能否收敛是无法预知的，因为训练最终进入局部极小还是全局极小与网络权值的初始状态有关，而初始权值是随机确定的。

10.2.3 BP 算法的改进

BP 算法已有很多改进方法，包括：加入动量项；采用较好的初始权值；激活函数输出的限制法；变步长法；改进误差函数等。

学习率 η 是对收敛速度有较大影响的参数。为了极小化总误差，学习率 η 应选得足够小，但是小的 η，学习过程将很慢；大的 η 虽然可以加快学习速度，但可能导致学习过程的振荡从而收敛不到期望解。另外，学习过程可能收敛于局部极小点或在误差函数的平稳阶段停止不前。BP 算法提升收敛速度在学习率方面主要有如下方式：加入惯性项；权值矩阵的每一行学习率的调整；依据学习率梯度局部调整学习率。

1. 加入惯性项

在权的更新方程中加入惯性项，这时第 r 层连接权 $\boldsymbol{W}^r$ 第 p 行的调整方程可表示为

$$\Delta \boldsymbol{W}_{pk}^{(r)}=-\eta \frac{\partial E_k}{\partial \boldsymbol{W}_p^{(r)}}+\mu W_{p(k-1)}^{(r)} \quad (p=1,2,\cdots,n_r) \tag{10.21}$$

其中，等式右侧的第二项为惯性项；μ 为惯性系数；$0\leqslant\eta\leqslant1$，它的引入可以提高收敛速度和改善动态性能（可以抑制寄生振荡）。事实上，如果前一步权的变化大，那么将这个量的一部分加到现行权的调整上必然会加速收敛过程。式（10.21）可以看作共轭梯度法的一种简单形式，不同的是，在共轭梯度法中，参数 $\beta(k)$ 在第一步都是由算法自动计算的，而惯性系数 μ 由使用者确定。

此外，当学习过程在目标函数曲面的平稳区域进行时，每一步的梯度 $\partial E_k/\partial \boldsymbol{W}_p$ 将相同，式（10.21）可以写成：

$$\Delta W_{pk}^{(r)}=-\eta \frac{\partial E_k}{\partial \boldsymbol{W}_p^{(r)}}+\mu W_{p(k-1)}^{(r)} \approx -\frac{\eta}{1-\mu}\frac{\partial E_k}{\partial \boldsymbol{W}_p^{(r)}} \tag{10.22}$$

这意味着有效学习率增加到 $\eta_{\text{eff}}=\dfrac{\eta}{1-\mu}$ 而不加剧寄生振荡。

2. 权值矩阵的每一行学习率的调整

学习率的调整是提高收敛速度的一种最简单有效的方法。在基本的 BP 算

法中，学习率是不变的。调整学习率可以根据误差变化的信息和误差函数对连接权梯度变化的信息进行启发式调整，也可以根据误差函数对学习率的梯度直接进行调整。

根据总误差变化的信息进行启发式调整，其规则是：

① 若总误差 E 减小（新误差比老误差小），则学习率增加（如将实际值乘以因子 $a=1.05$）。

② 若总误差 E 增加（新误差比老误差大），则学习率减小。当新误差与老误差之比超过一定值（如 1.40）时，则学习率快速下降（如将实际值乘以因子 $b=0.7$）。

上述规则可用如下迭代方程来描述：

$$\eta(n)=\begin{cases}a\eta(n-1) & 若\ E[W(n)]<E[W(n-1)]\\ b\eta(n-1) & 若\ E[W(n)]\geqslant E[W(n-1)]\\ \eta(n-1) & 其他\end{cases} \tag{10.23}$$

3. 依据学习率梯度局部调整学习率

上述方法可以在学习过程的每一步进行学习率的调整，但对权值矩阵的每一行，仍采用同一学习率。由于误差面的复杂性，这显然不符合实际情况。改进方法是采用学习率的局部调整。当现行工作点处于误差面的凹部时，目标函数对某个权导数的符号从一次迭代到下一次迭代可能改变。在这种情况下，为了防止权重的调整发生振荡，学习率应适当减小。

学习率的调整和目标函数与学习率的梯度有关。下面推导这个梯度，为此定义目标函数：

$$E_k=\frac{1}{2}\sum_{i=1}^{n_0}e_i^2(k)=\frac{1}{2}\sum_{i=1}^{n_0}(y_i(k)-\hat{y}_i(k))^2 \tag{10.24}$$

式中，k 代表迭代次数（输入一个样本迭代一次），n_0 代表输出的数量，其他定义同前。

为表达简便，这里共考虑两层网络。令 $\eta_{ij}(k)$ 为对应于 $\omega_{ij}(k)$ 的学习率，对 $E(k)$ 使用链式规则，有：

$$\frac{\partial E(k)}{\partial \eta_{ij}(k)}=-\frac{\partial E(k)}{\partial \hat{y}_i(k)}\frac{\partial \hat{y}_i(k)}{\partial \bar{y}_i(k)}\frac{\partial \bar{y}_i(k)}{\partial \eta_{ij}(k)} \tag{10.25}$$

其中，$\hat{y}_i(k)=\sigma\lfloor \bar{y}_i(k)\rfloor;\bar{y}_i(k)=\sum_{j=1}^{n_i}w_{ij}(k)x_j(k)$　(10.26)

其中，$x_j(k)$为输入样本。因为连接权矩阵的每个元素都有自己的学习率，这里连接权的调整用标量表示，即

$$w_{ij}(k)=w_{ij}(k-1)-\eta_{ij}(k)\frac{\partial E(k-1)}{\partial w_{ij}(k-1)} \tag{10.27}$$

将式（10.27）代入式（10.26），得：

$$\bar{y}_i(k)=\sum_{j=1}^{n_i}\left[w_{ij}(k-1)-\eta_{ij}(k)\frac{\partial E(k-1)}{\partial w_{ij}(k-1)}\right]x_j(k) \tag{10.28}$$

$$\frac{\partial \bar{y}_i(k)}{\partial \eta_{ij}(k)}=\frac{\partial E(k-1)}{\partial w_{ij}(k-1)}x_j(k) \tag{10.29}$$

考虑$\partial E(k)/\partial \hat{y}(k)=-e_i(k)$及$\partial \hat{y}_i(k)/\partial \bar{y}_i(k)=\sigma_i'(\bar{y}_i(k))$，并将式（10.29）代入式（10.25），得：

$$\frac{\partial E(k)}{\partial \eta_{ij}(k)}=-\sigma_i'[\bar{y}_i(k)]e_i(k)x_j(k)\left[-\frac{\partial E(k-1)}{\partial w_{ij}(k-1)}\right] \tag{10.30}$$

考虑$\frac{\partial E(k)}{\partial w_{ij}(k)}=-\sigma_i'(\bar{y}_i(k))e_i(k)x_j(k)$，将此关系用于式（10.30），得：

$$\frac{\partial E_i(k)}{\partial \eta_{ij}(k)}=-\frac{\partial E(k)}{\partial w_{ij}(k)}\frac{\partial E(k-1)}{\partial w_{ij}(k-1)} \tag{10.31}$$

上述定义了目标函数$E(k)$对学习率$\eta_{ij}(k)$的梯度，它与k及$k+1$时刻目标函数对连接权梯度的乘积有关。式（10.31）对于多层网络中任意相邻两神经元之间连接权的调整是有效的。按梯度下降规则可定义学习率$\eta_{ij}(k)$的调整：

$$\Delta\eta_{ij}(k+1)=-\gamma\frac{\partial E(k)}{\partial \eta_{ij}(k)}=\gamma\frac{\partial E(k)}{\partial w_{ij}(k)}\frac{\partial E(k-1)}{\partial w_{ij}(k-1)} \tag{10.32}$$

其中，γ是一个正实数，称为学习率调整步长。式（10.32）又称为学习率调整的 Delta-Delta 学习规则。由上面的分析可知：

① 在连续两次迭代中，若目标函数对w_{ij}的导数具有相同的符号，则学习率的调整$\Delta\eta_{ij}(k+1)$为正值，即增加对应于w_{ij}的学习率，相应地在那个方向，BP 的学习过程也会加快。

② 在连续两次迭代中，若目标函数对w_{ij}的导数改变符号，则学习率调整为负值，相应地在那个方向，BP 的学习过程也会减慢。

式（10.32）的学习规则虽然与上述结论一致，但在应用时还存在一些潜在的问题。例如，若在连续两次迭代中，目标函数对某个权的导数具有相同

的符号，但它们的值很小，则对应于权重学习率的正调整也很小；另外，若在连续两次迭代中，目标函数对某个权重的导数具有相反的符号和很大的值，则对应那个权重学习率的负调整也很大。在这两种情况下，难以选择合适的步长参数 γ。上述问题可以用如下的改进方法来克服。

令 $w_{ij}(k)$ 为第 k 次迭代 i 神经元到 j 神经元的连接权。令 $\eta_{ij}(k)$ 为这次迭代对应于该权的学习率。学习率可以按如下调整规则来确定：

$$\Delta\eta_{ij}(k+1)=\begin{cases}a, & 若\ s_{ij}(k-1)D_{ij}(k)>0\\ -b\eta_{ij}(k), & 若\ s_{ij}(k-1)D_{ij}(k)<0\\ 0, & 其他\end{cases} \tag{10.33}$$

$$D_{ij}(k)=\frac{\partial E(k)}{\partial w_{ij}(k)} \tag{10.34}$$

$$S_{ij}(k)=(1-\xi)D_{ij}(k-1)+\xi S_{ij}(k-1) \tag{10.35}$$

式（10.35）中，ξ 是一个正实数。参数 a、b 和 ξ 由使用者确定。典型值为：$10^{-4}\leqslant a\leqslant 0.1$，$0.1\leqslant b\leqslant 0.5$，$0.1\leqslant\xi\leqslant 0.7$。式（10.33）~式（10.35）的学习率规则又称为 Delta-Bar-Delta 学习规则。

从这些调整规则可以得到如下结论：

① Delta-Bar-Delta 学习规则与 Delta-Delta 学习规则的机理相似。一方面，在连续两次迭代中，若 $D_{ij}(k)$ 与 $S_{ij}(k-1)$ 的符号相同，则对应的学习率增加一个常数 a；另一方面，若 $D_{ij}(k)$ 与 $S_{ij}(k-1)$ 的符号相反，则对应的学习率按现行值 b 的比例减小。其他情况学习率不变。

② 学习率 $\eta_{ij}(k)$ 的增长是线性的，但衰减是指数性的。线性增长可以防止学习率过快增加，而指数衰减意味着学习率下降很快，但仍保持正值。

将 Delta-Bar-Delta 学习规则[118]引入 BP 算法，会增加存储容量和计算的复杂性，为了简化实现，可利用与梯度重复使用法相似的思想，梯度估计用多个样本计算值的平均（累加）来形成。这时权重和学习率的调整采用局部成批处理调整方式，即权重和学习率的调整每隔 B 个样本调整一次，其中 B 为批量的大小。

令 $\varepsilon_i^{(b)}(k)$ 表示神经元 i 输出的局部误差，$x_j^{(b)}(k)$ 表示神经元 j 的输出信号，上标 b 表示第 b 个样本，标志 k 表示现行迭代。对于第 b 个样本目标函数对神经元 i 连接神经元 j 的梯度为 $-\varepsilon_i^{(b)}(k)x_j^{(b)}(k)$。目标函数对 ij 连接权重的平均梯度如下：

$$\frac{\partial E(k)}{\partial \omega_{ij}(k)} = -\sum_{b=1}^{B} \varepsilon_i^{(b)}(k) x_i^{(b)}(k) \tag{10.36}$$

这样可以定义为 ij 连接权重的调整方程为

$$W_{ij}(k+1) = W_{ij}(k) + \mu \Delta W_{ij}(k-1) + \eta_{ij}(k+1) \sum_{b=1}^{B} \varepsilon_i^{(b)}(k) x_i^{(b)}(k) \tag{10.37}$$

其中，μ 为惯性系数，相应地式（10.34）写为

$$D_{ij}(k) = -\sum_{b=1}^{B} \varepsilon_i^{(b)}(k) x_i^{(b)}(k) \tag{10.38}$$

采用上述局部成批处理调整方式，可以大大简化计算，而又不失网络学习性能。

共轭梯度法（Conjugate Gradient Method，CGM）是另一种神经网络训练方法。共轭梯度法是介于最速下降法与牛顿法之间的一个方法，它仅需要利用一阶导数信息，但克服了最速下降法收敛慢的缺点，又避免了牛顿法需要存储和计算海赛（Hesse）矩阵并求逆的缺点。共轭梯度法是一个典型的共轭方向法，它的每一个搜索方向是互相共轭的，而这些搜索方向仅是负梯度方向与上一次迭代的搜索方向的组合。共轭梯度法也为二阶算法。共轭梯度法在目标函数二次性较强的区域有较好的收敛效果。共轭梯度法有多种方案，把它应用于前向神经网络时，连接权矩阵每行的调整方程一般可表示为

$$\boldsymbol{W}(k+1) = \boldsymbol{W}(k) + t(k)\boldsymbol{d}(k) \tag{10.39}$$

$$\boldsymbol{d}(k) = -\nabla E[\boldsymbol{W}(k)] + \boldsymbol{\beta}(k)\boldsymbol{d}(k-1) \tag{10.40}$$

$$\boldsymbol{d}(0) = -\nabla E[\boldsymbol{W}(0)] \tag{10.41}$$

式中，∇E 表示梯度；$\boldsymbol{d}(k)$ 为共轭梯度；$t(k)$ 为步长。$\boldsymbol{\beta}(k)$ 可以用于下面三个表达式之一计算。

（1）Fletcher-Reeves[119]公式：

$$\boldsymbol{\beta}(k) = \frac{\nabla E[\boldsymbol{W}(k)] \cdot \nabla E[\boldsymbol{W}(k)]}{\nabla E[\boldsymbol{W}(k-1)] \cdot \nabla E[\boldsymbol{W}(k-1)]} \tag{10.42}$$

（2）Polak-Ribiere[120]公式：

$$\boldsymbol{\beta}(k) = \frac{[\nabla E(\boldsymbol{W}(k)) - \nabla E(\boldsymbol{W}(k-1))] \cdot \nabla E[\boldsymbol{W}(k)]}{\nabla E[\boldsymbol{W}(k-1)] \cdot \nabla E[\boldsymbol{W}(k-1)]} \tag{10.43}$$

（3）Hestenes-Stiefel[121]公式：

$$\boldsymbol{\beta}(k)=\frac{[\nabla E(\boldsymbol{W}(k))-\nabla E(\boldsymbol{W}(k-1))]\cdot\nabla E[\boldsymbol{W}(k)]}{\boldsymbol{d}(k-1)\cdot\{\nabla E[\boldsymbol{W}(k)]-\nabla E[\boldsymbol{W}(k-1)]\}} \tag{10.44}$$

共轭梯度是共轭方向法的一种。共轭方向法的思想就是在 N 维优化问题中，每次沿一个方向优化得到极小值，在沿其他方向求极小值的时候，不会影响前面已经得到的沿那些方向上的极小值，所以理论上对 N 个方向都求出极小值就得到了 N 维问题的极小值。这组方向由于两两共轭，所以称为共轭方向法。

梯度下降法每次都直接选取当前点的梯度方向，这样会造成这次求出的极小值点在之前搜索过的方向上又不是极小值，从而导致收敛速度比较慢，甚至不收敛。

10.3　本章小结

本章主要讨论了感知机和多层感知机。感知机能够解决线性可分的情况。本章首先介绍了感知机的学习算法，并对其收敛性进行了分析。真实世界中，大量分类问题是非线性可分问题，多层感知机用来解决非线性可分问题。本章讨论了多层感知机的结构，介绍了误差反传算法，并分析了该算法的优势与局限性，给出了一些改进方法，最后简单介绍了共轭梯度法。

第 11 章

卷积神经网络

卷积神经网络（Convolutional Neural Network，CNN）[122]是一类特殊的人工神经网络。近年来，卷积神经网络在图像分类、目标检测和图像语义分割等图像相关的领域取得了一系列突破性的研究成果，其强大的特征学习能力引起了广泛的关注，具有重要的分析与研究价值。本章首先探讨卷积神经网络的生物学基础；其次详细讲解卷积神经网络的结构元件，回顾卷积神经网络的发展历程；最后介绍卷积神经网络一些常用的训练技巧。

11.1 卷积神经网络的生物学基础

卷积神经网络的历史始于神经科学实验，虽然卷积神经网络也经过许多其他领域的指导，但是卷积神经网络的一些关键设计原则来自神经科学。视觉神经科学对于视觉机理的研究发现，动物大脑的视觉皮层具有分层结构。眼睛将看到的景象成像在视网膜上，视网膜把光学信号转换成电信号，传递到大脑的视觉皮层（Visual Cortex），视觉皮层是大脑中负责处理视觉信号的部分。为了确定关于哺乳动物视觉系统如何工作的许多最基本的事实，神经生理学家大卫·休伯尔（David Hubel）和托斯坦·维厄瑟尔（Torsten Wiesel）在 1960 年左右做了一系列关于猫的视觉神经元的研究[123]，如图 11.1 所示。该研究主要有以下 3 个主要成果。

（1）猫的大脑中，第一层的视觉神经元（V1）只局部处理视觉中结构简单的基础信息（如某一方向的直线、点），且一类神经元只对一种特定的基础结构做出反应，对其他模式几乎完全没有反应。

（2）V1 神经元是会保留拓扑结构信息的，即相邻的神经元的感受野在图像中也相邻。

（3）视觉神经元是有层次的，高层神经元处理更加复杂的特征。

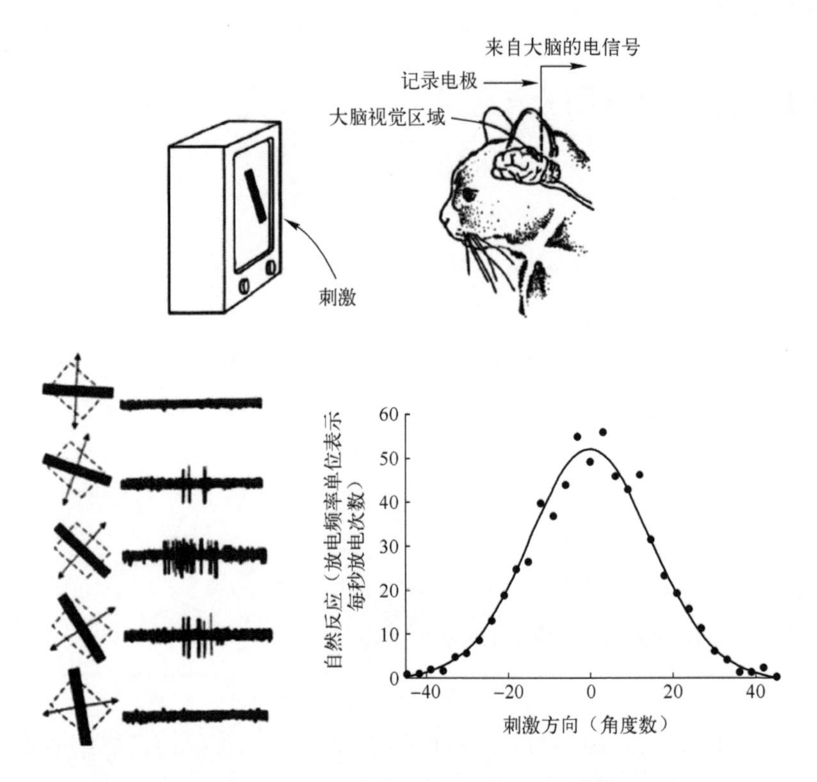

图 11.1　关于猫的视觉神经元的研究[123]

目前已经证明，视觉皮层具有层次结构。从视网膜传来的信号首先到达初级视觉皮层（Primary Visual Cortex），即 V1 皮层。V1 皮层中的简单神经元对一些细节、特定方向的图像信号敏感。V1 皮层处理之后，将信号传导到 V2 皮层。V2 皮层将边缘和轮廓信息表示成简单形状，然后由 V4 皮层中的神经元进行处理，它对颜色信息敏感。复杂物体最终在 IT 皮层（Inferior Temporal Cortex）被表示出来。

这些发现对卷积神经网络的设计有极大的影响，直接指导了卷积神经网络结构元件的设计。首先，卷积神经网络由多个卷积层构成，每个卷积层包含多个卷积核，用这些卷积核从左向右、从上往下依次扫描整个图像，得到称为特征图（Feature Map）的输出数据。其次，网络前面的卷积层捕捉图像局部的细节信息，有小的感受野，即输出图像的每个像素只利用输入图像很小的一个范围。后面利用池化层，逐步增大网络的感受野，用于捕获图像更复杂且更抽象的信息。最后，经过多个卷积层和池化层的运算，卷积神经网络自动学习图像在各个层次上的抽象表示。

11.2　卷积神经网络的结构元件

目前的卷积神经网络通常由卷积层、池化层、激活层和全连接层交叉堆叠构成。这些结构元件的特性使得卷积神经网络在一定程度上具有图像的平移、缩放和旋转不变性，使得卷积神经网络更擅长学习图像的空间特征。本节主要介绍卷积神经网络常用的这些结构元件。

11.2.1　卷积层

卷积层（Convolution Layer）[122]是卷积神经网络中的核心部件。卷积层通过两个重要的思想来改进传统的神经网络结构，即局部连接和参数共享（Parameter Sharing）。局部连接如图 11.2 所示。

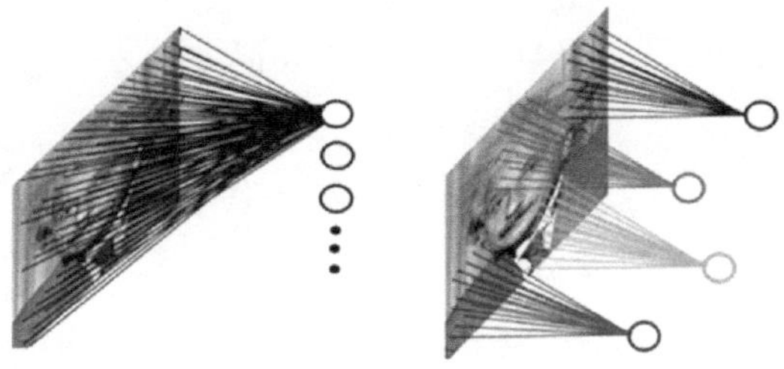

全连接模式（经典神经网络）　局部连接模式（卷积神经网络）

局部感受野

图 11.2　全连接和局部连接

（1）局部连接：传统的神经网络使用矩阵运算来建立输入和输出的连接关系。其中，参数矩阵中的每一个参数都描述了一个输入单元和输出单元间的交互。人对外界的认知是从局部到全局的，图像的空间联系也是局部的像素联系较为紧密，距离较远的像素相关性则较弱。因而，每个神经元其实没有必要对全局图像进行感知，只需要对局部进行感知，然后在更高层将局部的信息综合起来，这样就可以得到全局的信息。

（2）参数共享：从生物学意义上来看，相邻神经元的活性相似，从而它们可以共享相同的连接权值。其次，从图像数据特征上来看，我们可以把每个卷积核当作一种特征提取方式。对于同一个卷积核，它在一个区域提取到的特征，也能适用于其他区域。参数共享机制可以有效地控制卷积层的参数量。

卷积层是基于卷积操作来实现的，卷积操作是图像处理中常用的一种运算，如用于图像进行平滑去噪、边缘检测等。图 11.3 所示为卷积操作示例。我们首先介绍卷积操作。假设给定一个灰度图像 $\boldsymbol{X} \in \mathbb{R}^{M \times N}$ 和卷积核 $\boldsymbol{W} \in \mathbb{R}^{m \times n}$，卷积操作可以形式化地表示为

$$y_{ij} = \sum_{u=1}^{m} \sum_{v=1}^{n} w_{uv} \cdot x_{i-u+1, j-v+1} \tag{11.1}$$

其中，m 和 n 表示卷积核的空间大小；y_{ij} 表示对应位置上的响应值。在图像处理中，卷积操作经常作为特征提取的有效方式。图 11.4 给出了卷积操作在传

1	1	1 ×-1	1 ×0	1 ×0
-1	0	-3 ×0	0 ×0	1 ×0
2	1	1 ×0	-1 ×0	0 ×1
0	-1	1	2	1
1	2	1	1	1

⊗

1	0	0
0	0	0
0	0	-1

=

0	-2	-1
2	2	4
-1	0	0

图 11.3　卷积操作示例

图 11.4　卷积操作用于图像处理示例

统图像处理中常用的几种特征提取方式。图 11.4 中，最上面的卷积核是常用的高斯滤波器，可以对图像进行平滑去噪；中间和下面的卷积核可以用来提取图像的边缘特征。

卷积层的输入通常为输入图像或者特征图，可以表示为 $\boldsymbol{X}\in\mathbb{R}^{M\times N\times D}$三阶张量。其中，$M\times N$ 表示输入数据的空间大小；D 表示通道数。如果输入是灰度图，则 $D=1$；如果是 RGB 图片，则 $D=3$。

卷积层的输出通常被称为特征图（Feature Map），类似地也可以表示为一个三阶张量 $\boldsymbol{Y}\in\mathbb{R}^{M'\times N'\times C}$。其中，$M'\times N'$表示输出数据的空间大小；$C$ 表示输出特征图的通道数。

卷积层的参数由一组可学习的卷积核组成，可以表示为 $\boldsymbol{W}\in\mathbb{R}^{m\times n\times D\times K}$四阶张量。其中 K 表示卷积核的个数；$m\times n$ 表示卷积核的空间大小；D 表示卷积核的通道数，并且与输入图像或特征图的通道数一致。

为了计算输出特征图，每个卷积核分别对输入图像或特征图进行卷积操作。具体来说，卷积核每次与输入图像或特征图的一个空间局部区域连接，在深度上与输入图像或特征图的每一个通道相连接，并在该局部区域上得到一个响应值，并且按照一定的步长在特征图的空间上进行扫描，从而得到卷积核的一个输出。最终，C 个卷积核的输出堆叠起来得到该卷积层的输出。

输出特征图的大小 $M'\times N'\times C$ 一般由卷积层的 3 个超参数决定：通道数（Channels）、步长（Stride）和填充（Padding）。

- 通道数。通道数决定了卷积核的个数。每一个卷积核对输入图像或特征图进行卷积操作，得到一个输出，构成输出特征图上的一个通道。因此，卷积核的个数决定了输出特征图的通道数。
- 步长。步长决定了每次滑动卷积核时在空间上移动的像素个数。例如，当步长为 1 时，卷积核每次在长和宽的方向上移动 1 个像素。步长的设定会使得输出的卷积图在空间上变小。
- 填充。填充是指将输入图像或特征图用 0 在边缘进行填充。填充的目的是保证输入和输出数据具有相同的空间大小。

因此，给定输入图像或特征图的大小 $M\times N\times D$，并且卷积核的空间大小为 $m\times n$，通道数为 K，步长为 S，填充为 P，则输出特征图的的大小 $M'\times N'\times C$ 可以通过计算得到：

$$M' = (M-m+2P)/S+1$$
$$N' = (N-n+2P)/S+1 \quad (11.2)$$
$$C = K$$

卷积层通过稀疏连接和权值共享的设计思想可以有效地捕获图像当中的局部模式，并且通过卷积层、激活层和池化层的堆叠逐步获得高级的图像特征，从而更好地用于图像分类和物体检测等视觉任务。同时，卷积层大大减少了卷积神经网络的参数量，这可以加快网络的训练，避免网络的过拟合。

11.2.2 池化层

池化层（Pooling Layer）[124]也称为下抽样层（Down Sampling Layer）。通常在卷积神经网络结构中，在连续的卷积层之间会插入池化层。通过池化层可以逐步减小卷积特征图的空间大小，以减少网络中的参数量。同时，池化操作也可以逐步增大网络的感受野，使得网络学习到更加高级的卷积特征。

假设池化层的输入特征图为 $\boldsymbol{X} \in \mathbb{R}^{M\times N\times D}$，池化层会在输入特征图的每一个通道上独立进行操作。具体来说，池化层会定义一个空间大小为 $m\times n$、步长为 S 的池化核，该池化核在输入特征图的某一个通道上进行滑动，并对池化核所覆盖的区域进行下抽样（Down Sampling），得到一个输出值。不同于卷积层，池化层会在输入特征图的每一个通道上独立进行操作，因此输出特征图的通道数不会改变。池化核的空间大小和步长决定了输出特征图的空间大小。典型的池化层一般使用大小为 $m\times m$、步长为 m 的池化核，这样可以将输入特征图的每一个通道划分成 $m\times m$ 大小的不重叠区域，然后通过下抽样操作可以得到大小为 $M/m\times N/m\times D$ 的输出特征图。池化层中，池化核的大小不宜设置过大，过大的抽样会造成神经元数量急剧减少，会造成过多的信息损失。

最常见的池化操作如图 11.5 所示，使用空间大小为 2×2、步长为 2 的池化核，并且使用最大化下抽样选取池化核所覆盖的局部区域中的最大值。在这种情况下，池化操作会丢弃输入特征图上 75%的响应值，输出的特征图的空间大小变为 $M/2\times N/2\times D$。

除此之外，常见的下抽样操作还包括平均（Average）下抽样和 L2 归一化（L2-norm）下抽样。这两种池化方式在曾经的网络结构中被使用，但实践证明最大化下抽样效果更好，并且在最近的卷积神经网络结构中被广泛使用。

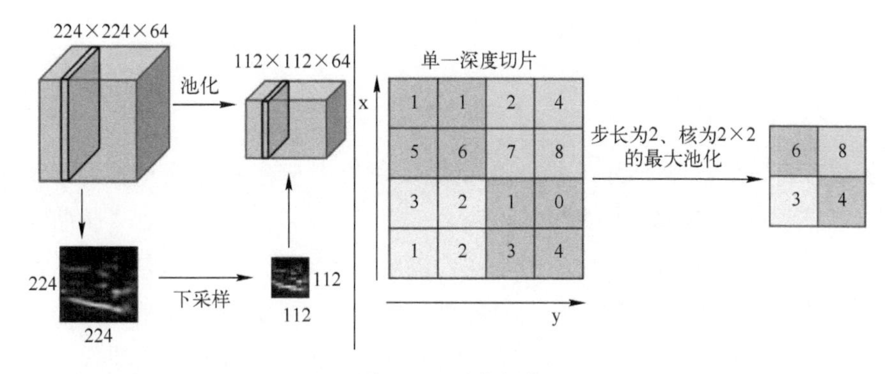

图 11.5　池化操作

11.2.3　激活层

激活层（Activation Layer）是卷积神经网络另外一个重要的组成部分，如图 11.6 所示。激活层将卷积层或者全连接层线性运算的输出做非线性映射，为神经网络提供非线性能力。激活层通过激活函数来实现。激活函数模拟了生物神经元的特性，接收一组输入信号产生输出，并通过一个阈值模拟生物神经元的激活和兴奋状态。常见的激活函数包括 Sigmoid、tanh、ReLU 等。

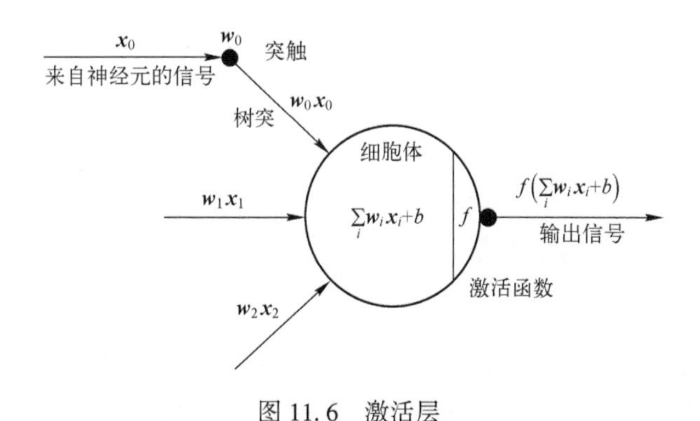

图 11.6　激活层

1. Sigmoid

Sigmoid 激活函数是人工神经网络发展历史中最早被广泛使用的激活函数。Sigmoid 函数模拟了生物神经元的特性，在神经网络发展历程中有着相当重要的地位。

Sigmoid 激活函数的公式表示为

$$\sigma(x)=\frac{1}{1+e^{-x}} \tag{11.3}$$

其函数形状如图 11.7 所示。Sigmoid 函数使用 0 对应生物神经元的“抑制状态”，使用 1 对应生物神经元的“兴奋状态”，将输入的连续实值“压缩”到 0 和 1 之间。在 Sigmoid 函数的两端输入被压缩到 0 或者 1。但是，这样的处理会带来梯度的“饱和效应”，即当神经元的输出值在接近 0 处或 1 处时，这些区域梯度几乎为 0。这就会导致在网络训练时造成梯度消失，几乎没有梯度信号通过神经元传回上一层，进而导致整个网络无法正常训练。Sigmoid 激活函数的梯度消失问题严重制约着早期人工神经网络的发展。

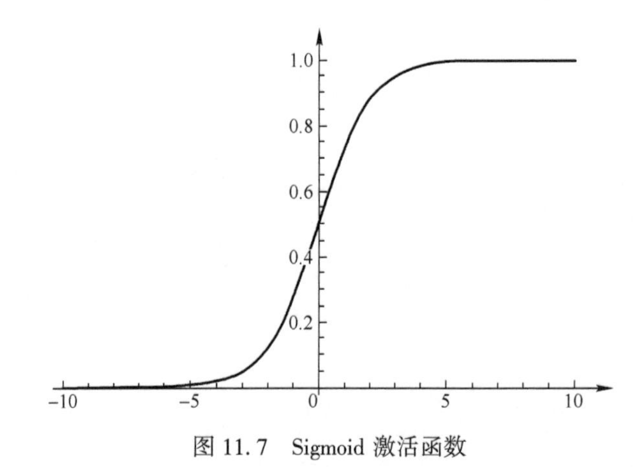

图 11.7　Sigmoid 激活函数

另外，Sigmoid 函数的值域全为正数，均值并非为 0，这不符合我们对神经网络内数值期望为 0 的设想。

2. tanh

tanh 激活函数是另外一个早期被广泛使用的激活函数。tanh 激活函数又称双曲正切函数。tanh 激活函数的公式表示为

$$\tanh(x)=2\sigma(2x)-1 \tag{11.4}$$

其函数形状如图 11.8 所示。tanh 函数的值域范围为(−1,+1)，输出相应的均值为 0，这解决了 Sigmoid 函数输出期望不为 0 的问题。但是 tanh 函数本质上是 Sigmoid 函数的变形，依然存在着梯度饱和的问题，会造成网络训练中的梯度消失问题。

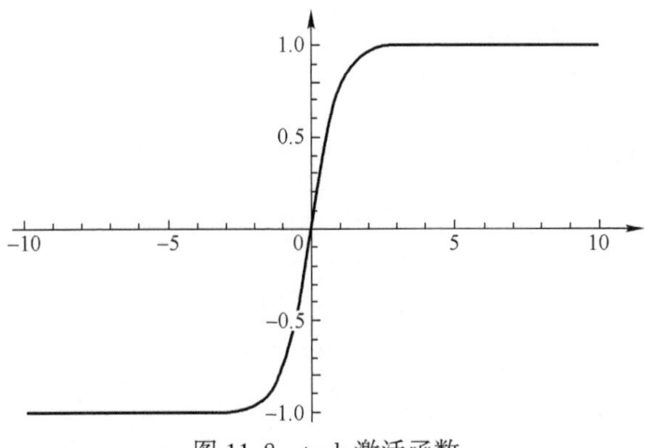

图 11.8　tanh 激活函数

3. ReLU

ReLU 激活函数是目前卷积神经网络中最为广泛使用的激活函数之一，其全称为修正线性单元（Rectified Linear Unit）。ReLU 激活函数的公式表示为

$$f(x)=\max(0,x) \tag{11.5}$$

其函数形状如图 11.9 所示。ReLU 激活函数在 $x>0$ 的区域梯度为 1，反之为 0。这一分段函数的形式保证了 ReLU 激活函数的非线性性质，同时有效地解决了 Sigmoid 和 tanh 激活函数易造成梯度消失的问题，并且 ReLU 激活函数的计算和求导都极其简单，因此对卷积神经网络的训练有着巨大的加速作用，并且可以加速梯度下降训练算法的收敛。但是，ReLU 激活函数也存在缺陷。ReLU 函数在输入 $x<0$ 时，梯度为 0。因此当输入一旦小于 0 后，该神经元将无法再影响网络训练，进而导致了数据多样化的丢失。通常通过合理设置学习率，可以降低神经元“死掉”的概率。

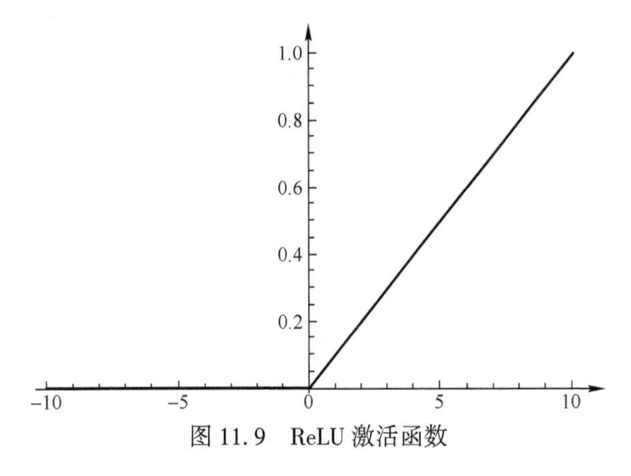

图 11.9　ReLU 激活函数

针对 ReLU 激活函数的缺点，现有一些改进的激活函数，如 leaky ReLU、参数化 ReLU 等被提出并且被使用。

11.2.4 全连接层

全连接层（Fully-Connected Layer）是卷积神经网络中另外一个线性运算的层。如图 11.10 所示，全连接层的每个神经元与前一层的所有结点连接。在卷积神经网络中，全连接层通常连接在卷积神经网络的尾部，用于构建分类器。

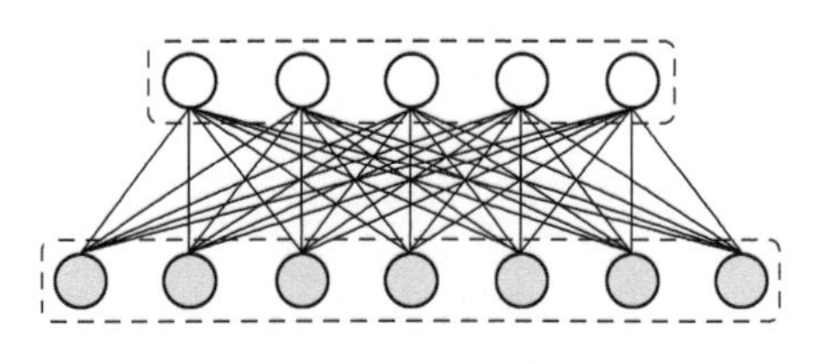

图 11.10 全连接层

11.3 典型的卷积神经网络

11.3.1 AlexNet

2012 年，辛顿和他的学生阿莱克斯·克里泽夫斯基（Alex Krizhevsky）、伊利亚·苏茨科弗（Ilya Sutskever）在多伦多大学的实验室设计出了一个深层的卷积神经网络 AlexNet[15]，并以此夺得了 2012 年 ImageNet LSVRC（Large Scale Visual Recognition Challenge，大规模视觉识别挑战）竞赛的冠军，且准确率远超第二名，引起了很大的轰动。

AlexNet 可以说是具有历史意义的一个网络结构，在此之前，深度学习已经沉寂了很长时间，自从 2012 年 AlexNet 诞生并且开辟先河之后，随后几年的 ImageNet 竞赛冠军均是基于 CNN 来做的，并且层次越来越深，使得 CNN 成为图像识别分类任务的核心算法模型，并带来了深度学习发展的大爆发。

AlexNet 的网络结构如图 11.11 所示，其共包含 5 个卷积层和 3 个全连接层。从图中可以看出，AlexNet 网络可以分为上下两个完全一样的分支，阿莱克斯·克里泽夫斯基等人分别在两个 GPU 上对两个分支进行并行训练，并在第三个卷积层和全连接层对上下两分支的信息进行交互。在 ImageNet LSVRC 竞赛中，AlexNet 解决了图像分类的问题，其输入是 1000 个不同类型图像（如猫、狗等）中的一个图像，其输出是维度为 1000 的向量，该向量的第 i 个维度上的数值即为该输入图像属于第 i 类图像的概率。

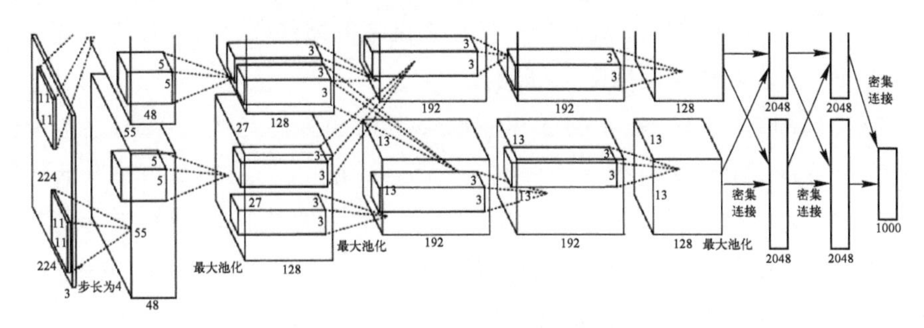

图 11.11　AlexNet 的网络结构[15]

与之前的 CNN 结构相比，AlexNet 模型的设计和训练具有以下几个特点。

（1）使用了 ReLU 非线性激活函数。传统的神经网络普遍使用 Sigmoid 或者 tanh 等非线性函数作为激励函数，然而它们容易出现梯度消失或梯度爆炸的情况。在 AlexNet 中，使用了 ReLU 作为激活函数，可以有效地加快模型的训练速度，减少梯度消失和梯度爆炸情况的发生。虽然 ReLU 激活函数在很久之前就被提出了，但是直到 AlexNet 网络的出现才将其发扬光大。

（2）数据扩充。数据扩充是指当训练数据有限时，可以通过随机裁剪、平移、翻转等变换从已有的训练数据集中生成一些新的数据，以快速地扩充训练数据。AlexNet 网络随机地从 256×256 的原始图像中截取 224×224 大小的区域，以及这些区域水平翻转后的镜像，相当于增加了 2048 倍的数据量。预测时，则是提取图像中的四个角及中间共 5 个位置的区域进行左右翻转，共获得 10 张图像，对着 10 张图像分别进行预测，并对 10 次预测结果取平均值。

（3）随机失活（Dropout）。随机失活是在 AlexNet 中提出的一种防止深度网络训练过拟合的方法。随机失活是指在卷积神经网络的训练过程中，对于神经网络单元，按照一定的概率将其随机丢弃。由于是随机丢弃，故而每一个 mini-batch 都在训练不同的网络。因此随机失活可以看作一种模型组合，每次生成的网络结构都不一样，通过组合多个模型的方式能够有效地减少过拟合。AlexNet 网络主要在最后 3 个全连接层中使用随机失活。

（4）多 GPU（Graphics Processing Unit，图形计算模块）训练。AlexNet 使用了多块 GPU 进行训练，将网络参数分布在多块 GPU 上并行进行计算，从而突破了单块 GPU 显存大小的限制。由于 GPU 之间通信方便，且可以互相访问显存而不需要通过主机内存，所以同时使用多块 GPU 是非常高效的。此外，AlexNet 的设计让 GPU 之间的通信只在网络的某些层进行，控制了通信的性能损耗，大大加快了网络的训练速度。

（5）局部响应归一化（Local Response Normalization，LRN）层。在神经生物学中，有一个概念叫作“侧抑制”（Lateral Inhibition），是指被激活的神经元抑制相邻的神经元。归一化（Normalization）的目的是“抑制”，局部响应归一化就是借鉴了“侧抑制”的思想来实现局部抑制的，尤其当使用 ReLU 时，这种“侧抑制”十分有效，因为 ReLU 的响应结果是无界的（可以非常大），所以需要进行归一化。使用局部响应归一化就是使用邻近的数据来做归一化，这种方案有助于增加泛化能力。

11.3.2 VGG

VGG[125] 由牛津大学的 VGG 组提出。VGG 是最符合典型 CNN 的一种网络，它在 AlexNet 的基础上加深了网络层次，从而达到了更好的效果。如图 11.12 所示，VGG 网络采用连续的几个 3×3 的卷积核代替 AlexNet 中的较大卷积核（11×11，5×5），是 2014 年 ImageNet 竞赛的定位任务中取得第一名和分类任务中取得第二名的基础网络。

VGG 相较于 AlexNet，采用了更小的卷积核和池化核。由于卷积核用于扩大通道数，池化核用于缩小特征图的宽度和高度，因此使得 VGG 网络更深、更宽，同时计算量的增加有所放缓。VGG 网络在测试阶段将训练阶段的 3 个全连接均替换为卷积层，测试时重新使用训练时的参数，使得测试得到的全卷积网络因为没有全连接的限制，可以接收任意宽度或高度的输入。

VGG 网络在 ImageNet 数据集上的预训练模型还被广泛应用于特征提出、物体候选框（Object Proposal）生成、细粒度图像定位与检索（Fine-grained Object Localization and Image Retrieval）和图像协同定位（Co-localization）等任务中。

卷积网络配置					
A	A-LRN	B	C	D	E
11 weight layers	11 weight layers	13 weight layers	16 weight layers	16 weight layers	19 weight layers
输入（224×224 RGB图）					
conv3-64	conv3-64 LRN	conv3-64 conv3-64	conv3-64 conv3-64	conv3-64 conv3-64	conv3-64 conv3-64
最大池化					
conv3-128	conv3-128	conv3-128 conv3-128	conv3-128 conv3-128	conv3-128 conv3-128	conv3-128 conv3-128
最大池化					
conv3-256 conv3-256	conv3-256 conv3-256	conv3-256 conv3-256	conv3-256 conv3-256 conv1-256	conv3-256 conv3-256 conv3-256	conv3-256 conv3-256 conv3-256 conv3-256
最大池化					
conv3-512 conv3-512	conv3-512 conv3-512	conv3-512 conv3-512	conv3-512 conv3-512 conv1-512	conv3-512 conv3-512 conv3-512	conv3-512 conv3-512 conv3-512 conv3-512
最大池化					
conv3-512 conv3-512	conv3-512 conv3-512	conv3-512 conv3-512	conv3-512 conv3-512 conv1-512	conv3-512 conv3-512 conv3-512	conv3-512 conv3-512 conv3-512 conv3-512
最大池化					
FC-4096					
FC-4096					
FC-1000					
soft-max					

图 11.12　VGG 网络结构

11.3.3　GoogLeNet

GoogLeNet[126] 和 VGG 是 2014 年 ImageNet 竞赛的双雄，这两个网络结构都具有更深的层次。与 VGG 网络不同，GoogLeNet 做了更大胆的尝试，而不是像 VGG 那样继承了 AlexNet 的框架。GoogLeNet 网络也是从增加模型的深度和宽度这两方面出发的，网络层数的增加虽然可以带来更好的训练效果，但也会带来一些负面的作用，如过拟合、梯度消失和梯度爆炸等。而 GoogLeNet 通过新的结构设计，在增加深度和宽度的同时避免了上述问题的产生，且其大小却比 AlexNet 和 VGG 要小许多，同时可以达到十分优越的性能。

GoogLeNet 采用了 22 层网络，为了避免上述提到的梯度消失等问题，GoogLeNet 巧妙地在不同深度处增加了两个 Loss 来保证梯度回传消失的现象。

此外，GoogLeNet 的创新点在于 Inception，这是一种网中网（Network In Network）的网络结构。Inception 一方面增加了网络的宽度，另一方面增加了网络对于尺度的适应性。图 11.13 所示为 Inception 网络结构。所以，为了避免所得到的特征图过厚，Inception 在 3×3 的卷积层、5×5 的卷积层和最大池化（Max Pooling）层的后面分别加上了 1×1 的卷积核，从而降低特征图的厚度。这使得 GoogLeNet 虽然具有 22 层，但其参数个数要少于 AlexNet 和 VGG。

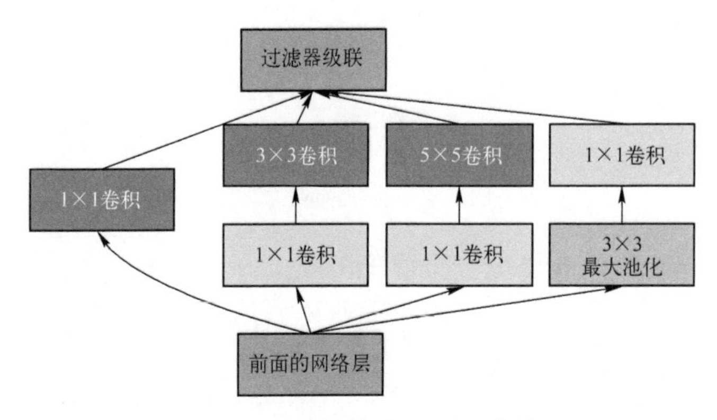

图 11.13　Inception 网络结构[126]

11.3.4　ResNet

在之前的研究中，研究人员发现，模型越深，其越具有更强的表达能力。凭借这一准则，CNN 网络自 AlexNet 的 7 层发展到了 VGG 的 16 层乃至 19 层，后来更有了 GoogLeNet 的 22 层。但在后来的研究中，研究人员发现 CNN 网络达到一定深度后，再一味地增加层数并不能够带来进一步的性能提高，反而会招致网络收敛变得更慢，准确率也变得更差。例如，VGG 网络达到 19 层后再增加层数就会开始导致性能的下降。

在这样的背景下，华人学者何恺明、张祥雨、任少卿和孙剑另辟蹊径，从常规计算机视觉领域中常用的残差表示（Residual Representation）的概念出发，并进一步将其应用在 CNN 模型的构建当中，因此而提出了 ResNet 网络，并在 ILSVRC2015 比赛中夺冠。同时，参数量小于 VGG，效果十分突出。图 11.14 所示为 VGG-19、直连的 34 层网络、ResNet 的 34 层网络的结构对比图。

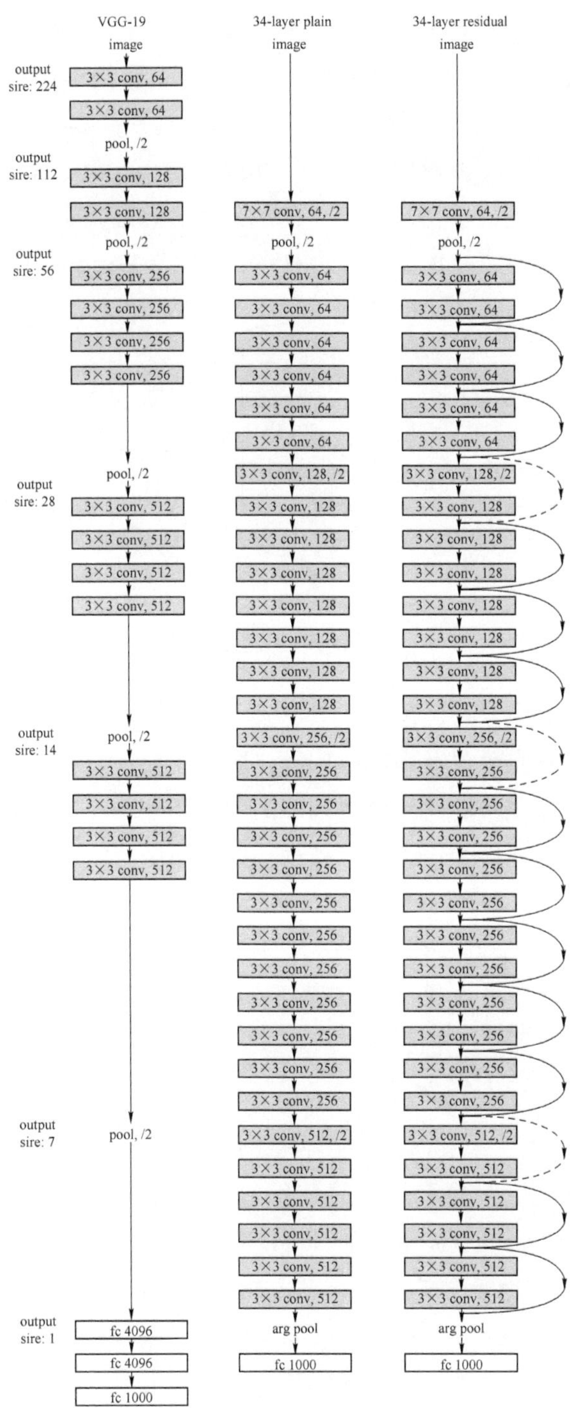

图 11.14　VGG-19、直连的 34 层网络、ResNet 的 34 层网络的结构对比[127]

ResNet 的结构可以加速神经网络的训练，且模型的准确率也有比较大的提升。另外，ResNet 的推广性非常良好，甚至可以直接用到 Inception 网络中。ResNet 的主要思想是在网络中增加了直连通道（Highway Network）的概念。在此之前的网络结构中要对输入做一个非线性变换，而直连通道则允许保留之前网络层一定比例的输出。ResNet 的思想和直连通道的思想非常类似，允许将原始的输入信息直接传递到后面的层中，如图 11.15 所示。

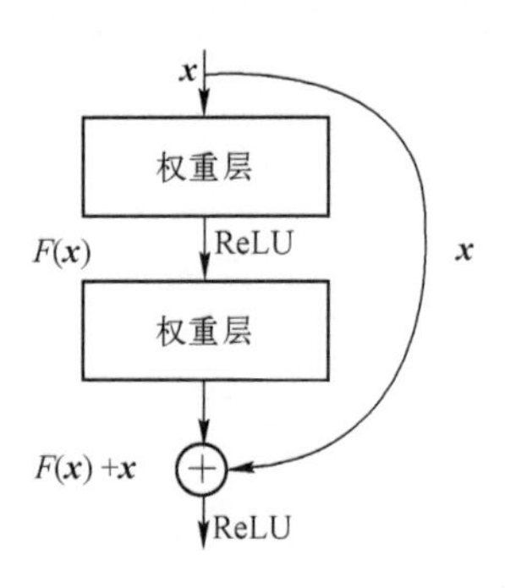

图 11.15　ResNet 残差学习模块[18]

ResNet 提出残差学习的思想，以此来处理传统的卷积网络或者全连接网络在信息传递时信息丢失及损耗等问题，同时还在一定程度上解决了梯度消失、梯度爆炸或者很深的网络无法训练的问题。ResNet 通过直接将输入信息绕道传输到输出，保护了信息的完整性，整个网络只需要对输入和输出的差别进行学习，简化了学习目标和学习难度。从图 11.15 中可以看出，ResNet 与 VGG 及直连的网络最大的区别在于，有很多的旁路将输入直接连接到后面的层，这种结构也被称为 Shortcut 或者 Skip Connections。

11.3.5　DenseNet

自 ResNet 提出后，ResNet 的变种网络层出不穷，各有其特点，网络性能也在 ResNet 的基础上获得了一定的提升。本节介绍的最后一个网络是 CVPR（Conference on computer Vision and Pattern Recognition，国际计算机视觉与模式识别会议）2017 的最佳论文 *Densely Connected Convolutional Networks*[127]，该网络在思想上借鉴了 ResNet，但却是一个全新的网络，其结构并不复杂，但却十分有效，并在 CIFAR（一个图像数据集）指标上全面超过了 ResNet，可以说是 DenseNet 吸收了 ResNet 最精华的部分，并在此基础上做了更加创新的改进，使得网络性能得到进一步的提升。

DenseNet 的优势在于通过采用“密集连接”的方式，缓解了梯度消失的问题，加强了特征的传播及特征的复用，因此极大地减少了参数数量。

具体来说，DenseNet 是一种具有密集连接的卷积神经网络。在该网络中，任何两层之间都有直接的连接，也就是说，网络每一层的输入都是前面所有层输出的并集，而该层所学得的特征图作为输入也会被直接传递给其后面所有层。图 11.16 所示是 Dense Block 的示意图，而一个 DenseNet 则由多个 Dense Block 组合而成。每个 Dense Block 之间的层称为“过渡层”（Transition Layers），如图 11.17 所示。

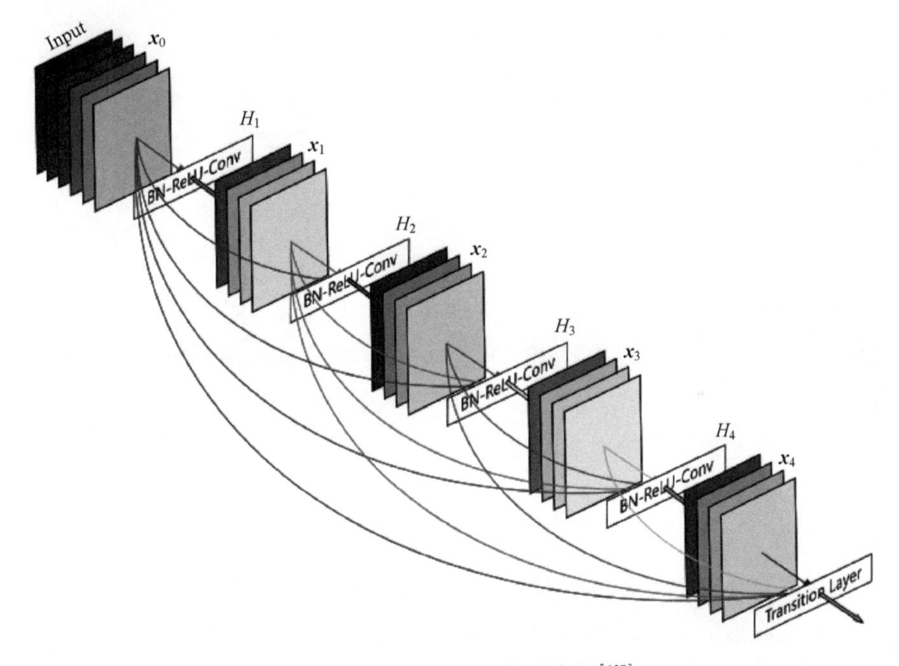

图 11.16　Dense Block 的示意图[127]

“密集连接”一词会让人有冗余的困惑，然而实际上，DenseNet 与其他网络相比反而具有更高的网络效率，其关键就在于网络每层计算量的减少及特征的重复利用。由于每一层都包含之前所有层的输出信息，因此其只需要很少的特征图就足够了，这也是为什么 DenseNet 的参数量较其他模型大大减少的原因。DenseNet 的这种连接方式相当于每一层都直接连接输入（Input）和损失（Loss），因此可以减轻梯度消失的现象，更深网络也不是问题。

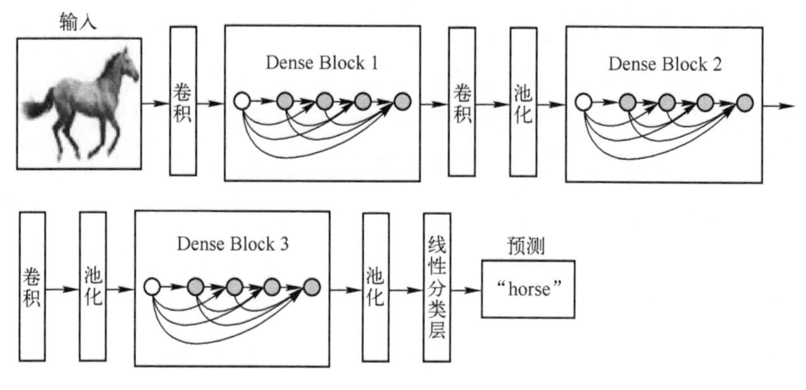

图 11.17 DenseNet 网络结构[127]

11.4 卷积神经网络的训练技巧

11.4.1 批归一化

随着卷积神经网络的发展，网络的深度越来越深，同时网络的训练也越来越困难，收敛速度也越来越慢。很多方法逐渐被提出来解决这个问题，如 ReLU 激活函数、残差网络等。批归一化（Batch Normalization）[128]是一个从数据归一化的角度出发用于加速网络训练和收敛的方法，由 Ioffe 等人于 2015 年在 ICML（International Conference on Machine Learning，国际机器学习大会）中提出。

在卷积神经网络的训练过程中，由于各层的网络参数在不停地变化，除了输入层，网络中每一层输入数据的分布也在不断地发生变化。我们把网络内部隐层输入数据分布的变化称为内部协方差偏移（Internal Covariate Shift），其中内部指的是网络内部的隐层，协方差偏移指模型中输入数据的分布存在变化，不满足独立同分布的假设。这会导致神经网络难以稳定地训练。

Ioffe 等人受到传统机器算法中数据预处理方法的启发，从数据归一化的角度引入了批归一化来解决卷积神经网络训练过程中的内部协方差偏移问题。白化（Whiten）处理是经典的数据预处理方法。经过白化预处理后的数据满足两个条件：特征之间的相关性降低；数据均值、标准差归一化，即每一维的特征均值为 0，标准差为 1。第一条通常通过主成分分析（PCA）[108]方法来实现，第二条则通过归一化操作来实现，并且之前的研究表明如果对输入图像进行白化处理，会加速神经网络的收敛速度。受此启发，Ioffe 等人提出对网络每个隐含层的输入做一个近似白化的处理。由于网络隐层输入的特征维度较高，做主成分分析时时间消耗较大，因此只做归一化处理，将隐层的输入特征强制归一化到均值为 0、标准差为 1 的分布上。这就是批归一化方法的启发和基本思想。

具体来说，在网络训练的过程中，给定一个包含 K 个样本的小批量样本集合，假设第 l 层的输入表示为 $\boldsymbol{z}^{(1,l)},\cdots,\boldsymbol{z}^{(K,l)}$，可以得到 K 个样本的均值和方差分别为

$$\boldsymbol{u}_B = \frac{1}{K}\sum_{k=1}^{K}\boldsymbol{z}^{(k,l)} \tag{11.6}$$

$$\boldsymbol{\sigma}_B^2 = \frac{1}{K}\sum_{k=1}^{K}(\boldsymbol{z}^{(k,l)} - \boldsymbol{u}_B)\odot(\boldsymbol{z}^{(k,l)} - \boldsymbol{u}_B) \tag{11.7}$$

为了减少内部协方差偏移的问题，我们可以利用一个标准归一化方法将输入 $\boldsymbol{z}^l$ 的每一位都归一化到标准高斯分布上，即

$$\hat{\boldsymbol{z}}^{(l)} = \frac{\boldsymbol{z}^{(l)} - \boldsymbol{u}_B}{\sqrt{\boldsymbol{\sigma}_B^2 + \epsilon}} \tag{11.8}$$

这会使得归一化后的数据集中在 0 附近。然而，如果使用 Sigmoid 激活函数，0 附近刚好是接近线性变化的区间，减弱了神经网络的非线性能力。因此，为了使归一化不减弱网络的非线性能力，通常通过一个附加的缩放和平移变化改变归一化后的特征区间：

$$\hat{\boldsymbol{z}}^{(l)} = \frac{\boldsymbol{z}^{(l)} - \boldsymbol{u}_B}{\sqrt{\boldsymbol{\sigma}_B^2 + \epsilon}}\odot\boldsymbol{\gamma} + \boldsymbol{\beta} \tag{11.9}$$

其中，$\boldsymbol{\gamma}$ 和 $\boldsymbol{\beta}$ 分别表示缩放和平移的参数向量。批归一化可以看作网络的一层，加在激活层之前，与卷积层一同进行端到端的训练。

实验证明，批归一化大大提升了网络的训练速度，使得网络对于参数初始化要求没那么高，并且可以使用大的学习率等，加快了网络的收敛过程。除此之外，批归一化还能提升网络的分类性能。一种解释是批归一化一定程度上可以起到正则化防止过拟合的效果。

11.4.2 随机失活

随机失活（Dropout）[129]是指在每轮训练时随机忽略一定数量的神经元，将这些神经元的输出置为0，也不更新其权重的操作。随机失活可以说是目前所有配备有全连接层的深度卷积神经网络都在使用的网络正则化方法。我们知道，典型的神经网络其训练过程是将输入通过网络进行前向传导的，然后将误差进行后向传播。而神经网络中的神经元又相互关联，相互依赖。对于某个神经元而言，其反向传播而来的信息可能也同时受到了其他神经元的影响，即神经元之间的共适应。随机失活操作的目的便是降低神经元之间的依赖，在一定程度上缓解神经元之间的共适应，从而有效避免网络过拟合的情况发生。

随机失活操作通常设置概率 p 来舍弃神经元，并让其他神经元以概率 $q=1-p$得以保留，每个神经元被关闭的概率是相同的，通过设置概率 p 可以使神经网络不去偏向于某一个结点，从而使得每一个结点的权重不会过大，以此来减轻神经网络的过拟合。

具体来讲，假设我们要训练一个神经网络，设输入为 $\boldsymbol{x}$，输出为 $\boldsymbol{y}$，如图11.18所示。正常的流程是，首先把 $\boldsymbol{x}$ 通过网络前向传播，然后把误差后向传播，以决定如何更新参数让网络进行学习。使用随机失活之后，过程变成如下步骤。

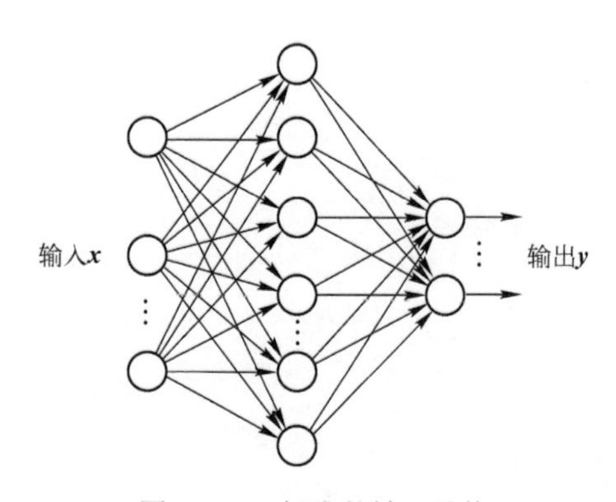

图11.18 标准的神经网络

（1）以概率 p 随机失活网络中的一些隐藏神经元，输入输出神经元保持不变，如图11.19所示，其中虚线为部分临时失活的神经元。

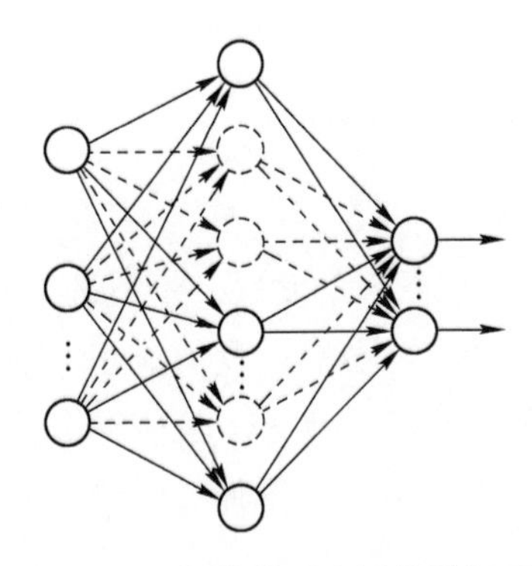

图 11.19　部分临时失活的神经元

（2）把输入 $\boldsymbol{x}$ 通过修改后的网络前向传播，然后把得到的损失结果通过修改后的网络后向传播。在一小批训练样本执行完这个过程后，对没有被删除的神经元按照随机梯度下降法更新其对应的参数$(\boldsymbol{w},b)$。

（3）不断重复下述过程。

① 恢复被失活的神经元，此时被失活的神经元保持原状，而没有被失活的神经元已经有所更新。

② 临时删除从隐藏层神经元中随机选择的一部分神经元，同时对要被临时删除的神经元的参数进行复制。

③ 对一小批训练样本，先前向传播损失，然后反向传播损失，最后根据随机梯度下降法更新参数$(\boldsymbol{w},b)$。其中，没有被删除的那一部分参数得到更新，删除的神经元的参数保持被删除前的结果。

在模型的测试阶段，所有神经元保持激活状态，并且每一个神经元的权重参数乘以概率 p，将 $\boldsymbol{x}$ 输入网络，得到预测结果 $\boldsymbol{y}$。

从上述过程中可以看到，失活的神经元无法参与到网络的训练中去，因此采用随机失活的神经网络在每次训练时都相当于是一个全新的神经网络。以包含两层、每层各含有 3 个神经元的神经网络为例，若每层随机失活一个神经元，则该网络共计可产生 9 个子网络。根据随机失活的原理，相当于在训练阶段共训练了 9 个不同的子网络，而测试阶段相当于这 9 个子网络的平均集成。与此类似，对于 AlexNet 和 VGG 等网络最后的全连接层而言，采用随机失活之后，更是呈指数级的子网络数目的集成，因此随机失活对于提升网络的泛化性能十分有效。

11.5 本章小结

本章主要介绍了卷积神经网络的发展、组成部分和典型的卷积神经网络，以及训练的技巧。本章首先从生物学出发，阐述卷积神经网络的由来；其次分别介绍了卷积神经网络的卷积、池化、激活和全连接等结构元件；再次介绍了卷积神经网络应用比较广泛的几种典型网络；最后介绍了训练卷积神经网络的技巧。

第12章

循环神经网络

循环神经网络（Recurrent Neural Networks，RNN）是深度学习中的一个重要分支，它循环处理历史数据，以及对记忆进行建模，并随时间动态地调整自身的状态，通常适用于处理时间和空间序列上有强关联的信息。从生物神经学角度来看，循环神经网络可以认为是对生物神经系统环式连接（Recurrent Connection）的简单模拟，而这种环式连接在新大脑皮质中是普遍存在的。循环神经网络求解损失函数的参数梯度有很多种算法，其中常用的是时间反向传播算法（Back Propagation Through Time，BPTT）[130]。梯度传递过程[131]会引起梯度消失（Gradient Vanish）或者梯度爆炸（Gradient Explosion）的问题。

针对循环神经网络模型基本结构对长序列数据的记忆能力不强，并且当序列信号在网络中多次传递后有可能引起梯度问题，学者们提出了长短期记忆（Long Short-Term Memory，LSTM）网络[132]、门控循环单元（Gated Recurrent Unit，GRU）[133]等更加复杂的循环神经网络和记忆单元，使得循环神经网络模型可以更加有效地处理更长的序列信号。

12.1 循环神经网络结构

循环神经网络的基本结构如图 12.1 所示，图左侧是单个循环神经网络：包括输入向量 $\boldsymbol{x}$、隐含层状态 $\boldsymbol{s}$、输出向量 $\boldsymbol{h}$。其中隐含层的输出有两个：一个输出反馈给自己，另一个输出到下一时刻的神经元；图右侧是循环神经网络的基本结构。

$\boldsymbol{x}_t$ 是 t 时刻的输入，$X=[\boldsymbol{x}_1,\cdots,\boldsymbol{x}_{t-1},\boldsymbol{x}_t,\boldsymbol{x}_{t+1},\cdots,\boldsymbol{x}_T]$为输入序列；$\boldsymbol{s}_t$ 是 t 时刻的隐含层状态，也称为网络的记忆单元（Memory Unit），$S=[\boldsymbol{s}_1,\cdots,\boldsymbol{s}_{t-1},\boldsymbol{s}_t,\boldsymbol{s}_{t+1},\boldsymbol{s}_T]$；$\boldsymbol{h}_t$ 是 t 时刻的输出，$H=[\boldsymbol{h}_1,\cdots,\boldsymbol{h}_{t-1},\boldsymbol{h}_t,\boldsymbol{h}_{t+1},\cdots,\boldsymbol{h}_T]$为输出序列；$\boldsymbol{U}$ 是输入序列信息 X 的权重参数矩阵；$\boldsymbol{W}$ 是隐含层状态 S 的权重参数矩阵；$\boldsymbol{V}$ 是输出序列信息 H 的权重参数矩阵。

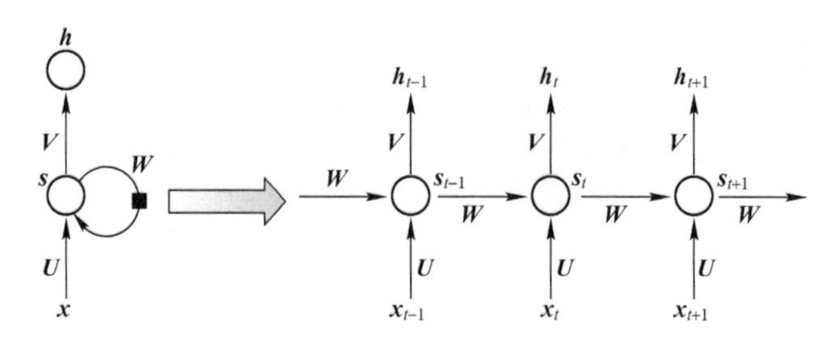

图 12.1　单个循环神经网络和循环神经网络的基本结构

循环神经网络模型为

$$\begin{aligned} \boldsymbol{s}_t &= f(\boldsymbol{W}\boldsymbol{s}_{t-1}, \boldsymbol{U}\boldsymbol{x}_t) \\ \boldsymbol{h}_t &= g(\boldsymbol{V}\boldsymbol{s}_t) \end{aligned} \tag{12.1}$$

其中，f 为隐含层状态的激活函数；g 为输出的激活函数。

在循环神经网络模型的基本结构中，每一个时刻 t 都会对应一个输出 $\boldsymbol{h}$，但在实际情况中，每一个时刻是否会有相对应的输出，需要根据具体任务需求而变化。循环神经网络模型的主要特性在于隐含层状态 $\boldsymbol{s}_t$ 能够对序列数据具有记忆功能，通过隐含层状态能够捕捉到序列信息之间的关系。

除图 12.1 所示的基本结构外，循环神经网络还有很多其他结构。图 12.2 所示为单层循环神经网络的其他结构，图中矩形框代表隐含层状态，箭头则表示数据的流动方向。

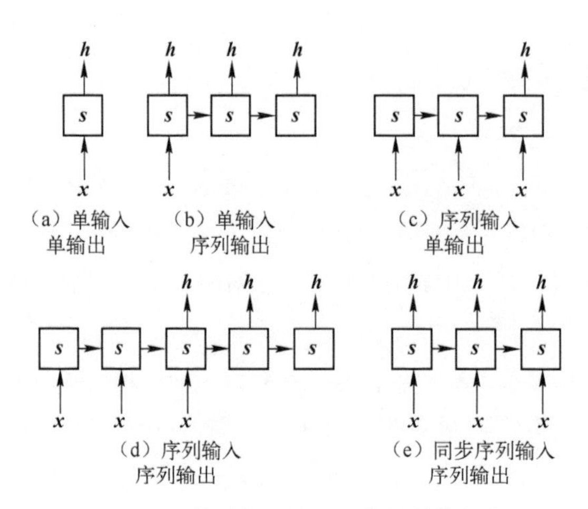

图 12.2　单层循环神经网络的其他结构

（1）单输入单输出的循环神经网络模型采用一对一（One to One）的方式，适用于词性分类、时序回归或者图像分类等问题，如输出该单词的词性。

（2）单输入序列输出的循环神经网络模型采用一对多（One to Many）的方式，适用于图像标题预测等问题，如输入一张图像后输出一段文字序列；也可以作为解码器，如先训练好网络中的权重参数，给出一个单词，解码一个句子。

（3）序列输入单输出的循环神经网络模型采用多对一（Many to One）的方式，适用于文字情感分析等问题，如输入一段文字，然后将其分为积极或者消极情绪，也可以作为句子的编码过程。

（4）序列输入序列输出的循环神经网络模型采用多对多（Many to Many）的方式，适用于机器翻译等问题，如读入英文、语句，然后将其以法语形式输出。

（5）同步序列输入序列输出的循环神经网络模型采用多对多（Many to Many）的方式，适用于机器翻译模型、视频字幕翻译工具、自动问答系统等场合。

12.2 循环神经网络的训练

12.2.1 损失函数

循环神经网络模型常用的损失函数为交叉熵函数或均方误差函数。这里只介绍交叉熵函数：

$$L(\boldsymbol{y},\hat{\boldsymbol{y}}) = -\sum_{\boldsymbol{x}} y(\boldsymbol{x})\log \hat{y}(\boldsymbol{x}) \tag{12.2}$$

其中，$\boldsymbol{y}$ 是真实输出值；$\hat{\boldsymbol{y}}$是神经网络预测的输出值。

该函数的目标是对循环神经网络中的权重参数矩阵 $\boldsymbol{U}$、$\boldsymbol{W}$、$\boldsymbol{V}$ 进行优化，从而让从循环神经网络中得到的输出值更加接近真实值。换言之，即在训练数据给定的情况下，找到使得损失函数最小的一组参数。$\boldsymbol{y}$ 与$\hat{\boldsymbol{y}}$之间的差距越小，其损失函数越小，参数的效果也就越好。

假设在循环神经网络中时间步 t 的损失函数为 L_t，则有：

$$L_t = L_t(\boldsymbol{y},\hat{\boldsymbol{y}}) = -\boldsymbol{y}_t\log \hat{\boldsymbol{y}}_t \tag{12.3}$$

如果输出的时间序列数为 T，那么循环神经网络模型的总损失函数为

$$L=\sum_{t}^{T}L_t=\sum_{t}^{T}-\boldsymbol{y}_t\log\hat{\boldsymbol{y}}_t \tag{12.4}$$

12.2.2 时间反向传播算法

循环神经网络的权重参数在不同时序上共享参数，每个结点的参数梯度不但依赖于当前时间步的计算结果，同时还依赖于上一时间步的计算结果，这种时序的方法称为时间反向传播算法（Back Propagation Through Time，BPTT）。循环神经网络模型通过 BPTT 算法计算循环神经网络模型损失函数关于多个权重参数的梯度。

在循环神经网络模型的训练过程中，使用随机梯度下降（Stochastic Gradient Descent，SGD）算法[134]，迭代地调用 BPTT 算法求得网络参数梯度。在迭代过程中，通过学习率推动网络参数朝着误差减少的方向去改变，从而更新循环神经网络模型中的权重参数矩阵 $\boldsymbol{U}$、$\boldsymbol{W}$ 和 $\boldsymbol{V}$。

BPTT 算法与 BP 算法相比，不同的只是多了在时间上反向传递的梯度，目标是求得导数$\frac{\partial L}{\partial \boldsymbol{V}}$、$\frac{\partial L}{\partial \boldsymbol{W}}$和$\frac{\partial L}{\partial \boldsymbol{U}}$。根据网络中 3 个权重参数的变化率来优化网络参数 $\boldsymbol{U}$、$\boldsymbol{W}$ 和 $\boldsymbol{V}$：

$$\frac{\partial L}{\partial \boldsymbol{U}}=\sum_{t}\frac{\partial L_t}{\partial \boldsymbol{U}},\quad \frac{\partial L}{\partial \boldsymbol{W}}=\sum_{t}\frac{\partial L_t}{\partial \boldsymbol{W}},\quad \frac{\partial L}{\partial \boldsymbol{V}}=\sum_{t}\frac{\partial L_t}{\partial \boldsymbol{V}} \tag{12.5}$$

循环神经网络模型对每个时刻的损失函数求偏导，得到该时刻损失函数关于权重参数的导数，然后进行相加即可得到总的导数。为了计算循环神经网络模型中权重参数 $\boldsymbol{U}$、$\boldsymbol{W}$ 和 $\boldsymbol{V}$ 的导数，使用 BP 算法中的导数链式法则，从损失函数的误差反向传播开始。

1. 权重 $\boldsymbol{V}$ 的梯度

复合矩阵函数 $\boldsymbol{G}=G(X)$ 求导法则：

$$\boldsymbol{G}=G(X)\rightarrow\frac{\partial g(\boldsymbol{G})}{\partial X}=\mathrm{tr}\left(\left(\frac{\partial g(\boldsymbol{G})}{\partial \boldsymbol{G}}\right)^{\mathrm{T}}\frac{\partial \boldsymbol{G}}{\partial X}\right) \tag{12.6}$$

其中，tr 是矩阵的迹；$g(\boldsymbol{G})$ 指 $\boldsymbol{G}$ 的函数。在线性代数中，$n\times n$ 的对角矩阵 $\boldsymbol{A}$ 的主对角线上各个元素的总和称为矩阵 $\boldsymbol{A}$ 的迹。根据式（12.6），在时刻 t 的损失函数对 $\boldsymbol{V}$ 进行求导：

$$\frac{\partial L_t}{\partial \boldsymbol{V}}=\mathrm{tr}\left(\left(\frac{\partial L_t}{\partial \hat{\boldsymbol{y}}_t}\right)^{\mathrm{T}}\frac{\partial \hat{\boldsymbol{y}}_t}{\partial \boldsymbol{V}}\right)=\mathrm{tr}((\hat{\boldsymbol{y}}_t-\boldsymbol{y}_t)^{\mathrm{T}}\boldsymbol{s}_t) \tag{12.7}$$

下面对 $\boldsymbol{V}$ 矩阵的每一个位置进行求导计算，其中 $(\hat{\boldsymbol{y}}_t-\boldsymbol{y}_t)^{(i)}$ 表示向量中的第 i 个元素，$s_t^{(j)}$ 表示隐含层 $\boldsymbol{s}_t$ 的第 j 个元素，求向量的迹就变成求向量外积：

$$\frac{\partial L_t}{\partial V_{ij}}=\mathrm{tr}((\hat{\boldsymbol{y}}_t-\boldsymbol{y}_t)^{(i)}s_t^{(j)})=(\hat{\boldsymbol{y}}_t-\boldsymbol{y}_t)\otimes\boldsymbol{s}_t \tag{12.8}$$

从式（12.8）中可以看出，$\frac{\partial L_t}{\partial V_{ij}}$ 的值只依赖当前时间步 t，有了与当前时间步相关的值 $\hat{\boldsymbol{y}}_t$、$\boldsymbol{y}_t$、$\boldsymbol{s}_t$，就可以使用简单的矩阵操作计算出网络权重向量 $\boldsymbol{V}$ 的梯度。

2. 权重 $\boldsymbol{W}$ 的梯度

权重 $\boldsymbol{W}$ 在隐含层状态的所有时间步上进行共享，在时间步 t 之前每一个时刻的 $\boldsymbol{W}$ 的变化都对损失值 L_t 产生影响，因此在反向求导时，也需要考虑之前每一个时刻 t 上 $\boldsymbol{W}$ 对 L 的影响，著名的时间反向传播算法就是由此而来的。

根据复合矩阵函数 $\boldsymbol{G}=G(X)$ 求导法则求导：

$$\frac{\partial L_t}{\partial \boldsymbol{W}}=\sum_{k=0}^{t}\frac{\partial L_t}{\partial \boldsymbol{s}_k}\frac{\partial \boldsymbol{s}_k}{\partial \boldsymbol{W}}=\sum_{k=0}^{t}\mathrm{tr}\left[\left(\frac{\partial L_t}{\partial \boldsymbol{s}_k}\right)^{\mathrm{T}}\frac{\partial \boldsymbol{s}_k}{\partial \boldsymbol{W}}\right]=\sum_{k=0}^{t}\mathrm{tr}\left[(\boldsymbol{\delta}_k)^{\mathrm{T}}\frac{\partial \boldsymbol{s}_k}{\partial \boldsymbol{W}}\right] \tag{12.9}$$

其中，$\boldsymbol{\delta}_t$ 和 $\boldsymbol{\delta}_k$ 应用链式法则为

$$\boldsymbol{\delta}_t=\frac{\partial L_t}{\partial \boldsymbol{s}_t}=\frac{\partial L_t}{\partial \hat{\boldsymbol{y}}_t}\frac{\partial \hat{\boldsymbol{y}}_t}{\partial \boldsymbol{s}_t}=(\boldsymbol{V}^{\mathrm{T}}(\hat{\boldsymbol{y}}_t-\boldsymbol{y}_t))\odot(\boldsymbol{1}-\boldsymbol{s}_t^2) \tag{12.10}$$

$$\boldsymbol{\delta}_k=\frac{\partial L_t}{\partial \boldsymbol{s}_k}=\frac{\partial L_t}{\partial \boldsymbol{s}_{k+1}}\frac{\partial \boldsymbol{s}_{k+1}}{\partial \boldsymbol{s}_k}=(\boldsymbol{W}^T\boldsymbol{\delta}_{k+1})\odot(\boldsymbol{1}-\boldsymbol{s}_t^2) \tag{12.11}$$

与求 $\boldsymbol{V}$ 的梯度一样，使用矩阵形式表达，可以得到：

$$\frac{\partial L_t}{\partial \boldsymbol{W}}=\sum_{k=1}^{t}\boldsymbol{\delta}_k\otimes\boldsymbol{s}_{k-1} \tag{12.12}$$

参数 $\boldsymbol{U}$ 的梯度求解与权重 $\boldsymbol{W}$ 的梯度求解类似。

标准的循环神经网络模型是很难训练的。序列越长，反向传播越久，其计算量就越大，而且容易引起梯度消失或者梯度爆炸等问题。因此，在实践中，常把时间反向传播算法的时间序列计算控制在向后多少个时间步内。BP 算法只考虑了上下层之间梯度的纵向传播，但 BPTT 算法同时考虑了层级间的纵向传播和时间上的横向传播，并同时在时间序列和当前层神经元传递的两个方向上进行参数优化。

12.2.3 梯度消失与梯度爆炸

循环神经网络模型最初是用来处理序列数据的，但是该模型在处理长期依赖的序列数据方面难以学习到有效的数据。

按时间步 t 对隐含层的权重求导：

$$\frac{\partial L_t}{\partial \boldsymbol{W}} = \sum_{k=0}^{t} \frac{\partial L_t}{\partial \boldsymbol{s}_k} \frac{\partial \boldsymbol{s}_k}{\partial \boldsymbol{W}}$$

$\frac{\partial L_t}{\partial \boldsymbol{s}_k}$的求解使用链式法则展开，则：

$$\frac{\partial L_t}{\partial \boldsymbol{W}} = \sum_{k=0}^{t} \frac{\partial L_t}{\partial \boldsymbol{s}_k} \frac{\partial \boldsymbol{s}_k}{\partial \boldsymbol{W}} = \sum_{k=0}^{t} \frac{\partial L_t}{\partial \boldsymbol{s}_k}\left(\prod_{j=k+1}^{t} \frac{\partial \boldsymbol{s}_j}{\partial \boldsymbol{s}_{j-1}}\right)\frac{\partial \boldsymbol{s}_k}{\partial \boldsymbol{W}}$$

其中，$\boldsymbol{s}_t = f(\boldsymbol{U}\boldsymbol{x}_t + \boldsymbol{W}\boldsymbol{s}_{t-1})$。根据链式法则，网络序列越长，导数相乘就越多。因此，当多个小于 1 的项连乘，结果很快会逼近于零，从而引起梯度消失问题；当多个大于 1 的项连乘，结果可能会导致求导的结果很大，从而引起梯度爆炸问题。

使用 BPTT 算法训练循环神经网络，即使是最简单的模型，在遇到梯度消失和梯度爆炸的问题时，都难以解决时序上长距离依赖的问题。以下 5 种方法常用来解决这些问题[135]。

（1）截断梯度。循环神经网络更新参数时，只利用较近时刻的序列信息，而忽略历史久远的信息。

（2）设置梯度阈值。程序可以检测的梯度数值很大，所以可以设置梯度阈值，在梯度爆炸时，直接截断超过阈值的部分。

（3）合理初始化权重值。尽可能避开可能导致梯度消失的区域，让每个神经元尽量不要取极值。例如，可以对利用高斯分布得到的权重进行修正，使其更加集中在分布中心，或者使用预训练的网络。

（4）使用 ReLU 作为激活函数。使用 ReLU 代替 Sigmoid 和 tanh 作为激活函数。ReLU 的导数限制为 0 和 1，从而更能应对梯度消失和梯度爆炸问题。

（5）使用 LSTM 或者 GRU 作为记忆单元。解决梯度消失和长期依赖的问题可以将原循环神经网络模型中的记忆单元进行替换，LSTM 和 GRU 结构是目前普遍采用的替换结构。

12.3 双向循环神经网络与深度循环神经网络

1. 双向循环神经网络

双向循环神经网络（Bi-directional Recurrent Neural Network，Bi-RNN）[136]不仅利用序列前面的信息，还会利用将要输入的信息，如图 12.3 所示。

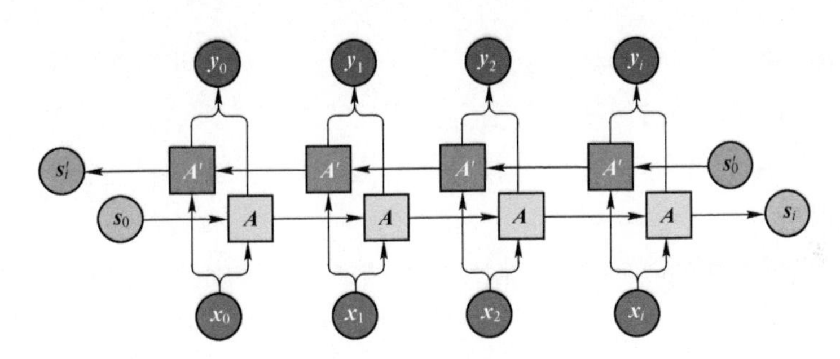

图 12.3　双向循环神经网络[137]

2. 深度循环神经网络

深度循环神经网络（Deep Recurrent Neural Networks，DRNN）是在基本循环神经网络结构的基础上进行改进的，每一个时刻 t 对应多个隐含层状态。该模型结构能够带来更好的学习能力，缺点在于难以对网络进行控制，并且随着网络层数的增多而引入更多的数学问题（如梯度消失或者梯度爆炸等问题）。

两层深度循环神经网络如图 12.4 所示。

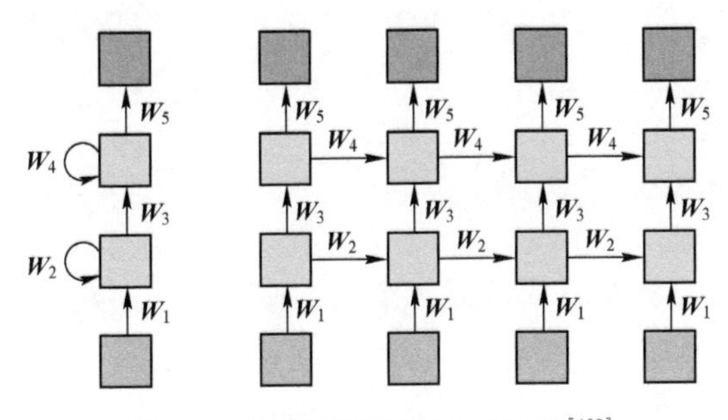

图 12.4　两层深度循环神经网络[138]

12.4 长短期记忆网络

循环神经网络模型根据时间序列信息训练网络参数，使得循环神经网络模型学习到序列数据之间的关联信息，进而预测未来的序列信息，但它存在梯度消失和梯度爆炸问题。普通循环神经网络模型很难学习和保存长期序列信息。

在序列信息短、预测单词间的间隔短的语境中，该类型的数据称为短期序列，循环神经网络模型处理短期序列的过程称为“短期记忆”。循环神经网络模型可以很好地学习短期序列信息，并且能够轻易地达到70%以上的预测精度。但当序列数据信息很长、预测间隔大时，涉及循环神经网络模型的长期记忆问题。

随着预测序列间隔的增大，循环神经网络模型就会引起BPTT时间反向传播算法中的梯度消失和梯度爆炸问题，所以循环神经网络模型难以处理长期记忆的任务。

传统的循环神经网络难以解决长期依赖的问题，因此众多的循环神经网络的变体被提出来。其中，长短期记忆（LSTM）网络在1997年由Sepp Hochreiter等人提出[132]，主要用途是给循环神经网络增加记忆功能，减弱信息的衰减，从而记住长期的信息。长短期记忆网络也被证明在处理长期依赖的问题上比传统方法更加有效。LSTM在2012时被改进[139]，使得LSTM网络得到了广泛的应用。

LSTM在循环神经网络模型的基础上增加了记忆功能，两者在时序上的传播方式没有本质区别，只是计算隐含层神经元状态的方式不同。LSTM中的“Cell”有着记忆功能，可以决定信息的记忆，并且可以将之前的状态、现在的记忆和当前输入的信息结合在一起，对长期信息进行记录。

12.4.1 LSTM记忆单元

LSTM采用门控机制，它包括3个门：输入门、遗忘门和输出门。LSTM记忆单元如图12.5所示。

图12.5中，$\boldsymbol{x}_t$是时间步t记忆单元的输入；i_t是输入门的激活值；f_t是遗忘门的激活值；o_t是输出门的激活值；$\boldsymbol{h}_t$、$\boldsymbol{h}_{t-1}$是在时间步t和时间步$t-1$记忆

单元的输出；$\boldsymbol{C}_t$、$\boldsymbol{C}_{t-1}$是时间步 t 和时间步 $t-1$ 记忆单元的状态；$\widetilde{C}_t$是记忆单元的候选状态；$\boldsymbol{W}_i$、$\boldsymbol{U}_i$、$\boldsymbol{W}_c$、$\boldsymbol{U}_c$、$\boldsymbol{W}_f$、$\boldsymbol{U}_f$、$\boldsymbol{W}_0$、$\boldsymbol{U}_0$分别为记忆单元对应门的权重向量（图中并未标出）；b_i、b_c、b_f、b_o分别为记忆单元中对应门的偏置（图中并未标出）。

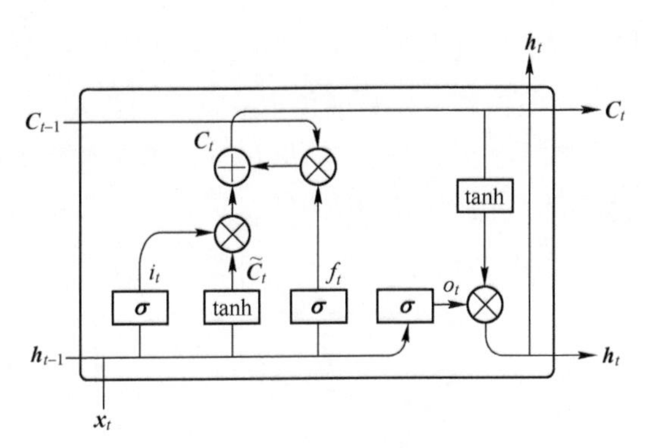

图 12.5　LSTM 记忆单元

1. 输入门

输入门决定哪些新输入的信息允许被更新，或者被保存到记忆单元中，如图 12.6 中的深色边框部分所示。

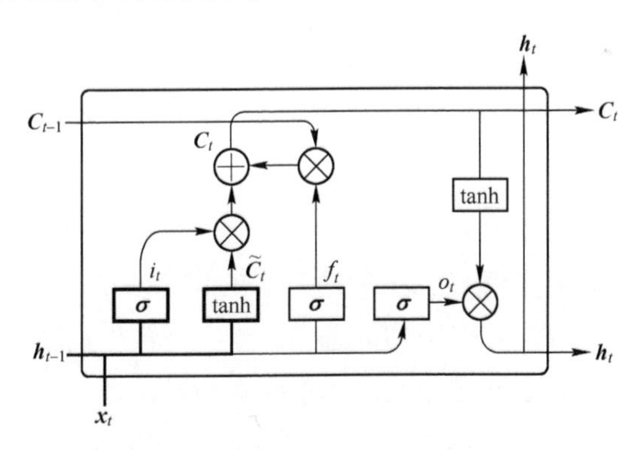

图 12.6　输入门和状态候选值的计算过程

输入门需要计算输入门的激活值 i_t和时间步 t 记忆单元的状态候选值$\widetilde{\boldsymbol{C}}_t$：

$$i_t=\sigma(\boldsymbol{W}_i\boldsymbol{x}_t+\boldsymbol{U}_i\boldsymbol{h}_{t-1}+b_i) \tag{12.13}$$

其中，σ 为激活函数；$\boldsymbol{W}_i$为在输入门输入控制时间步 t 的输入序列数据的权重向量；$\boldsymbol{U}_i$是在输入门输入控制时间步 $t-1$ 输入的状态值；b_i是输入门输入控制的偏置。

$$\widetilde{\boldsymbol{C}}_t=\tanh(\boldsymbol{W}_c\boldsymbol{x}_t+\boldsymbol{U}_c\boldsymbol{h}_{t-1}+b_c) \tag{12.14}$$

其中，$\boldsymbol{W}_c$为在输入门状态候选在时间步 t 的输入序列数据的权重向量；$\boldsymbol{U}_c$为在输入门状态候选时间步 t 输入状态值的权重向量；b_i是输入门状态候选的偏置。

2. 遗忘门

遗忘门用于控制记忆单元是否记住或者丢弃之前的状态，它的作用是决定从记忆单元中丢弃哪些信息、计算时读取当前时间步 t 的输入数据信息 $\boldsymbol{x}_t$和上一时间步 $t-1$ 的状态输出 $\boldsymbol{h}_{t-1}$，以及输出 0~1 的数值作为上一次记忆单元的状态，具体如图 12.7 中的深色边框部分所示。

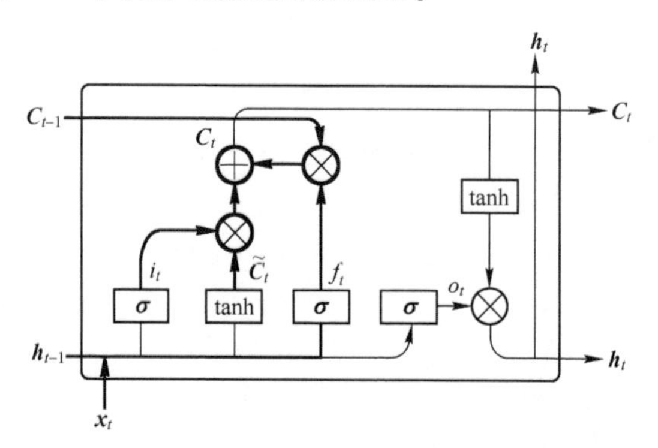

图 12.7　遗忘门和新状态值的计算过程

输入门得到了输入激活值 i_t和记忆单元的状态候选值$\widetilde{\boldsymbol{C}}_t$，计算遗忘门的激活值$f_t$和当前时间步 t 的新状态值 $\boldsymbol{C}_t$：

$$f_t=\sigma(\boldsymbol{W}_f\boldsymbol{x}_t+\boldsymbol{U}_f\boldsymbol{b}_{t-1}+b_f) \tag{12.15}$$

$$\boldsymbol{C}_t=i_t\widetilde{\boldsymbol{C}}_t+f_t\boldsymbol{C}_{t-1} \tag{12.16}$$

当前时间步的新状态值 $\boldsymbol{C}_t$为上一时间步的状态值 $\boldsymbol{C}_{t-1}$与输出门的激活值f_t相乘，作用为决定丢弃旧状态中的信息量；输入门输出控制值 i_t与候选状态值$\widetilde{\boldsymbol{C}}_t$相乘，用于控制新状态的变化；最后把两者相加作为新的状态值。

3. 输出门

输出门决定记忆单元中哪些信息允许被输出，输出门的作用与输入门对称，如图 12.8 中的深色边框部分所示。

计算时间步 t 记忆单元中输出门的输出激活值 o_t和记忆单元的输出值 $\boldsymbol{h}_t$：

$$o_t=\sigma(\boldsymbol{W}_o\boldsymbol{x}_t+\boldsymbol{U}_o\boldsymbol{h}_{t-1}+b_o) \tag{12.17}$$

$$\boldsymbol{h}_t=o_t\times\tanh(\boldsymbol{C}_t) \tag{12.18}$$

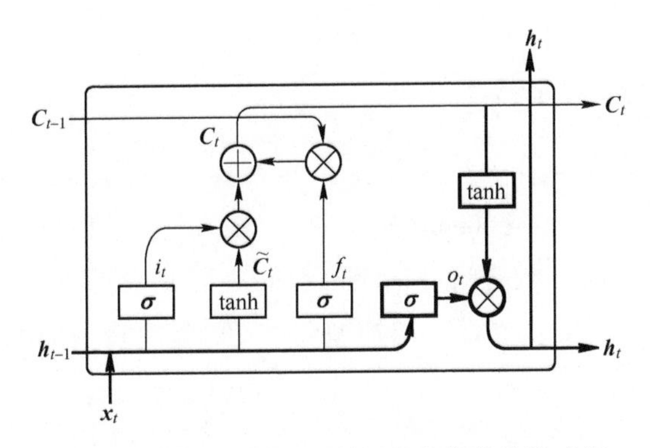

图 12.8　输出门和记忆单元输出值的计算过程

输出门的输出激活值与当前时间步 t 新状态值的 tanh 函数相乘，最终得到输出状态 $\boldsymbol{h}_t$。

12.4.2　LSTM 记忆方式

门的作用是允许 LSTM 的记忆单元长时间存储和访问序列信息，从而减少梯度消失问题。例如，输入门保持关闭，即激活值接近 0，则新的输入不会进入网络，网络中的记忆单元会一直保持开始激活的状态。通过对输入门的开关控制，可以控制循环神经网络模型什么时间接受新的数据，什么时间拒绝新的数据进入，于是梯度信息就随着时间的传递而被保留下来。

如图 12.9 所示，在中间隐含层结点的单个记忆单元中，左侧为输出门、下侧为输入门、上侧为输出门，当门完全打开时为“o”，门完全关闭时为“=”。在第 2 个时间步 t 中，输入门和输出门都为关闭状态，于是记忆单元把之前的状态传递到第 3 个时间步 t+1，操作中记忆单元就把第 1 个状态记录下来。依次类推，记忆单元就能够对时间步 t 的状态进行存储，减少梯度消失问题。

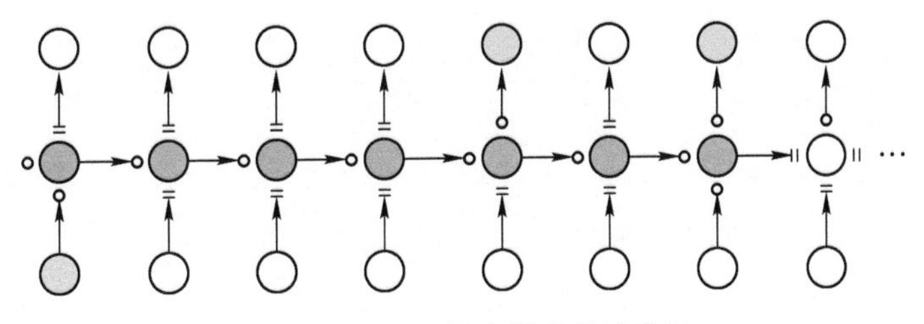

图 12.9　LSTM 保存梯度的示意图

12.5 门控循环单元

门控循环单元（Gated Recurrent Unit，GRU）将 LSTM 模型的门控信号减少到了 2 个，分别称为更新门（Update Gate）和复位门（Reset Gate）。也可以说，GRU 是对 LSTM 的精简，门控循环单元的计算过程如图 12.10 所示。

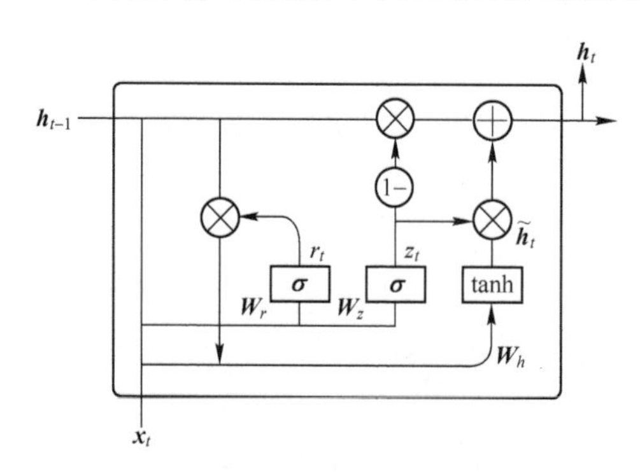

图 12.10　GRU 的计算过程

以时间步 t 为例说明 LSTM 中的记忆单元进行序列信息存储的过程，在图 12.10 中，x_t是时间步 t 记忆单元的输入；r_t是复位门的激活值；z_t是更新门的激活值；$\widetilde{\boldsymbol{h}}_t$是记忆单元中的更新输出候选值；$\boldsymbol{h}_t$、$\boldsymbol{h}_{t-1}$是在时间步 t 和时间步 $t-1$ 记忆单元的输出；$\boldsymbol{W}_r$、$\boldsymbol{W}_z$、$\boldsymbol{W}_h$是记忆单元的候选状态。

GRU 只有两个门，分别是复位门和更新门。其中，复位门决定如何将新的输入数据和旧的记忆信息相结合；更新门则决定保留多少前面的记忆量。如果网络中的复位门全为 1、更新门全为 0，那么 GRU 就相当于普通的 RNN 网络。

1. 复位门

复位门决定如何将新的输入数据信息与旧的记忆信息相结合。需要计算在时间步 t 记忆单元中的重置激活值 r_t：

$$r_t=\sigma(\boldsymbol{W}_r\boldsymbol{x}_t+\boldsymbol{U}_r\boldsymbol{b}_{t-1}) \tag{12.19}$$

r_t用于控制前一时间步隐含层单元 $\boldsymbol{h}_{t-1}$对当前输入数据 $\boldsymbol{x}_t$的影响。如果 $\boldsymbol{h}_{t-1}$对 $\boldsymbol{x}_t$不重要，即从当前输入数据 $\boldsymbol{x}_t$开始表述了新的意思，并且与上文无关，那么 r_t开关可以保持打开状态，使得 $\boldsymbol{h}_{t-1}$对 $\boldsymbol{x}_t$不产生影响。

2. 更新门

更新门用于决定是否使用当前时间步 t 的输入信息 $\boldsymbol{x}_t$ 对网络产生影响，其更新激活值 z_t 为

$$z_t = \sigma(\boldsymbol{W}_z \boldsymbol{x}_t + \boldsymbol{U}_z \boldsymbol{h}_{t-1}) \tag{12.20}$$

权重参数 $\boldsymbol{W}$ 针对时间步 t 的输入数据；权重参数 $\boldsymbol{U}$ 针对循环记忆单元上一时间步的记忆信息 $\boldsymbol{h}_{t-1}$；z_t 用于决定是否忽略当前时间步的输入数据 $\boldsymbol{x}_t$。类似 LSTM 中的输入门 i_t，z_t 可以判断当前输入数据 $\boldsymbol{x}_t$ 对整体序列信息的表达是否重要。当 z_t 开关打开时，会忽略当前输入数据 $\boldsymbol{x}_t$，同时让 $\boldsymbol{h}_{t-1}$ 与 $\boldsymbol{h}_t$ 相连通，使得梯度能够得到有效的反向传播。与 LSTM 相同，这种短路机制有效地缓解了梯度消失现象。

最后需要计算在时间步 t 记忆单元中更新的输出候选值 $\widetilde{\boldsymbol{h}}_t$ 和记忆单元信息输出值 $\boldsymbol{h}_t$：

$$\widetilde{\boldsymbol{h}}_t = \tanh(\boldsymbol{W}_h \boldsymbol{x}_t + \boldsymbol{U}_h \boldsymbol{r}_t \cdot \boldsymbol{h}_{t-1}) \tag{12.21}$$

$$\boldsymbol{h}_t = (1-z_t)\boldsymbol{h}_{t-1} + z_t \widetilde{\boldsymbol{h}}_t \tag{12.22}$$

12.6 本章小结

本章主要介绍了循环神经网络的结构及其它的训练。循环神经网络模型常用的损失函数为交叉熵函数或均方误差函数。在循环神经网络模型的训练过程中，使用了随机梯度下降算法，迭代地调用 BPTT 算法求得网络参数梯度。然而，标准的循环神经网络模型很难训练，序列越长，反向传播越久，其计算量就越大，而且容易引起梯度消失或者梯度爆炸问题。为了解决这些问题，本章讨论了循环神经网络的变体：长短期记忆网络和门控循环单元等，使得循环神经网络模型可以更加有效地处理更长的序列信号。

第13章

强化学习

强化学习（Reinforcement Learning，RL），又称再励学习、评价学习或增强学习，是机器学习的范式和方法论之一，用于描述和解决智能体（Agent）在与环境的交互过程中通过学习策略以达成回报最大化或实现特定目标的问题。

强化学习是智能体以“试错”的方式进行学习的，通过与环境进行交互获得奖励指导动作，目标是使智能体获得最大的奖励。强化学习理论受到行为主义心理学的启发，侧重在线学习并试图在探索-利用（Exploration-Exploitation）间保持平衡。不同于监督学习和非监督学习，强化学习主要表现在强化信号（奖励或惩罚）上。强化学习由环境提供的强化信号对产生的动作做评价，从而获得学习信息并更新模型参数，而不是告诉系统如何产生正确的动作。由于外部环境提供的信息很少，强化学习强调靠自身的经历进行学习，在行动-评价的环境中获得知识，改进行动方案以适应环境。强化学习系统学习的目标是动态地调整参数，以达到强化信号最大。

智能体为适应环境而采取的学习具备以下特征。

（1）智能体不是静态地、被动地等待，而是主动地对环境做出试探。

（2）环境对试探动作的反馈信息具有好或坏的评价。

（3）智能体在行动-评价的环境中获得知识，改进行动方案以适应环境，取得预期结果。

13.1 强化学习模型及基本要素

13.1.1 强化学习模型

强化学习受到生物能够有效适应环境的启发，以试错的机制与环境进行交互，通过最大化累积奖励的方式来学习到最优策略[140]。强化学习强调如何基于环境而行动，以取得最大化的预期利益。强化学习模型由智能体（Agent）、状态（State）、奖励（Reward）、动作（Action）和环境（Environment）组成。在强化学习的世界里，算法称为智能体，它与环境（Environment）发生交互，智能体从环境中获取状态（State），并决定要做出的动作（Action），环境会根据自身的逻辑给智能体予以奖励（Reward）。奖励有正向和反向之分，如图 13.1 所示。例如，在游戏中，每击中一个敌人就是正向的奖励，掉血或者游戏结束就是反向的奖励。

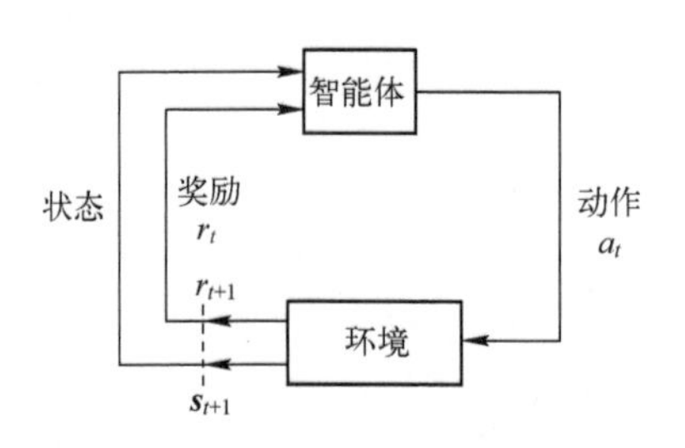

图 13.1　强化学习模型

（1）智能体：智能体是整个强化学习系统的核心，它能够感知环境的状态，并且根据环境提供的强化信号（奖励），通过学习选择一个合适的动作，从而最大化长期的奖励值。简而言之，智能体就是根据环境提供的奖励作为反馈，学习一系列的环境状态到动作的映射，动作选择的原则是最大化未来累积的奖励的概率。选择的动作不仅影响当前时刻的奖励，还会影响下一时刻甚至未来的奖励。因此，智能体在学习过程中的基本规则是如果某个动作带来了环境的正回报（奖励），那么这一动作会被加强，反之则会逐渐削弱，类似于物理学中的条件反射原理。

（2）环境：环境会接收智能体执行的一系列动作，并且对这一系列动作的好坏进行评价，并转换成一种可量化的奖励（标量信号）反馈给智能体，而不会告诉智能体应该如何去学习该动作。智能体只能靠自己的历史经历去学习。同时，环境还向智能体提供它所处的状态信息。环境有完全可观测（Fully Observable）和部分可观测（Partial Observable）两种情况。

（3）奖励：环境提供给智能体的一个可量化的标量反馈信号，用于评价智能体在某一个时间步（Time Step）所做动作的好坏。强化学习就是基于一种最大化累计奖励假设的，即强化学习中，智能体进行一系列的动作选择的目标是最大化未来的累计奖励（Maximization of Future Expected Cumulative Reward）。

（4）历史（History）：历史就是智能体过去的一系列观测、动作和奖励的序列信息，即 $H_t=(\boldsymbol{s}_1,r_1,a_1,\cdots,\boldsymbol{s}_t,r_t,a_t)$。智能体根据历史的动作选择，选择动作之后，环境给出的反馈和状态决定如何选择下一个动作。

（5）状态：状态指智能体所处的环境信息，包含了智能体用于进行动作选择的所有信息，它是历史的一个函数，即 $\boldsymbol{s}_t=f(H_t)$。

可见，强化学习的主体是智能体和环境。智能体为了适应环境，最大化未来累计奖励，做出一系列的动作，这个学习过程称为强化学习。智能体在与环境交互时，每一时刻循环发生如下事件序列。

（1）智能体感知当前的环境状态。

（2）根据当前的状态和奖励，智能体选择一个动作执行。

（3）当智能体选择的动作作用于环境时，环境状态转移至新的状态，并给出新的奖励。

（4）奖励反馈给智能体。

强化学习不同于监督学习，监督学习给出有标签的训练数据，对于每个样例都有一个标签或者动作，系统的主要动作是判断数据属于哪一个类别；强化学习也不同于无监督学习，无监督学习是从无标签的数据中找出其中的结构化信息，而强化学习是去最大化一个奖励信息而不是去寻找隐藏的结构化信息。

强化学习具有如下特点。

（1）强化学习通过智能体与环境不断地试错交互来进行学习，奖励可能是稀疏且合理延迟的，它不要求（或要求较少）先验知识。智能体在学习中所使用的反馈是一种数值回报形式，不要求有提供正确答案的教师，即环境返回的奖励是 R，而不像监督学习中给出的教师信号。

（2）强化学习是一种增量式学习，可以在线使用。

（3）强化学习可以应用于不确定性环境。

（4）强化学习的体系可扩展。强化学习系统已扩展到规划的合并、智能探索、结构控制和监督学习的任务中。

13.1.2 强化学习基本要素

一个强化学习系统，除智能体和环境外，还包括其他 4 个要素：策略（Policy，π）、值函数（Value Function，V）、回报函数（Reward Function，R）和环境模型（Environment Model）。其中，环境模型可以有，也可以没有（Model Free）。

（1）策略：确定智能体在给定时间的动作方式，表示状态到动作的映射。定义智能体在 t 时刻的行为方式，直接决定智能体的行动，是整个强化学习系统的核心。策略 $\pi:S\times A\to[0,1]$ 或者 $\pi:S\to A$，表示在状态 S 下选择动作 A 的概率。其中，S 代表智能体所有状态的集合（状态空间）；A 代表智能体所有动作的集合（动作空间）。在任意状态下，存在由策略 π_i 组成的策略集合 F。在策略集合中存在一个使问题具有最优效果的策略 π_i^*，称为最优策略，强化学习的目的就是寻找最优策略 π_i^*。

（2）回报函数：也称奖励函数，定义了强化学习问题的目标。智能体通过一系列的策略选择，最终通过奖励函数映射到一个奖励信号，产生关于一个动作好坏的评价。每一步骤结束，环境给智能体一个数值信号作为反馈，叫作奖励。智能体的目标是最大化长期的奖励，因此奖励信号定义了智能体的任务目标。奖励信号是一个标量，一般采用正数表示奖励，负数表示惩罚。

（3）值函数：奖励函数计算当前策略的好坏，但无法衡量未来策略的好坏。因此，通过值函数预测未来的奖励的值，从长远角度评价策略的好坏。为什么需要从未来角度衡量策略的好坏呢？有两个原因，一是环境对于策略给出的评价往往是延迟的；二是智能体选择的当前动作或者策略会对未来的状态或者策略选择产生影响。值函数是从长期来看状态的值的。一个状态的值就是一个智能体从当前状态到未来能够取得的所有奖励的期望。

（4）环境模型：它是强化学习系统中可选的部分，将强化学习和动态规划等方法结合在一起，环境模型用于模拟环境的行为方式。例如，在给定一个状态和动作的情况下，环境模型可以预测下一步的状态和回报。借助环境模型，智能体可以在进行策略选择时考虑未来可能发生的情况，提前进行规划。环境模型是对于智能体所属环境的建模，让智能体能够预测环境对于动作给出的反应。使用环境模型的方法叫 Model-Based 方法，否则叫 Model-Free 方法，两种方法的主要区别在于智能体是否能在执行动作之前对下一步的状态和回报做出预测。如果可以，那么就是 Model-Based 方法；如果不能，即为 Model-Free 方法。

13.2　马尔可夫决策过程

在强化学习中，智能体与环境进行交互。在时刻 t，智能体会接收到来自环境的状态 s，基于这个状态 s，智能体做出动作 a，然后这个动作作用在环境上，于是智能体可以接收到奖励，并且智能体到达新的状态。智能体与环境之间的交互产生了一个序列，称为序列决策过程。而马尔可夫决策过程就是一个典型的序列决策过程的一种公式化。

13.2.1　马尔可夫过程

马尔可夫过程（Markov Process）是一类随机过程，它的原始模型是马尔可夫链，由俄国数学家 Andrey Andreyevich Markov 提出[141]。马尔可夫过程是研究离散事件动态系统状态空间的重要方法，它的数学基础是随机过程理论。

定义 13.1：马尔可夫性。设$\{X(t),t\in T\}$为一随机过程，E 为其环境，若对任意的$\{t_1<t_2<\cdots<t_n<t\}$，任意的 $x_1,x_2,\cdots,x_n,x_i\in E$，随机变量 $X(t)$在已知变量$\{X(t_1)=x_1,\cdots,X(t_n)=x_n\}$之下的条件分布函数只与 $X(t_n)=x_n$ 有关，而与$\{X(t_1)=x_1,\cdots,X(t_{n-1})\}=x_{n-1}$无关，即条件分布函数满足等式 $F(x,t\mid x_n,x_{n-1},\cdots,x_2,x_1,t_n,t_{n-1},\cdots,t_1=F(x,t\mid x_n,t_n)$，即 $P\{X(t)\leqslant x\mid X(t_n)=x_n,\cdots,X(t_1)=x_1\}=P\{X(t)\leqslant x\mid X(t_n)=x_n\}$，此性质称为马尔可夫性，也称无后效性或无记忆性。

若 $X(t)$为离散型随机变量，则马尔可夫性也满足等式 $P\{X(t)=x\mid X(t_n)=x_n,\cdots,X(t_1)=x_1\}=P\{X(t)=x\mid X(t_n)=x_n\}$。

定义 13.2：马尔可夫过程。若随机过程$\{X(t),t\in T\}$满足马尔可夫性，则称为马尔可夫过程。

13.2.2　马尔可夫决策过程概述

马尔科夫决策过程（Markov Decision Process，MDP）根据环境是否可感知的情况，可分为完全可观测 MDP 和部分可观测 MDP 两种。这里主要使用完全可观测的马尔科夫决策过程介绍相关基本原理。

马尔科夫决策过程是一个在环境中模拟智能体的随机性策略与回报的数学模型，通过六元组(S,A,D,P,r,J)表示，其中S表示有限的环境状态空间；A表示有限的系统动作空间；D表示初始状态概率分布，当初始状态确定时，D的概率为1，当初始状态是以相等的概率从所有状态中选择时，D可以忽略；$P(s,a,s')\in[0,1]$为状态转移概率，表示在状态s下采取动作a后转移到状态s'的概率；$r(s,a,s'):S\times A\times S\rightarrow\mathbb{R}$为系统从状态$s$执行动作$a$后转移到状态$s'$所获得的立即回报（奖励）函数；$J$为决策优化目标函数[142]。马尔可夫决策过程的特点是，当前状态s向下一个状态s'转移的概率，以及奖励只取决于当前状态与当前状态下采取的动作a，而与历史状态和动作无关，因此MDP的转移概率P和立即回报r也只取决于当前状态与当前状态下采取的动作，与历史状态和历史动作无关。若转移概率函数$P(s,a,s')$和回报函数$r(s,a,s')$与决策时间t无关，这时的MDP称为平稳MDP。

MDP具有3种类型的决策优化目标函数J：有限阶段总回报目标、无限折扣总回报目标和平均回报目标[143]。

（1）有限阶段总回报目标函数为

$$J=E\left[\sum_{t=0}^{N} r_{t+1}\right] \tag{13.1}$$

其中，r_{t+1}为$t+1$时刻得到的立即回报；N表示智能体的生命长度。通常智能体学习的生命长度是不可知的，且当$N\rightarrow\infty$时，函数存在发散的可能性。因此，有限阶段总回报目标很少使用。

（2）无限折扣总回报目标函数为

$$J=E\left[\sum_{t=0}^{\infty} \gamma^{t} r_{t+1}\right] \tag{13.2}$$

其中，$\gamma\in(0,1)$为折扣因子，用于权衡立即回报和将来长期回报之间的重要性。其他参数的含义与式（13.1）的相同。

（3）平均回报目标函数为

$$J=\lim_{N\rightarrow\infty}\frac{1}{N}E\left[\sum_{t=0}^{N} r_{t+1}\right] \tag{13.3}$$

通过观察式（13.2）和式（13.3）发现：当折扣因子为1时，无限折扣总回报目标函数与平均回报目标函数等价，因此平均回报可以看作折扣回报的一个特例。无限折扣总回报目标函数和平均回报目标函数在强化学习研究中均得到广泛应用，无限折扣总回报目标函数在性能方面近似于平均回报目标函数[144]，但不同形式的优化目标函数产生的优化结果不同。下面将以具有折扣回报目标的 MDP 为例介绍相关算法。

在马尔科夫决策过程中，智能体根据决策函数（策略）选择动作。策略（Policy）决定了智能体的行为方式。一个平稳随机性策略定义为 $\pi: S\times A\rightarrow[0,1]$。一个平稳确定性策略定义为从状态空间到动作空间的一个映射，$\pi: S\rightarrow A$，表示在状态 s 下选择动作 $\pi(s)$ 的概率为 1，其他动作的选择概率均为 0，是随机性策略的一种特例。

MDP 对应的值函数有状态值函数 $V^\pi(s)$ 和状态-动作值函数（又称动作值函数）$Q^\pi(s,a)$ 两种。其中，状态值函数 $V^\pi(s)$ 表示学习系统从状态 s 根据策略 π 选择动作所获得的期望总回报：

$$V^\pi(s)=E^\pi\left[\sum_{k=0}^{\infty}\gamma^k r_{t+k+1}\,\middle|\, s_t=s\right] \tag{13.4}$$

其中，E^π 表示在状态转移概率和策略 π 分布上的数学期望。

对于策略 π 和状态 s，式（13.4）可以表示为贝尔曼（Bellman）方程[145]：

$$\begin{aligned}V^\pi(s)&=E^\pi\{r_{t+1}+\gamma r_{t+2}+\gamma^2 r_{t+3}+\cdots \mid s_t=s\}\\&=E^\pi\{r_{t+1}+\gamma V^\pi(s_{t+1})\mid s_t=s\}\\&=\sum_a \pi(s,a)\sum_{s'}P(s,a,s')(r(s,a,s')+\gamma V^\pi(s'))\mid s_t=s,s_{t+1}=s'\end{aligned} \tag{13.5}$$

其中，$r(s,a,s')=E[r_{t+1}+\gamma r_{t+2}+\gamma^2 r_{t+3}+\cdots \mid s_t=s,a=a_t=\pi(s_t),s_{t+1}=s']$ 表示在状态 s 下采取动作 a 后转移到状态 s' 期望获得的回报。

从贝尔曼方程可知：已知状态转移概率和回报函数模型时，容易求得 $V^\pi(s)$。

MDP 的动作值函数 $Q^\pi(s,a)$ 表示学习系统从状态-动作对 (s,a) 出发，根据策略 π 选择动作所获得的期望回报：

$$Q^\pi(s,a)=E^\pi\left[\sum_{t=0}^{\infty}\gamma^k r_{t+k+1}\,\middle|\, s_t=s,a_t=a\right] \tag{13.6}$$

通过式（13.5）和式（13.6）可以看出，$V^\pi(s)$ 和 $Q^\pi(s,a)$ 之间存在一定的关联性。对于一个确定性策略 π，$V^\pi(s)=Q^\pi(s,\pi(s))$；对于一个随机性策略

π, $V^{\pi}(s)=\sum_{a\in A}\pi(s,a)Q^{\pi}(s,a)$。因此，给定一个策略，无论是确定性策略还是随机性策略，动作值函数$Q^{\pi}(s,a)$和状态值函数$V^{\pi}(s)$存在以下的关系：

$$Q^{\pi}(s,a)=r(s,a)+\gamma\sum_{s'\in S}P(s,a,s')V^{\pi}(s') \tag{13.7}$$

其中，$r(s,a)=\sum_{s'\in S}P(s,a,s')r(s,a,s')$ 为在状态 s 下选择动作 a 的期望回报。

状态值V^{π}（或动作值Q^{π}）是对回报函数的一种预测，目的是获得最多的回报。因此，选择动作时通常依据值函数做出决策而不是依据立即回报做出决策：选择那些能带来最大值函数的动作。

智能体的最终目标是发现最优策略π^*，对于任意 MDP，至少存在一个平稳确定性的最优策略，显然，最优策略可以不唯一。最优策略π^*可以通过最优值函数获得，假设π^*对应的最优状态值函数和动作值函数分别为V^*和Q^*，则对于任意 $s\in S$，任意π'都有如下关系：

$$V^*(s)\geqslant V^{\pi'},Q^*(s,\pi^*(s))\geqslant Q^{\pi'}(s,\pi'(s)) \tag{13.8}$$

最优状态值函数V^{π}也满足贝尔曼最优方程，定义为

$$V^*(s)=\max_{\pi}V^{\pi}(s)=\max_{a\in A}\sum_{s'\in S}P(s,a,s')(r(s,a,s')+\gamma V^*(s')) \tag{13.9}$$

类似地，对于任意的 $s\in S,a\in A$，最优动作值函数Q^*定义为

$$\begin{aligned}Q^*(s,a)&=\max_{\pi}Q^{\pi}(s,a)\\&=\sum_{s'\in S}P(s,a,s')[r(s,a,s')+\gamma\max_{a'\in A}Q^*(s',a')]\end{aligned} \tag{13.10}$$

由此可以得出最优策略：

$$\pi^*(s)=\arg\max_{a\in A}\sum_{s'\in S}P(s,a,s')(r(s,a,s')+\gamma V^*(s')) \tag{13.11}$$

$$\pi^*(s)=\arg\max_{a\in A}Q^*(s,a) \tag{13.12}$$

由式（13.11）可知，如果给定状态值函数V^*，则需要已知 MDP 的状态转移概率和回报函数模型才能确定最优策略，而在式（13.12）中，只需要给定动作值函数Q^*，就很容易确定最优策略[143]。

13.3 部分可观测的马尔可夫决策过程

部分可观测的马尔可夫决策过程（Partially Observable Markov Decision

Process, POMDP)[146]，是一种通用的马尔可夫决策过程。POMDP 模拟智能体决策程序时假设系统动态由 MDP 决定，但是智能体无法直接观察目前的状态。相反地，它必须根据模型全域与部分区域的观察结果来推断状态的分布。在 POMDP 模型中，智能体必须利用随机环境中部分观察到的信息进行决策，在每个时间点上，智能体都可能是众多可能状态中的某一状态，但是由于观察到的信息不完整或者是不可能直接知道自己的当前状态，它必须利用现有的部分信息、历史动作序列和立即回报值来采用一种策略进行决策。

离散时间 POMDP 模拟智能体与其环境之间的关系，POMDP 用七元组 $(S,A,P,r,\Omega,O,\gamma)$ 表示，其中 S 表示有限的环境状态空间；A 为有限的系统动作空间；P 表示状态之间的一组条件转移概率，$P_a(\boldsymbol{s}'\mid\boldsymbol{s})=P(\boldsymbol{s}'\mid\boldsymbol{s},a)$ 表示在时间 t 状态 $\boldsymbol{s}$ 采取动作 a 可以在时间 $t+1$ 转换到状态 $\boldsymbol{s}'$ 的概率；$r:S\times A\to\mathbb{R}$ 是奖励函数；Ω 是一组观察；O 是一组条件观察概率；$\gamma\in[0,1]$ 是折扣因子。

在每个时间段，环境处于某种状态 $\boldsymbol{s}\in S$；智能体在 A 中采取动作 $a\in A$，这会导致转换到状态 $\boldsymbol{s}'$ 的环境概率为 $P(\boldsymbol{s}'\mid\boldsymbol{s},a)$；同时，智能体接收观察 $o\in\Omega$，它取决于环境的新状态，概率为 $O(o\mid\boldsymbol{s}',a)$；智能体接收奖励 r 等于 $r(\boldsymbol{s},a)$；然后重复该过程。目标是让智能体在每个时间步骤选择最大化其预期未来折扣奖励的行动：$E\left[\sum_{t=0}^{\infty}\gamma^t r_t\right]$。折扣系数 γ 决定了对更远距离的奖励有多大的直接奖励。当 $\gamma=0$ 时，智能体只关心哪个动作会产生最大的预期即时奖励；当 $\gamma=1$ 时，智能体关心最大化未来奖励的预期总和。

POMDP 问题的求解转换为求解信念状态和 π 问题，可描述为

$$\mathrm{SE}:O\times A\times B(\boldsymbol{s})\to B(\boldsymbol{s})$$

$$\pi:B(\boldsymbol{s})\to A$$

其中，B 表示智能体的信念状态空间，用来描述智能体所在状态的概率。

传统的 MDP 不需要历史记录就可以做出最有效策略，但是 POMDP 必须依赖历史动作、观察和以前的状态。如果想知道状态 $\boldsymbol{s}'$ 下的信念状态 $\boldsymbol{b}'$，可以根据信念状态 $\boldsymbol{b}$、行为 a 观察 o，具体的过程根据贝叶斯计算如下：

$$b'[\boldsymbol{s}']=\Pr(\boldsymbol{s}'\mid o,a,\boldsymbol{b})=\frac{\Pr(o\mid\boldsymbol{s}',a,\boldsymbol{b})\Pr(\boldsymbol{s}'\mid a,\boldsymbol{b})}{\Pr(o\mid a,\boldsymbol{b})}$$

$$=\frac{\Pr(o\mid\boldsymbol{s}',a,\boldsymbol{b})\sum_{s\in S}\Pr(\boldsymbol{s}'\mid a,\boldsymbol{b},\boldsymbol{s})\Pr(\boldsymbol{s}\mid a,\boldsymbol{b})}{\Pr(o\mid a,\boldsymbol{b})}$$

$$= \frac{\Pr(o \mid \boldsymbol{s}', a) \sum_{s \in S} \Pr(\boldsymbol{s}' \mid a, \boldsymbol{s}) \Pr(\boldsymbol{s} \mid \boldsymbol{b})}{\Pr(o \mid a, \boldsymbol{b})}$$
$$= \frac{O(\boldsymbol{s}', a, o) \sum_{s \in S} T(\boldsymbol{s}, a, \boldsymbol{s}') b(\boldsymbol{s})}{\Pr(o \mid a, \boldsymbol{b})} \tag{13.13}$$

$$\Pr(o \mid a, \boldsymbol{b}) = \sum_{s' \in S} \Pr(o, \boldsymbol{s}' \mid a, \boldsymbol{b}) = \sum_{s' \in S} \Pr(\boldsymbol{s}' \mid a, \boldsymbol{b}) \Pr(o \mid \boldsymbol{s}', a, \boldsymbol{b})$$
$$= \sum_{s' \in S} \sum_{s \in S} \Pr(\boldsymbol{s}', \boldsymbol{s} \mid a, b) \Pr(o \mid \boldsymbol{s}', a)$$
$$= \sum_{s' \in S} \sum_{s \in S} \Pr(\boldsymbol{s} \mid a, \boldsymbol{b}) \Pr(\boldsymbol{s}' \mid s, a, \boldsymbol{b}) \Pr(o \mid \boldsymbol{s}', a)$$
$$= \sum_{s' \in S} O(\boldsymbol{s}', a, o) \sum_{s \in S} T(s, a, \boldsymbol{s}') b(\boldsymbol{s}) \tag{13.14}$$

非马尔可夫链解决 POMDP 问题时，必须知道历史动作才能决定当前的动作；但当引入信念状态空间后，POMDP 问题就可以转化为基于信念状态空间的马尔可夫链来求解。

通过信念状态空间的引入，POMDP 问题可以看作信念（Belief）MDP 问题，寻求一种最优策略，将当前的信念状态映射到智能体的动作上，根据当前的信念状态和动作就可以决定下一个周期的信念状态和动作，具体描述为

$$\Gamma(\boldsymbol{b}, a, \boldsymbol{b}') : B \times A \times B \rightarrow B$$

状态转移函数，定义如下：

$$\Gamma(\boldsymbol{b}, a, \boldsymbol{b}') = \Pr(\boldsymbol{b}' \mid a, \boldsymbol{b}) = \sum_{o \in \Omega} \Pr(\boldsymbol{b}' \mid a, \boldsymbol{b}, o) \Pr(o \mid a, \boldsymbol{b}) \tag{13.15}$$

$$\Pr(\boldsymbol{b}' \mid a, \boldsymbol{b}, o) = \begin{cases} 1, & \text{如果 } \mathrm{SE}(a, \boldsymbol{b}, o) = \boldsymbol{b}' \\ 0, & \text{其他} \end{cases}$$

$\rho(\boldsymbol{b}, a)$ 为信念状态报酬函数，其定义如下：

$$\rho(\boldsymbol{b}, a) = \sum_{s \in S} b(\boldsymbol{s}) r(\boldsymbol{s}, a) \tag{13.16}$$

POMDP 最优策略的选取和值函数的构建可以类似普通的 MDP 决策进行：

$$\pi_t^*(\boldsymbol{b}) = \arg\max_a \left[\sum_{s \in S} b(\boldsymbol{s}) r(\boldsymbol{s}, a) + \gamma \sum_{o \in O} \Pr(o \mid \boldsymbol{b}, a)\, V_t^*(\boldsymbol{b}') \right] \tag{13.17}$$

$$V_t^*(t) = \max_a \left[\sum_{s \in S} b(\boldsymbol{s}) r(\boldsymbol{s}, a) + \gamma \sum_{o \in O} \Pr(o \mid \boldsymbol{b}, a)\, V_{t-1}^*(\boldsymbol{b}') \right] \tag{13.18}$$

13.4 模型已知的强化学习

基于模型的强化学习（Model-Based Reinforcement Learning）让智能体学习一种模型，这种模型能够从它的观察角度描述环境是如何工作的，然后利用这个模型做出动作规划。具体来说，当智能体处于状态 s_1 时，执行了动作 a_1，然后观察到环境从 s_1 转化到了 s_2，以及收到奖励 r，这些信息能够用来提高它对 $P(s_2 \mid s_1,a_1)$ 和 $r(s_1,a_1)$ 估计的准确性。当智能体学习的模型能够非常贴近于环境时，它就可以直接通过一些规划算法来找到最优策略。当智能体已知任何状态下执行任何动作获得的回报，即 $r(s_t,a_t)$ 已知，而且下一个状态也能通过 $P(s_{t+1} \mid s_t,a_t)$ 被计算，那么这个问题就很容易通过动态规划算法求解，尤其是当 $P(s_{t+1} \mid s_t,a_t)=1$ 时，直接利用贪心算法，每次执行只需要选择当前状态 s_t 下回报函数取最大值的动作 $\max\limits_a r(s=s_t)$ 即可，这种采取对环境进行建模的强化学习方法就是 Model-Based 方法[147]。

一般情况，求解 MDP 是为了得到决策的最优动作序列。已知 MDP 环境的状态转移概率和回报函数的模型知识，寻求最优策略的方法主要有 4 类。

（1）线性规划法。根据贝尔曼方程将值函数的求解转化为一个线性规划问题。

（2）策略迭代法。根据贝尔曼方程，通过策略评估与策略迭代的交替求得最优策略。

（3）值函数迭代法。其本质为有限时段的动态规划算法在无限时段上的推广，是一种逐次逼近算法。

（4）广义策略迭代法。综合了策略迭代法与值函数迭代法的特点，是许多强化学习算法的基础。

13.4.1 线性规划

根据式（13.9）所示的贝尔曼最优方程，可推导出如下不等式：

$$V(s) \geqslant r(s,a) + \gamma \sum_{s' \in S} P(s,a,s')\, V^*(s'), \quad \forall s \in S, \forall a \in A \tag{13.19}$$

V^* 的求解问题可转换为下式所示的线性规划问题：

$$\begin{cases} \min \sum_{s \in S} V(s) \\ V(s) \geqslant r(s,a) + \gamma \sum_{s' \in S} P(s,a,s')V(s'), \quad \forall s \in S, \forall a \in A \end{cases} \tag{13.20}$$

这个线性规划方程包括$|S|$个变量、$|S|\times|A|$个不等式约束。

13.4.2 策略迭代

策略迭代（Policy Iteration，PI）是强化学习中应用最广泛的求解方法[142]。策略迭代分为策略评估（Policy Evaluation）和策略改进（Policy Improvement）两部分：$\pi_k \xrightarrow{E} V^{\pi_k}, Q^{\pi_k} \xrightarrow{I} \pi_{k+1} \xrightarrow{E} V^{\pi_{k+1}}$。其中$\pi_k$为初始策略；$E$表示策略评估；$I$表示策略改进。在策略评估部分，对于一个给定的策略$\pi_k$，根据式（13.5 ）和式（13.7）分别求解$V^{\pi_k}(s)$和$Q^{\pi_k}(s,a)$。

在策略评估部分，改进的策略π_{k+1}：

$$\pi_{k+1}(s) = \arg\max_{a \in A} Q^{\pi_k}(s,a) \tag{13.21}$$

由于$V^{\pi}(s) = \sum_{a \in A} \pi(s,a)\ Q^{\pi}(s,a)$，有$\max_{a \in A} Q^{\pi_k}(s,a) \geqslant V^{\pi_k}(s)$，所以利用式（13.5)得到的策略可以保证$Q^{\pi_k}(s,\pi_{k+1}(s)) \geqslant V^{\pi_k}(s)$，即$V^{\pi_{k+1}}(s) \geqslant V^{\pi_k}(s)$。在策略迭代时，策略评估和策略改进交替进行直到值函数和策略都收敛，具体可见算法 13.1。策略迭代中，一次策略迭代的时间复杂度最大为$O(|S|^3|A|^3)$，迭代次数最大为$|A|^{|S|}$。

算法 13.1：策略迭代算法

输入：所有的 $s \in S$，阈值 θ。
输出：最优 $\pi(s)$。

(1) 初始化：设定任意值 $V(s)$和任意策略 $\pi(s)$。
(2) 策略评估：
$\Delta \leftarrow 0$
repeat：
　对于每个 $s \in S$
　　$v \leftarrow V(s)$；
　　$V^{\pi}(s) = \sum_{s'} [P(s,\pi(s),s')(r(s,\pi(s),s') + \gamma V^{\pi}(s'))]$；

$\Delta \leftarrow \max(\Delta, \mid V(s)-v \mid)$;
until $\Delta<\theta$
(3) 策略改进：
policy←true;
对于每个 $s \in S, b \leftarrow \pi(s)$
$v \leftarrow V(s)$;
$\pi(s) = \arg\max_{s'} [P(s,\pi(s),s')(r(s,\pi(s),s') + \gamma V^{\pi}(s'))]$;
if $b \neq \pi(s)$ then policy←false;
(4) 判断：
if policy then stop else goto (2)。

13.4.3　值迭代

在值迭代法（Value Iteration，VI）中，将式（13.5 ）表示的贝尔曼方程写成迭代的形式，如式（13.22）所示，直接用迭代方式逼近最优值函数 V^*，求取最优策略 π^*，省去了策略改进的步骤：

$$V_{t+1}(s) \leftarrow \max_{a \in A} \sum_{s' \in S} P(s,a,s')(r(s,a,s') + \gamma V_t(s')), \forall s \in S \tag{13.22}$$

值迭代算法见算法 13.2。压缩映射定理保证了该算法的收敛性[148]。每一次值迭代，算法的最坏计算复杂度为 $O(|S|^2|A|)$。

算法 13.2：值迭代算法

输入：所有的 $s \in S$，阈值 θ。 输出：最优 $\pi(s)$。
(1) 初始化：设定任意值 $V(s)$。
(2) 值迭代：
$\Delta \leftarrow 0$
repeat:
对于每个 $s \in S$
$v \leftarrow V(s)$;
$V^{\pi}(s) = \max_{a \in A} \sum_{s' \in S} [P(s,\pi(s),s')(r(s,\pi(s),s') + \gamma V^{\pi}(s'))]$;
$\Delta \leftarrow \max(\Delta, \mid V(s)-v \mid$;

until $\Delta<\theta$
(3) 输出策略：
$\pi(s)=\arg\max_{a\in A}\sum_{s'\in S}[P(s,\pi(s),s')(r(s,\pi(s),s')+\gamma V^{\pi}(s'))]$

从形式上看，值迭代过程并不包含策略评估，但根据式 $Q(s,a)=\sum_{s'\in S}P(s,a,s')(r(s,a,s')+\gamma V^{\pi}(s'))$，则 $V_{t+1}(s)\leftarrow\max_{a\in A}Q_{t+1}(s,a)$，因此策略改进是隐含在值迭代过程中的。

对于 Q 值函数，同样也可采用值迭代算法求解，迭代公式：

$$Q_{t+1}(s,a)\leftarrow r(s,a)+\gamma\sum_{s'\in S}P(s,a,s')\max_{b\in A}Q_t(s',b) \tag{13.23}$$

13.4.4 广义策略迭代

策略迭代中，策略评估和策略改进是两个分开的独立部分，即在策略评估收敛后才能进行策略改进，所有状态依据值函数得到策略改进后才能开始新一轮的策略评估。实际上，策略改进并不一定非要在策略评估收敛后才能进行。值迭代不需要策略评估（本质上是直接隐含在迭代步骤中的），直接对值函数进行逼近。因此，介于策略迭代和值迭代之间，存在一类同时包含策略迭代与值迭代特性的方法，统称为广义策略迭代方法（Generalized Policy Iteration，GPI）[142]。在广义策略迭代中，策略评估和策略迭代的进行方式比较灵活，在值函数未收敛的情况下也可以进行策略改进，策略改进只更新了部分状态，也可以进行新一轮的策略评估，只要学习过程中可以连续地更新所有状态相应的值函数，并最终收敛于最优值函数和最优策略即可。

广义策略迭代的思想如图 13.2 所示[142]。图 13.2（a）描述了策略评估与策略改进既合作又竞争的学习过程。策略评估总是试图让策略与相应的值函数一致，而策略改进总是破坏策略评估得到的一致性，最终在策略和值函数都不再变化时迭代结束。图 13.2（b）在两个维度（两条线表示）上描述了广义策略迭代的逼近过程，最终目的是获得最优策略，具体的学习过程可以在值函数维度和策略维度上灵活地变化。值函数迭代方法只在值函数维度上工作，而策略迭代方法在值函数维度与策略维度上交叉进行。

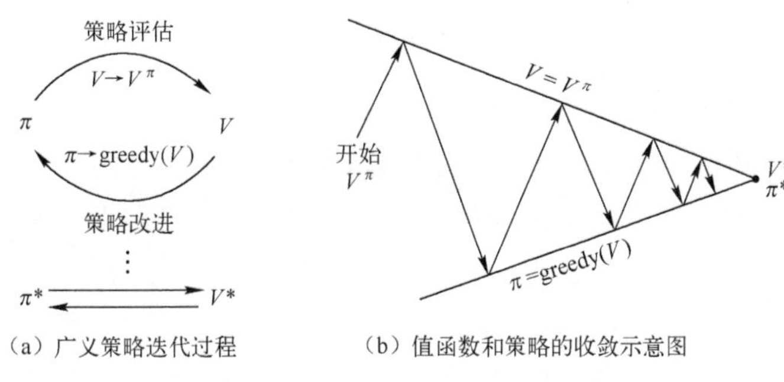

（a）广义策略迭代过程　　（b）值函数和策略的收敛示意图

图 13.2　广义策略迭代的思想[142]

13.5　模型未知的强化学习

模型未知的强化学习（Model Free Reinforcement Learning）不需要对环境进行建模就能找到最优的策略。在模型未知的情况下，无法知道当前状态所有可能的后续状态，进而无法确定在当前状态下应该采取哪个动作是最好的。一种有效的解决方法就是 Q 学习（Q-learning）[149]，利用函数 Q 来代替 $V(\boldsymbol{s})$。这样即使不知道当前状态的所有后续状态，也可以根据已有的动作来选择。Q 学习直接对未来的回报 $Q(\boldsymbol{s},a)$进行估计，$Q(\boldsymbol{s}_k,a_k)$表示对 $\boldsymbol{s}_k$ 状态下执行动作 a_k 后获得的未来收益总和 $E\left(\sum_{t=k}^{n} r^k r_k\right)$ 的估计，若对这个 Q 值估计得越准确，那么就越能确定如何选择当前 $\boldsymbol{s}_t$ 状态下的动作：选择让 $Q(\boldsymbol{s}_t,a_t)$最大的 a_t 即可，而 Q 值的更新目标由贝尔曼方程定义，更新的方式可以有 TD（Temporal Difference）[150]等，这种是基于值迭代的方法，类似地还有基于策略迭代的方法，以及结合值迭代和策略迭代的 Actor-Critic 方法，这些方法由于没有对环境进行建模，因此它们都是 Model-Free 的方法。

13.5.1　蒙特卡洛方法

蒙特卡洛（Monte Carlo，MC）方法[151]是强化学习中基于无模型的训练方法。与动态规划（Dynamic Programming）[145]不同，该方法并没有明确的模型，也就是说事先并不知道各个状态之间转换的概率（Transition-State Probability），它可以视为环境模型。那么，没有了环境模型，蒙特卡洛方法是如何进行学习的呢？它是通过抽样来逼近真实的环境模型[142]的。

1. 蒙特卡洛预测

蒙特卡洛方法不需要环境的模型，智能体通过在线与环境交互以获得实际或者模拟样本数据（状态、动作、奖励）序列，用于计算值函数。MC 方法与策略迭代原理类似，分为 MC 策略评估和 MC 策略控制两部分，MC 方法主要用在策略评估中。MC 策略评估方法主要应用于场景式任务中，每次交互时，各个状态的回报值相互独立。根据大数定理，可以各个状态的回报值的样本平均来估计值函数，从而求得最优策略。本质上，MC 方法是基于平均化样本回报值求解值函数的，从而解决强化学习问题。为了确保良好地定义回报值，MC 方法定义为完全抽样，即所有的抽样点必须处于最终终止状态。只有当一个抽样结束，估计值和策略才会改变。因此该方法只适合于场景式任务，即任务存在终止状态，任何策略都在有限步内以概率 1 到达终止状态。

给定策略 π，如何估计$V^{\pi}(s)$。为了估计值函数，智能体需要多次与环境进行交互，并记录每一次从任意初始状态 s_0 出发到达目标状态 s_T 的过程，每一次交互称为一幕（Episode），也称为场景，其状态序列为$\{s_0, s_1, \cdots, s_T\}$。当环境状态到达终止状态 s_T 时，得到的积累回报才能进行计算并赋予状态 s 的值函数 $V(s)$，s 为场景状态序列中出现的任一状态。从 s 出发到终止状态 s_T 的过程中，s 可能出现不止一次。对 s 的值函数的更新主要有两种方法：一种是首次访问法（First Visit MC，FVMC）；另一种是每次访问法（Every Visit MC，EVMC）[151]。在一幕中，即在一条样本中，状态 s 会出现的次数有可能大于 1，在计算状态 s 的价值时：对各幕中所有的第一次访问进行平均，称为首次访问法；对各幕中的所有访问进行平均，称为每次访问法。前者将回报赋予第一次访问的 s，后者是将每次访问到终止状态 s_T 的回报平均后赋予 s 的值函数。两者都收敛于 $V^{\pi}(s)$，但两种方法在本质上的区别具体如图 13.3 所示。

“◦” 表示它们的状态相同，但奖励值不同。FVMC 只计算每次试验中第一次出现该状态对应的奖励值，将其求和之后求平均值，即为该状态的回报值。而 EVMC 则是将每个试验中出现的实心点的奖励都相加求平均。例如，图 13.3 中两种方法的返回值计算公式如下：

$$\text{首次访问返回值} = \frac{G_{11}(s) + G_{21}(s)}{2}$$

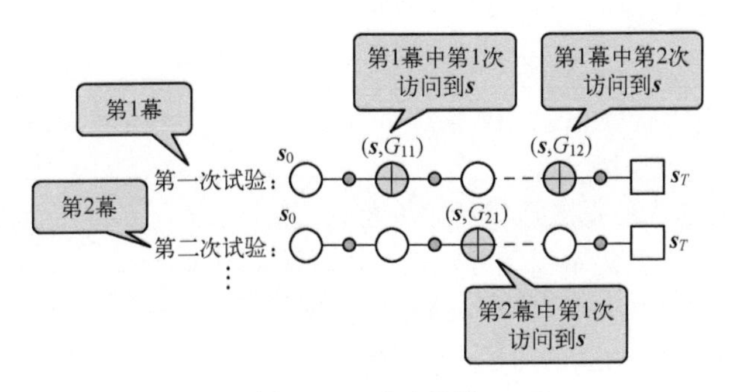

图 13.3　试验数据

$$\text{每次访问返回值}=\frac{G_{11}(\boldsymbol{s})+G_{12}(\boldsymbol{s})+G_{21}(\boldsymbol{s})}{3}$$

在 MC 策略求解中，可采用策略迭代的方法求取最优策略。但理论上，MC 评估方法在无穷次场景迭代的情况下才能精确地计算出 Q^{π}（其方法与前述评估 V^{π}类似)，因此采用传统的“先评估收敛、后策略改进”的方法效率较低。

根据广义策略迭代思想，并不一定需要值函数收敛后才能开始进行策略改进，所以常用的 MC 策略改进在一幕完成后，可直接根据当前Q_k^{π}采用贪婪法得到改进的策略 π_{k+1}：

$$\begin{aligned} Q^{\pi_k}(\boldsymbol{s},\pi_{k+1}(\boldsymbol{s})) &= Q^{\pi_k}[\boldsymbol{s},\arg\max_a(Q(\boldsymbol{s},a))] \\ &= \max_a Q^{\pi_k}(\boldsymbol{s},a) \\ &\geqslant Q^{\pi_k}(\boldsymbol{s},\pi_k(\boldsymbol{s})) = V^{\pi_k}(\boldsymbol{s}) \end{aligned} \tag{13.24}$$

如果需要保证最终策略收敛，必须保证每个状态-动作对被访问的概率大于零，而且迭代次数可能为无限次（实际算法中并不一定需要)。但上述贪婪策略改进方法并不能保证每个状态-动作对在迭代中都能被访问到（本质上将可归结为探索与利用平衡问题)。为此，可以考虑随机指定一幕运行的初始状态，即每一幕的起始状态 $\boldsymbol{s}_0$可能不同，这种处理方式称为探索起点条件（Exploring Starts，ES)。

2. 蒙特卡洛控制

1）探索性初始化 MC 算法

MC 控制方法收敛的前提为探索起点条件，以保证迭代过程中每个状态-动作对都能被访问到，具体算法称为探索性初始化 MC（Monte Carlo with Exploring Starts，MC-ES）算法，详见算法 13.3。

算法 13.3：探索性初始化 MC 算法

(1) 初始化：所有状态 s，状态 s 下的动作 a，任意初值 $Q(s,a)$、$\pi(s)$，return(s,a) 置成空表。
(2) MC 策略迭代，每次迭代产生一幕：
① 随机选择一个初始状态 s_0，以及该状态下的动作 a_0。
② 根据确定好的初始状态与动作，根据当前的策略 π，随机产生一个从它开始一直到终止状态的路径，作为一幕。
③ 对该幕中的每个状态-动作对(s,a)进行策略评估。
- 计算(s,a)的回报 G。
- 将回报 G 追加到事先定义好的 return(s,a) 中。
- $Q(s,a) \leftarrow \text{average}(\text{return}(s,a))$。

(3) 策略改进：对该幕下的所有状态 s 都选出使其 $Q(s,a)$ 最大的(s,a)，即 $\pi(s) \leftarrow \arg\max\limits_{a} Q(s,a)$。

2）*无探索性初始化 MC 算法*

如何保证初始状态不变的同时（取消探索性初始化假设）访问到所有状态呢？有两种方法。

（1）在线策略（On-Policy）：它产生数据的策略与评估要改善的策略是同一个策略。

（2）离线策略（Off-Policy）：它产生数据的策略与评估要改善的策略是不同的策略，一个策略通过学习成为最优策略，另一个则偏向于探索产生行为的策略。

在线策略方法只需要保证对于任意的(s,a)有 $\pi(s,a)>0$，即可避免探索起点条件。最常用的在线策略方法有玻尔兹曼（Boltzmann）分布和 ε 贪婪算法。这里以 ε 贪婪算法介绍在线 MC 算法。

ε 贪婪算法如下所示：

$$\pi'(s,a) \leftarrow \begin{cases} 1-\varepsilon+\dfrac{\varepsilon}{|A|}, & a=\arg\max\limits_{b\in A} Q(s,b) \\ \dfrac{\varepsilon}{|A|}, & a\neq\arg\max\limits_{b\in A} Q(s,b) \end{cases} \tag{13.25}$$

在选择动作时，多数情况下选择使 Q 值最大的动作，同时有一定的概率 ε 选择其他动作。这就意味着每一个非贪婪动作被选择的概率为 $\varepsilon/|A|$，剩

余的概率 $1-\varepsilon+\frac{\varepsilon}{|A|}$分配给贪婪动作。显然 $\pi(s,a)>\varepsilon/|A|$。

假设当前策略为 π，π'为其贪婪改进后得到的策略，则对于任意 $s\in S$，有：

$$
\begin{aligned}
Q^{\pi}(s,\pi'(s)) &= \sum_{a\in A}\pi'(s,a)\,Q^{\pi}(s,a)\\
&= \frac{\varepsilon}{|A|}\sum_{a\in A}Q^{\pi}(s,a)+(1-\varepsilon)\max_{a\in A}Q^{\pi}(s,a)\\
&\geqslant \frac{\varepsilon}{|A|}\sum_{a\in A}Q^{\pi}(s,a)+(1-\varepsilon)\sum_{a\in A}\frac{\pi(s,a)-\frac{\varepsilon}{|A|}}{(1-\varepsilon)}Q^{\pi}(s,a)\\
&= \frac{\varepsilon}{|A|}\sum_{a\in A}Q^{\pi}(s,a)-\frac{\varepsilon}{|A|}\sum_{a\in A}Q^{\pi}(s,a)+\sum_{a\in A}\pi(s,a)\,Q^{\pi}(s,a)\\
&= V^{\pi}(s,a)
\end{aligned}
\tag{13.26}
$$

显然，式（13.26）满足策略改进定理的条件，即 $\pi'\geqslant\pi$。

ε 贪婪策略在线首次访问 MC 控制（On-Policy First-Visit MC Control for ε-Soft Policies）算法如算法 13.4 所示。

算法 13.4：ε 贪婪策略在线首次访问 MC 控制算法

(1) 初始化：所有状态 s，状态 s 下的动作 a，任意 $Q(s,a)$，return(s,a)置成空表，基于 ε-Soft Policy 的任意 $\pi(a|s)$。

(2) MC 策略迭代：

① 根据当前策略 π，生成一幕。

② 对于该幕中的(s,a)对进行策略评估。

- 根据首次访问计算(s,a)的回报 G。
- 将回报 G 追加到事先定义好的 return(s,a)中。
- $Q(s,a)\leftarrow \text{average}(\text{return}(s,a))$。

③ 对于该幕中的每个状态 s 进行策略改进。

- 选择最大 $Q(s,a)$的动作 a：$a^*\leftarrow\arg\max_{a\in A}Q(s,a)$。
- 对每一个 a 进行 ε-Soft Policy 的更新：对每一个 $a\in A,\pi(s,a)$

$$
\leftarrow\begin{cases}1-\varepsilon+\frac{\varepsilon}{|A|}, a=a^*\\ \frac{\varepsilon}{|A|}, a\neq a^*\end{cases}
$$

离线策略学习算法与在线策略 MC 控制算法的不同之处是：在线策略 MC 控制算法中产生的样本行为策略 π' 和进行 Q 值估计的评估策略 π 是同一个策略；而离线策略学习算法中，两者是独立的。离线策略学习的优点是评估策略 π 可以直接用贪婪策略改进，而行为策略 π' 可以根据具体情况灵活设计，只要保持每个状态-动作对都能被访问到即可。

离线策略一般有两个策略：

（1）目标策略（Target Policy）。学习（评估与改进）并成为最优策略（Optimal Policy），记作 $\pi(a \mid s)$。

（2）行为策略（Behavior Policy）。用于探索和产生行为，记作 $\mu(a \mid s)$。

离线策略每次访问 MC 控制算法如算法 13.5 所示。

算法 13.5：离线策略每次访问 MC 控制算法

（1）初始化：给出确定性初始策略 $\pi(s)$，对所有 $s \in S$，$a \in A$，任意 $Q(s, a)$，$C(s,a) \leftarrow 0$，给定 $\pi(s)$ 一个确定性贪婪策略。

（2）MC 策略迭代：

① 利用 ε-Policy μ 产生一个幕，$s_0, a_0, r_0, s_1, a_1, r_1, \cdots, s_{T-1}, a_{T-1}, r_T, s_T$。

② 初始化 $G \leftarrow 0, W \leftarrow 1$。

for $t = T-1, T-2, \cdots$ downto 0

$G \leftarrow \gamma G + r_{t+1}$;

$C(s_t, a_t) \leftarrow C(s_t, a_t) + W$;

③ 策略评估，即 $Q(s_t,a_t) \leftarrow Q(s_t,a_t) + \dfrac{W}{C(s_t,a_t)}[G - Q(s_t,a_t)]$。

④ 策略改进，即 $\pi(s_t) \leftarrow \arg\max_a Q(s_t,a_t)$。

if $a_t \neq \pi(s_t)$ then stop

$W \leftarrow W \dfrac{1}{\mu(a_t \mid s_t)}$

13.5.2 时间差分法

时间差分（Temporal Difference，TD）法是由 Richard S. Sutton 等人在 1988 年提出的[150]一种用于解决时间信度问题的方法。时间差分法结合了蒙特卡洛的抽样方法和动态规划方法的自举（Bootstrapping）方法（利用后继状态的值函数估计当前值函数），能直接从学习者的原始经验学起。与动态规划方法类似，TD 方法通过预测每个动作的长期结果来调整先前的的动作奖励或惩罚，即依赖于后续状态的值函数来更新先前状态的值函数，主要应用于预测问题。

TD 学习算法有许多种，其中最简单的是一步算法 TD(0)，其迭代公式如下所示：

$$V(\boldsymbol{s}_t)=V(\boldsymbol{s}_t)+\eta[r_t+\gamma V(\boldsymbol{s}_{t+1})-V(\boldsymbol{s}_t)] \tag{13.27}$$

其中，η 为学习率（或学习步长）；$V(\boldsymbol{s}_t)$ 和 $V(\boldsymbol{s}_{t+1})$ 指智能体在 t 和 $t+1$ 时刻访问环境状态时估计的状态值函数。采用自举方法根据估计值 $V(\boldsymbol{s}_{t+1})$ 来更新 $V(\boldsymbol{s}_t)$ 的估计值。

一步算法 TD（0）如算法 13.6 所示。

算法 13.6：一步算法 TD（0）

（1）初始化：给定任意 $V(\boldsymbol{s})$，π 为待评估的策略。
（2）π 策略的值函数评估：
　repeat
　　　repeat
　　　对于幕的每一步：$a\leftarrow\pi(\boldsymbol{s}_t)$；
　　　执行动作 a，得到立即回报 r_t 和下一个状态 $\boldsymbol{s}_{t+1}$：
　　　$V(\boldsymbol{s}_t)=V(\boldsymbol{s}_t)+\alpha[r_t+\gamma V(\boldsymbol{s}_{t+1})-V(\boldsymbol{s}_t)]$；
　　　$\boldsymbol{s}_t\leftarrow\boldsymbol{s}_{t+1}$；
　　until $\boldsymbol{s}_t$ 是终态
　until 所有的 $V(\boldsymbol{s})$ 收敛
得到最终的 $V(\boldsymbol{s})$。

在式（13.27）中，算法 TD(0)的智能体获得立即回报时仅向后回溯了一步，仅迭代修改了相邻状态的估计值，这导致算法的收敛速度较慢。而 TD(λ)是改进的一种方法，在 TD(λ)中，智能体获得立即回报后可以回溯任意步，其迭代公式如下所示：

$$V(\boldsymbol{s}_t)=V(\boldsymbol{s}_t)+\alpha[r_t+\gamma V(\boldsymbol{s}_{t+1})-V(\boldsymbol{s}_t)]e(\boldsymbol{s}_t) \tag{13.28}$$

其中，$e(\boldsymbol{s})$ 为状态的资格迹（Eligibility Traces）。对某一特定状态，其资格迹随状态被访问次数的增加而增加，表明该状态对值迭代的贡献越大。

资格迹是强化学习算法中的一个基本机制，如 TD(λ)中的 λ 指的就是资格迹的使用。基本上所有的 TD 算法都能够和资格迹进行组合，从而得到一个更通用的算法。资格迹把 TD 方法和 MC 方法统一，当 TD 算法和资格迹进行组合使用时，得到了一组从一步 TD 延伸到 MC 算法的算法家族。

通过引入资格迹，TD(λ)学习算法可以有效地实现在线、增量式学习。资格迹的定义方式主要分为增量式和替代式两类。状态的增量式资格迹的定义为

$$e_t(\boldsymbol{s})=\begin{cases}\gamma\lambda\ e_{t-1}(\boldsymbol{s}),\text{if } \boldsymbol{s}\neq\boldsymbol{s}_t\\ \gamma\lambda\ e_{t-1}(\boldsymbol{s})+1,\text{if } \boldsymbol{s}=\boldsymbol{s}_t\end{cases}\tag{13.29}$$

其中，$\lambda(0<\lambda<1)$为常数。

状态的替代式资格迹的定义为

$$e_t(\boldsymbol{s})=\begin{cases}\gamma\lambda\ e_{t-1}(\boldsymbol{s}),\text{if } \boldsymbol{s}\neq\boldsymbol{s}_t\\ 1,\text{if } \boldsymbol{s}=\boldsymbol{s}_t\end{cases}\tag{13.30}$$

13.5.3 Q 学习与 SARSA 学习

1. Q 学习

Q 学习（Q-learning）是由 Christopher J. C. H. Watkins 提出的[149]一种与模型无关、离线策略 TD 的强化学习算法。不同于 TD 算法，Q 学习迭代的是状态-动作对的值函数，而不是 $V(s)$；Q 学习中需要采用贪心策略选择动作，无须依赖模型最优。Q 学习迭代时采用状态-动作对的奖励和 $Q(s,a)$作为估计函数。因此，智能体在每一次学习迭代时都需要考察每一个行为，这样可确保学习过程收敛。

Q 学习中 $Q(s,a)$函数就是在某一时刻的 s 状态下，采取动作 a 能够获得收益的期望，环境会根据智能体的动作反馈相应的奖励，所以算法的主要思想就是将状态与动作构建成一张 Q 表来存储 Q 值（见图 13.4），然后根据 Q 值来选取能够获得最大收益的动作。

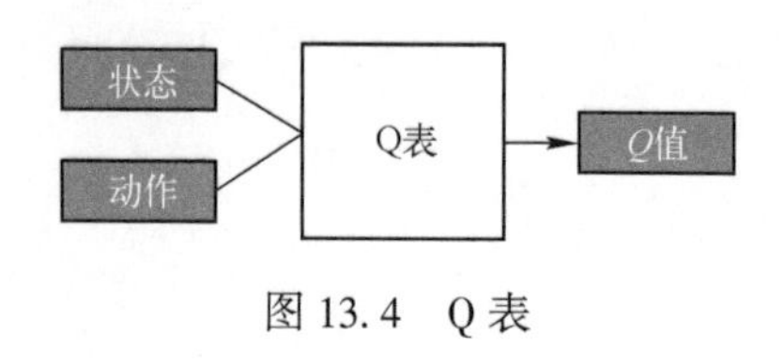

图 13.4 Q 表

Q 学习算法的基本形式为

$$Q^*(s,a)=\gamma\sum_{s\in S'}P(s,a,s')(r(s,a,s')+\max_{a'}Q^*(s',a'))\tag{13.31}$$

$Q^*(s,a)$表示智能体在状态 s 下采用动作 a 所获得的最优奖励折扣和，即最优策略是在 s'状态下选取 Q 值最大的动作。

Q 学习的 Q 函数更新公式为

$$Q(s_t,a_t)\leftarrow Q(s_t,a_t)+\alpha(r_{t+1}+\gamma\max_a Q(s_{t+1},a)-Q(s_t,a_t))\tag{13.32}$$

Q 学习首先初始化 Q 值；然后智能体在 s_t状态，根据 ε 贪心策略确定动作 a_t，得到经验知识和训练样本$(s_t,a_t,s_{t+1},r_{t+1})$；然后根据此经验依据式（13.32）更新 Q 值。当智能体访问到目标状态时，算法终止一次迭代循环。算法继续从初始状态开始新的迭代循环，直至学习结束，具体算法如算法 13.7 所示。

算法 13.7：单步 Q 学习算法

（1）初始化：给定任意 $Q(s,a)$，参数 α、γ 初值。
repeat
　　给定起始状态 s
　　repeat（对于幕的每一步）
　　　　根据 ε 贪婪策略选择动作 a_t，得到立即回报 r_t和下一个状态 s_{t+1}；
　　　　$Q(s_t,a_t)\leftarrow Q(s_t,a_t)+\alpha(r_t+\gamma\max_a Q(s_{t+1},a)-Q(s_t,a_t))$；
　　　　$s_t\leftarrow s_{t+1}$；
　　until s_t是终止状态
until 所有的 $Q(s,a)$收敛
（2）输出最终策略：$\pi(s)=\arg\max_{a\in A}Q(s,a)$。

Q 学习是目前最有效的模型无关强化学习算法，这是因为在一定条件下 Q 学习只采用 ε 贪心策略即可保证收敛（保证每个状态被访问的概率大于零）。同时，Q 学习中的行为策略与评估策略是不一致的，所以 Q 学习是一种离线策略学习方法。同样，Q 学习也可根据 TD(λ)算法的方式扩充为 $Q(\lambda)$算法。

2. 双 Q 学习

Q 学习的相关算法通常会过高估计在特定条件下的动作值。这样的做法存在一定的风险，还是由于不能确定这样的过高估计是否具备通用性，对性能会不会有损耗，以及是否能从主体上进行组织。Hado Van Hasselt 等人提出了双 Q 学习（Double Q-learning）[152]。双 Q 学习有两个 Q 函数，一个 Q 函数

是为了进行 α 的选择，另一个是为了 Q 函数的估计。双 Q 学习可以降低观测到的过高估计动作问题，在一些游戏上取得了更好的效果。

双 Q 学习算法如算法 13.8 所示。

算法 13.8：双 Q 学习算法

初始化：给定任意的 $Q_1(s,a)$，$Q_2(s,a)$，$Q_1(\text{terminal-state},.)Q_2(\text{terminal-state},.)=0$；
repeat（对于幕）
　　给定起始状态 s
　　repeat（对于幕的每一步）
　　　　根据从 Q_1、Q_2推导的策略（如 Q_1+Q_2的 ε 贪婪策略）从 s 中选择动作 a；
　　　　执行动作 a，观察 r，s'；
　　　　以 0.5 概率执行：
　　　　　$Q_1(s,a)\leftarrow Q_1(s,a)+\alpha(r+\gamma Q_2(s',\arg\max_a Q_1(s',a))-Q_1(s,a))$；
　　　　或者
　　　　　$Q_2(s,a)\leftarrow Q_2(s,a)+\alpha(r+\gamma Q_1(s',\arg\max_a Q_2(s',a))-Q_2(s,a))$；
　　　　$s\leftarrow s'$；
　　until s 是终止状态。

在双 Q 学习算法中进行动作 a 选择的时候，两个 Q 函数的位置交换，即当更新其中的一个 Q 函数时，动作的选择采用的是另一个 Q 函数。例如，对于其中 Q_1的更新，则使用 Q_2进行值函数的估计，但需要的动作仍通过 Q_1函数完成。

3. SARSA 学习

G. A. Rummery 和 Mahesan Niranjan 在 1994 年提出了 SARSA（State-Action-Reward-State-Action）学习算法[153]，它是一种在线策略 Q 学习算法。与 Q 学习不同的是，SARSA 采用实际的 Q 值进行迭代，它根据执行某个策略所获得的经验来更新值函数。在 Q 学习算法中，学习系统的行为选择策略和值函数的迭代是相互独立的，而 SARSA 学习算法以严格的 TD 学习形式实现行为值函数的迭代，即行为决策与值函数的迭代是一致的。SARSA 学习算法在一些学习控制问题的应用中被验证，具有优于 Q 学习算法的性能。单步 SARSA 学习算法（在线 TD）如算法 13.9 所示。

算法 13.9：单步 SARSA 学习算法（在线 TD）

（1）初始化：给定任意 $Q(s, a)$，参数 α，γ 初值。
repeat
　　给定起始状态 s，并根据 ε 贪婪策略在状态 s 选择动作 a
　　repeat（对于幕的每一步）
　　　　根据 ε 贪婪策略在状态 s 选择动作 a，得到回报 r 和下一个状态 s'
　　　　在状态 s'；根据 ε 贪婪策略得到动作 a'；
　　　　$Q(s,a) \leftarrow Q(s,a)+\alpha[r+\gamma Q(s',a')-Q(s,a)]$；
　　　　$s \leftarrow s', a \leftarrow a'$；
　　until s 是终止状态
until 所有的 $Q(s, a)$ 收敛
（2）输出最终策略：$\pi(s)=\arg\max_{a \in A} Q(s,a)$。

在 SARSA 学习算法中，行为探索策略的选择对算法的收敛性具有关键作用。Satinder Singh 提出了两类行为探索策略以实现对 MDP 最优值函数的逼近，分别是渐进贪心无限探索（Greedy in the Limit and Infinitel Exploration，GLIE）策略和 RRR（Restricted Rank-based Randomized）策略。G. A. Rummery 将 TD(λ)与单步 SARSA 学习方法进行结合，得到一种增量式在线策略学习方法 Sarsa(λ)，可以充分利用经验数据，提高学习效率。

SARSA 和 Q 学习的最大区别在于：

（1）SARSA 用 ε-greedy 得到动作 a 回报 r 和下一个状态 s'，并对 s' 也使用 ε-greedy 得到动作 a' 和状态动作值函数 $Q(s',a')$，并计算 TD 目标 $r+\gamma Q(s',a')$。

（2）Q 学习用 ε-greedy 得到动作 a 回报 r 和下一个状态 s'（这部分和 SARSA 一样），计算 TD 目标 $r+\gamma\max_{a'} Q(s',a')$，可见这里不再是通过 ε-greedy 选出的 a' 来计算 $Q(s',a')$，而是 $\max_{a'} Q(s',a')$，也就是强制选使 Q 值最大的那个动作带来的 Q 值，而非随机策略。

13.5.4　Actor-Critic 学习

前面介绍了强化学习的两大类主要算法：基于值函数的方法（如 Q 学习）和基于策略的（如策略梯度）方法。这两大类方法可以归为两种类型，即 Actor-Only 方法和 Critic-Only 方法。Actor-Only 方法对应参数化的策略梯度方

法，而 Critic-Only 方法对应值函数方法。Actor-Only 方法的缺点是在梯度估计中存在比较大的方差，导致收敛速度变得特别慢。Critic-Only 方法也存在一定的局限性，它不能保证一定收敛，同时也不够稳定，在函数近似过程中，对值函数的一个很小变化都可能导致一个动作的失误。

为了克服以上两种方法的弊端，Vijay R. Konda 等人结合两种方法提出了一种在线策略的 Actor-Critic 学习方法[154]，即一种具有独立记忆结构的 TD 方法。

Actor 是一个策略网络（Policy Network），采用奖惩信息来进行调节不同状态下采取各种动作的概率，在传统的策略梯度（Policy Gradient）算法中，这种奖惩信息通过走完一个完整的幕来计算得到，这易导致学习速率慢。Critic 是以值为基础的学习法，可以进行单步更新，计算每一步的奖惩值。那么将二者相结合，同时对值函数和策略进行估计，则 Actor 用于进行策略估计，即根据 TD 误差选择动作；Critic 用于值函数估计，即学习状态值函数并评价 Actor 的当前策略，告诉 Actor 选择的动作是否合适。在这一过程中，Actor 不断迭代，得到每一个状态下选择每一动作的合理概率，Critic 也不断迭代，完善每个状态下选择每一个动作的奖惩值。Actor-Critic 学习框架如图 13.5 所示。

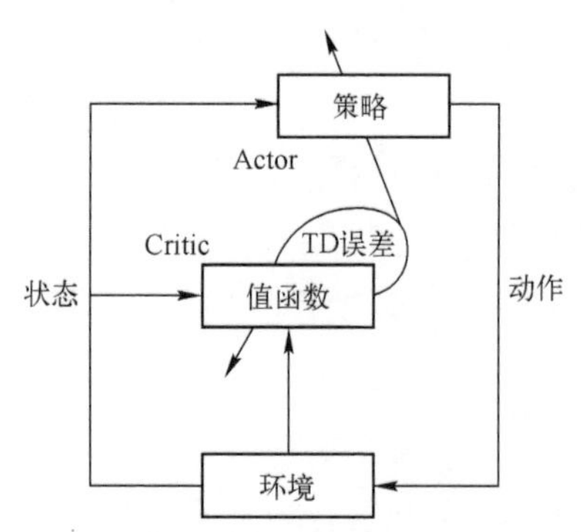

图 13.5　Actor-Critic 学习框架[142]

Actor-Critic 学习框架下很多基于值函数的方法和策略都可以结合。

13.6　基于逼近方法的强化学习

根据算法类型，基于逼近方法的强化学习可分为近似值迭代、近似策略迭代和近似策略搜索三类。其中，近似值迭代和近似策略迭代都在值函数空间进行逼近，近似策略搜索在策略空间进行逼近。

13.6.1　值函数逼近的 TD 学习

对于大规模或连续空间问题，强化学习智能体不可能遍历所有状态，因此近似成为一种处理大规模或连续空间问题的有效方法。

值函数对应一个逼近函数。从数学角度来看，函数逼近方法可以分为参数逼近和非参数逼近，因此强化学习值函数估计可以分为参数化逼近和非参数化逼近。其中，参数化逼近又分为线性参数化逼近（如线性逼近时选定基函数）和非线性参数化逼近（如非线性逼近时选定神经网络）。这里主要介绍参数化逼近。参数化逼近是指值函数可以由一组参数 $\boldsymbol{w}$ 来近似逼近的值函数，记为$\widetilde{V}(\boldsymbol{s},\boldsymbol{w})$。

在参数化值函数逼近模型的求解方法中，按照求解方式的不同，分为在线和离线两类。典型的在线算法为梯度下降法。当值函数逼近的模型为线性模型时，典型的离线训练方法为二次优化问题。当二次优化问题的约束条件为等式约束时，可利用最小二乘方法求解。

非参数值函数逼近模型利用非参数回归方法来求解。这些方法与参数化逼近模型的求解方法没有本质不同，如标准 SVM 所用的凸二次规划问题，最小二乘 SVM 所用的最小二乘方法等。A. E. Hoerl 和 R. W. Kennard 提出了岭回归方法[155]，使用伪逆来代替最小二乘方法中遇到的奇异矩阵问题。上述最小二乘方法和岭回归方法都会遇到矩阵求逆问题，对于矩阵求逆可以用迭代技术来求解。

基于值函数逼近的 TD(λ)学习算法是为了实现时间 TD 差分学习在大规模和连续状态空间马尔科夫链预测问题中的泛化。

1. 基于非线性值函数逼近的 TD($\boldsymbol{\lambda}$)算法

非线性值函数的逼近可转化为参数的逼近，值函数的更新就等价于参数的更新。使用非线性值函数逼近器时，值函数估计表示为权值的非线性函数，即$\widetilde{V}_t(\boldsymbol{s}_t)=f(\boldsymbol{s}_t,\boldsymbol{w}_t)$。TD($\lambda$)算法的迭代形式如下所示：

$$\begin{cases}\boldsymbol{w}_{t+1}=\boldsymbol{w}_t+\alpha_t(r_t+\gamma\widetilde{V}_t(\boldsymbol{s}_{t+1})-\widetilde{V}_t(\boldsymbol{s}_t))\boldsymbol{z}_{t+1}\\ \boldsymbol{z}_{t+1}=\gamma\lambda\boldsymbol{z}_t+\dfrac{\partial\widetilde{V}_t(\boldsymbol{s}_t)}{\boldsymbol{w}_t}\end{cases} \tag{13.33}$$

其中，α_t 为学习率（或学习步长）。

使用非线性函数逼近时，式（13.33）所示的TD(λ)算法并不能保证收敛。为了保证算法具有收敛性，Baird L 提出了采用贝尔曼残差梯度进行权值学习，即残差TD(λ)学习算法[156]，其迭代形式如下所示：

$$\begin{cases} \boldsymbol{w}_{t+1}=\boldsymbol{w}_t+\alpha_t(r_t+\gamma\widetilde{V}_t(\boldsymbol{s}_{t+1})-\widetilde{V}_t(\boldsymbol{s}_t))\boldsymbol{z}_{t+1} \\ \boldsymbol{z}_{t+1}=\gamma\lambda\boldsymbol{z}_t+\dfrac{\partial\,\widetilde{V}_t(\boldsymbol{s}_t)}{\boldsymbol{w}_t}-\dfrac{\partial\,\widetilde{V}_t(\boldsymbol{s}_{t+1})}{\boldsymbol{w}_t} \end{cases} \tag{13.34}$$

尽管残差TD(λ)可以收敛到贝尔曼残差的局部最小值，但由于其对解的误差上界难以给出理论估计，因此实用性受到了限制。

2. 基于线性值函数逼近的TD(λ)算法

非线性逼近器的特点是泛化能力强，但其结果缺乏严格的理论分析。而与非线性逼近器相比较，线性逼近器具有便于理论分析、程序调试和工程实现等优点，因此线性逼近器具有更广泛的应用[157]。

使用线性逼近器时，值函数$V^\pi(\boldsymbol{s})$（或$Q^\pi(\boldsymbol{s},a)$）为基函数（或称特征向量）的线性组合形式，即

$$\widetilde{V}^\pi(\boldsymbol{s})=\sum_{j=1}^{k}\phi_j(\boldsymbol{s})\omega_j=\boldsymbol{\varphi}^{\mathrm{T}}(\boldsymbol{s})\boldsymbol{w} \tag{13.35}$$

$$\hat{Q}^\pi(\boldsymbol{s},a)=\sum_{j=1}^{k}\phi_j(\boldsymbol{s},a)\omega_j=\boldsymbol{\varphi}^{\mathrm{T}}(\boldsymbol{s},a)\boldsymbol{w} \tag{13.36}$$

其中，$\boldsymbol{\varphi}(\boldsymbol{s})=(\phi_1(\boldsymbol{s}),\phi_2(\boldsymbol{s}),\cdots,\phi_k(\boldsymbol{s}))^{\mathrm{T}}$和$\boldsymbol{\varphi}(\boldsymbol{s},a)=(\phi_1(\boldsymbol{s},a),\phi_2(\boldsymbol{s},a),\cdots,\phi_k(\boldsymbol{s},a))^{\mathrm{T}}$都为长度为$k$的特征向量，$\boldsymbol{w}=(w_1,w_2,\cdots,w_k)^{\mathrm{T}}$是与特征向量对应的$k$维参数向量，其中$k\ll|S|$（或$k\ll|S|*|A|$）以确保值函数表示具有紧凑性。结合值函数逼近器，TD(λ)学习算法和Q(λ)学习算法均可通过更新参数向量$\boldsymbol{w}$来更新值函数$\hat{V}^\pi(\boldsymbol{s})$和$\hat{Q}^\pi(\boldsymbol{s},a)$，将$\hat{V}^\pi(\boldsymbol{s})$和$\hat{Q}^\pi(\boldsymbol{s},a)$分别代入TD学习与Q学习的迭代公式中，同时根据梯度下降法分别得到式（13.37）和式（13.38）：

$$\boldsymbol{w}_{t+1}=\boldsymbol{w}_t+\alpha(r_t+\gamma\boldsymbol{\varphi}^{\mathrm{T}}(s_{t+1})\boldsymbol{w}_t-\boldsymbol{\varphi}^{\mathrm{T}}(s_t)\boldsymbol{w}_t)\boldsymbol{z}_{t+1} \tag{13.37}$$

其中，$\boldsymbol{z}_{t+1}=\gamma\lambda\boldsymbol{z}_t+\boldsymbol{\varphi}(\boldsymbol{s}_t)$。

$$\boldsymbol{w}_{t+1}=\boldsymbol{w}_t+\alpha[r_t+\gamma\max_a\boldsymbol{\varphi}^{\mathrm{T}}(\boldsymbol{s}_{t+1},a)\boldsymbol{w}_t-\boldsymbol{\varphi}^{\mathrm{T}}(\boldsymbol{s}_t,a_t)\boldsymbol{w}_t]\cdot\boldsymbol{z}_{t+1} \tag{13.38}$$

其中，$\boldsymbol{z}_{t+1}=\gamma\lambda\boldsymbol{z}_t+\boldsymbol{\varphi}(\boldsymbol{s}_t,a_t)$。

13.6.2 近似值迭代方法

近似值迭代方法将值函数逼近器引入值迭代中。近似值迭代方法根据样本的使用方式的不同分为在线和离线两类[158]。通常离线方法有更好的样本利用率，而在线方法必须解决探索与利用的平衡难题。

1. 离线近似值迭代

假设 $D=\{(\boldsymbol{s}_n,a_n,\boldsymbol{s}'_n,r_n)\}_{n=1}^{N}$ 表示在任意策略 π 下收集到的 N 个样本。考虑确定性情况，这时经典的 Q 值迭代方法的迭代公式如下所示：

$$Q_{t+1}(\boldsymbol{s},a)=r(\boldsymbol{s},a,\boldsymbol{s}')+\gamma\max_{b\in A}Q_t(\boldsymbol{s}',b) \tag{13.39}$$

引入值函数逼近器后，$\hat{Q}(\boldsymbol{s},a)=f(\boldsymbol{s},a;\boldsymbol{w})$。由于精确 $Q_t(\boldsymbol{s}',b)$ 函数难以获得，因此使用以 $\boldsymbol{w}_t$ 为参数的近似 $\hat{Q}(\boldsymbol{s}',b;\boldsymbol{w}_t)$ 来代替，此时 Q 值迭代变为

$$\hat{Q}_{t+1}(\boldsymbol{s},a)=r(\boldsymbol{s},a)+\gamma\max_{b\in A}\hat{Q}_t(\boldsymbol{s}',b;\boldsymbol{w}_t) \tag{13.40}$$

对于所有离线样本 $D=\{(\boldsymbol{s}_n,a_n,\boldsymbol{s}'_n,r_n)\}_{n=1}^{N}$，可计算得到对应的 $\hat{Q}_{t+1,i}(\boldsymbol{s}_i,a_i)$，然后利用下式所示的回归方法得到新的参数 $\boldsymbol{w}_{t+1}$：

$$\boldsymbol{w}_{t+1}=\mathrm{reg}(\hat{Q}_{t+1,i}(\boldsymbol{s}_i,a_i)),\quad 1\leqslant i\leqslant N \tag{13.41}$$

使用最多的回归方法为最小二乘方法，如下所示：

$$\boldsymbol{w}_{t+1}=\arg\min_{\boldsymbol{w}}\sum_{i=1}^{N}\{\hat{Q}_{t+1,i}(\boldsymbol{s}_i,a_i)-f(\boldsymbol{s},a;\boldsymbol{w})\}^2 \tag{13.42}$$

使用线性逼近器的最小二乘的离线近似值迭代算法（定点似 Q 值迭代算法）如算法 13.10 所示[158]。

算法 13.10：定点近似 Q 值迭代算法

(1) 初始化：确定学习因子 γ，线性基函数 $\boldsymbol{\varphi}$ 和样本 $D=\{(\boldsymbol{s}_n,a_n,\boldsymbol{s}'_n,r_n)\}_{n=1}^{N}$，确定参数向量，如 $\boldsymbol{w}_0=0$。

(2) 值迭代：

Repeat 在每一轮迭代 $t=1,2,3,$

  For $i=1,2,3,\cdots,N$

    $\hat{Q}_{t+1,i}(\boldsymbol{s}_i,a_i)\leftarrow r(\boldsymbol{s}_i,a_i)+\gamma\max_{b\in A}\boldsymbol{\varphi}^{\mathrm{T}}(\boldsymbol{s}'_i,b)\boldsymbol{w}_t$

  End For

$$w_{t+1} \leftarrow \arg\min_{w} \sum_{i=1}^{N} (\hat{Q}_{t+1,\ i}(s_i,\ a_i) - \varphi^{\mathrm{T}}(s_i,\ a_i) w)^2$$

Until ω 收敛

（3）输出：$Q*(s,a) \approx \varphi^{\mathrm{T}}(s,a)w$

在随机情况下，$Q_{t+1}^{t\ \arg}(s_j,a_j)$表示一个随机变量的期望值，如下所示：

$$Q_{t+1}^{t\ \arg}(s_j,a_j) = \sum_{s' \in S} P(s_j,a_j,s')[r(s_j,a_j,s') + \gamma \max_{b} \hat{Q}(s',b;w_t)] \quad (13.43)$$

对于大多数回归算法，可设法求取近似输出变量的期望值。这意味着回归算法实际上是在寻找使得$\hat{Q}(s,a;w_{t+1}) \approx Q_{t+1}^{t\ \arg}(s,a)$成立的$w_{t+1}$，因此，式（13.41）在随机情况下仍然是有效的。

2. 在线近似值迭代

在线强化学习算法需要智能体在学习阶段与环境进行互动以收集数据。与经典Q学习一样，近似Q学习是在近似值迭代中应用最为广泛的方法。经典的Q学习可以利用梯度进行更新，这可以很容易地与参数逼近相结合，其迭代公式如下所示：

$$w_{k+1} = w_k + \alpha_k [r_{k+1} + \gamma \max_{a'} \hat{Q}(s_{k+1},a';w_k) - \hat{Q}(s_k,a_k;w_k)] \frac{\partial \hat{Q}(s_k,a_k;w_k)}{\partial w_k} \quad (13.44)$$

与Q学习类似，近似Q学习可采用ε贪婪策略来收集更多新的且更加有益的样本，这为算法的收敛提供了条件。

离线值迭代的收敛和近优性依赖压缩映射[159]。例如，Q迭代更新是个压缩映射。此外，如果近似值函数$\hat{Q}(s,a;w)$和式（13.41）所示的回归算法是非扩张的，整体拟合Q迭代更新也是一个压缩映射，因此也是渐进收敛的。最近，“有限样本”理论得到发展，这种方法通过使用有限数量的样本提供以有限次迭代后得到的解决方案为界限的概率近似性，其不依赖压缩更新。在使用固定策略的限制要求下，在线近似Q学习对于线性函数逼近器是收敛的。

13.6.3 近似策略迭代

在策略迭代中，可以从两个方面引入逼近器，分别是值函数和策略。

如 13.6.2 节所述，对于值函数，可用参数化的函数逼近器$\hat{Q}(\boldsymbol{s},a;\boldsymbol{w})$来代替值函数$Q^{\pi}(\boldsymbol{s},a)$的准确表示，其中 $\boldsymbol{w}$ 是一个可调参数；对于策略，同样可用一个参数化的表示$\hat{\pi}(\boldsymbol{s};\boldsymbol{\theta})$来代替策略 $\pi(\boldsymbol{s})$，其中 $\boldsymbol{\theta}$ 是一个可调参数。这两种逼近都需要存储逼近表示的参数，且该参数的存储空间远小于表格结构的存储空间。上述这种基于逼近表示方法的策略迭代称为近似策略迭代。广义上讲，近似策略迭代包含了策略梯度方法，但通常又将策略梯度单独分类。

一个逼近算法的好坏通常取决于参数化函数逼近器结构的选择和投影方法（参数调整方法）的选择。在策略迭代中，当值函数或者策略（或两者）的逼近器结构和投影方法确定时，就可以确定一种近似策略迭代方法。如果值函数投影误差和策略投影误差均有界，则近似策略迭代方法生成的策略性能与最优性能相近，当投影误差为零时，可以得到一个最优策略。完整的近似策略迭代框架如图 13.6 所示[157]。

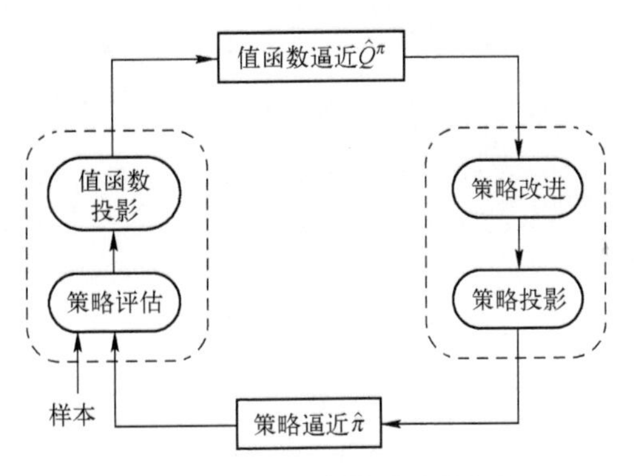

图 13.6 完整的近似策略迭代框架

13.7 深度强化学习

深度强化学习将深度学习的感知能力和强化学习的决策能力相结合，并能够通过端对端的学习方式实现从原始输入到输出的直接控制。在许多需要感知高维度原始输入数据和决策控制的任务中，深度强化学习方法已经取得了实质性的突破。

13.7.1 深度Q学习（Deep Q-learning）

深度学习与强化学习相结合，需要面临如下问题。

（1）深度学习需要大量带标签的样本进行监督学习；强化学习只有奖励（Reward）返回值，而且伴随着噪声、延迟、稀疏（很多状态的回报是0）等问题。

（2）深度学习的样本独立；强化学习的前后状态相关。

（3）深度学习的目标分布固定；强化学习的目标分布一直在变化，比如玩一个游戏，一个关卡和下一个关卡的状态分布是不同的，所以训练好了前一个关卡，下一个关卡又要重新训练。

（4）使用非线性网络表示值函数时出现不稳定等问题。

深度Q学习网络（Deep Q-learning Network，DQN）[160]通过如下方式来解决上述问题。

（1）通过Q学习使用回报来构造标签（对应问题（1））。

（2）通过经验回放（Experience Replay）方法解决相关性及非静态分布问题（对应问题（2）和问题（3））。

（3）使用一个卷积神经网络（MainNet）产生当前Q值，使用另外一个卷积神经网络（TargetNet）产生TargetQ值（对应问题（4））。

1. 构造标签

深度Q学习中的卷积神经网络的作用是对在高维且连续状态下的Q表做函数拟合，而对于函数优化问题，监督学习的一般方法是先确定损失函数，然后求梯度，使用随机梯度下降等方法更新参数。深度Q学习则基于Q学习来确定损失函数。

Q学习的更新公式为

$$Q(\boldsymbol{s}_t,a_t)\leftarrow Q(\boldsymbol{s}_t,a_t)+\alpha(r_{t+1}+\gamma\max_a Q(\boldsymbol{s}_{t+1,a})-Q(\boldsymbol{s}_t,a_t))$$

DQN的损失函数为

$$L(\boldsymbol{\theta})=E[(\text{TargetQ}-Q(\boldsymbol{s},a;\boldsymbol{\theta}))^2]$$

其中，$\boldsymbol{\theta}$是网络参数，目标为$\text{TargetQ}=r+\gamma\max_a Q(\boldsymbol{s}',a';\boldsymbol{\theta})]$。

损失函数是基于Q学习更新公式的第二项确定的，两个公式的意义相同，都是使当前的Q值逼近TargetQ值。

求 $L(\boldsymbol{\theta})$ 关于 $\boldsymbol{\theta}$ 的梯度，更新网络参数 $\boldsymbol{\theta}$。求解损失函数的示意图如图 13.7 所示。

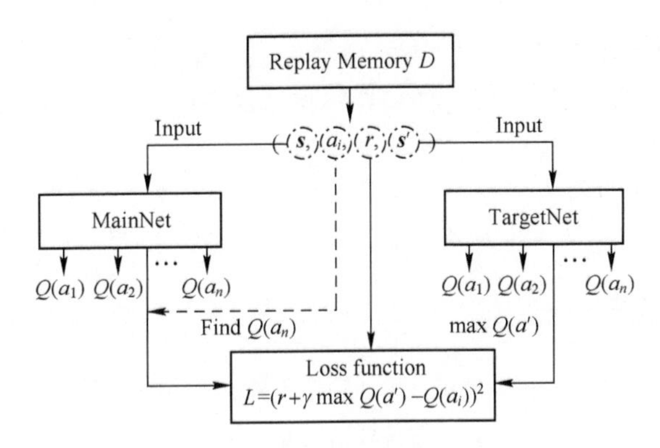

图 13.7　求解损失函数的示意图

2. 经验回放（Experience Replay）

在训练神经网络时，通常假设训练数据是独立同分布的。但是，强化学习数据采集过程中的数据是具有关联性的，利用这些时序关联的数据进行训练时，神经网络无法稳定。利用经验回放可以打破了数据之间的关联性。经验回放的功能主要是解决相关性及非静态分布问题。具体做法是，把每个时间步智能体与环境交互得到的转移样本$(\boldsymbol{s}_t, a_t, r_t, \boldsymbol{s}_{t+1})$存储到回放记忆（Replay Memory）单元，进行训练时就随机拿出一些来训练（利用均匀随机抽样的方法从记忆单元中抽取数据，利用抽取到的数据训练神经网络。训练时随机抽取就避免了相关性问题）。

3. 目标网络

DQN 有两个版本（NIPS 2013、Nature 2015）。在 Nature 2015 版本的 DQN[161] 中使用另一个网络（这里称为 TargetNet）产生 TargetQ 值。具体地，$Q(\boldsymbol{s}, a; \boldsymbol{\theta}_i)$表示当前网络 MainNet 的输出，用来评估当前状态-动作对的值函数；$Q(\boldsymbol{s}, a; \boldsymbol{\theta}_i^-)$表示 TargetNet 的输出，代入求 TargetQ 值的公式中。根据损失函数更新 MainNet 的参数，每经过 N 轮迭代，将 MainNet 的参数复制给 TargetNet。引入 TargetNet 后，在一段时间里 TargetQ 值保持不变，这在一定程度上降低了当前 Q 值和目标 Q 值的相关性，提高了算法的稳定性。

深度 Q 学习算法（Nature 2015 版）如算法 13.11 所示。

算法 13.11：深度 Q 学习算法（Nature 2015 版）

（1）初始化回放记忆（Replay Memory）单元 D，设为 N。
（2）使用随机权重 $\boldsymbol{\theta}$ 初始化动作值函数 Q。
（3）使用权重 $\boldsymbol{\theta}^{-}=\boldsymbol{\theta}$ 初始化目标动作值函数 $\hat{Q}$。
（4）For Episode $=[1,\cdots,M]$ do
①初始化事件的第一个状态（$\boldsymbol{x}_1$ 是第一张图片）$\boldsymbol{s}_1=\{\boldsymbol{x}_1\}$，并通过预处理得到状态对应的特征输入 $\boldsymbol{\phi}_1=\phi(\boldsymbol{s}_1)$。
② For $t=[1,\cdots,T]$ do：
- 根据概率 e 随机选择一个动作 a_t。
- 如果小概率事件没有发生，就用贪婪策略选择当前行为值函数最大的那个动作，即 $a_t=\arg\max\limits_{a}(Q(\phi(\boldsymbol{s}_t),a;\boldsymbol{\theta}))$。
- 在模拟器中执行动作 a_t，得到回报 r_t 和图片 $\boldsymbol{x}_{t+1}$。
- 令 $\boldsymbol{s}_{t+1}=\boldsymbol{s}_t$，然后预处理 $\boldsymbol{\phi}_{t+1}=\phi(\boldsymbol{s}_{t+1})$。
- 将 Transition$(\boldsymbol{\phi}_t,a_t,r_t,\boldsymbol{\phi}_{t+1})$存入 D。
- 从 D 中随机抽样出一小批经验 Transitions$(\boldsymbol{\phi}_j,a_j,r_j,\boldsymbol{\phi}_{j+1})$。
- 令

$$y_i=\begin{cases} r_j, & \text{if Episode terminates at step } j+1 \\ r_j+\gamma\max\limits_{a'}\hat{Q}(\boldsymbol{\phi}_{j+1},a';\boldsymbol{\theta}^{-}), & \text{otherwise} \end{cases}$$

- 对$(y_j-Q(\boldsymbol{\phi}_j,a_j;\boldsymbol{\theta}))^2$ 的参数 $\boldsymbol{\theta}$ 进行一个梯度下降 step 的更新。
- 每 C 个 step，令$\hat{Q}=Q$，即令 $\boldsymbol{\theta}^{-}=\boldsymbol{\theta}$。

③ End For。
（5）End For。

深度 Q 学习算法的流程示意图如图 13.8 所示。

13.7.2 深度双 Q 学习

深度双 Q 学习网络（Deep Double Q-learning Network，DDQN）[152] 的核心思想是解构 DQN 中的动作选择（Action Selection）和动作值估计（Action Evaluation），从而降低过度估计（Over Estimations）的问题。在深度双 Q 学习算法中并没有完全按照传统的双 Q 学习算法解构这两个操作，但是 DDQN 可以理解为先在 DQN 上复制了一份网络参数作为目标网络，然后再进行交替更新。DDQN 中有两个网络：一是在线网络，评估 ε 贪婪算法，并进行动作的选择；二是目标网络，进行值函数的估计，通过在线网络的参数进行 α 的选择，并且取消了贝尔曼方程中的最大化操作，这样防止了求解过程中的过度估计。因此，只需要对 DQN 进行非常小的改动，即

$$Y_t^{\text{Double}Q} = r + \gamma Q(\boldsymbol{s}_{t+1}, \arg\max Q(\boldsymbol{s}_{t+1}, a; \boldsymbol{\theta}_t), \boldsymbol{\theta}_t^-)$$

其中，$\boldsymbol{\theta}_t$ 表示的是目标网络（Target Network）的参数，实际上是网络在更新前的参数的一个备份。

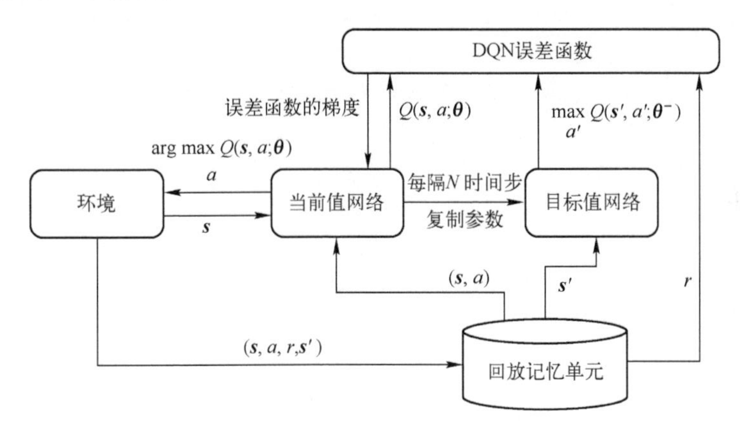

图 13.8　深度 Q 学习算法的流程示意图

13.7.3　异步深度 Q 学习

异步深度 Q 学习（Asynchronous Deep Q-learning）算法[162]是对深度 Q 学习网络的一种改进。异步深度 Q 学习算法中存在多个线程，每一个开始的状态要进行多次探索求解其期望，因此对其环境状态进行复制，在多个线程中进行异步的求解，在一定的周期内用各个线程中探索的结果统一来更新网络参数。异步深度 Q 学习算法有在线网络（Online Network）和目标网络（Target Network）两个网络。这两个网络的参数是全局的，每一个线程共享全局网络参数：在线网络当前的参数 $\boldsymbol{\theta}$ 和目标网络的参数（前一个周期的参数）$\boldsymbol{\theta}^-$。同时，为了确定何时进行网络的更新，还有一个全局的计数器 T，在每一个线程中又有各自的计数器 t。算法在每次迭代中：采用 ε 贪婪算法进行动作 a 的选择，以 ε 的概率进行探索，以 $1-\varepsilon$ 的概率选择使 Q 值最大的一个动作；继而得到新的状态 $\boldsymbol{s}'$和相应的奖励值 r，使用贝尔曼方程对新的 Q 值函数进行

估计得到值 y；根据损失函数，进行梯度更新；然后将计数器 T 和 t 都加上 1，并且判断是否达到各自规定的次数，由此进行目标网络参数的更新，以及在线网络参数的更新；最终将网络参数变化量 $\mathrm{d}\boldsymbol{\theta}$ 进行清零，进入下一次的迭代。

异步深度 Q 学习算法如算法 13.12 所示。

算法 13.12：异步深度 Q 学习算法

初始化：线程计数器 $t \leftarrow 0$，目标网络权重 $\boldsymbol{\theta}^{-} \leftarrow 0$，$\mathrm{d}\boldsymbol{\theta} \leftarrow 0$，确定初始状态 $\boldsymbol{s}$。
repeat
　　基于 $Q(\boldsymbol{s},a;\boldsymbol{\theta})$ 采用 ε 贪婪策略执行动作 a
　　获得新的状态 $\boldsymbol{s}'$ 和奖励 γ

$$y=\begin{cases} r, & \text{对于终态 } \boldsymbol{s}' \\ r+\gamma\max\limits_{a'} Q(\boldsymbol{s}',a';\boldsymbol{\theta}^{-}), & \text{对于非终态 } \boldsymbol{s}' \end{cases}$$

$$\mathrm{d}\boldsymbol{\theta} \leftarrow \mathrm{d}\boldsymbol{\theta}+\frac{\partial\left(y-Q(\boldsymbol{s},a;\boldsymbol{\theta})\right)^{2}}{\partial \boldsymbol{\theta}}$$

　　$\boldsymbol{s}=\boldsymbol{s}'$
　　$T \leftarrow T+1$
　　$t \leftarrow t+1$
　　if $T \bmod I_{\text{target}}=0$ then
　　　　$\boldsymbol{\theta}^{-} \leftarrow \boldsymbol{\theta}$
　　end if
　　if $t \bmod I_{\text{AsyncUpdate}}=0$ 或者 $\boldsymbol{s}$ 是终态 then
　　　　使用 $\mathrm{d}\boldsymbol{\theta}$ 异步更新 $\boldsymbol{\theta}$
　　　　$\mathrm{d}\boldsymbol{\theta} \leftarrow 0$
　　end if
until $T>T_{\max}$

注意，算法中的全局网络参数 $\boldsymbol{\theta}$ 和 $\boldsymbol{\theta}^{-}$ 并不是同步更新的，也就是说其实还是用到了类似双 Q 学习的算法。由于同一起始状态的多线程的训练通过各个线程的结果来更新网络，这样就打破了其中样本的关联性，起到了随机抽样的目的，因此有效地解决了深度 Q 学习中回放记忆存储过大的问题，使得该算法在空间要求严格的地方更加适用。

13.7.4　其他深度强化学习

除了上述介绍的深度强化学习算法，还有很多其他深度强化学习算法，下面列出部分算法。

（1）分层深度强化学习：利用分层强化学习（Hierarchical Reinforcement Learning，HRL）将最终目标分解为多个子任务来学习层次化的策略，并通过组合多个子任务的策略形成有效的全局策略。

（2）多任务迁移深度强化学习：在传统深度强化学习方法中，每个训练完成后的智能体只能解决单一任务。然而，在一些复杂的现实场景中，需要智能体能够同时处理多个任务，此时多任务学习和迁移学习就显得非常重要。强化学习中的迁移分为两大类，即行为上的迁移和知识上的迁移，这两大类迁移也被广泛应用于多任务深度强化学习算法中。

（3）多智能体深度强化学习：在面对一些真实场景下的复杂决策问题时，单智能体系统的决策能力是远远不够的。例如，在拥有多玩家的 Atari 2600 游戏中，要求多个决策者之间存在相互合作或竞争的关系。因此，在特定的情形下，需要将深度强化学习模型扩展为多个智能体之间相互合作、通信及竞争的多智能体系统。

（4）基于记忆与推理的深度强化学习：在解决一些高层次的深度强化学习任务时，智能体不仅需要很强的感知能力，也需要具备一定的记忆与推理能力，才能学习到有效的决策。因此，赋予现有深度强化学习模型主动记忆与推理的能力十分重要。

13.8　本章小结

本章主要介绍了马尔可夫决策过程和强化学习的相关理论。首先介绍了强化学习的基本要素和模型运行机制；其次阐述了马尔可夫决策过程的基本概念和相关模型；再次介绍了强化学习的几种模型及其解决方法，主要包括 TD 学习、MC 学习、Q 学习、双 Q 学习、SARSA 学习和 Actor-Critic 学习等方法；最后介绍了深度强化学习的相关理论和相关方法。

参考文献

[1] Mitchell T M. Machine learning [M]. New York：McGraw-Hill，1997.

[2] 王珏，石纯一. 机器学习研究 [J]. 广西师范大学学报（自然科学版），2003，21（2）：1-15.

[3] Rosenblatt F. The perceptron：a probabilistic model for information storage and organization in the brain [J]. Psychological Review，1958，65（6）：386.

[4] Widrow B. Adaptive "Adaline" neuron using chemical "memistors" [J]. Stanford Electronics Laboratories Technical Report，1960：1553-1554.

[5] Samuel A L. Some studies in machine learning using the game of checkers. Ⅱ -recent progress [M]//LEVYD. Computer Games I. New York：Springer，1988：366-400.

[6] Winston P H. Learning structural descriptions from examples [D]. Massachusetts Institute of Technology，1970.

[7] Michalski R S. A theory and methodology of inductive learning [M]// Michalski R S，Carbonell J G，Mitchell T M. Machine Learning. New York：Springer，1983：83-134.

[8] Sampson R B J R. Artificial Intelligence by Earl M. Hunt [J]. SIAM Review，1976，18（4）：784-786.

[9] Hopfield J J. Neural networks and physical systems with emergent collective computational abilities [J]. Proceedings of the National Academy of Sciences of the United States of America，1982，79（8）：2554-2558.

[10] Rumelhart D E，Hinton G E，Williams R J. Learning representations by back-propagating errors [J]. Cognitive Modeling，1988，5（3）：1.

[11] Vapnik V N，Chervonenkis A Y. On the Uniform Convergence of Relative Frequencies of Events to Their Probabilities [J]. Measures of Complexity，1971，16（2）：11.

[12] Vapnik V N, Chervonenkis A Y. About structural risk minimization principle [J]. Automation Remote Control, 1974, 8: 29-39.

[13] Cristianinin N, Ricci E. Support Vector Machines [J]. Encyclopedia of Algorithms, 2008: 928-932.

[14] Hinton G E, Salakhutdinov R R. Reducing the dimensionality of data with neural networks [J]. Science, 2006, 313 (5786), 504-507.

[15] Krizhevsky A, Sutskever I, Hinton G E. Imagenet classification with deep convolutional neural networks [C]//Advances in Neural Information Processing Systems. 2012: 1097-1105.

[16] He K, Zhang X, Ren S, et al. Deep residual learning for image recognition [C]//Proceedings of the IEEE Conference on Computer Vision and Pattern Recognition. 2016: 770-778.

[17] Vaswani A, Shazeer N, Parmar N, et al. Attention is all you need [C]// Advances in Neural Information Processing Systems. 2017: 5998-6008.

[18] Geisser S. The predictive sample reuse method with applications [J]. Journal of the American Statistical Association, 1975, 70 (350): 320-328.

[19] Efron B. Bootstrap methods: another look at the jackknife [J]. Annals of statistics, 1979, 1 (7): 1-26.

[20] Fawcett T. An introduction to ROC analysis [J]. Pattern Recognition Letters, 2005, 27 (8): 861-874.

[21] Dempster A P. Maximum likelihood from incomplete data via the EM algorithm [J]. Journal of Royal Statistical Society B, 1977, 39.

[22] Friedman N, Russell S. Image segmentation in video sequences: A probabilistic approach [C]. //Proceedings of the Thirteenth Conference on Uncertainty in Artificial Intelligence, 1997: 175-181.

[23] Baum L E, Petrie T, Soules G, et al. A maximization technique occurring in the statistical analysis of probabilistic functions of Markov chains [J]. The Annals of Mathematical Statistics, 1970, 41 (1): 164-171.

[24] Blei D M, Ng A Y, Jordan M I. Latent dirichletallocation [J]. Journal of Machine Learning Research, 2003, 3: 993-1022.

[25] Wilks S S. The large-sample distribution of the likelihood ratio for testing

composite hypotheses [J]. The Annals of Mathematical Statistics, 1938, 9 (1): 60-62.

[26] Jensen J L W V. Sur un nouvel et important théorème de la théorie des fonctions [J]. ActaMathematica, 1899, 22 (1): 359-364.

[27] Wren C R, Azarbayejani A, Darrell T, et al. Pfinder: Real-time tracking of the human body [J]. IEEE Transactions on Pattern Analysis and Machine Intelligence, 1997, 19 (7): 780-785.

[28] Salton G, Wong A, Yang C S. A vector space model for automatic indexing [J]. Communications of the ACM, 1975, 18 (11): 613-620.

[29] Deerwester S, Dumais S T, Furnas G W, et al. Indexing by latent semantic analysis [J]. Journal of the American Society for Information Science, 1990, 41 (6): 391.

[30] Hofmann T. Probabilistic latent semantic indexing [C]//Proceedings of the 22nd annual International ACM SIGIR Conference on Research and Development in Information Retrieval, 1999: 50-57.

[31] Griffiths T L, Steyvers M. Finding scientific topics [J]. Proceedings of the National Academy of Sciences, 2004, 101 (suppl 1): 5228-5235.

[32] Teh Y W, Jordan M I, Beal M J, et al. Hierarchical Dirichlet Processes [J]. Journal of the American Statistical Association, 2012.

[33] Neal R M. Markov chain sampling methods for Dirichlet Process mixture models [J]. Journal of Computational and Graphical Statistics, 2000, 9 (2): 249-265.

[34] Zipf G K. The psychology of language [M]//Harriman P L. Encyclopedia of psychology. New York: Philosophical Library, 1946: 332-341.

[35] Fall M D, Éric Barat. Gibbs sampling methods for Pitman-Yor mixture models [J]. http://hal. inria. fr/file/index/docid/740770/filename/Fall_and_Barat_Gibbs_sampling_for_PYM. pdf, 2014.

[36] Peter M, Fernando A Q. Nonparametric Bayesian data analysis [J]. Statistical Science, 2004: 95-110.

[37] Peter M, Riten M. Bayesian nonparametric inference-why and how [J]. Bayesian Analysis (Online), 2013, 8 (2): 269-302.

[38] Bayes T. An essay towards solving a problem in the doctrine of chances [J]. Philosophical Transactions of the Royal Society of London, 1763 (53): 370-418.

[39] MacKay D J. Introduction to montecarlo methods [M]//MacKay D J. Learning in Graphical Models. New York: Springer, 1998: 175-204.

[40] Von Neumann J. Various techniques used in connection with random digits [J]. Applied Math Series, 1951, 12 (5): 36-38.

[41] Marshall A W. The use of multi-stage sampling schemes in Monte Carlo computations [R]. Rand Corp Santa MonicaCalif, 1954.

[42] Hatings W K. Monte Carlo sampling methods using Markov chains and their applications [J]. Biometrika, 1970, 57 (1): 97-109.

[43] Steinbrunn M, Moerkotte G, Kemper A. Heuristic and randomized optimization for the join ordering problem [J]. The VLDB Journal—The International Journal on Very Large Data Bases, 1997, 6 (3): 191-208.

[44] Geman S, Geman D. Stochastic relaxation, Gibbs distributions, and the Bayesian restoration of images [J]. IEEE Transactions on Pattern Analysis and Machine Intelligence, 1984 (6): 721-741.

[45] Neal R M. Slice sampling [J]. The Annals of Statistics, 2003, 31 (3): 705-767.

[46] Ferguson T S. A Bayesian analysis of some nonparametric problems [J]. The Annals of Statistics, 1973: 209-230.

[47] Blackwell D, MacQueen J B. Ferguson distributions via Pólya urn schemes [J]. The Annals of Statistics, 1973, 1 (2): 353-355.

[48] Ren L, Du L, Carin L, et al. Logistic stick-breaking process [J]. Journal of Machine Learning Research, 2011, 12 (1): 203-239.

[49] Aldous D J. Exchangeability and related topics [J]. Lecture Notes in Mathematics, 1985, 1117: 1-198.

[50] Jain A K, Murty M N, Flynn P J. Data clustering: a review [J]. ACM Computing Surveys, 1999, 31 (3): 264-323.

[51] 韩家炜，坎伯，裴健. 数据挖掘：概念与技术 [M]. 范明，孟小峰，译. 北京：机械工业出版社，2012.

[52] Macqueen J B. Some Methods for Classification and Analysis of Multivariate Observations [C]//Proceedings of the 5th Berkeley Symposium on Mathematical Statistics and Probability, 1967: 281-297.

[53] Kaufman L, Rousseeuw J P. Partitioning around Medoids (Program PAM) [M]//Kaufman L, Rousseeuw J P. Finding Groups in Data: An Introduction to Cluster Analysis. New York: John Wiley & Sons, 1990: 68-125.

[54] Ng R T, Han J. CLARANS: A method for clustering objects for spatial data mining [J]. IEEE Transactions on Knowledge and Data Engineering, 2002 (5): 1003-1016.

[55] Tian Z, Ramakrishnan R, Birch L M. An efficient data clustering method for very large databases [C]//Proceedings of the ACM International Conference on Management of Data (SIGMOD). 1996: 103-114.

[56] ROCK GSRRSK. A robust clustering algorithm for categorical attributes [C]// Proceedings of the 15th ICDE, 1999: 512-521.

[57] Karypis G, Han E H, Chameleon V K. A hierarchical clustering algorithm using dynamic modeling [J]. IEEE Computer, 1999, 32 (8): 68-75.

[58] Ester M, Kriegel H P, Sander J, et al. A density-based algorithm for discovering clusters in large spatial databases with noise [C]// ACM SIGKDD Conference on Knowledge Discovery and Data Mining, 1996, 96 (34): 226-231.

[59] Ankerst M, Breunig M M, Kriegel H P, et al. OPTICS: ordering points to identify the clustering structure [C]//ACM SIGMOD Record, 1999, 28 (2): 49-60.

[60] Hinneburg A, Keim D A. An efficient approach to clustering in large multimedia databases with noise [C]//ACM SIGKDD Conference on Knowledge Discovery and Data Mining, 1998, 98: 58-65.

[61] Wang W, Yang J, Muntz R. STING: A statistical information grid approach to spatial data mining [C]//VLDB, 1997, 97: 186-195.

[62] Sheikholeslami G, Chatterjee S, Zhang A. Wavecluster. A multi-resolution clustering approach for very large spatial databases [C]//VLDB, 1998, 98: 428-439.

[63] Fisher D H. Knowledge acquisition via incremental conceptual clustering [J]. Machine Learning, 1987, 2 (2): 139-172.

[64] Ng A Y, Jordan M I, Weiss Y. On spectral clustering: analysis and an algorithm [C]//Advances in Neural Information Processing Systems. 2002: 849-856.

[65] Liu B, Xia Y, Yu P S. Clustering through decision tree construction [C]// Proceedings of the Ninth International Conference on Information and Knowledge Management. 2000: 20-29.

[66] Vapnik V N. An overview of statistical learning theory [J]. IEEE Transactions on Neural Networks, 1999, 10 (5): 988-999.

[67] LiuY, Zheng Y F. One-against-all multi-class SVM classification using reliability measures [C]//Proceedings. 2005 IEEE International Joint Conference on Neural Networks, 2005, 2: 849-854.

[68] KreBerl U. Pairwise classification and support vector machines [M]//Burges C J C, Schölkopf B, Smola A J. Advances in Kernel Methods: Support Vector Learning. Cambridge: The MIT Press, 1999.

[69] Boser B E, Guyon I M, Vapnik V N. A training algorithm for optimal margin classifiers [C]//Proceedings of the Fifth Annual Workshop on Computational Learning Theory, 1992: 144-152.

[70] Manevitz L M, Yousef M. One-class SVMs for document classification [J]. Journal of Machine Learning Research, 2001, 2 (Dec): 139-154.

[71] Lugosi G, Zeger K. Nonparametric estimation via empirical risk minimization [J]. IEEE Transactions on Information Theory, 1995, 41 (3): 677-687.

[72] Anthony M, Bartlett P L. Neural Network Learning: Theoretical Foundations [J]. AI Magazine, 1999, 22 (2): 99-100.

[73] Shawe-Taylor J, Bartlett P L, Williamson R C, et al. Structural risk minimization over data-dependent hierarchies [J]. IEEE Transactions on Information Theory, 1998, 44 (5): 1926-1940.

[74] Mercer J. Functions of positive and negative type, and their connection the theory of integral equations [J]. Philosophical Transactions of the Royal Society of London, 1909, 209: 415-446.

[75] Kozlov M K, Tarasov S P, Khachiyan L G. The polynomial solvability of convex quadratic programming [J]. USSR Computational Mathematics and Mathematical Physics, 1980, 20 (5): 223-228.

[76] Bergman S. The kernel function and conformal mapping [M]. New York: American Mathematical Society, 1950.

[77] Van Gestel T, Suykens J A K, Baesens B, et al. Benchmarking least squares support vector machine classifiers [J]. Machine Learning, 2004, 54 (1): 5-32.

[78] Drucker H, Burges C J C, Kaufman L, et al. Support vector regression machines [C]//Advances in Neural Information Processing Systems. 1997: 155-161.

[79] Osuna E, Freund R, Girosit F. Training support vector machines: an application to face detection [C]//Proceedings of IEEE Computer Society Conference on Computer Vision and Pattern Recognition, 1997: 130-136.

[80] 叶航军，白雪生，徐光祐. 基于支持向量机的人脸姿态判定 [J]. 清华大学学报（自然科学版），2003，43（1）：67-70.

[81] Scholkopf B, Sung K K, Burges C J C, et al. Comparing support vector machines with Gaussian kernels to radial basis function classifiers [J]. IEEE Transactions on Signal Processing, 1997, 45 (11): 2758-2765.

[82] Besag J. Spatial interaction and the statistical analysis of lattice systems [J]. Journal of the Royal Statistical Society: Series B (Methodological), 1974, 36 (2): 192-225.

[83] Hosmer D W, Lemesbow S. Goodness of fit tests for the multiple logistic regression model [J]. Communications in Statistics - Theory and Methods, 1980, 9 (10): 1043-1069.

[84] Ratnaparkhi A. A maximum entropy model for part-of-speech tagging [C]//International Conference on Empirical Methods in Natural Language Processing. 1996.

[85] Jaynes E T. Information theory and statistical mechanics [J]. Physical Review, 1957, 106 (4): 620.

[86] 李航. 统计学习方法 [M]. 北京：清华大学出版社，2012.

[87] Lafferty J, McCallum A. Pereira F C N. Conditional Random Fields: Probabilistic Models for Segmenting and Labeling Sequence Data [C]//The 18th International Conference on Machine Learning, 2001: 282-289.

[88] Liu D, Nocedal J. On the limited memory BFGS method for large scale optimization [J]. Mathematical Programming, 1998, 45: 503-528.

[89] Casella G. An introduction to empirical Bayes data analysis [J]. The American Statistician, 1985, 39 (2): 83-87.

[90] 张燕平，张铃．机器学习理论与算法 [M]. 北京：科学出版社，2012.

[91] Cooper G F, Herskovits E. A Bayesian method for the induction of probabilistic networks from data [J]. Machine Learning, 1992, 9 (4): 309-347.

[92] Suzuki J. A construction of Bayesian networks from databases based on an MDL principle [C]//Proceedings of the Conference on Uncertainty in Artificial Intelligence, 1993: 266-273.

[93] Mitchell M, Holland J H, Forrest S. When will a genetic algorithm outperform hill climbing [C]//Advances in Neural Information Processing Systems. 1994: 51-58.

[94] Meek C. Graphical Models: Selecting causal and statistical models [D]. PhD thesis, Carnegie Mellon University, 1997.

[95] Chickering D M, Meek C. Selective greedy equivalence search: Finding optimal Bayesian networks using a polynomial number of score evaluations [J]. arXiv preprint arXiv: 1506.02113, 2015.

[96] Friedman N, Goldszmidt M. Learning Bayesian networks with local structure [M]//Jordan M I. Learning in Graphical Models. New York: Springer, 1998: 421-459.

[97] Lawley D N. A generalization of Fisher's z test [J]. Biometrika, 1938, 30 (1/2): 180-187.

[98] Spirtes P, Glymour C. An algorithm for fast recovery of sparse causal graphs [J]. Social Science Computer Review, 1991, 9 (1): 62-72.

[99] Cheng J, Greiner R, Kelly J, et al. Learning Bayesian networks from data: an information-theory based approach [J]. Artificial Intelligence, 2002, 137 (1-2): 43-90.

[100] Tsamardinos I, Brown L E, Aliferis C F. The max - min hill - climbing Bayesian network structure learning algorithm [J]. Machine Learning, 2006, 65 (1): 31-78.

[101] Friedman N. The Bayesian structural EM algorithm [C]//Proceedings of the Fourteenth conference on Uncertainty in Artificial Intelligence, 1998: 129-138.

[102] Laskey K B, Myers J W. Population markov chain montecarlo [J]. Machine Learning, 2003, 50 (1-2): 175-196.

[103] Raiffa H, Schlaifer R. Applied statistical decision theory [M]. Boston: Clinton Press, 1961.

[104] Rabiner L R. A tutorial on hidden Markov models and selected applications in speech recognition [J]. Proceedings of the IEEE, 1989, 77 (2): 257-286.

[105] Forney G D. The viterbi algorithm [J]. Proceedings of the IEEE, 1973, 61 (3): 268-278.

[106] Cutting D, Kupiec J, Pedersen J, et al. A practical part-of-speech tagger [C]//Third Conference on Applied Natural Language Processing. 1992: 133-140.

[107] Kalman D. A singularly valuable decomposition: the SVD of a matrix [J]. The college mathematics journal, 1996, 27 (1): 2-23.

[108] Wold S, Esbensen K, Geladi P. Principal component analysis [J]. Chemometrics and intelligent laboratory systems, 1987, 2 (1-3): 37-52.

[109] Kullback S, Leibler R A. On information and sufficiency [J]. The annals of mathematical statistics, 1951, 22 (1): 79-86.

[110] Robbins H, Monro S. A stochastic approximation method [J]. The annals of mathematical statistics, 1951: 400-407.

[111] DeLeeuw J, Young F W, Takane Y. Additive structure in qualitative data: An alternating least squares method with optimal scaling features [J]. Psychometrika, 1976, 41 (4): 471-503.

[112] Lee D D, Seung H S. Learning the parts of objects by non-negative matrix factorization [J]. Nature, 1999, 401 (6755): 788.

[113] Goldberg D, Nichols D, Oki B M, et al. Using collaborative filtering to weave an information tapestry [J]. Communications of the ACM, 1992, 35 (12): 61-71.

[114] Hitchcock F L. The expression of a tensor or a polyadic as a sum of products [J]. Journal of Mathematics and Physics, 1927, 6 (1-4): 164-189.

[115] Tucker L R. Some mathematical notes on three-mode factor analysis [J]. Psychometrika, 1966, 31 (3): 279-311.

[116] Novikoff A B J. Integral geometry as a tool in pattern perception [J]. Principles of Self-Organization, 1962: 347-368.

[117] 韩力群. 人工神经网络教程 [M]. 北京：北京邮电大学出版社. 2006.

[118] Jacobs R A. Increased rates of convergence through learning rate adaptation [J]. Neural Networks, 1988, 1 (4): 295-307.

[119] Fletcher R, Reeves C M. Function minimization by conjugate gradients [J]. The Computer Journal, 1964, 7 (2): 149-154.

[120] Shanno D F. Conjugate gradient methods with inexact searches [J]. Mathematics of Operations Research, 1978, 3 (3): 244-256.

[121] Hestenes M R, Stiefel E. Methods of conjugate gradients for solving linear systems [J]. Journal of Research of National of Standards, 1952, 49 (6): 409-436.

[122] LeCun Y, Boser B, Denker J S, et al. Backpropagation applied to handwritten zip code recognition [J]. Neural Computation, 1989, 1 (4): 541-551.

[123] Hubel D H, Wiesel T N. Receptive fields, binocular interaction and functional architecture in the cat's visual cortex [J]. The Journal of Physiology, 1962, 160 (1): 106-154.

[124] LeCun Y, Bottou L, Bengio Y, et al. Gradient-based learning applied to document recognition [J]. Proceedings of the IEEE, 1998, 86 (11): 2278-2324.

[125] Simonyan K, Zisserman A. Very deep convolutional networks for large-scale image recognition [J]. arXiv preprint arXiv: 1409.1556, 2014.

[126] Szegedy C, Liu W, Jia Y, et al. Going deeper with convolutions [C]//

Proceedings of the IEEE Conference on Computer Vision and Pattern Recognition, 2015: 1-9.

[127] Huang G, Liu Z, van der Maaten L, et al. Densely connected convolutional networks [C]//Proceedings of the IEEE Conference on Computer Vision and Pattern Recognition, 2017: 4700-4708.

[128] Ioffe S, Szegedy C. Batch Normalization: Accelerating Deep Network Training by Reducing Internal Covariate Shift [J]. International Conference on Machine Learning, 2015: 448-456.

[129] Srivastava N, Hinton G, Krizhevsky A, et al. Dropout: a simple way to prevent neural networks from overfitting [J]. The Journal of Machine Learning Research, 2014, 15 (1): 1929-1958.

[130] Werbos P J. Backpropagation through time: what it does and how to do it [J]. Proceedings of the IEEE, 1990, 78 (10): 1550-1560.

[131] Hochreiter S, Bengio Y, Frasconi P, et al. Gradient flow in recurrent nets: the difficulty of learning long-term dependencies [M]//Kolen J F, Kremer S. A Field Guide to Dynamical Recurrent Neural Networks, Piscataway: IEEE Press, 2001.

[132] Hochreiter S, Schmidhuber J. Long short-term memory [J]. Neural Computation, 1997, 9 (8): 1735-1780.

[133] Cho K, Van Merrienboer B, Gulcehre C, et al. Learning Phrase Representations using RNN Encoder - Decoder for Statistical Machine Translation [C]// Proceedings of the Conference on Empirical Methods in Natural Language Processing, 2014: 1724-1734.

[134] Bottou L. Stochastic gradient descent tricks [M]//Montavon G, Orr G B, Müller K R. Neural networks: Tricks of the Trade. New York: Springer, 2012: 421-436.

[135] 陈仲铭, 彭凌西. 深度学习原理与实践 [M]. 北京: 人民邮电出版社, 2018.

[136] Vu N T, Gupta P, Adel H, et al. Bi-directional recurrent neural network with ranking loss for spoken language understanding [C]. //2016 IEEE International Conference on Acoustics, Speech and Signal Processing

(ICASSP). IEEE, 2016: 6060-6064.

[137] Christopher O. Neural networks, types, and functional programming [EB/OL]. [2019-06-02]. http://colah.github.io/posts/2015-09-NN-Types-FP/.

[138] Abrahams S, Hafner D, Erwitt E, et al. TensorFlow for machine intelligence: a hands-on introduction to learning algorithms [M]. Santa Rosa: Bleeding Edge Press, 2016.

[139] Graves A. Long short-term memory [M]//Graves A. Supervised Sequence Labelling with Recurrent Neural Networks. New York: Springer, 2012: 37-45.

[140] 张汝波，顾国昌，刘照德，等．强化学习理论、算法及应用 [J]. 控制理论与应用，2000，17（5）：637-642.

[141] Markov A A. Rasprostranenie zakona bol'shih chisel na velichiny, zavisyaschie drug otdruga [J]. Izvestiya Fiziko-matematicheskogo obschestva pri Kazanskom universitete, 1906, 15 (135-156): 18.

[142] Sutton R S, Barto A G. Introduction to reinforcement learning [M]. Cambridge: The MIT press, 1998.

[143] Bertsekas D P. Dynamic programming and optimal control [M]. Belmont, MA: Athena scientific, 1995.

[144] Mahadevan S. To discount or not to discount in reinforcement learning: A case study comparing R learning and Q learning [J]. Machine Learning Proceeding, 1994: 164-172.

[145] Bellman R. Dynamic programming [J]. Science, 1966, 153 (3731): 34-37.

[146] Howard R A. Dynamic programming and markovprocesses [M]. Cambridge: The MIT Press, 1960.

[147] 王雪松，朱美强，程玉虎．强化学习原理及其应用 [M]. 北京：科学出版社，2014.

[148] Wiering M, Van Otterlo M. Reinforcement learning [J]. Adaptation, Learning, and Optimization, 2012, 12: 3.

[149] Watkins C J C H, Dayan P. Q-learning [J]. Machine Learning, 1992, 8 (3-4): 279-292.

[150] Sutton R S. Learning to predict by the methods of temporal differences [J]. Machine Learning, 1988, 3 (1): 9-44.

[151] Metropolis N, Ulam S. The montecarlo method [J]. Journal of the American Statistical Association, 1949, 44 (247): 335-341.

[152] van Hasselt H, Guez A, Silver D. Deep reinforcement learning with double q-learning [C]//Thirtieth AAAI conference on Artificial Intelligence, 2016: 2094-2100.

[153] Rummery G A, Niranjan M. On-line Q-learning using connectionist systems [M]. Cambridge: University of Cambridge, 1994.

[154] Konda V R, Tsitsiklis J N. Actor-critic algorithms [C]//Advances in Neural Information Processing Systems, 2000: 1008-1014.

[155] Hoerl A E, Kennard R W. Ridge regression: Biased estimation for non-orthogonalproblems [J]. Technometrics, 1970, 12 (1): 55-67.

[156] Baird L. Residual algorithms: Reinforcement learning with function approximation [C]//Proceedings of the Twelfth International Conference on on Machine Learning, 1995: 30-37.

[157] Lagoudakis M G, Parr R. Least-squares policy iteration [J]. Journal of Machine Learning Research, 2003, 4: 1107-1149.

[158] Buşoniu L, Ernst D, De Schutter B, et al. Approximate reinforcement learning: An overview [C]//2011 IEEE Symposium on Adaptive Dynamic Programming and Reinforcement Learning (ADPRL), 2011: 1-8.

[159] Szepesvári C. Algorithms for reinforcement learning [J]. Synthesis Lectures on Artificial Intelligence and Machine Learning, 2010, 4 (1): 1-103.

[160] Mnih V, Kavukcuoglu K, Silver D, et al. Playing atari with deep reinforcement learning [J]. arXiv preprint arXiv: 1312.5602, 2013.

[161] Mnih V, Kavukcuoglu K, Silver D, et al. Human-level control through deep reinforcement learning [J]. Nature, 2015, 518 (7540): 529.

[162] Mnih V, Badia A P, Mirza M, et al. Asynchronous methods for deep reinforcement learning [C]//International Conference on Machine Learning, 2016: 1928-1937.